Quantenmechanik III

Oliver Tennert

Quantenmechanik III

Näherungsverfahren, zeitabhängige Systeme und Streutheorie

Springer Spektrum

Oliver Tennert
Tübingen, Deutschland

ISBN 978-3-662-68588-4 ISBN 978-3-662-68589-1 (eBook)
https://doi.org/10.1007/978-3-662-68589-1

Die Deutsche Nationalbibliothek verzeichnet diese Publikation in der Deutschen Nationalbibliografie; detaillierte bibliografische Daten sind im Internet über https://portal.dnb.de abrufbar.

Planung/Lektorat: Gabriele Ruckelshausen
Springer Spektrum ist ein Imprint der eingetragenen Gesellschaft Springer-Verlag GmbH, DE und ist ein Teil von Springer Nature.
Die Anschrift der Gesellschaft ist: Heidelberger Platz 3, 14197 Berlin, Germany

Für Ilka, Victoria, Sarah, Jan & Martin

Vorwort

Das vorliegende Buch ist der dritte Band eines auf insgesamt vier Bände ausgelegten Lehrbuchs zur Quantenmechanik. Alle Angaben zur Zielgruppe (Studenten der Physik ab etwa dem dritten Semester oder höher, die idealerweise die Grundvorlesungen im heutigen Kanon des typischen Bachelor-Studiengangs Physik bereits hinter sich haben), zu den Voraussetzungen (Kenntnisse der Theoretischen Mechanik, der Elektrodynamik und der Speziellen Relativitätstheorie), zu den zentralen Leitmotiven (Symmetrien und Propagatoren, sowie Wegweisungen hin zur Quantenfeldtheorie) und zur Bedeutung der Beschäftigung mit Originalarbeiten können ganz einfach dem Vorwort des ersten Bandes entnommen werden. Sie gelten unverändert weiter. Das Gleiche gilt für die Darstellungsform und die flache Gliederung.

Zum Inhalt des dritten Bandes im Einzelnen:

Er beginnt mit Kapitel 1. Dieses stellt wichtige Näherungsverfahren für gebundene Zustände vor, allen voran natürlich die Störungstheorie, dann aber auch mit einer systematischen Einbettung in den abstrakten Formalismus. An ihre kanonischen Anwendungen aus der Atomphysik wie dem Stark-Effekt, dem Zeeman-Effekt und der Fein- und Hyperfeinstruktur schließen sich dann das Variationsverfahren und die Hartree–Fock-Methode an, samt einer grundlegenden Betrachtung des Helium-Atoms. Die Born–Oppenheimer-Näherung – ursprünglich einmal in Form einer Störungstheorie erdacht – stellt nun die Grundlage für ein modernes geometrisches Verständnis emergenter Strukturen wie der „Eichtheorie der Molekülphysik" dar und bildet dann einschließlich einer einführenden Betrachtung wichtiger Näherungsmethoden in der Quantenchemie anhand des Wasserstoffmolekül-Ions und des Wasserstoffmoleküls den Abschluss dieses Kapitels.

Kapitel 2 behandelt nun den großen Themenkomplex zeitabhängiger Systeme. Die Untersuchung experimentell zugänglicher Größen wie Übergangsraten, Zerfallsbreiten und Wirkungsquerschnitte stellen über das Wechselwirkungsbild das Bindeglied dar zwischen der Quantenmechanik und der Quantenfeldtheorie, die sich letzten Endes um nichts anderes mehr dreht als die Berechnung ebensolcher Größen. Daher ist eine solide begriffliche Einbettung in die nichtrelativistische Quantenmechanik von großer Wichtigkeit für das Gesamtverständnis. Die Ableitung der Auswahlregeln für elektromagnetische Strahlungsübergänge wasserstoffähnlicher Atome sowie die semiklassische Erklärung des Photoeffekts (der ja in erster Näherung gar keine Photonen zur Erklärung benötigt) wird gezeigt, bevor dann während der Betrachtung der adiabatischen Näherung völlig unerwartet die Tür aufgestoßen wird in das Reich der geometrischen Phasen und ihrer Fülle an Manifestationen.

Das wichtigste Bindeglied auf dem Weg zur Quantenfeldtheorie stellt die Streutheorie dar, die sich nun in Kapitel 3 anschließt – aufgrund der Stofffülle eines der längsten Kapitel dieses Buches. Hierbei ist es aus meiner Sicht unerlässlich, mit einer formalen Grundlegung der Streutheorie zu beginnen, um zu verstehen, wie sich die einzelnen Komponenten des *zeitunabhängigen* Formalismus aus einer asymptotischen Betrachtung des *zeitabhängigen* Formalismus ableiten lassen. Der Partialwellenmethode muss naturgemäß ein großer Platz eingeräumt werden, da sich mit ihr nicht nur die Niedrigenergie-Streuung, sondern auch Resonanzphänomene, inelastische Streuung und analytische Betrachtungen besonders gut darstellen lassen. Die Eikonalnäherung wiederum stellt im Wesentlichen eine Weiterentwicklung der WKB-Näherung für Streuzustände dar und steht damit gewissermaßen in Verlängerung von Kapitel I-5. Natürlich werden die Streuzustände des Coulomb-Potentials aufgrund der vorhandenen Symmetrien exakt gelöst. Die abschließenden Abschnitte zur analytischen Betrachtungen der S-Matrix einschließlich der Ableitung des allgemeinen Levinson-Theorems schließen das Kapitel und auch den dritten Band.

Konventionen

Viele mathematische Formeln und Zusammenhänge, die ohne Herleitung dargestellt werden, wie beispielsweise Lösungen von Differentialgleichungen oder Konventionen in der Definition oder der Notation der Speziellen Funktionen sind hauptsächlich dem *"Arfken"*, einem unverzichtbaren Referenzwerk [AWH13; AW05], entnommen. Bis auf wenige Ausnahmen stimmen die dortigen Konventionen mit dem alten *"Abramowitz and Stegun"* des ehemaligen *National Bureau of Standards (NBS)* überein, welcher seit 1965 von Dover Publications verlegt wird [AS65]. Dessen vollkommene Neubearbeitung mit angepasster Notation kommt in Form des *NIST Handbook of Mathematical Functions* daher, das seit 2010 als Druckversion [Olv+10] und darüber hinaus in Form einer ständig aktualisierten und verbesserten Online-Version [Olv+22] existiert. Ebenfalls weitestgehend konsistent mit diesen Konventionen ist das hervorragende Online-Portal *Wolfram MathWorld™* [Wei], das es in unregelmäßigen Abständen auch als Druckversion gibt [Wei09].

In diesem Buch wird konsequent das insbesondere in der relativistischen Physik verbreitete **Gaußsche Einheitensystem** verwendet. Die Naturkonstanten $\hbar$ und c werden stets mitgeführt und nicht – wie in der weiterführenden Literatur der relativistischen Quantenfeldtheorie üblich – zu Eins gesetzt. Die Maxwell-Gleichungen – die gewissermaßen die Referenzformeln liefern – lauten dann:

$$\begin{aligned}
\nabla \cdot \boldsymbol{E} &= 4\pi\rho, \\
\nabla \times \boldsymbol{E} &= -\frac{1}{c}\frac{\partial \boldsymbol{B}}{\partial t}, \\
\nabla \cdot \boldsymbol{B} &= 0, \\
\nabla \times \boldsymbol{B} &= \frac{4\pi}{c}\boldsymbol{j} + \frac{1}{c}\frac{\partial \boldsymbol{E}}{\partial t}.
\end{aligned}$$

Zusammenhang zwischen Feldstärken und Feldpotentialen:

$$\begin{aligned}
\boldsymbol{E} &= -\nabla\phi - \frac{1}{c}\frac{\partial \boldsymbol{A}}{\partial t}, \\
\boldsymbol{B} &= \nabla \times \boldsymbol{A}.
\end{aligned}$$

Weitere wichtige Formeln lauten:

$$\boldsymbol{F} = q\left(\boldsymbol{E} + \frac{\boldsymbol{v}}{c} \times \boldsymbol{B}\right) \quad \text{(Lorentz-Kraft)},$$

$$\boldsymbol{E} = \frac{q}{r^2}\boldsymbol{e}_r \quad \text{(Coulomb-Feld)},$$

$$\boldsymbol{S} = \frac{c}{4\pi}\boldsymbol{E} \times \boldsymbol{B} \quad \text{(Poynting-Vektor)},$$

$$H_{\text{em}} = \frac{1}{8\pi}\int \mathrm{d}^3\boldsymbol{r}(\boldsymbol{E}^2 + \boldsymbol{B}^2) \quad \text{(Energie des elektromagnetischen Felds)}.$$

Wichtige physikalische Konstanten sind:

$$\alpha = \frac{e^2}{\hbar c} \quad \text{(Feinstrukturkonstante)},$$

$$\mu_{\text{B}} = \frac{e\hbar}{2m_{\text{e}}c} \quad \text{(Bohrsches Magneton)},$$

$$\Phi_0 = \frac{2\pi\hbar c}{e} \quad \text{(magnetisches Flussquantum)},$$

$$\lambda_{\text{C}} = \frac{h}{m_{\text{e}}c} \quad \text{(Compton-Wellenlänge des Elektrons)},$$

$$\bar{\lambda}_{\text{C}} = \frac{\hbar}{m_{\text{e}}c} \quad \text{(reduzierte Compton-Wellenlänge des Elektrons)}.$$

In relativistisch kovarianter Notation wird die „Westküstenmetrik“ verwendet:

$$\eta_{\mu\nu} = \begin{pmatrix} 1 & 0 & 0 & 0 \\ 0 & -1 & 0 & 0 \\ 0 & 0 & -1 & 0 \\ 0 & 0 & 0 & -1 \end{pmatrix},$$

$$x^\mu = (ct, \boldsymbol{r}),$$

$$p^\mu = (E/c, \boldsymbol{p}),$$

$$\partial^\mu = \left(\frac{1}{c}\frac{\partial}{\partial t}, -\nabla\right).$$

Für das vollständig antisymmetrische Levi-Civita-Symbol $\epsilon^{\mu\nu\rho\sigma}$ gilt:

$$\epsilon^{0123} = +1 \Longrightarrow \epsilon_{0123} = -1, \epsilon^{1230} = -1.$$

Elektromagnetischer Feldstärketensor:

$$F^{\mu\nu} = \begin{pmatrix} 0 & -E_1 & -E_2 & -E_3 \\ E_1 & 0 & -B_3 & B_2 \\ E_2 & B_3 & 0 & -B_1 \\ E_3 & -B_2 & B_1 & 0 \end{pmatrix}, \quad F_{\mu\nu} = \begin{pmatrix} 0 & E_1 & E_2 & E_3 \\ -E_1 & 0 & -B_3 & B_2 \\ -E_2 & B_3 & 0 & -B_1 \\ -E_3 & -B_2 & B_1 & 0 \end{pmatrix}.$$

Die Einsteinsche Summenkonvention verwenden wir auch im nichtrelativistischen $\mathbb{R}^3$:

$$\epsilon_{ijk}\hat{r}_j\hat{p}_k = \sum_{j=1}^{3}\sum_{k=1}^{3}\epsilon_{ijk}\hat{r}_j\hat{p}_k.$$

Danksagung

Wie bereits im Vorwort des ersten Bands zum Ausdruck gebracht, gilt mein ganz besonderer Dank Professor Dr. Markus King, der mich mit seinem exzellenten Detailwissen an vielen Stellen immer wieder dazu gebracht hat, Dinge neu zu sehen und Inhalte anders darzustellen. Ich habe unsere freudig angeregten, teilweise abendfüllenden Diskussionen immer sehr genossen und genieße sie noch! Dipl.-Physiker Mark Pröhl gebührt der Dank, mich seit vielen Jahren ständig über die *gory details* der TEX-Engine und der LATEX-Umgebung mit all ihren Erweiterungen aufzuklären und mich immer wieder auf die Subtilitäten korrekter Typographie aufmerksam zu machen. Jede Stelle in diesem Buch, die von den Standards hervorragenden Textsatzes abweicht, geht vollkommen auf meine Kappe.

Für die zahlreichen Ermunterungen, inhaltlichen Beiträge, Verbesserungsvorschläge oder konstruktives Feedback möchte ich mich außerdem bei Professor Dr. Bernhard Wunderle, Dr. Roland Bosch, Professor Dr. Beate Stelzer und Dr. Rasmus Wegener bedanken. Ein herzlicher Dank geht diesbezüglich ebenfalls an Dipl.-Physiker Bernd Zell sowie an Dr. Michael Arndt.

Nie verjähren wird sicherlich meine Prägung durch das jahrelange akademische Umfeld, das mir die Arbeitsgruppe meines damaligen Doktorvaters Professor Dr. Hugo Reinhardt am Institut für Theoretische Physik der Universität Tübingen bot. Die Atmosphäre wissenschaftlichen Austauschs, ja das regelrechte Baden in wissenschaftlicher Kreativität und die Freundschaftlichkeit dieser Arbeitsgruppe waren beispielhaft herausragend und eine wunderbare Erfahrung.

Ganz gewiss nicht unerwähnt lassen darf ich an dieser Stelle einen weiteren akademischen Lehrer von mir, Professor Dr. Herbert Pfister, der leider im Jahre 2015 nach kurzer Krankheit verstarb. Seine damaligen Vorlesungen, Seminare und besonders meine Erfahrungen im direkten Austausch mit ihm hatten mich maßgeblich beeinflusst in der Art und Weise, auf die Theoretische Physik zu sehen und sie zu verstehen.

Ich freue mich sehr über die Veröffentlichung der vier Bände dieses Lehrbuchs im Springer-Verlag. In diesem Zusammenhang möchte ich Gabriele Ruckelshausen und Stefanie Adam recht herzlich für ihre fortwährende und engagierte Unterstützung während der Umsetzung des Projekts danken.

Nach all den vorgenannten Personen dürfen natürlich die wichtigsten Menschen in meinem Leben nicht fehlen: meine Frau Ilka und meine vier Kinder Victoria, Sarah, Jan und Martin (in chronologischer Reihenfolge). Ihr Langmut und ihr ungläubiges Kopfschütteln während der zahllosen Abende und Wochenenden, an denen ich gedankenversunken bis spät am Rechner saß und in die Tastatur tippte, boten mir Ansporn und Geborgenheit zugleich. Ich bin sehr glücklich, sie zu haben, und widme ihnen dieses Buch.

Korrekturen
Die Elimination von Druckfehlern ergibt eine nicht besonders gut konvergierende Folge von Dokumentenversionen. Mit der Hinzufügung neuer Inhalte wird diese Folge sogar semi-konvergent. Ich bin für alle Leserinnen und Leser dankbar, die mich auf alle Arten von Fehlern aufmerksam machen und mir diese am besten an `tennert.quantenmechanik@t-online.de` senden.

Kolophon

Dieser Text wurde mit LuaTEX in der Version 1.18.0 erstellt. Als Editor habe ich TEXworks, Version 0.6.5, verwendet, die Dokumentenklasse ist `scrbook` (KOMA-Script v3.41). Die Hauptschriftart ist Times (aus der Fontfamilie TEX Gyre Termes), wofür ich die recht neuen `newtx`-Pakete in der Version 1.742 verwendet habe. Für numerische Ausdrücke und Maßeinheiten wurde das `siunitx`-Paket (v3.3.12) verwendet. Die Hervorhebung wichtiger Gleichungen wurde mit dem Paket `empheq` bewerkstelligt. Die mathematischen Einschübe sind mit Hilfe des `mdframed`-Pakets realisiert. Für das Literaturverzeichnis mit BIBLATEX (Version 3.19) wurde das Biber-Backend in Version 2.19 verwendet und für das Stichwort- und das Personenverzeichnis das `imakeidx`-Paket sowie Xindy in der Version 2.5.1.

Die mathematische Notation ist weitestgehend konform zum Standard ISO/IEC 80000-2, ehemals ISO 31-11. Das bedeutet unter anderem, dass die mathematischen Konstanten $\mathrm{\pi}$, i und e oder das Kronecker-Symbol $\mathrm{\delta}_{ij}$ beziehungsweise das Dirac-Funktional $\mathrm{\delta}(x)$ aufrecht geschrieben werden, genauso wie Differentialoperatoren wie d, ∂ oder $\mathrm{\delta}$.

Ebenfalls aufrecht geschrieben werden bekannte mathematische Funktionen wie die Heaviside-Funktion $\Theta(x)$, die Gamma-Funktion $\Gamma(x)$, die sphärischen Bessel-Funktionen $\mathrm{j}_l(r)$ oder die Kugelflächenfunktionen $\mathrm{Y}_{lm}(\theta, \phi)$.

Vektoren werden dick und kursiv gesetzt: $\boldsymbol{r}$, auch wenn die Komponenten Matrizen sind: $\boldsymbol{\sigma}$. Daneben werden die Permutationsoperatoren π kursiv belassen, genauso wie Winkelvariable $\alpha, \beta, \gamma, \delta$. Mit großen griechischen Buchstaben bezeichnete Variablen werden kursiv gesetzt.

Die Menge $\mathbb{N}$ der natürlichen Zahlen beinhaltet die Null!

Quantenmechanische Operatoren, gleich ob hermitesch oder unitär, bekommen ein Dach verpasst: $\hat{p}, \hat{a}, \hat{H}, \hat{U}$. Konsequenterweise sind vektorwertige Operatoren dann fett, kursiv und haben ein Dach: $\hat{\boldsymbol{A}}, \hat{\boldsymbol{r}}$. Und die imaginäre Einheit i taucht im Allgemeinen nie in einem Nenner auf, die Ausnahme besteht beim in der Funktionentheorie häufig vorkommenden Ausdruck $2\pi\mathrm{i}$.

Die meisten Diagramme, speziell Funktionsgraphen, wurden mit `gnuplot` in der Version 5.4.3 erstellt, unter Zuhilfenahme des `gnuplottex`-Pakets und mit `cairolatex` als Ausgabeterminal. Einige Vektorgrafiken wurden mit `inkscape` in der Version 1.0.1 erzeugt. Die diagrammatischen Illustrationen in der Störungs- und Streutheorie und der nichtrelativistischen Quantenfeldtheorie – auch wenn sie keine Feynman-Diagramme darstellen – wurden mit dem `tikz-feynman`-Paket in der Version 1.1.0 erstellt.

Inhaltsverzeichnis

Verzeichnis der mathematischen Einschübe

Teil 1

Näherungsverfahren für gebundene Zustände

Die meisten in der Quantenmechanik auftretenden Systeme sind nicht exakt lösbar. In diesem Abschnitt betrachten wir zunächst zwei äußerst wichtige Näherungsmethoden für realistische Probleme, die stationäre Störungstheorie sowie das Variationsverfahren, und wenden diese auf einige wichtige Anwendungsfälle an.
Ferner wenden wir uns der Hartree–Fock-Methode als wichtiges Verfahren für Vielteilchensysteme zu und widmen uns dann dem wichtigen und weitreichenden Themenkomplex der Born–Oppenheimer-Methode, die nicht nur im Rahmen der Quantenchemie und Molekülphysik eine grundlegende Bedeutung besitzt, sondern von allgemeiner Wichtigkeit für zusammengesetzte Systeme mit stark unterschiedlichen Energieskalen ist. Zuguterletzt untersuchen wir die beiden einfachsten Moleküle H_2^+ und H_2 jeweils als Zwei-Zentren-Problem.

O. Tennert, *Quantenmechanik III*, https://doi.org/10.1007/978-3-662-68589-1_1

1 Stationäre Störungstheorie I: einfache Form

Die stationäre Störungstheorie als Approximationsmethode zur Berechnung von Energie-Eigenwerten und -zuständen setzt voraus, dass es einen Hamilton-Operator $\hat{H}_0$ gibt, dessen Spektrum bekannt ist, und dass der volle Hamilton-Operator

$$\hat{H} = \hat{H}_0 + \lambda\hat{V} \tag{1.1}$$

des betrachteten Systems sich nur wenig von $\hat{H}_0$ unterscheidet. Das **Störpotential** $\lambda\hat{V}$ ist also per Voraussetzung schwach, und zur Parametrisierung der Stärke wird üblicherweise der dimensionslose Parameter λ verwendet, der auch als **Kopplungskonstante** bezeichnet wird. Wir setzen also voraus:

$$\lambda \ll 1. \tag{1.2}$$

In vielen Fällen (wie bei der Behandlung des Stark- und des Zeeman-Effekts in den folgenden Abschnitten) ist bereits eine natürliche Kopplungskonstante durch die Problemstellung gegeben, die aber nicht notwendigerweise dimensionslos ist, sondern dimensionsbehaftet, so wie die elektrische Ladung q.

Der ungestörte Hamilton-Operator $\hat{H}_0$ habe also die bekannten Eigenwerte $E_n^{(0)}$ und Eigenzustände $\{\ |\phi_n\rangle\ \}$:

$$\hat{H}_0 \,|\phi_n\rangle = E_n^{(0)} \,|\phi_n\rangle\,. \tag{1.3}$$

Die Grundidee der Störungstheorie ist, dass Energie-Eigenwerte und -zustände sich jeweils in eine Potenzreihe in λ entwickeln lassen:

$$E_n = \sum_{k=0}^{\infty} \lambda^k E_n^{(k)}, \tag{1.4}$$

$$|\psi_n\rangle = \sum_{k=0}^{\infty} \lambda^k \,|\psi_n^{(k)}\rangle\,. \tag{1.5}$$

Den mit dem Superskript (k) versehenen Term der Störungsreihe bezeichnet man als die „Korrektur k-ter Ordnung“. Betrachtet man die Störungsreihe nur bis zu diesem k-ten Term, so spricht man insgesamt von der „Störungstheorie k-ter Ordnung“. In den meisten Fällen liefert die Korrektur erster Ordnung bereits eine recht gute Approximation, und vielfach betrachtet man noch die zweite Ordnung Störungstheorie. Störungskorrekturen höherer Ordnung bedingen meist den Computer-unterstützten Einsatz numerischer Verfahren.

Um daraus nun die einzelnen Störterme $E_n^{(k)}$ beziehungsweise $|\psi_n^{(k)}\rangle$ zu erhalten, müssen wir eine Festlegung treffen, nämlich den „Überlapp“ des ungestörten, aber bekannten Eigenzustands $|\phi_n\rangle$ mit dem gestörten, aber unbekannten Eigenzustand $|\psi_n\rangle$. Da die Störung nach Voraussetzung schwach ist, gilt:

$$\langle\phi_n|\psi_n\rangle \approx 1,$$

und wir setzen daher die Näherung an:

$$\langle\phi_n|\psi_n\rangle = 1. \tag{1.6}$$

Mit dieser Näherung ergibt sich aus (1.5):

$$\sum_{k=1}^{\infty} \lambda^k \langle \phi_n | \psi_n^{(k)} \rangle = 0,$$

was für beliebige (wenn auch kleine) Werte von λ nur möglich ist, wenn jedes einzelne Glied der Reihe verschwindet:

$$\langle \phi_n | \psi_n^{(k)} \rangle = 0 \quad \text{für alle } k \geq 1. \tag{1.7}$$

Hieraus folgt dann ebenfalls:

$$\langle \phi_n | \hat{H}_0 | \psi_n^{(k)} \rangle = 0 \quad \text{für alle } k \geq 1. \tag{1.8}$$

Als weitere Voraussetzung treffen wir zunächst, dass das Spektrum des ungestörten Hamilton-Operators $\hat{H}_0$ nicht entartet ist. Der entartete Fall ist etwas subtiler, und wir betrachten ihn weiter unten.

Das zu lösende Eigenwertproblem lautet nun:

$$(\hat{H}_0 + \lambda \hat{V})\, |\psi_n\rangle = E_n\, |\psi_n\rangle\,, \tag{1.9}$$

so dass des Weiteren gilt:

$$\begin{aligned} \langle \phi_n | \hat{H}_0 + \lambda \hat{V} | \psi_n \rangle &= E_n \\ &= E_n^{(0)} + \langle \phi_n | \lambda \hat{V} | \psi_n \rangle \end{aligned}$$

und somit:

$$E_n - E_n^{(0)} = \lambda \langle \phi_n | \hat{V} | \psi_n \rangle\,, \tag{1.10}$$

unter Verwendung von (1.6).

Setzen wir außerdem (1.4,1.5) in (1.9) ein und sortieren nach Potenzen von λ, erhalten wir eine rekursive Relation für die Korrekturen des Zustandsvektors:

$$\hat{H}_0\, |\psi_n^{(k)}\rangle + \hat{V}\, |\psi_n^{(k-1)}\rangle = \sum_{j=0}^{k} E_n^{(j)}\, |\psi_n^{(k-j)}\rangle\,, \tag{1.11}$$

und durch linksseitiges Multiplizieren von (1.11) mit $\langle \phi_n |$ erhalten wir einen Ausdruck für die Energiekorrektur $E_n^{(k)}$:

$$E_n^{(k)} = \langle \phi_n | \hat{V} | \psi_n^{(k-1)} \rangle\,, \tag{1.12}$$

unter Verwendung von (1.7). Und durch linksseitiges Multiplizieren von (1.11) mit $\langle \phi_m |$ ($m \neq n$) erhalten wir:

$$\left(E_m^{(0)} - E_n^{(0)}\right) \langle \phi_m | \psi_n^{(k)} \rangle = \sum_{j=1}^{k} E_n^{(j)}\, \langle \phi_m | \psi_n^{(k-j)} \rangle - \langle \phi_m | \hat{V} | \psi_n^{(k-1)} \rangle\,, \tag{1.13}$$

was unter Ausnutzung der Vollständigkeit von $\{ \mid \phi_m\rangle \}$ und der Voraussetzung, dass $E_m^{(0)} \neq E_n^{(0)}$ für $n \neq m$ eine Rekursionsrelation für die Zustandskorrekturen liefert:

$$|\psi_n^{(k)}\rangle = \sum_{m\neq n} \frac{\langle\phi_m|\hat{V}|\psi_n^{(k-1)}\rangle}{E_n^{(0)} - E_m^{(0)}} |\phi_m\rangle - \sum_{j=1}^{k} E_n^{(j)} \sum_{m\neq n} \frac{\langle\phi_m|\psi_n^{(k-j)}\rangle}{E_n^{(0)} - E_m^{(0)}} |\phi_m\rangle . \tag{1.14}$$

Verallgemeinerte Störungsreihen

Unter Einführung einer komplexen Zahl $z \in \mathbb{C}$ kann Gleichung (1.9) verallgemeinert werden zu:

$$(z - \hat{H}_0)\,|\psi_n\rangle = (z - E_n + \lambda\hat{V})\,|\psi_n\rangle . \tag{1.15}$$

Wir dividieren nun formal beide Seiten durch $(z - \hat{H}_0)$, beziehungsweise multiplizieren mit der Resolvente $\hat{G}_0(z)$ (vergleiche Abschnitt I-24) und erhalten:

$$|\psi_n\rangle = \hat{G}_0(z)(z - E_n + \lambda\hat{V})\,|\psi_n\rangle . \tag{1.16}$$

Es seien nun

$$\hat{P}_n = |\phi_n\rangle\,\langle\phi_n| , \tag{1.17}$$

$$\hat{Q}_n = \mathbb{1} - \hat{P}_n \tag{1.18}$$

die Projektionsoperatoren auf den durch $|\phi_n\rangle$ aufgespannten Unterraum beziehungsweise auf dessen Komplement. Dann gilt trivialerweise:

$$\begin{aligned} |\psi_n\rangle &= \hat{P}_n\,|\psi_n\rangle + \hat{Q}_n\,|\psi_n\rangle \\ &= |\phi_n\rangle + \hat{Q}_n\,|\psi_n\rangle , \end{aligned} \tag{1.19}$$

unter Verwendung von (1.6). Verwenden wir (1.19) auf der rechten Seite von (1.16), erhalten wir:

$$|\psi_n\rangle = |\phi_n\rangle + \hat{Q}_n\hat{G}_0(z)(z - E_n + \lambda\hat{V})\,|\psi_n\rangle . \tag{1.20}$$

Die Gleichung (1.20) wird bisweilen auch **Grundgleichung der Störungstheorie** genannt und ist eine implizite Gleichung für $|\psi_n\rangle$. Durch Iteration von (1.20) erhalten wir so die formale Störungsreihe:

$$|\psi_n\rangle = \sum_{k=0}^{\infty} \underbrace{\left[\hat{Q}_n\hat{G}_0(z)(z - E_n + \lambda\hat{V})\right]^k |\phi_n\rangle}_{\lambda^k|\psi_n^{(k)}\rangle} . \tag{1.21}$$

Mit (1.10) erhalten wir außerdem:

$$E_n - E_n^{(0)} = \sum_{k=0}^{\infty} \lambda^{k+1} \underbrace{\langle\phi_n|\hat{V}|\psi_n^{(k)}\rangle}_{E_n^{(k+1)}} , \tag{1.22}$$

in Übereinstimmung mit (1.12), und damit unter Verwendung von (1.21):

$$E_n - E_n^{(0)} = \sum_{k=0}^{\infty} \lambda \langle\phi_n|\hat{V}\left[\hat{Q}_n\hat{G}_0(z)(z - E_n + \lambda\hat{V})\right]^k|\phi_n\rangle . \tag{1.23}$$

Die Rayleigh–Schrödinger-Störungstheorie

Für die Wahl des bislang unbestimmten z gibt es nun zwei wichtige Fälle. Wählt man in der Störungsreihe (1.21) $z = E_n^{(0)}$, so erhält man die sogenannte **Rayleigh–Schrödinger-Störungstheorie**. Dann gilt:

$$|\psi_n\rangle = \sum_{k=0}^{\infty} \left[\hat{Q}_n\hat{G}_0(E_n^{(0)})(E_n^{(0)} - E_n + \lambda\hat{V})\right]^k |\phi_n\rangle , \tag{1.24}$$

Die niedrigsten Korrekturen zu E_n und $|\psi_n\rangle$ ergeben sich dann wie folgt: betrachten wir in der Störungsreihe (1.24) nur das Glied $k = 0$, so erhalten wir

$$|\psi_n^{(0)}\rangle = |\phi_n\rangle , \tag{1.25}$$

$$E_n^{(1)} = \langle\phi_n|\hat{V}|\phi_n\rangle . \tag{1.26}$$

Als nächstes gehen wir bis zum Glied $k = 1$:

$$\begin{aligned}
\lambda\,|\psi_n^{(1)}\rangle &= \hat{Q}_n\hat{G}_0(E_n^{(0)})(E_n^{(0)} - E_n + \lambda\hat{V})\,|\phi_n\rangle \\
&= \hat{Q}_n(E_n^{(0)} - E_n)\hat{G}_0(E_n^{(0)})\,|\phi_n\rangle + \lambda\hat{Q}_n\hat{G}_0(E_n^{(0)})\hat{V}\,|\phi_n\rangle \\
&= \underbrace{(E_n^{(0)} - E_n)\hat{G}_0(E_n^{(0)})\hat{Q}_n\,|\phi_n\rangle}_{=0} + \lambda\hat{Q}_n\hat{G}_0(E_n^{(0)})\hat{V}\,|\phi_n\rangle \\
&= \lambda\hat{Q}_n \sum_m |\phi_m\rangle\,\langle\phi_m|\hat{G}_0(E_n^{(0)})\hat{V}|\phi_n\rangle
\end{aligned}$$

und somit:

$$|\psi_n^{(1)}\rangle = \sum_{m\neq n} |\phi_m\rangle \frac{\langle\phi_m|\hat{V}|\phi_n\rangle}{E_n^{(0)} - E_m^{(0)}} . \tag{1.27}$$

Für den Zustand $|\psi_n\rangle$ in erster Ordnung Störungstheorie erhält man dann in der Summe:

$$|\psi_n\rangle = |\phi_n\rangle + \lambda \sum_{m\neq n} |\phi_m\rangle \frac{\langle\phi_m|\hat{V}|\phi_n\rangle}{E_n^{(0)} - E_m^{(0)}} . \tag{1.28}$$

Für die Energiekorrektur $E_n^{(2)}$ verwenden wir (1.12) und multiplizieren (1.27) linksseitig mit $\langle\phi_n|\,\hat{V}$:

$$E_n^{(2)} = \langle\phi_n|\hat{V}|\psi_n^{(1)}\rangle , \tag{1.29}$$

so dass wir erhalten:

$$E_n^{(2)} = \sum_{m \neq n} \frac{|\langle \phi_m | \hat{V} | \phi_n \rangle|^2}{E_n^{(0)} - E_m^{(0)}}. \tag{1.30}$$

Damit erhalten wir in zweiter Ordnung Störungstheorie für die Energie E_n:

$$E_n = E_n^{(0)} + \lambda \langle \phi_n | \hat{V} | \phi_n \rangle + \lambda^2 \sum_{m \neq n} \frac{|\langle \phi_m | \hat{V} | \phi_n \rangle|^2}{E_n^{(0)} - E_m^{(0)}}. \tag{1.31}$$

Man erkennt, dass bei der Anwendung der Störungstheorie die $(k-1)$-te Korrektur zum Zustand $|\psi_n\rangle$ und die k-te Korrektur zum Energie-Eigenwert E_n Hand in Hand gehen.

An dem Ergebnis für $E_n^{(2)}$ ist das Vorzeichen bemerkenswert: sofern nämlich die Korrektur erster Ordnung verschwindet (was häufig der Fall ist) wird die Grundzustandsenergie $E_0 = E_0^{(0)} + \lambda^2 E_0^{(2)}$ durch eine Störung in zweiter Ordnung stets erniedrigt, da gilt:

$$E_0^{(2)} = \sum_{m \neq 0} \frac{|\langle \phi_m | \hat{V} | \phi_0 \rangle|^2}{E_0^{(0)} - E_m^{(0)}} < 0,$$

denn es ist stets $E_0^{(0)} - E_m^{(0)} < 0$.

Anhand der Formeln (1.28) oder (1.30) ist sofort zu sehen, dass wegen des Nenners $E_n^{(0)} - E_m^{(0)}$ der entartete Fall einer anderen Behandlung bedarf, der wir uns weiter unten zuwenden werden.

Summenregel von Dalgarno und Lewis

Die exakte Berechnung von Summen der Form (1.30) ist im Allgemeinen eine äußerst komplizierte Aufgabe, und es existieren eine Vielzahl an speziellen Methoden zur Berechnung der Energiekorrekturen, die jeweils an gewisse Voraussetzungen geknüpft sind. Die im Folgenden vorgestellte Methode stammt von den beiden britischen Physikern Alexander Dalgarno und John T. Lewis [DL55].

Wir gehen aus von (1.11) und setzen $k = 1$:

$$\left(E_n^{(0)} - \hat{H}_0\right) |\psi_n^{(1)}\rangle = \left(\hat{V} - E_n^{(1)}\right) |\phi_n\rangle ,$$

und wir nehmen nun an, es gebe einen Operator $\hat{F}_n$, so dass:

$$\begin{aligned} \left(E_n^{(0)} - \hat{H}_0\right) \hat{F}_n |\phi_n\rangle &= [\hat{F}_n, \hat{H}_0] |\phi_n\rangle \\ &\stackrel{!}{=} \left(\hat{V} - E_n^{(1)}\right) |\phi_n\rangle , \end{aligned} \tag{1.32}$$

wobei vollkommen unerheblich ist, wie wir den Operator $\hat{F}_n$ erhalten: durch Raten, plausible Ansätze oder systematisches Ableiten. Wir erkennen dann, dass gilt:

$$|\psi_n^{(1)}\rangle = \hat{Q}_n \hat{F}_n |\phi_n\rangle , \tag{1.33}$$

denn dann gilt $\langle\psi_n^{(1)}|\psi_n^{(1)}\rangle = 1$, $\langle\phi_n|\psi_n^{(1)}\rangle = 0$ und außerdem (1.32).

Dann erhalten wir die Energiekorrektur zweiter Ordnung $E_n^{(2)}$ direkt aus (1.29), ohne die Summe (1.30) berechnen zu müssen. Es ist dann nämlich einfach:

$$\begin{aligned} E_n^{(2)} &= \langle\phi_n|\hat{V}|\psi_n^{(1)}\rangle \\ &= \langle\phi_n|\hat{V}\hat{Q}_n\hat{F}_n|\phi_n\rangle \\ &= \langle\phi_n|\hat{V}\left(\mathbb{1} - \hat{P}_n\right)\hat{F}_n|\phi_n\rangle \end{aligned}$$

mit $\hat{P}_n = |\phi_n\rangle\langle\phi_n|$, und damit

$$\begin{aligned} E_n^{(2)} &= \langle\phi_n|\hat{V}\hat{F}_n|\phi_n\rangle - \langle\phi_n|\hat{V}|\phi_n\rangle\langle\phi_n|\hat{F}_n|\phi_n\rangle && (1.34a) \\ &= \langle\phi_n|\hat{V}\hat{F}_n|\phi_n\rangle - E_n^{(1)}\langle\phi_n|\hat{F}_n|\phi_n\rangle\,. && (1.34b) \end{aligned}$$

Das ist die **Summenregel von Dalgarno und Lewis**. Wir werden diese in Abschnitt 3 für die Berechnung des Stark-Effekts in zweiter Ordnung Störungstheorie verwenden.

Brillouin–Wigner-Störungstheorie

Wählt man in (1.21) hingegen $z = E_n$, so erhält man die **Brillouin–Wigner-Störungstheorie**:

$$|\psi_n\rangle = \sum_{k=0}^{\infty}\left[\hat{Q}_n\hat{G}_0(E_n)(\lambda\hat{V})\right]^k|\phi_n\rangle\,. \tag{1.35}$$

In der niedrigsten Ordnung ($k = 0$ für Zustandskorrekturen, $k = 1$ für Energiekorrekturen) erhält man das identische Ergebnis zur Rayleigh–Schrödinger-Störungstheorie:

$$|\psi_n^{(0)}\rangle = |\phi_n\rangle\,, \tag{1.36}$$

$$E_n^{(1)} = \langle\phi_n|\hat{V}|\phi_n\rangle\,. \tag{1.37}$$

Der wesentliche Unterschied ergibt sich bei der Berechnung der Glieder höherer Ordnung:

$$\lambda\,|\psi_n^{(1)}\rangle = \lambda\hat{Q}_n\sum_m|\phi_m\rangle\langle\phi_m|\hat{G}_0(E_n^{(0)})\hat{V}|\phi_n\rangle\,,$$

und man erhält:

$$|\psi_n\rangle = |\phi_n\rangle + \lambda\sum_{m\neq n}|\phi_m\rangle\frac{\langle\phi_m|\hat{V}|\phi_n\rangle}{E_n - E_m^{(0)}}\,. \tag{1.38}$$

Für die Energiekorrektur $E_n^{(2)}$ erhalten wir wieder durch linksseitiges Multiplizieren von (1.38) mit $\langle\phi_n|$:

$$E_n^{(2)} = \sum_{m\neq n}\frac{|\langle\phi_m|\hat{V}|\phi_n\rangle|^2}{E_n - E_m^{(0)}}\,. \tag{1.39}$$

Damit erhalten wir in zweiter Ordnung Störungstheorie:

$$E_n = E_n^{(0)} + \lambda \langle \phi_n | \hat{V} | \phi_n \rangle + \lambda^2 \sum_{m \neq n} \frac{|\langle \phi_m | \hat{V} | \phi_n \rangle|^2}{E_n - E_m^{(0)}}. \tag{1.40}$$

Man erkennt, dass die Brillouin–Wigner-Störungstheorie ein **implizites** Verfahren ist, da nicht nach der zu berechnenden Größe E_n aufgelöst wird. Vielmehr wird E_n in jeder Ordnung implizit berechnet, was häufig ein besseres Kovergenzverhalten liefert. Im Gegensatz dazu ist die Rayleigh–Schrödinger-Störungstheorie ein in jeder Ordnung **explizites** Verfahren und wird aus diesem Grunde häufig bevorzugt – so auch in allen folgenden Beispielen dieses Kapitels. Beide Störungsreihen lassen sich selbstverständlich hervorragend auf Computeralgorithmen abbilden und numerisch lösen.

Zur Konvergenz von Störungsreihen

Eine notwendige Bedingung für die Konvergenz einer störungstheoretischen Entwicklung ist, dass die Beiträge der Wellenfunktionen höherer Ordnung klein gegenüber denen niedrigerer Ordnung sind. Terme höherer Ordnung unterscheiden sich um Faktoren der Größenordnung

$$\lambda \sum_{m \neq n} \frac{\langle \phi_m | \hat{V} | \phi_n \rangle}{E_n^{(0)} - E_m^{(0)}}$$

von denen nächst-niedrigerer Ordnung. Die notwendige Bedingung für Konvergenz der Reihe (1.4), nämlich

$$\left| \lambda \sum_{m \neq n} \frac{\langle \phi_m | \hat{V} | \phi_n \rangle}{E_n^{(0)} - E_m^{(0)}} \right| \ll 1 \quad (n \neq m),$$

ist allerdings in den allermeisten Fällen nicht hinreichend. Genauer sind die meisten Störungsreihen streng genommen divergent, und das trotz beliebig kleiner Störung. Allerdings ist es bei divergierenden Reihen möglich, dass die Näherungen niedriger Ordnung die exakte Lösung gut approximieren, man spricht hier von **asymptotischer Konvergenz**.

Die Energiekorrektur erster Ordnung bei Entartung

Da sich die Rayleigh–Schrödinger- und die Brillouin–Wigner-Methode bei der Berechnung der Energiekorrektur erster Ordnung nicht unterscheiden, gelten die folgenden Betrachtung also gleichermaßen für beide Verfahren.

Wir haben bislang vorausgesetzt, dass $\hat{H}_0$ im diskreten Spektrum keine entarteten Eigenwerte besitzt. Wenn aber Entartung vorliegt, ist eine abgewandelte Form der Reihenentwicklung (1.4,1.5) erforderlich.

Ohne Beschränkung der Allgemeinheit gehen wir davon aus, dass der Eigenwert $E_n^{(0)}$ eine g_n-fache Entartung besitzt, das heißt, der durch $\{ \mid \phi_{n,\alpha} \rangle \}$ aufgespannte Unterraum mit

$$\hat{H}_0 \, |\phi_{n,\alpha}\rangle = E_n^{(0)} \, |\phi_{n,\alpha}\rangle \quad (\alpha = 1, 2, \ldots, g_n) \tag{1.41}$$

besitzt die Dimension g_n. Die Gleichung (1.41) tritt an die Stelle von (1.3), und wir gehen davon aus, dass $\{\ |\ \phi_{n,\alpha}\rangle\ \}$ in diesem Unterrraum ein Orthonormalsystem darstellt:

$$\langle\phi_{n,\alpha}|\phi_{n,\beta}\rangle = \delta_{\alpha\beta}. \tag{1.42}$$

In nullter Ordnung Störungstheorie ergibt sich nun anstatt (1.25) vielmehr:

$$|\psi_n^{(0)}\rangle = \sum_{\alpha=1}^{g_n} c_\alpha\,|\phi_{n,\alpha}\rangle\,, \tag{1.43}$$

mit der Normierung

$$\langle\psi_n^{(0)}|\psi_n^{(0)}\rangle = \sum_{\alpha=1}^{g_n}|c_\alpha|^2 \stackrel{!}{=} 1,$$

und es gilt nun im Folgenden, sowohl die Koeffizienten c_α als auch die Energiekorrekturen erster Ordnung $E_n^{(1)}$ zu bestimmen. Hierfür setzen wir (1.41) und (1.43) in (1.9) ein und multiplizieren anschließend linksseitig mit $\langle\phi_{n_\beta}|$. Wir erhalten:

$$\sum_\alpha c_\alpha\left[E_n^{(0)}\delta_{\alpha\beta} + \lambda\,\langle\phi_{n,\beta}|\hat{V}|\phi_{n,\alpha}\rangle\right] = E_n\sum_\alpha c_\alpha\delta_{\alpha\beta}$$

und damit:

$$c_\beta E_n = c_\beta E_n^{(0)} + \lambda\sum_\alpha c_\alpha\,\langle\phi_{n,\beta}|\hat{V}|\phi_{n,\alpha}\rangle\,,$$

was wir mit $E_n^{(1)} = E_n - E_n^{(0)}$ in erster Ordnung Störungstheorie umschreiben können zu einer Eigenwertgleichung:

$$\lambda\sum_\beta V_{\alpha\beta}c_\beta = E_n^{(1)}c_\alpha \quad (\alpha = 1, 2, \ldots, g_n), \tag{1.44}$$

mit der **Störmatrix**

$$V_{\alpha\beta} = \langle\phi_{n,\alpha}|\hat{V}|\phi_{n,\beta}\rangle\,. \tag{1.45}$$

Dieses homogene lineare Gleichungssystem g_n-ter Ordnung für die Koeffizienten c_α besitzt nur dann eine nichttriviale Lösung, wenn die Determinante $\det(\lambda V_{\alpha\beta} - E_n^{(1)}\delta_{\alpha\beta})$ verschwindet:

$$\det\left(\lambda V_{\alpha\beta} - E_n^{(1)}\delta_{\alpha\beta}\right) \stackrel{!}{=} 0, \tag{1.46}$$

beziehungsweise

$$\begin{vmatrix} V_{11} - E_n^{(1)}/\lambda & V_{12} & V_{13} & \cdots & V_{1g_n} \\ V_{21} & V_{22} - E_n^{(1)}/\lambda & V_{23} & \cdots & V_{2g_n} \\ \vdots & \vdots & \vdots & \ddots & \vdots \\ V_{g_n1} & V_{g_n2} & V_{g_n3} & \cdots & V_{g_ng_n} - E_n^{(1)}/\lambda \end{vmatrix} \stackrel{!}{=} 0. \tag{1.47}$$

Diese Determinante ist eine polynomiale Gleichung g_n-ten Grades in $E_n^{(1)}$. Sofern diese reelle Lösungen $E_{n,\alpha}^{(1)}$ besitzt, stellen diese dann die jeweiligen Energiekorrekturen erster Ordnung dar und heben somit zumindest teilweise die Entartung des g_n-dimensionalen Unterraums auf. Mit den so erhaltenen Werten für $E_{n,\alpha}^{(1)}$ lassen sich dann mittels (1.44) die Koeffizienten c_α erhalten und damit wiederum der Eigenzustand in nullter Ordnung (1.43).

Wir fassen zusammen: um für einen g_n-fach entarteten Energie-Eigenwert $E_n^{(0)}$ die Energiekorrekturen $E_{n,\alpha}^{(1)}$ in erster Ordnung Störungstheorie zu erhalten, gehen wir wie folgt vor:

1. Für den g_n-fach entarteten Energie-Eigenwert $E_n^{(0)}$ bestimme man die $(g_n \times g_n)$-Matrix
$$V_{\alpha\beta} = \langle \phi_{n,\alpha} | \hat{V} | \phi_{n,\beta} \rangle \,.$$
2. Man diagonalisiere $V_{\alpha\beta}$, sprich, man finde die Eigenwerte $E_{n,\alpha}^{(1)}$ und Eigenvektoren
$$c_\alpha = \begin{pmatrix} c_1 \\ \vdots \\ c_{g_n} \end{pmatrix}.$$
3. Die Lösungen $E_{n,\alpha}^{(1)}$ stellen dann die Energiekorrekturen in erster Ordnung Störungstheorie dar. Die Energie-Eigenvektoren $|\psi_n^{(0)}\rangle$ in nullter Ordnung Störungstheorie sind dann gegeben durch
$$|\psi_n^{(0)}\rangle = \sum_{\alpha=1}^{g_n} c_\alpha \, |\phi_{n,\alpha}\rangle \,.$$

Mathematischer Einschub 1: Asymptotisch-konvergente Reihen

Eine Reihenentwicklung
$$f_n(x) = \sum_{k=0}^{n} a_k x^k \tag{1.48}$$
einer Funktion $f(x)$ heißt **asymptotisch-konvergent** oder **semikonvergent** für $x \to 0$, wenn für festes n gilt:
$$\lim_{x\to 0} \frac{f(x) - f_n(x)}{x^n} = 0. \tag{1.49}$$
Man schreibt dann auch häufig:
$$f(x) = f_n(x) + O(x^{n+1}). \tag{1.50}$$

Entsprechend heißt eine Reihenentwicklung

$$f_n(x) = \sum_{k=0}^{n} b_k x^{-k} \tag{1.51}$$

asymptotisch-konvergent für $x \longrightarrow \infty$, wenn für festes n gilt:

$$\lim_{x\to\infty} x^n \left[f(x) - f_n(x) \right] = 0. \tag{1.52}$$

Im Falle der Konvergenz würde hingegen gelten:

$$\lim_{n\to\infty} \left[f(x) - f_n(x) \right] = 0. \tag{1.53}$$

Mit der zusätzlichen Bedingung

$$\lim_{n\to\infty} x^n \left[f(x) - f_n(x) \right] \stackrel{!}{=} \infty \quad \text{(festes } x\text{)} \tag{1.54}$$

werden konvergente Reihen von den asymptotisch konvergenten Reihen ausgeschlossen.

Als Beispiel sei die Funktion

$$f(z) = \int_0^\infty \mathrm{d}t \frac{\mathrm{e}^{-t}}{1 - zt} \tag{1.55}$$

betrachtet, die für alle $z \in \mathbb{C}$ in der negativ-reellen Halbebene ($\mathrm{Re}\, z < 0$) eine analytische Funktion ist. Nun gilt für $|z|t < 1$ (und $t > 0$):

$$\frac{1}{1 - zt} = \sum_{k=0}^{\infty} (zt)^k, \tag{1.56}$$

und die endlichen Teilsummen s_n dieser geometrischen Reihe besitzen den Wert

$$\begin{aligned} s_n &= \sum_{k=0}^{n} (zt)^n \\ &= \frac{1 - (zt)^{n+1}}{1 - zt}. \end{aligned} \tag{1.57}$$

Verwenden wir (1.56) in (1.55), so erhalten wir eine Reihe

$$f(z) = \sum_{k=0}^{\infty} \int_0^\infty \mathrm{d}t \mathrm{e}^{-t} (zt)^k, \tag{1.58}$$

deren Teilsummen allerdings für keine noch so kleinen Werte von z konvergieren, da das Integral über beliebig große Werte von t geht.

Der Wert für die Teilsummen (1.57) hingegen gilt aber in jedem Falle, also für alle $z \in \mathbb{C}$, selbst wenn die Reihe (1.56) nicht konvergiert. Wir wollen daher das Restglied r_n berechnen, wenn wir (1.58) für den divergenten Fall $|z|t \geq 1$ anwenden. Dazu rechnen wir zunächst:

$$\begin{aligned}
\int_0^\infty \mathrm{d}t \mathrm{e}^{-t}(zt)^k &= z^k \int_0^\infty \mathrm{d}t \mathrm{e}^{-\alpha t} t^k \bigg|_{\alpha=1} \\
&= z^k(-1)^k \left[\frac{\mathrm{d}^k}{\mathrm{d}\alpha^k} \int_0^\infty \mathrm{d}t \mathrm{e}^{-\alpha t}\right]_{\alpha=1} \\
&= z^k(-1)^k \frac{\mathrm{d}^k}{\mathrm{d}\alpha^k} \alpha^{-1} \bigg|_{\alpha=1} \\
&= z^k k!\, \alpha^{-(k+1)} \Big|_{\alpha=1} = k! z^k,
\end{aligned}$$

was noch einmal bestätigt, dass (1.58) tatsächlich für alle $z \in \mathbb{C}$ divergiert. Für das Restglied r_n gilt dann aber für den Fall $\operatorname{Re} z < 0$:

$$\begin{aligned}
r_n(z) &= f(z) - \sum_{k=0}^{n} k! z^k \\
&= \int_0^\infty \mathrm{d}t \mathrm{e}^{-t} \left(\frac{1}{1-zt} - s_n\right) \\
&= \int_0^\infty \mathrm{d}t \mathrm{e}^{-t} \left(\frac{1}{1-zt} - \frac{1-(zt)^{n+1}}{1-zt}\right) \\
&= \int_0^\infty \mathrm{d}t \mathrm{e}^{-t} \frac{(zt)^{n+1}}{1-zt} \\
&\leq |z|^{n+1} \int_0^\infty \mathrm{d}t \mathrm{e}^{-t} t^{n+1} = (n+1)! |z|^{n+1}.
\end{aligned}$$

Dieses Restglied r_n geht für $n \to \infty$ sehr schnell gegen ∞. Bevor es das tut, durchläuft es jedoch als Funktion von n betrachtet ein Minimum bei $n_{\min}$, in Abhängigkeit von $|z|$. Für $|z| = 0{,}1$ ist abgerundet $n_{\min} = 8$, während für $|z| = 0{,}2$ das Minimum bereits bei abgerundet $n_{\min} = 3$ ist. Für $|z| = 0{,}5$ ist die Reihe bereits nach dem ersten Glied völlig unbrauchbar, während für $|z| = 0{,}01$ die ersten 98 Glieder scheinbar konvergieren und das Restglied bereits bei 10^{-41} liegt – und dennoch divergiert die Reihe!

Wenden wir noch die Eingangsdefinition asymptotisch-konvergenter Reihen auf das obige Beispiel an. Es ist, wie wir gerade berechnet haben:

$$\frac{r_n(z)}{|z|^n} \leq (n+1)!|z|,$$

und somit

$$\lim_{|z|\to 0} \frac{f(z) - f_n(z)}{|z|^n} = 0,$$

entsprechend der Eingangsdefinition.

Die Untersuchung asymptotisch-konvergenter Reihen geht maßgeblich auf Henri Poincaré, der die Bezeichnung „asymptotisch-konvergent" prägte, und den jungen niederländischen Mathematiker Thomas Joannes Stieltjes, der diese „semikonvergent" nannte, zurück. Während Poincaré die formalen Eigenschaften dieser mathematischen Objekte untersuchte, betrachtete Stieltjes ihre praktische Anwendung zur Approximation von Funktionen.

2 Stationäre Störungstheorie II: Die formale explizite Störungsreihe

Eine mathematisch stringente Betrachtung der formalen (expliziten, also Rayleigh–Schrödinger-)Störungsentwicklung, die auch den Fall beliebiger Entartung beinhaltet, stammt vom japanischen Mathematiker Tosio Kato, der die moderne Theorie der Schrödinger-Operatoren funktionalanalytisch fundierte und insbesondere die Konvergenzeigenschaften von Störungsreihen untersuchte [Kat49; Kat50b; Kat50c]. Den mathematisch-historisch interessierten Leser mag auch der wissenschaftlichen Nachruf auf Kato ansprechen [Cor+00], sowie der zweiteilige Review von Barry Simon über Katos Arbeiten zur nichtrelativistischen Quantenmechanik [Sim18; Sim19]. Die folgenden Betrachtungen entstammen den oben zitierten Arbeiten und verwenden weitestgehend die dortige Notation.

Wir bauen auf den mathematischen Ausführungen aus Abschnitt I-24 auf. Es sei $\hat{H} = \hat{H}_0 + \lambda\hat{V}$ und

$$\hat{G}(z) = \frac{1}{z - \hat{H}}, \tag{2.1}$$

$$\hat{G}_0(z) = \frac{1}{z - \hat{H}_0} \tag{2.2}$$

seien die jeweiligen Resolventen. Dann ist gemäß der 2. Resolventenidentität (I-24.40):

$$\hat{G}(z) = \hat{G}_0(z) + \lambda\hat{G}_0(z)\hat{V}\hat{G}(z), \tag{2.3}$$

und wir erhalten entsprechend (I-24.41) durch Iteration die Neumann-Reihe:

$$\hat{G}(z) = \sum_{n=0}^{\infty} \lambda^n \hat{G}_0(z) \left[\hat{V}\hat{G}_0(z)\right]^n, \tag{2.4}$$

die wir auch **Störungsreihe** nennen.

Es sei nun $E_n^{(0)}$ ein Eigenwert aus dem diskreten Spektrum des ungestörten Hamilton-Operators $\hat{H}_0$ mit Entartungsgrad g_n und Eigenunterraum $\mathcal{H}_n^{(0)}$. Der Projektionsoperator auf $\mathcal{H}_n^{(0)}$ heiße $\hat{P}_n^{(0)}$. Durch die durch λ parametrisierte Störung werde diese Entartung teilweise aufgehoben, und $\hat{H}$ besitze dadurch die aus $E_n^{(0)}$ entstandenen Eigenwerte $E_{n,\alpha}(\lambda)$ mit Entartungsgrad $g_{n,\alpha}$ und Eigenunterraum $\mathcal{H}_{n,\alpha}$. Die entsprechenden Projektionsoperatoren sind dann $\hat{P}_{n,\alpha}(\lambda)$, und es sei $\hat{P}_n(\lambda) = \bigoplus_\alpha \hat{P}_{n,\alpha}(\lambda)$, sowie $\mathcal{H}_n = \bigoplus_\alpha \mathcal{H}_{n,\alpha}$. Es muss daher gelten:

$$\sum_\alpha g_{n,\alpha} = g_n, \tag{2.5}$$

$$\lim_{\lambda\to 0} E_{n,\alpha}(\lambda) = E_n^{(0)}, \tag{2.6}$$

$$\lim_{\lambda\to 0} \hat{P}_n(\lambda) = \hat{P}_n^{(0)}. \tag{2.7}$$

Im Folgenden wird das Argument λ in den Funktionen $\hat{P}_n$ und $E_{n,\alpha}$ unterdrückt.

Sofern nun die Störung klein genug ist, sprich sofern λ hinreichend klein ist, ist gesichert, dass die Eigenwerte $E_{n,\alpha}$ nicht gewissermaßen einen weiteren ungestörten Eigenwert $E_{m,\beta}$ für $m \neq n$ kreuzen, so dass wir einen Weg Γ_n wählen können derart, dass er alle Pole $E_{n,\alpha}(\lambda)$, und auch nur diese, von $\hat{G}(z)$ sowie E_n selbst positiv umläuft. Gemäß (I-24.46) gilt dann:

$$\hat{P}_n = \frac{1}{2\pi i} \oint_{\Gamma_n} \hat{G}(z) \mathrm{d}z. \tag{2.8}$$

Verwenden wir dann (2.4) in (2.8), erhalten wir die entsprechende Störungsreihe für den Projektionsoperator $\hat{P}_n$:

$$\hat{P}_n = \hat{P}_n^{(0)} + \sum_{k=1}^{\infty} \lambda^k \hat{A}_n^{(k)}, \tag{2.9}$$

mit

$$\hat{A}_n^{(k)} := \frac{1}{2\pi i} \oint_{\Gamma_n} \hat{G}_0(z) \left[\hat{V}\hat{G}_0(z)\right]^k \mathrm{d}z. \tag{2.10}$$

$$= \mathrm{Res}\left(\hat{G}_0(z) \left[\hat{V}\hat{G}_0(z)\right]^k ; E_n^{(0)}\right). \tag{2.11}$$

Gleichung (2.10) beziehungsweise (2.10) macht deutlich, dass die Berechnung der Störungsreihe (2.9) darauf hinausläuft, dass (operatorwertige) Residuum $\hat{A}_n^{(k)}$ des Ausdrucks $\hat{G}_0(z) \left[\hat{V}\hat{G}_0(z)\right]^k$ bei der Stelle $z = E_n^{(0)}$ zu berechnen, welche als einfacher Pol von $\hat{G}_0(z)$ den einzigen Pol der Ordnung $(k+1)$ von $\hat{A}_n^{(k)}$ darstellt. Kennt man dann alle Residuen $\hat{A}_n^{(k)}$, so kennt man den Projektionsoperator $\hat{P}_n$. In einer Laurent-Reihe

$$\hat{G}_0(z) \left[\hat{V}\hat{G}_0(z)\right]^k = \sum_{i=-(n+1)}^{\infty} c_i \left(z - E_n^{(0)}\right)^i$$

ist das gesuchte Residuum dann der Koeffizient c_{-1}. Diese Laurent-Reihe berechnen wir nun.

Es sei $\hat{Q}_n^{(0)} := \mathbb{1} - \hat{P}_n^{(0)}$. Dann ist

$$\begin{aligned} \hat{G}_0(z) &= \frac{\hat{P}_n^{(0)}}{z - E_n^{(0)}} + \frac{\hat{Q}_n^{(0)}}{z - E_n^{(0)} + E_n^{(0)} - \hat{H}_0} \\ &= \frac{\hat{P}_n^{(0)}}{z - E_n^{(0)}} + \frac{\hat{Q}_n^{(0)}}{\left(E_n^{(0)} - \hat{H}_0\right)\left(1 - \frac{E_n^{(0)} - z}{E_n^{(0)} - \hat{H}_0}\right)}. \end{aligned} \tag{2.12}$$

Der Voraussetzung nach sei der Weg Γ_n so gewählt, dass er keine weiteren Pole $E_m \neq E_n$ umschließt, so dass wir voraussetzen können, dass stets

$$\left|\frac{E_n^{(0)} - z}{E_n^{(0)} - \hat{H}_0}\right| < 1,$$

gilt. Dann können wir die geometrische Reihe

$$\frac{1}{1-\frac{E_n^{(0)}-z}{E_n^{(0)}-\hat{H}_0}} = \sum_{j=0}^{\infty}\left(\frac{E_n^{(0)}-z}{E_n^{(0)}-\hat{H}_0}\right)^j$$

in (2.12) verwenden und erhalten:

$$\begin{aligned}
\hat{G}_0(z) &= \frac{\hat{P}_n^{(0)}}{z-E_n^{(0)}} + \sum_{j=0}^{\infty}\frac{\hat{Q}_n^{(0)}}{E_n^{(0)}-\hat{H}_0}\left(\frac{E_n^{(0)}-z}{E_n^{(0)}-\hat{H}_0}\right)^j \\
&= \frac{\hat{P}_n^{(0)}}{z-E_n^{(0)}} + \sum_{j=0}^{\infty}\hat{Q}_n^{(0)}(-1)^j\frac{\left(z-E_n^{(0)}\right)^j}{\left(E_n^{(0)}-\hat{H}_0\right)^{j+1}} \\
&= \frac{\hat{P}_n^{(0)}}{z-E_n^{(0)}} + \sum_{j=1}^{\infty}\hat{Q}_n^{(0)}(-1)^{j-1}\frac{\left(z-E_n^{(0)}\right)^{j-1}}{\left(E_n^{(0)}-\hat{H}_0\right)^{j}},
\end{aligned}$$

und somit:

$$\hat{G}_0(z) = \sum_{j=0}^{\infty}(-1)^{j-1}(z-E_n^{(0)})^{j-1}\hat{S}_n^{(j)}, \tag{2.13}$$

mit

$$\hat{S}_n^{(0)} := -\hat{P}_n^{(0)}, \tag{2.14a}$$

$$\hat{S}_n^{(j)} := \left[\hat{Q}_n^{(0)}\hat{G}_0(E_n^{(0)})\right]^j \quad (j>1). \tag{2.14b}$$

Setzen wir nun (2.13) in den Ausdruck $\hat{G}_0(z)\left[\hat{V}\hat{G}_0(z)\right]^k$ ein, so erhalten wir:

$$\hat{G}_0(z)\left[\hat{V}\hat{G}_0(z)\right]^k = \left(\sum_{j=0}^{\infty}(-1)^{j-1}(z-E_n^{(0)})^{j-1}\hat{S}_n^{(j)}\right)\left[\hat{V}\sum_{l=0}^{\infty}(-1)^{l-1}(z-E_n^{(0)})^{l-1}\hat{S}_n^{(l)}\right]^k. \tag{2.15}$$

Mit Hilfe einer verallgemeinerten Form des Multinomialtheorems für unendlich viele Summanden und nichtkommutative Operatoren

$$\left(\sum_{l=0}^{\infty}\hat{O}_l\right)^k = \sum \hat{O}_{l_1}\hat{O}_{l_2}\ldots\hat{O}_{l_k}$$

über alle möglichen geordneten Kombinationen mit Wiederholung $\{\,(l_1,\ldots,l_k)\mid l_i\in\mathbb{N}\,\}$ erkennen wir mit der Identifizierung von

$$\hat{O}_l \to (-1)^{l-1}(z-E_n^{(0)})^{l-1}\hat{V}\hat{S}_n^{(l)},$$

dass wir den zweiten Faktor auf der rechten Seite von (2.15) schreiben können als:

$$\left[\hat{V}\sum_{l=0}^{\infty}(-1)^{l-1}(z-E_n^{(0)})^{l-1}\hat{S}_n^{(l)}\right]^k = \sum(-1)^{\sum l_i - k}(z-E_n^{(0)})^{\sum l_i - k}\hat{V}\hat{S}_n^{(l_1)}\ldots\hat{V}\hat{S}_n^{(l_k)}.$$

Da wir sind nicht an einem geschlossenen Ausdruck für die gesamte Summe (2.15) interessiert sind, sondern nur an dem Koeffizienten c_{-1} im Reihenglied $\sim (z-E_n^{(0)})^{-1}$, betrachten wir nur den Term auf der rechten Seite von (2.15), für den $j-1+\sum l_i - k = -1$ und damit $j+\sum l_i = k$ gilt. Damit erhalten wir mit $l_0 = j$ letzten Endes

$$\hat{A}_n^{(k)} = -\sum_{(k)}\hat{S}_n^{(l_0)}\hat{V}\hat{S}_n^{(l_1)}\ldots\hat{V}\hat{S}_n^{(l_k)}, \tag{2.16}$$

wobei die Summe über alle geordneten Kombinationen $\{\,(l_0,\ldots,l_k)\mid l_i\in\mathbb{N}\,\}$ mit Wiederholung geht mit $\sum_{i=0}^{n} l_i = k$.

Für die weiteren Betrachtungen benötigen wir noch den Ausdruck $\hat{H}\hat{P}_n$. Eine analoge Rechnung zur obigen ergibt:

$$\hat{H}\hat{P}_n = E_n^{(0)}\hat{P}_n + \sum_{k=1}^{\infty}\lambda^k\hat{B}_n^{(k)}, \tag{2.17}$$

mit

$$\hat{B}_n^{(k)} = \sum_{(k-1)}\hat{S}_n^{(l_0)}\hat{V}\hat{S}_n^{(l_1)}\ldots\hat{V}\hat{S}_n^{(l_k)}, \tag{2.18}$$

wobei die Summe wie oben über alle geordneten Kombinationen $\{\,(l_0,\ldots,l_k)\mid l_i\in\mathbb{N}\,\}$ mit Wiederholung geht mit $\sum_{i=0}^{k} l_i = k-1$.

Die Gleichungen (2.9), (2.16), (2.17) und (2.18) sind die grundlegenden Gleichungen zur Behandlung allgemeiner stationärer Störungsprobleme. Durch die Diagonalisierung von $\hat{P}_n$ erhält man die einzelnen Unterräume $\mathcal{H}_{n,\alpha}$ mit Entartungsgrad $g_{n,\alpha}$, und die Diagonalisierung von $\hat{H}\hat{P}_n$ liefert die Energie-Eigenwerte $E_{n,\alpha}$ in den jeweiligen Unterräumen.

Berechnung der Energie-Eigenwerte und -Eigenzustände: keine Entartung ($g_n = 1$)

Für den einfachen Fall, dass der Energie-Eigenwert $E_n^{(0)}$ nicht entartet ist, folgt aus (2.17) nun einfach durch Spurbildung:

$$E_n = \mathrm{Tr}(\hat{H}\hat{P}_n) \tag{2.19}$$

$$= E_n^{(0)} + \sum_{k=1}^{\infty}\lambda^k \underbrace{\mathrm{Tr}\,\hat{B}_n^{(k)}}_{E_n^{(k)}}. \tag{2.20}$$

Es ist dann für die ersten beiden Ordnungen:

$$\begin{aligned} E_n^{(1)} &= \mathrm{Tr}\,\hat{B}_n^{(1)} = \mathrm{Tr}(\hat{P}_n^{(0)}\hat{V}\hat{P}_n^{(0)}) \\ &= \langle\phi_n|\hat{V}|\phi_n\rangle\,, \\ E_n^{(2)} &= \mathrm{Tr}\,\hat{B}_n^{(2)} = \mathrm{Tr}(\hat{P}_n^{(0)}\hat{V}\hat{P}_n^{(0)}\hat{V}\hat{S}_n^{(1)} + \hat{P}_n^{(0)}\hat{V}\hat{S}_n^{(1)}\hat{V}\hat{P}_n^{(0)} + \hat{S}_n^{(1)}\hat{V}\hat{P}_n^{(0)}\hat{V}\hat{P}_n^{(0)}) \\ &= \mathrm{Tr}(\hat{P}_n^{(0)}\hat{V}\hat{S}_n^{(1)}\hat{V}\hat{P}_n^{(0)}) \\ &= \sum_{m\neq n}\frac{|\langle\phi_n|\hat{V}|\phi_n\rangle|^2}{E_n^{(0)}-E_m^{(0)}}\,, \end{aligned}$$

und so weiter, ganz in Übereinstimmung mit (1.26) und (1.30). Wegen der Zyklizität der Spur verschwinden diejenigen Terme, bei denen die beiden Faktoren $\hat{P}_n^{(0)}$ und $\hat{S}_n^{(1)}$ jeweils ganz links und ganz rechts und damit direkt nebeneinander stehen können.

Den Eigenvektor $|\psi_n\rangle$ erhält man mit Hilfe des Projektionsoperators (2.9) und anschließender Normierung. Anwendung auf $|\phi_n\rangle$ ergibt:

$$|\psi_n\rangle = \frac{1}{\langle\phi_n|\hat{P}_n|\phi_n\rangle}\hat{P}_n\,|\phi_n\rangle \tag{2.21}$$

$$= |\phi_n\rangle + \sum_{k=1}^{\infty}\lambda^k\hat{A}_n^{(k)}\,|\phi_n\rangle\,. \tag{2.22}$$

Für die erste Ordnung ergibt sich wieder:

$$\begin{aligned} |\psi_n\rangle &= |\phi_n\rangle + \lambda\left(\hat{P}_n^{(0)}\hat{V}\hat{S}_n^{(1)} + \hat{S}_n^{(1)}\hat{V}\hat{P}_n^{(0)}\right)|\phi_n\rangle \\ &= |\phi_n\rangle + \lambda\hat{S}_n^{(1)}\hat{V}\,|\phi_n\rangle \\ &= |\phi_n\rangle + \lambda\sum_{m\neq n}|\phi_m\rangle\frac{\langle\phi_m|\hat{V}|\phi_n\rangle}{E_n^{(0)}-E_m^{(0)}}\,, \end{aligned}$$

ganz im Einklang mit (1.28).

Berechnung der Energie-Eigenwerte und -Eigenzustände: der entartete Fall ($g_n > 1$)
Im Falle, dass der Eigenwert $E_n^{(0)}$ entartet ist mit Entartungsgrad g_n, kann ein Eigenvektor $|\phi_n\rangle$ also dargestellt werden als Linearkombination

$$|\phi_n\rangle = \sum_{\alpha=1}^{g_n}c_\alpha\,|\phi_{n,\alpha}\rangle\,, \tag{2.23}$$

wobei $|\phi_{n,\alpha}\rangle$ ein Element aus denjenigem Unterraum $\mathcal{H}_{n,\alpha}^{(0)}$ ist, dessen Elemente gewissermaßen für $\lambda \neq 0$ zum Vektorraum $\mathcal{H}_{n,\alpha}$ gehören. Es ist also in gewisser Weise gemeint:

$$\lim_{\lambda\to 0}\mathcal{H}_{n,\alpha} = \mathcal{H}_{n,\alpha}^{(0)}. \tag{2.24}$$

Die Darstellung (2.23) ist unter Umständen nicht eindeutig, wenn nämlich die Entartung von $E_n^{(0)}$ durch die Störung (also für $\lambda \neq 0$) nur teilweise aufgehoben wird. In jedem Falle aber existiert mindestens eine Zerlegung der Art 2.23, und wenn wir wieder voraussetzen, dass λ hinreichend klein ist derart, dass die Eigenwerte $E_{n,\alpha}$ nicht einen weiteren Eigenwert $E_{m,\beta}$ für $m \neq n$ kreuzen, dann sind die durch die beiden Projektionsoperatoren definierte Abbildungen

$$\begin{aligned} \hat{P}_n : \mathcal{H}_n^{(0)} &\to \mathcal{H}_n \\ |\phi_{n,\alpha}\rangle &\mapsto |\psi_{n,\alpha}\rangle\,, \\ \hat{P}_n^{(0)} : \mathcal{H}_n &\to \mathcal{H}_n^{(0)} \\ |\psi_{n,\alpha}\rangle &\mapsto |\phi_{n,\alpha}\rangle \end{aligned}$$

bijektiv, wenn auch nicht notwendigerweise invers zueinander, wegen der gegebenen Restentartung.

Wir definieren nun die beiden in $\mathcal{H}_n^{(0)}$ hermiteschen Operatoren

$$\hat{H}_n := \hat{P}_n^{(0)} \hat{H} \hat{P}_n \hat{P}_n^{(0)}\,, \tag{2.25}$$

$$\hat{K}_n := \hat{P}_n^{(0)} \hat{P}_n \hat{P}_n^{(0)}\,. \tag{2.26}$$

Die Eigenwertgleichung

$$\hat{H}\,|\psi_{n,\alpha}\rangle = E_{n,\alpha}(\lambda)\,|\psi_{n,\alpha}\rangle$$

kann dann geschrieben werden als

$$\hat{H}\hat{P}_n\,|\phi_{n,\alpha}\rangle = E_{n,\alpha}(\lambda)\hat{P}_n\,|\phi_{n,\alpha}\rangle\,.$$

Weitere linksseitige Multiplikation mit $\hat{P}_n^{(0)}$ ergibt dann:

$$\hat{P}_n^{(0)}\hat{H}\hat{P}_n\,|\phi_{n,\alpha}\rangle = E_{n,\alpha}(\lambda)\hat{P}_n^{(0)}\hat{P}_n\,|\phi_{n,\alpha}\rangle\,,$$

beziehungsweise, mit den Definitionen (2.25) und (2.26):

$$\hat{H}_n\,|\phi_{n,\alpha}\rangle = E_{n,\alpha}\hat{K}_n\,|\phi_{n,\alpha}\rangle\,, \tag{2.27}$$

Gleichung (2.27) ist eine verallgemeinerte Eigenwertgleichung für die Energie-Eigenwerte $E_{n,\alpha}$, die sich als Lösungen der Säkulargleichung

$$\det\left(\hat{H}_n - E\hat{K}_n\right) \stackrel{!}{=} 0 \tag{2.28}$$

ergeben. Die gesuchten Eigenvektoren $|\psi_{n,\alpha}\rangle$ erhält man dann durch

$$|\psi_{n,\alpha}\rangle = \hat{P}_n\,|\phi_{n,\alpha}\rangle \tag{2.29}$$

aus den Lösungen $|\phi_{n,\alpha}\rangle$ von (2.27).

Zusammen mit (2.9) und (2.17) erhält man dann

$$\hat{K}_n = \hat{P}_n^{(0)} + \sum_{k=1}^{\infty} \lambda^k \hat{P}_n^{(0)} \hat{A}_n^{(k)} \hat{P}_n^{(0)}, \tag{2.30}$$

$$\hat{H}_n = E_n^{(0)} \hat{K}_n + \sum_{k=1}^{\infty} \lambda^k \hat{P}_n^{(0)} \hat{B}_n^{(k)} \hat{P}_n^{(0)}, \tag{2.31}$$

mit $\hat{A}_n^{(k)}$, $\hat{B}_n^{(k)}$ gegeben durch (2.16) und (2.18). Die Energie-Eigenwerte $E_{n,\alpha}$ erhält man dann in jeder Ordnung Störungstheorie durch entsprechende Trunkierung von (2.30) und (2.31) bei einem entsprechenden Wert von k und anschließendem Lösen der Säkulargleichung (2.28).

Bleiben wir in erster Ordnung Störungstheorie, so ist

$$\begin{aligned}
\hat{K}_n &= \hat{P}_n^{(0)} + \lambda \left(\hat{P}_n^{(0)} \hat{V} \hat{S}_n^{(1)} + \hat{S}_n^{(1)} \hat{V} \hat{P}_n^{(0)} \right), \\
\hat{H}_n &= E_n^{(0)} \hat{K}_n + \lambda \hat{P}_n^{(0)} \hat{V} \hat{P}_n^{(0)} \\
&= E_n^{(0)} \left[\hat{P}_n^{(0)} + \lambda \left(\hat{P}_n^{(0)} \hat{V} \hat{S}_n^{(1)} + \hat{S}_n^{(1)} \hat{V} \hat{P}_n^{(0)} \right) \right] + \lambda \hat{P}_n^{(0)} \hat{V} \hat{P}_n^{(0)}.
\end{aligned}$$

Bilden wir daraus einen „Sandwich“ zwischen $\langle \phi_{n,\alpha} |$ und $| \phi_{n,\beta} \rangle$, erhalten wir:

$$\begin{aligned}
\langle \phi_{n,\alpha} | \hat{K}_n | \phi_{n,\beta} \rangle &= \delta_{\alpha\beta}, \\
\langle \phi_{n,\alpha} | \hat{H}_n | \phi_{n,\beta} \rangle &= E_n^{(0)} \delta_{\alpha\beta} + \lambda \underbrace{\langle \phi_{n,\alpha} | \hat{V} | \phi_{n,\beta} \rangle}_{V_{\alpha\beta}},
\end{aligned}$$

und die Säkulargleichung (2.28) lautet dann:

$$\det \left((E_n^{(0)} - E) \delta_{\alpha\beta} + \lambda V_{\alpha\beta} \right) \stackrel{!}{=} 0,$$

beziehungsweise

$$\det \left(\lambda V_{\alpha\beta} - E_n^{(1)} \delta_{\alpha\beta} \right) \stackrel{!}{=} 0, \tag{2.32}$$

und wir erkennen in (2.32) die gleiche Säkulargleichung (1.46) wieder mit der Störmatrix $V_{\alpha\beta}$ wie in (1.45).

3 Der Stark-Effekt

Wir betrachten ein Wasserstoffatom in einem externen, homogenen elektrischen Feld $\boldsymbol{E}$ entlang der z-Achse:

$$\boldsymbol{E} = |\boldsymbol{E}|\boldsymbol{e}_z$$

und vernachlässigen im Folgenden den Spin des Elektrons.

Das elektrische Feld $\boldsymbol{E}$ führt dazu, dass die Kugelsymmetrie des ursprünglichen Problems explizit gebrochen wird und die Energieniveaus des Wasserstoffatoms entsprechend verschoben werden. Dieser Effekt wird als **Stark-Effekt** bezeichnet, benannt nach dem deutschen Physiker Johannes Stark, der ihn 1913 entdeckte und dafür 1919 den Nobelpreis für Physik erhielt, dann aber leider in den 1930er-Jahren hauptsächlich als lautstarker Verfechter der „Deutschen Physik“ auf sich aufmerksam machte – ein am Ende gescheiterter Versuch, Wissenschaft durch ideologische Lehre zu ersetzen. Die erste störungstheoretische Berechnung im Rahmen der Quantenmechanik (Matrizenmechanik) führte Wolfgang Pauli 1926 in seiner epochalen Arbeit [Pau26] durch (siehe Abschnitt I-8). Erwin Schrödinger tat das gleiche im Rahmen der Wellenmechanik in seiner dritten Arbeit [Sch26] (siehe Abschnitt I-9).

Der ungestörte Hamilton-Operator des Wasserstoffatoms ist (vergleiche Abschnitt II-29):

$$\hat{H}_0 = \frac{\hat{\boldsymbol{p}}^2}{2\mu} - \frac{e^2}{\hat{r}},$$

unter Verwendung der reduzierten Masse μ (siehe (II-28.2)). Die ungestörten Energie-Eigenwerte

$$E_n^{(0)} = -\frac{e^2}{2a_0}\frac{1}{n^2},$$

sowie die Energie-Eigenzustände $|nlm\rangle$ kennen wir bereits aus (II-29.12) und (II-29.34).

Die Wechselwirkung des elektrischen Felds $\boldsymbol{E}$ und dem elektrischen Dipolmoment des Wasserstoffatoms führt nun zu einem Wechselwirkungsterm $e|\boldsymbol{E}|\hat{z}$, der als Störpotential zum ursprünglichen Hamilton-Operator hinzuaddiert wird:

$$\hat{H} = \hat{H}_0 + e|\boldsymbol{E}|\hat{z}. \tag{3.1}$$

Grundzustand $n = 1$: keine Entartung, quadratischer Stark-Effekt
Für die Grundzustandsenergie gilt in nullter Näherung Störungstheorie

$$E_{100}^{(0)} = -\frac{e^2}{2a_0}.$$

Der Grundzustand $|100\rangle$ des ungestörten Coulomb-Problems weist keine Entartung auf, so dass für die Energiekorrekturen in erster und zweiter Ordnung Störungstheorie gilt:

$$E_{100}^{(1)} = e|\boldsymbol{E}|\,\langle 100|\hat{z}|100\rangle\,, \tag{3.2}$$

$$E_{100}^{(2)} = e^2|\boldsymbol{E}|^2 \sum_{(nlm)\neq(100)} \frac{|\langle nlm|\hat{z}|100\rangle|^2}{E_{100}^{(0)} - E_{nlm}^{(0)}}. \tag{3.3}$$

Der Korrekturterm in erster Ordnung $E_{100}^{(1)}$ in (3.2) verschwindet aus Symmetriegründen:

$$E_{100}^{(1)} = 0, \tag{3.4}$$

denn der Zustand $|100\rangle$ ist von gerader Parität, der Operator $\hat{z}$ aber von ungerader Parität. Aus diesem Grunde gibt es beim Wasserstoffatom im Grundzustand keinen **linearen Stark-Effekt**. Physikalisch bedeutet dies: das Wasserstoffatom besitzt im Grundzustand kein permanentes elektrisches Dipolmoment.

Da der Korrekturterm zweiter Ordnung $E_{100}^{(2)}$ allerdings nicht verschwindet, gibt es einen **quadratischen Stark-Effekt**. Zu dessen Berechnung verwenden wir die Summenregel (1.34) von Dalgarno und Lewis. Wir suchen hierzu zunächst einen Operator $\hat{F}_{100}$, für den gilt:

$$[\hat{F}_{100}, \hat{H}_0]\,|100\rangle \stackrel{!}{=} e|\boldsymbol{E}|\hat{z}\,|100\rangle\,, \tag{3.5}$$

unter Berücksichtigung, dass $E_{100}^{(1)} = 0$. Machen wir nun den Ansatz, dass $\hat{F}$ nur von den Ortsoperatoren abhängt, also $\hat{F}_{100} = f(\hat{\boldsymbol{r}})$, dann wird aus (3.5) in Ortsdarstellung nach kurzer Rechnung die Differentialgleichung

$$\left(\nabla^2 f(\boldsymbol{r})\right)\psi_{100}(r) + 2(\nabla f(\boldsymbol{r}))\cdot(\nabla\psi_{100}(r)) = \frac{2\mu e|\boldsymbol{E}|}{\hbar^2} z\psi_{100}(r). \tag{3.6}$$

Bei der Herleitung von (3.6) sind Terme weggefallen, die sich aus der stationären Schrödinger-Gleichung für $\psi_{100}(r)$ ergeben.

Da ja $\psi_{100}(r) = R_{10}(r)/\sqrt{4\pi}$ (siehe Abschnitt II-29) nur von r abhängt und wegen $z = r\cos\theta$, trägt bei einer Entwicklung von $f(\boldsymbol{r})$ nach Kugelflächenfunktionen nur der Summand zu $(lm) = (10)$ bei, und man erhält: $f(\boldsymbol{r}) = \bar{f}(r)\cos\theta$. Aus (3.6) wird dann

$$\frac{2\bar{f}'(r)}{r} + \bar{f}''(r) - \frac{2\bar{f}(r)}{r^2} + 2\bar{f}'(r)\underbrace{\frac{R_{10}'(r)}{R_{10}(r)}}_{=-\frac{1}{a_0}} = \frac{2\mu e|\boldsymbol{E}|}{\hbar^2} r.$$

Machen wir nun den Ansatz $\bar{f}(r) = ru(r)$, so erhalten wir

$$4u'(r) + ru''(r) - \frac{2(ru'(r) + u(r))}{a_0} = \frac{2\mu e|\boldsymbol{E}|}{\hbar^2} r.$$

und über einen weiteren Ansatz $u(r) = cr + d$ mit Konstanten c, d erhalten wir

$$\left(2c - \frac{d}{a_0}\right) = \left(\frac{\mu e|\boldsymbol{E}|}{\hbar^2} + \frac{2c}{a_0}\right) r. \tag{3.7}$$

Da die linke Seite von (3.7) konstant ist, die rechte Seite aber von r abhängt, müssen beide Seiten verschwinden. Wir erhalten also die Bedingungsgleichungen

$$c = -\frac{a_0\mu e|\boldsymbol{E}|}{2\hbar^2},$$

$$d = -\frac{a_0^2\mu e|\boldsymbol{E}|}{\hbar^2},$$

und damit

$$f(\boldsymbol{r}) = -\frac{\mu e|\boldsymbol{E}|}{\hbar^2} a_0 r \left(\frac{r}{2} + a_0\right) \cos\theta. \tag{3.8}$$

Die Korrektur zur Grundzustandsenergie in zweiter Ordnung ergibt sich dann unter Verwendung von (II-29.11) zu:

$$\begin{aligned} E_{100}^{(2)} &= \langle 100|\hat{V}\hat{F}_{100}|100\rangle \\ &= -\frac{|\boldsymbol{E}|^2}{6} \underbrace{\int \mathrm{d}r r^5 \left[R_{10}(r)\right]^2}_{\langle r^3\rangle} - a_0 \frac{|\boldsymbol{E}|^2}{3} \underbrace{\int \mathrm{d}r r^4 \left[R_{10}(r)\right]^2}_{\langle r^2\rangle}, \end{aligned}$$

wobei in einem Zwischenschritt verwendet wurde, dass

$$\int_0^\pi \cos^2\theta \sin\theta \mathrm{d}\theta = \frac{2}{3}.$$

Die beiden Integrale kennen wir aus (II-29.39), beziehungsweise wir können sie über die Kramerssche Rekursionsformel (II-29.37) berechnen. Mit $\langle r^2\rangle = 3a_0^2$ und $\langle r^3\rangle = \frac{15}{2}a_0^3$ ergibt sich letzendlich:

$$E_{100}^{(2)} = -\frac{9}{4} a_0^3 |\boldsymbol{E}|^2. \tag{3.9}$$

Die Größe α, die definiert ist durch

$$E_{100}^{(2)} = -\frac{1}{2}\alpha|\boldsymbol{E}|^2, \tag{3.10}$$

heißt die **Polarisierbarkeit** des Wasserstoffatoms. Es ist also:

$$\alpha = \frac{9a_0^3}{2}. \tag{3.11}$$

Erster angeregter Zustand $n = 2$: Entartung, linearer Stark-Effekt
Der erste angeregte Zustand mit

$$E_{2lm}^{(0)} = -\frac{e^2}{8a_0}$$

ist gemäß (II-29.17) vierfach entartet:

$$|nlm\rangle : \begin{cases} |200\rangle \\ |210\rangle \\ |211\rangle \\ |21,-1\rangle \end{cases}. \tag{3.12}$$

Um den Stark-Effekt für diesen Zustand – wie auch für alle höheren angeregten Zustände – zu berechnen, müssen wir also die Störungstheorie für den entarteten Fall anwenden.

Das äußere elektrische Feld $\boldsymbol{E}$ wird diese Entartung mindestens teilweise aufheben, und wie in Abschnitt 1 beschrieben, müssen wir zur Berechnung der Energiekorrekturen in erster Ordnung Störungstheorie die Störmatrix (1.45)

$$\langle 2l'm'|\hat{V}|2lm\rangle = |\boldsymbol{E}|\,\langle 2l'm'|\hat{z}|2lm\rangle \tag{3.13}$$

diagonalisieren. Diese Matrix besitzt aber nur einige nichtverschwindende Elemente: wegen des Wigner–Eckart-Theorems (II-40.6) muss gelten:

$$\langle 2l'm'|\hat{z}|2lm\rangle \sim C^{l,1,l'}_{m,0,m'},$$

mit dem Clebsch–Gordan-Koeffizienten $C^{l,1,l'}_{m,0,m'}$, wobei entweder $l = 0$ oder $l = 1$ ist. Daher muss $m = m'$ sein. Ferner müssen, da $\hat{z}$ ja wie bereits erwähnt von ungerader Parität ist, die Zustände $|2l'm'\rangle$ und $|2lm\rangle$ von unterschiedlicher Parität sein, da sonst das Matrixelement $\langle 2l'm'|\hat{z}|2lm\rangle$ verschwindet.

Also gibt es nur zwei nichtverschwindende Matrixelemente, nämlich:

$$\begin{aligned}
\langle 200|\hat{z}|210\rangle &= \int_{\mathbb{R}^3} \mathrm{d}^3\boldsymbol{r}\,\langle 200|\boldsymbol{r}\rangle\,\langle \boldsymbol{r}|\hat{z}|210\rangle \\
&= \int_0^\infty \mathrm{d}r R^*_{20}(r)R_{21}(r)r^2 \int \mathrm{Y}^*_{00}(\Omega)z\mathrm{Y}_{10}(\Omega)\mathrm{d}\Omega \\
&= \sqrt{\frac{4\pi}{3}} \int_0^\infty \mathrm{d}r R^*_{20}(r)R_{21}(r)r^3 \int \mathrm{Y}^*_{00}(\Omega)\mathrm{Y}_{10}(\Omega)^2\mathrm{d}\Omega = -3a_0,
\end{aligned}$$

sowie entsprechend

$$\langle 210|\hat{z}|200\rangle = -3a_0,$$

wobei wir ausgenutzt haben, dass

$$z = r\cos\theta = \sqrt{\frac{4\pi}{3}} r\mathrm{Y}_{10}(\Omega).$$

Setzen wir nun

$$\begin{aligned}
|1\rangle &= |200\rangle\,, \\
|2\rangle &= |211\rangle\,, \\
|3\rangle &= |210\rangle\,, \\
|4\rangle &= |21,-1\rangle\,,
\end{aligned}$$

so können wir die Störmatrix (3.13) schreiben als:

$$V_{\alpha\beta} = -3|\boldsymbol{E}|\,\langle\alpha|\hat{z}|\beta\rangle \tag{3.14}$$

$$= -3|\boldsymbol{E}|a_0 \begin{pmatrix} 0 & 0 & 1 & 0 \\ 0 & 0 & 0 & 0 \\ 1 & 0 & 0 & 0 \\ 0 & 0 & 0 & 0 \end{pmatrix}. \tag{3.15}$$

Die Diagonalisierung dieser Matrix führt zu den Energiekorrekturen:

$$E_{2,1}^{(1)} = -3e|\boldsymbol{E}|a_0, \tag{3.16}$$

$$E_{2,2}^{(1)} = 0, \tag{3.17}$$

$$E_{2,3}^{(1)} = 0, \tag{3.18}$$

$$E_{2,4}^{(1)} = +3e|\boldsymbol{E}|a_0, \tag{3.19}$$

also führt der Stark-Effekt in erster Ordnung Störungstheorie zu einer partiellen Aufhebung der Entartung und zu folgender Energieaufspaltung:

$$E_{2,1} = -\frac{e^2}{8a_0} - 3e|\boldsymbol{E}|a_0,$$

$$E_{2,2} = -\frac{e^2}{8a_0},$$

$$E_{2,3} = -\frac{e^2}{8a_0},$$

$$E_{2,4} = -\frac{e^2}{8a_0} + 3e|\boldsymbol{E}|a_0.$$

Die zugehörigen Eigenzustände in nullter Ordnung nach Diagonalisierung sind:

$$|1'\rangle = \frac{1}{\sqrt{2}}\left(|200\rangle + |210\rangle\right), \tag{3.20}$$

$$|2'\rangle = |211\rangle, \tag{3.21}$$

$$|3'\rangle = |21,-1\rangle, \tag{3.22}$$

$$|4'\rangle = \frac{1}{\sqrt{2}}\left(|200\rangle - |210\rangle\right). \tag{3.23}$$

Der Stark-Effekt hebt also (in erster Ordnung Störungstheorie) die Entartung der Zustände zu $n = 2$ nur teilweise auf. Die Zustände $|211\rangle$, $|21,-1\rangle$ besitzen nach wie vor denselben Energie-Eigenwert $E_2 = -\frac{e^2}{8a_0}$.

Stabilität der gestörten Zustände

Der Hamilton-Operator mit externem, homogenem elektrischen Feld (3.1) ist strenggenommen nach unten unbeschränkt und besitzt keine Eigenzustände im diskreten Spektrum, sondern allenfalls metastabile Zustände, siehe Abbildung 1.1. Das Szenario ist aber natürlich nur eine unrealistische Idealisierung, und in experimentellen Aufbauten ist das elektrische Feld selbstverständlich räumlich begrenzt. Dennoch ist es möglich, dass ein atomares Elektron, das sich ohne äußeres elektrisches Feld in einem gebundenen Zustand befindet, nach Einschalten der Störung durch die Coulomb-Barriere hindurchtunnelt – dieses Phänomen heißt **Feldionisation** – wobei je nach Größe des $\boldsymbol{E}$-Felds die Tunnelwahrscheinlichkeit so gering ist, dass die Lebensdauer der metastabilen Zustände durchaus kosmische Dimensionen aufweist. Wir werden in Abschnitt IV-6 darauf zurückkommen.

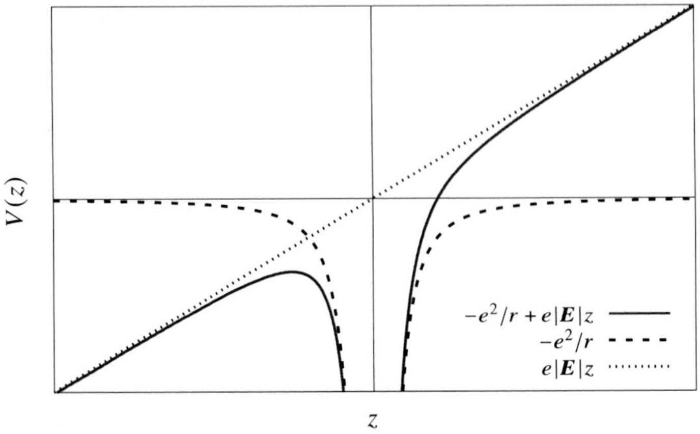

Abbildung 1.1: Das Gesamtpotential beim Stark-Effekt entlang der z-Achse. Beim Stark-Effekt ist der Hamilton-Operator aufgrund der Unbeschränktheit des elektrischen Potentials in z-Richtung insgesamt unbeschränkt, und es gibt strenggenommen keine gebundenen Zustände, sondern nur metastabile.

Separabilität der Schrödinger-Gleichung in parabolischen Koordinaten

Für sehr starke elektrische Störfelder ist die Störungstheorie nicht mehr anwendbar. Allerdings besitzt das System eines wasserstoffähnlichen Atoms in einem homogenen elektrischen Feld eine angenehme Eigenschaft, die wir nur in Grundzügen betrachten wollen: der Hamilton-Operator (3.1) definiert eine Schrödinger-Gleichung

$$\left(\hat{H}_0 + e|\boldsymbol{E}|\hat{z}\right)|\psi\rangle = E\,|\psi\rangle\,, \tag{3.24}$$

und diese ist in parabolischen Koordinaten separabel. Diese sind definiert durch:

$$x = \sqrt{\xi\eta}\cos\phi, \tag{3.25}$$

$$y = \sqrt{\xi\eta}\sin\phi, \tag{3.26}$$

$$z = \frac{1}{2}(\xi - \eta), \tag{3.27}$$

mit $\xi \geq 0, \eta < \infty$ und $0 \leq \phi < 2\pi$. Somit ist die radiale Koordinate $r = \frac{1}{2}(\xi + \eta)$ und

$$\xi = r + z, \tag{3.28}$$

$$\eta = r - z, \tag{3.29}$$

$$\phi = \arctan\frac{y}{x}. \tag{3.30}$$

In diesen Koordinaten schreibt sich die Schrödinger-Gleichung (3.24) dann wie folgt:

$$\left(-\frac{\hbar^2}{\mu}\frac{2}{\xi+\eta}\left[\frac{\partial}{\partial\xi}\left(\xi\frac{\partial}{\partial\xi}\right)+\frac{\partial}{\partial\eta}\left(\eta\frac{\partial}{\partial\eta}\right)\right]-\frac{\hbar^2}{2\mu\xi\eta}\frac{\partial^2}{\partial\phi^2}-\frac{2e^2}{\xi+\eta}+e|\boldsymbol{E}|\frac{\xi-\eta}{2}\right)\psi(\xi,\eta,\phi)$$
$$=E\psi(\xi,\eta,\phi), \quad (3.31)$$

und wenn man diese mit $\frac{1}{2}(\xi+\eta)$ durchmultipliziert und den Separationsansatz

$$\psi(\xi,\eta,\phi)=f_1(\xi)f_2(\eta)\mathrm{e}^{\mathrm{i}m\phi} \quad (3.32)$$

mit einer azimutalen Quantenzahl m verwendet, erhält man zwei entkoppelte gewöhnliche Differentialgleichungen für $f_1(\xi)$ und $f_2(\eta)$:

$$\frac{\mathrm{d}}{\mathrm{d}\xi}\left(\xi\frac{\mathrm{d}f_1}{\mathrm{d}\xi}\right)+\left(\frac{\mu E}{2\hbar^2}\xi-\frac{m^2}{4\xi}-\frac{\mu e|\boldsymbol{E}|}{4\hbar^2}\xi^2+c_1\right)f_1(\xi)=0, \quad (3.33)$$
$$\frac{\mathrm{d}}{\mathrm{d}\eta}\left(\eta\frac{\mathrm{d}f_2}{\mathrm{d}\eta}\right)+\left(\frac{\mu E}{2\hbar^2}\eta-\frac{m^2}{4\eta}+\frac{\mu e|\boldsymbol{E}|}{4\hbar^2}\eta^2+c_2\right)f_2(\eta)=0, \quad (3.34)$$

wobei für die beiden Integrationskonstanten $c_1+c_2=\mu e^2/\hbar^2$ gelten muss. Die beiden Gleichungen (3.33,3.34) können mittels Division durch 2ξ beziehungsweise 2η noch umgeformt werden zu:

$$\left[-\frac{1}{2}\left(\frac{\mathrm{d}^2}{\mathrm{d}\xi^2}+\frac{1}{\xi}\frac{\mathrm{d}}{\mathrm{d}\xi}\right)+\frac{m^2}{8\xi^2}-\frac{c_1}{2\xi}+\frac{e\mu|\boldsymbol{E}|}{8\hbar^2}\xi\right]f_1(\xi)=\frac{E\mu}{4\hbar^2}f_1(\xi), \quad (3.35)$$
$$\left[-\frac{1}{2}\left(\frac{\mathrm{d}^2}{\mathrm{d}\eta^2}+\frac{1}{\eta}\frac{\mathrm{d}}{\mathrm{d}\eta}\right)+\frac{m^2}{8\eta^2}-\frac{c_2}{2\eta}-\frac{e\mu|\boldsymbol{E}|}{8\hbar^2}\eta\right]f_2(\eta)=\frac{E\mu}{4\hbar^2}f_2(\eta). \quad (3.36)$$

Die beiden Gleichungen (3.35) und (3.36) werden bisweilen **Bergauf-Gleichung** und **Bergab-Gleichung** genannt (englisch: *uphill and downhill equations*), nach dem jeweils an- beziehungsweise absteigenden linearen Potential durch das homogene elektrische Feld $\boldsymbol{E}$.

Die Bergauf-Gleichung (3.35) für sich genommen besitzt für jeden (positiven oder negativen) Wert der Separationskonstanten c_1 eine Schar von Lösungsfunktionen $f_{1,n}(\xi)$ zu diskreten Energieeigenwerten E_n – umgekehrt lässt sich auch E vorgeben, und daraus eine Schar von Lösungsfunktionen $f_{1,n}(\xi)$ zu diskreten Werten von $c_{1,n}$ ableiten. Somit würde sie alleine betrachtet zu gebundenen Zuständen führen.

Allerdings liefert die Bergab-Gleichung (3.36) für einen gegebenen Wert von $c_2=\mu e^2/\hbar^2-c_1$ bei jedem Wert für die Energie E eine eindeutige Lösung $f_2(\eta)$ aus den kontinuierlichen Spektrum. In (3.32) führt dies dann gewissermaßen dazu, dass die aus der Bergauf-Gleichung abgeleiteten Kandidaten für gebundene Zustände eigentlich zu Resonanzen werden, die umso breiter werden, je höher E_n ist.

Die Berechnung des quadratischen Stark-Effekts beim Wasserstoffatom wurde zuerst 1926 von Gregor Wentzel [Wen26a], dem schwedischen Physiker Ivar Waller [Wal26] und dem polnisch-amerikanischen Physiker Paul Sophus Epstein [Eps26] in ebendiesen parabolischen Koordinaten durchgeführt. Eine systematische Analyse des Spektrums des Wasserstoff-Atoms mit Stark-Effekt wurde 1980 veröffentlicht [LB80a; LB80b]. Für weitergehende Diskussion siehe die weiterführende Literatur.

Es sei angemerkt, dass die Schrödinger-Gleichung (3.24) selbstverständlich auch ohne externes $\boldsymbol{E}$-Feld in parabolischen Koordinaten separierbar ist. Wir haben dann das bekannte Coulomb-Problem vor uns (Abschnitt II-29), und die beiden Gleichungen (3.35) und (3.36) besitzen dann die identische Form und das identische Lösungsverhalten. Man findet in diesem Fall für gegebenes $E_n = -\mu e^4/(2\hbar^2 n^2)$ normierbare Lösungsfunktionen $f_{1,n_1}(\xi)$ und $f_{2,n_2}(\eta)$ mit geeigneten c_{1,n_1} und c_{2,n_2}. Bei gegebener azimutaler Quantenzahl m hängen die parabolischen Quantenzahlen n_1, n_2 dann mit der Hauptquantenzahl n über

$$n_i + \frac{|m|+1}{2} = n\frac{c_i}{\mu e^2/\hbar^2}, \tag{3.37}$$

$$n_1 + n_2 + |m| + 1 = n \tag{3.38}$$

miteinander zusammen.

Wir werden parabolische Koordinaten für die exakte Lösung des Coulomb-Streuproblems in Abschnitt 36 verwenden.

Mathematischer Einschub 2: Parabolische Koordinaten

Die **parabolischen Koordinaten** eignen sich bei Problemen, die eine Rotationssymmetrie um eine ausgezeichnete Achse aufweisen. Sie leiten sich aus den kartesischen Koordinaten ab über

$$x = \sqrt{\xi\eta}\cos\phi, \tag{3.39}$$

$$y = \sqrt{\xi\eta}\sin\phi, \tag{3.40}$$

$$z = \frac{1}{2}(\xi - \eta), \tag{3.41}$$

mit $\xi \geq 0, \eta < \infty$ und $0 \leq \phi < 2\pi$. Somit ist die radiale Koordinate $r = \frac{1}{2}(\xi + \eta)$, die in der xy-Ebene radiale Koordinate $\rho = \sqrt{\xi\eta}$, und die umgekehrten Zusammenhänge mit den kartesischen Koordinaten sind

$$\xi = r + z, \tag{3.42}$$

$$\eta = r - z, \tag{3.43}$$

$$\phi = \arctan\frac{y}{x}. \tag{3.44}$$

Die Flächen $\xi = \text{const}$ und $\eta = \text{const}$ sind Rotationsparaboloide um die z-Achse mit Brennpunkt am Ursprung.

Das Linienenelement ist definiert durch

$$\mathrm{d}s^2 = \frac{\xi + \eta}{4\xi}\mathrm{d}\xi^2 + \frac{\xi + \eta}{4\eta}\mathrm{d}\eta^2 + \xi\eta\mathrm{d}\phi^2, \tag{3.45}$$

und das Volumenelement ist

$$\mathrm{d}V = \frac{1}{4}(\xi + \eta)\mathrm{d}\xi\mathrm{d}\eta\mathrm{d}\phi. \tag{3.46}$$

Der Laplace-Operator nimmt in parabolischen Koordinaten die Form

$$\nabla^2 = \frac{4}{\xi + \eta}\left[\frac{\partial}{\partial\xi}\left(\xi\frac{\partial}{\partial\xi}\right) + \frac{\partial}{\partial\eta}\left(\eta\frac{\partial}{\partial\eta}\right)\right] + \frac{1}{\xi\eta}\frac{\partial^2}{\partial\phi^2} \tag{3.47}$$

an.

Es sei hinzugefügt, dass es noch eine weitere häufige Konvention (u, v, θ) anstelle von (ξ, η, ϕ) bei der Definition der parabolischen Koordinaten gibt, gemäß der Ersetzung

$$u = \sqrt{\xi}, \tag{3.48}$$

$$v = \sqrt{\eta}, \tag{3.49}$$

$$\theta = \phi. \tag{3.50}$$

Bei dieser Konvention ist dann das Linienelement gegeben durch

$$\mathrm{d}s^2 = (u^2 + v^2)(\mathrm{d}u^2 + \mathrm{d}v^2) + u^2v^2\mathrm{d}\theta^2, \tag{3.51}$$

und das Volumenelement durch:

$$\mathrm{d}V = uv(u^2 + v^2)\mathrm{d}u\mathrm{d}v\mathrm{d}\theta. \tag{3.52}$$

Der Laplace-Operator ist dann:

$$\nabla^2 = \frac{1}{u^2 + v^2}\left[\frac{1}{u}\frac{\partial}{\partial u}\left(u\frac{\partial}{\partial u}\right) + \frac{1}{v}\frac{\partial}{\partial v}\left(v\frac{\partial}{\partial v}\right)\right] + \frac{1}{u^2v^2}\frac{\partial^2}{\partial\theta^2}. \tag{3.53}$$

4 Die Feinstruktur des Wasserstoffatoms in Störungstheorie

Eine sehr wichtige Anwendung der Störungstheorie findet sich in der Berechnung der relativistischen Korrekturen von Atomspektren, der sogenannten **Feinstruktur**, wobei das Wasserstoffatom hierbei wieder das wichtigste Modellsystem darstellt. Dessen Feinstruktur setzt sich wiederum aus drei Beiträgen zusammen: der **Spin-Bahn-Kopplung**, welche an und für sich zwar auch nichtrelativistisch berechnet werden kann, dann aber um einen Faktor Zwei falsche Ergebnisse liefert, dem **Darwin-Term** und der eigentlichen relativistischen Korrektur im engeren Sinne. Der gesamte Hamilton-Operator lässt sich dann schreiben als:

$$\hat{H} = \hat{H}_0 + \hat{H}_{LS} + \hat{H}_\mathrm{D} + \hat{H}_\mathrm{rel}. \tag{4.1}$$

Es sei an dieser Stelle bereits angemerkt, dass die Feinstruktur wasserstoffartiger Atome auf systematische Weise aus einer Reihenentwicklung der exakten Lösung der Dirac-Gleichung mit äußerem Coulomb-Feld abgeleitet werden kann (siehe Abschnitt IV-21). Darüber hinaus lässt sich der entsprechende Hamilton-Operator ebenfalls durch eine Reihenentwicklung, induziert durch eine sogenannte Foldy–Wouthuysen-Transformation, im Rahmen der Dirac-Theorie ableiten, siehe Abschnitt IV-23. Es ist dennoch instruktiv, bereits im Rahmen der nichtrelativistischen Quantenmechanik die einzelnen Terme – wenn auch teilweise heuristisch – abzuleiten. Wie im historischen Abschnitt I-11 bereits erwähnt, erfolgte die quantenmechanische, quantitativ korrekte Berechnung der Feinstruktur zusammen mit der des (anomalen) Zeeman-Effekts durch Heisenberg und Jordan im Jahre 1926 [HJ26], was der Existenz des Spins endgültig zur allgemeinen Akzeptanz verhalf.

Spin-Bahn-Kopplung

Die **Spin-Bahn-Kopplung** beim Wasserstoffatom entsteht durch die Wechselwirkung zwischen dem magnetischen Moment des Elektronenspins

$$\hat{\boldsymbol{\mu}}_S = -\frac{e\hat{\boldsymbol{S}}}{m_\mathrm{e}c}$$

und dem Magnetfeld $\hat{\boldsymbol{B}}$ des Protons im Bezugssystem des beschleunigten Elektrons. Die elektrische Ladung des Elektrons sei dabei $-e$, und m_e ist die Masse des Elektrons. Es sei an dieser Stelle angemerkt, dass wir im Folgenden nicht wie in den Ausführungen in den Abschnitten II-28 und II-29 die reduzierte Masse (II-28.2) verwenden, sondern wir vielmehr die vereinfachende Annahme einer unendlichen Protonmasse treffen. Da wir relativistische Korrekturen berechnen, ist die Ersetzung $m_\mathrm{e} \mapsto \mu$ ohnehin nicht ausreichend, um die Wechselwirkung von zwei Teilchen zu beschreiben.

Klassisch ist das Magnetfeld $\boldsymbol{B}(\boldsymbol{r})$ im beschleunigten Bezugssystem des Elektrons, das sich in einer Kreisbahn um das Proton mit der Geschwindigkeit $\hat{v}$ bewegt, gegeben durch:

$$\boldsymbol{B}(\boldsymbol{r}) = -\frac{1}{c}\boldsymbol{v} \times \boldsymbol{E}(\boldsymbol{r}) = \frac{1}{m_\mathrm{e}c}\boldsymbol{E}(\boldsymbol{r}) \times \boldsymbol{p}, \tag{4.2}$$

mit dem durch das Proton (Ladung $+e$!) erzeugten elektrischen Feld $\boldsymbol{E}(\boldsymbol{r})$. Als Gradient eines allgemeinen elektrostatischen (Zentral-)Potentials $V(r)$ lässt sich $\boldsymbol{E}(r)$ schreiben als:

$$\boldsymbol{E}(r) = -\nabla V(r) = \boldsymbol{e}_r \frac{\mathrm{d}V(r)}{\mathrm{d}r},$$

so dass sich das Magnetfeld $\boldsymbol{B}(\boldsymbol{r})$ schreiben lässt als:

$$\boldsymbol{B}(\boldsymbol{r}) = \frac{1}{m_\mathrm{e}c}\frac{1}{r}\frac{\mathrm{d}V(r)}{\mathrm{d}r}\boldsymbol{L}.$$

Die Wechselwirkung des magnetischen Spinmoments $\hat{\boldsymbol{\mu}}_S$ des Elektrons mit dem Magnetfeld $\hat{\boldsymbol{B}}(\boldsymbol{r})$ ergibt dann den folgenden Term für das Wechselwirkungspotential:

$$\begin{aligned}\hat{H}_{LS} &= \hat{\boldsymbol{\mu}}_S \cdot \hat{\boldsymbol{B}}(\hat{\boldsymbol{r}}) \\ &= \frac{e}{m_\mathrm{e}c}\hat{\boldsymbol{S}} \cdot \hat{\boldsymbol{B}}(\hat{\boldsymbol{r}}) \\ &= \frac{e}{m_\mathrm{e}^2c^2}\frac{1}{\hat{r}}\frac{\mathrm{d}\hat{V}(\hat{r})}{\mathrm{d}\hat{r}}\hat{\boldsymbol{S}} \cdot \hat{\boldsymbol{L}}.\end{aligned}$$

Diese Rechnung ist aber nicht korrekt, denn sie berücksichtigt nicht, dass die Transformation in das beschleunigte Bezugssystem des Elektrons eine Korrektur, bedingt durch die sogenannte **Thomas-Präzession**, mit sich bringt. Die Ausgangsgleichung (4.2) ist schlichtweg falsch! Vielmehr gilt für die zeitliche Entwicklung eines beliebigen Vektors $\boldsymbol{G}$ nach Transformation von einem Inertialsystem in ein beschleunigtes Bezugssystem – in diesem Fall das Ruhesystem des Elektrons:

$$\left[\frac{\mathrm{d}\boldsymbol{G}}{\mathrm{d}t}\right]_{\text{inertial}} = \left[\frac{\mathrm{d}\boldsymbol{G}}{\mathrm{d}t}\right]_{\text{rest}} + \omega_\mathrm{T} \times \boldsymbol{G}, \tag{4.3}$$

und der zweite Term auf der rechten Seite ist die eben erwähnte Thomas-Präzession – benannt nach Llewellyn Thomas, der diese Transformation als erstes korrekt berechnete (siehe Abschnitt I-11), bevor der sowjetische Physiker Yakov Frenkel eine ausführliche Analyse durchführte [Fre26] – mit der Präzessionsfrequenz

$$\omega_\mathrm{T} = \frac{\gamma^2}{\gamma + 1}\frac{\boldsymbol{a} \times \boldsymbol{v}}{c^2}. \tag{4.4}$$

$\boldsymbol{a}$ ist hierbei die Beschleunigung des Ruhesystems und $\boldsymbol{v}$ dessen Geschwindigkeit, und γ ist wieder der bekannte Lorentz-Faktor

$$\gamma = \frac{1}{\sqrt{1 - v^2/c^2}}.$$

Die Thomas-Präzession liefert also eine Korrektur zur Larmor-Präzession der klassischen Elektrodynamik für den Fall, dass relativistisch korrekt in ein beschleunigtes Bezugssystem transformiert wird. Ein klassisches Punktteilchen der Masse m, Ladung e und Drehimpuls $\boldsymbol{L}$ besitzt das magnetische Dipolmoment

$$\boldsymbol{\mu} = \frac{e}{2mc}\boldsymbol{B},$$

welches in einem äußeren magnetischen Feld $\boldsymbol{B}$ präzediert gemäß

$$\frac{\mathrm{d}\boldsymbol{\mu}}{\mathrm{d}t} = \frac{e}{2mc}\boldsymbol{\mu} \times \boldsymbol{B} = -\boldsymbol{\omega}_\mathrm{L} \times \boldsymbol{\mu}, \tag{4.5}$$

mit der Larmor-Frequenz

$$\boldsymbol{\omega}_\mathrm{L} = -\frac{eg}{2mc}\boldsymbol{B}. \tag{4.6}$$

g ist hierbei das gyromagnetische Verhältnis – für ein Spin-$\frac{1}{2}$-Teilchen wie dem Elektron also $g = 2$. Die Thomas-Präzession korrigiert dieses zu:

$$\begin{aligned}\left[\frac{\mathrm{d}\boldsymbol{\mu}}{\mathrm{d}t}\right]_\text{inertial} &= \left[\frac{\mathrm{d}\boldsymbol{\mu}}{\mathrm{d}t}\right]_\text{rest} + \boldsymbol{\omega}_\mathrm{T} \times \boldsymbol{\mu} \\ &= \underbrace{(\boldsymbol{\omega}_\mathrm{T} - \boldsymbol{\omega}_\mathrm{L})}_{\boldsymbol{\omega}_\text{eff}} \times \boldsymbol{\mu}.\end{aligned} \tag{4.7}$$

Mit

$$\boldsymbol{a} = -\frac{e}{m_\mathrm{e}}\frac{1}{r}\boldsymbol{r}\frac{\mathrm{d}V(r)}{\mathrm{d}r}$$

und damit

$$\begin{aligned}\boldsymbol{\omega}_\mathrm{T} &= -\frac{\gamma^2}{\gamma+1}\frac{e}{m_\mathrm{e}^2c^2}\frac{1}{r}\frac{\mathrm{d}V(r)}{\mathrm{d}r}\boldsymbol{L} \\ &= -\frac{\gamma^2}{\gamma+1}\frac{e}{m_\mathrm{e}c}\boldsymbol{B}(\boldsymbol{r})\end{aligned}$$

führt dies in (4.7) zu:

$$\boldsymbol{\omega}_\text{eff} = \left(g - \frac{2\gamma^2}{\gamma+1}\right)\frac{e}{2m_\mathrm{e}c}\boldsymbol{B}, \tag{4.8}$$

und das effektive Magnetfeld $\boldsymbol{B}'$ im beschleunigten Ruhesystem des Elektrons ist daher:

$$\boldsymbol{B}'(\boldsymbol{r}) = \left(1 - \frac{\gamma^2}{\gamma+1}\right)\boldsymbol{B}(\boldsymbol{r}) = \left(1 - \frac{\gamma^2}{\gamma+1}\right)\frac{1}{m_\mathrm{e}c}\frac{1}{r}\frac{\mathrm{d}V(r)}{\mathrm{d}r}\boldsymbol{L}. \tag{4.9}$$

Im vorliegenden Parameterbereich ist $\gamma \approx 1$, daher lässt sich der gesamte Spin-Bahn-Kopplungsterm nun schreiben als:

$$\hat{H}_{LS} \approx \frac{(g-1)e}{2m_\mathrm{e}^2c^2}\frac{1}{\hat{r}}\frac{\mathrm{d}\hat{V}(\hat{r})}{\mathrm{d}\hat{r}}\hat{\boldsymbol{S}} \cdot \hat{\boldsymbol{L}}. \tag{4.10}$$

Für das Coulomb-Potential des Wasserstoff-Atoms ist

$$\hat{V}(\hat{r}) = -\frac{e}{\hat{r}}$$
$$\Longrightarrow \frac{\mathrm{d}\hat{V}(\hat{r})}{\mathrm{d}\hat{r}} = \frac{e}{\hat{r}^2},$$

so dass aus (4.10) wird:

$$\hat{H}_{LS} \approx \frac{(g-1)e^2}{2m_\mathrm{e}^2c^2}\frac{1}{\hat{r}^3}\hat{\boldsymbol{S}}\cdot\hat{\boldsymbol{L}} \tag{4.11}$$
$$= \frac{e^2}{2m_\mathrm{e}^2c^2}\frac{1}{\hat{r}^3}\hat{\boldsymbol{S}}\cdot\hat{\boldsymbol{L}}. \tag{4.12}$$

Wir sind in diesem Abschnitt etwas ausführlicher in relativistische Kinematik abgeschweift, um (4.11,4.12) zu erhalten. Allerdings war es alleine schon deshalb notwendig, um den weitverbreiteten Irrtum zu vermeiden, dass Thomas-Präzession so etwas liefert wie eine Korrektur der Art $g \longrightarrow g/2$. Vielmehr ist die Korrektur der Art $g \longrightarrow (g-1)$. Die Konsequenz ist, dass es für hypothetische geladene Punktteilchen mit ganzzahligem Spin in nichtrelativistischer Näherung *keine* Spin-Bahn-Kopplung gibt!

Nun aber zu den Energiekorrekturen in 1. Ordnung Störungstheorie. Da Spin-Bahn-Kopplung nichts anderes bedeutet als Drehimpulsaddition wie in Abschnitt II-36, bietet sich die weitere Betrachtung – unter vorübergehender Vernachlässigung des Radialteils – in der gemeinsamen Eigenzustandsbasis von $\hat{\boldsymbol{L}}^2$, $\hat{\boldsymbol{S}}^2$ $\hat{\boldsymbol{J}}^2$, $\hat{J}_z$ an, da sowohl der ungestörte Hamilton-Operator $\hat{H}_0$ als auch das Störpotential $\hat{H}_{LS}$ mit allen vier Operatoren kommutiert. Diese Eigenzustände haben wir für $l > 0$ bereits in Abschnitt II-37 bereits hergeleitet, es sind dies die spinoriellen Kugelflächenfunktionen $\mathcal{Y}_{lm}^{(j=l\pm\frac{1}{2})}(\theta,\phi)$ zu halbzahligem m – siehe (II-37.37):

$$\mathcal{Y}_{lm}^{(j=l\pm\frac{1}{2})}(\theta,\phi) = \langle \boldsymbol{n}|l\pm\tfrac{1}{2},m\rangle$$
$$= \frac{1}{\sqrt{2l+1}}\begin{pmatrix} \pm\sqrt{l\pm m+\frac{1}{2}}\,\mathrm{Y}_{l,m-\frac{1}{2}}(\theta,\phi) \\ \sqrt{l\mp m+\frac{1}{2}}\,\mathrm{Y}_{l,m+\frac{1}{2}}(\theta,\phi)\end{pmatrix}. \tag{4.13}$$

Wir haben dort ebenfalls festgestellt, dass $|l\pm\frac{1}{2},m\rangle$ auch Eigenzustand von $\hat{\boldsymbol{L}}\cdot\hat{\boldsymbol{S}}$ ist, mit den Eigenwerten:

$$\frac{\hbar^2}{2}\left[j(j+1)-l(l+1)-\frac{3}{4}\right] = \begin{cases}\frac{1}{2}l\hbar^2 & (\text{für } j = l+\frac{1}{2}) \\ -\frac{1}{2}(l+1)\hbar^2 & (\text{für } j = l-\frac{1}{2})\end{cases}. \tag{4.14}$$

Für die Berechnung der Energiekorrektur in 1. Ordnung Störungstheorie benötigen wir nun das Matrixelement

$$\begin{aligned} E_{LS}^{(1)} &= \langle n, l \pm \tfrac{1}{2}, m | \hat{H}_{LS} | n, l \pm \tfrac{1}{2}, m \rangle \\ &= \frac{e^2\hbar^2}{4m_e^2c^2} \left[j(j+1) - l(l+1) - \frac{3}{4} \right] \left\langle nl \middle| \frac{1}{\hat{r}^3} \middle| nl \right\rangle, \end{aligned}$$

unter Verwendung von (4.12) und (4.14) in der zweiten Zeile.

Mit Hilfe der Kramersschen Rekursionsrelation (II-29.37), sowie (II-29.42) finden wir schnell:

$$\left\langle nl \middle| \frac{1}{\hat{r}^3} \middle| nl \right\rangle = \frac{2}{n^3 l(2l+1)(l+1)a_0^3}, \tag{4.15}$$

so dass wir erhalten:

$$\begin{aligned} E_{LS}^{(1)} &= \frac{e^2\hbar^2}{2a_0^3 m_e^2 c^2} \frac{j(j+1) - l(l+1) - \frac{3}{4}}{n^3 l(2l+1)(l+1)} \\ &= \left(\frac{e^2}{2a_0 n^2} \right) \left(\frac{\hbar}{m_e c a_0} \right)^2 \frac{1}{n} \frac{j(j+1) - l(l+1) - \frac{3}{4}}{l(2l+1)(l+1)} \\ &= -E_n^{(0)} \frac{\alpha^2}{n} \frac{j(j+1) - l(l+1) - \frac{3}{4}}{l(2l+1)(l+1)}. \end{aligned}$$

Definieren wir nun die **Feinstrukturkonstante**

$$\alpha := \frac{e^2}{\hbar c}, \tag{4.16}$$

so dass auch $\alpha = \hbar / m_e c a_0$, so können wir schreiben:

$$E_n^{(0)} = -\frac{\alpha^2 m_e c^2}{2n^2}, \tag{4.17}$$

beziehungsweise:

$$E_{LS}^{(1)} = \frac{\alpha^4 m_e c^2}{2n^3} \frac{j(j+1) - l(l+1) - \frac{3}{4}}{l(2l+1)(l+1)} \quad (l \neq 0). \tag{4.18}$$

Wir müssen den Fall $l = 0$ gesondert betrachten. In diesem Fall nämlich ist $j = s = \frac{1}{2}$, und der Ausdruck (4.18) ist schlicht falsch, denn die Ausgangsvoraussetzungen für die Addition von $l > 0$ und $s = \frac{1}{2}$ wie in Abschnitt II-37 sind nicht gegeben. Vielmehr ist dann natürlich

$$\langle n, l = 0 | \hat{\boldsymbol{L}} \cdot \hat{\boldsymbol{S}} | n, l = 0 \rangle = 0, \tag{4.19}$$

und es gibt schlichtweg keine Spin-Bahn-Kopplung, was die einschränkende Bedingung in (4.18) erklärt.

Darwin-Term
Auf der anderen Seite ergibt die systematische Betrachtung des nichtrelativistischen Grenzfalls der Dirac-Gleichung einen weiteren Term, den sogenannten **Darwin-Term** [Dar28], benannt nach Charles Galton Darwin, dem Enkel des berühmten Begründers der Evolutionstheorie (siehe Abschnitt IV-23). Er stellt einen weiteren, an dieser Stelle nur ad hoc einzuführenden, Term im Hamilton-Operator dar der Form

$$\hat{H}_{\mathrm{D}} = \frac{\hbar^2}{8m_{\mathrm{e}}^2c^2}\left[\hat{\nabla}^2\hat{V}(\hat{\boldsymbol{r}})\right], \tag{4.20}$$

wobei $\hat{V}(\hat{r}) = -e^2/\hat{r}$ das Coulomb-Potential des Kerns darstellt. Daher ist $\hat{\nabla}^2\hat{V}(\hat{r}) = +4\pi e^2\delta(\hat{\boldsymbol{r}})$ und somit ergibt sich:

$$\begin{aligned}
E_{\mathrm{D}}^{(1)} &= \langle nl|\hat{H}_{\mathrm{D}}|nl\rangle \\
&= \frac{\hbar^2}{8m_{\mathrm{e}}^2c^2}\int \mathrm{d}^3\boldsymbol{r}\,\langle nl|\left[\hat{\nabla}_{\hat{\boldsymbol{r}}}^2\hat{V}(\boldsymbol{r})\right]|\boldsymbol{r}\rangle\,\langle\boldsymbol{r}|nl\rangle \\
&= \frac{\pi e^2\hbar^2}{2m_{\mathrm{e}}^2c^2}\int \mathrm{d}^3\boldsymbol{r}|\psi_{nl}(\boldsymbol{r})|^2\delta(\boldsymbol{r}) \\
&= \frac{\pi e^2\hbar^2}{2m_{\mathrm{e}}^2c^2}|\psi_{nl}(0)|^2.
\end{aligned} \tag{4.21}$$

Wir sehen anhand der expliziten Form der radialen Wellenfunktionen (II-29.35) für das Coulomb-Problem, dass sich nur für $l = 0$ ein nichtverschwindender Wert für (4.21) ergibt. Dann ist nämlich $|\psi_{n0}(0)|^2 = \frac{1}{\pi(na_0)^3}$ und somit ist

$$E_{\mathrm{D}}^{(1)} = \frac{\alpha^4 m_{\mathrm{e}}c^2}{2n^3} \quad (l = 0). \tag{4.22}$$

Der Darwin-Term (4.22) ersetzt für $l = 0$ also gewissermaßen die Spin-Bahn-Kopplung. Im Gesamtergebnis, zusammen mit der relativistischen Korrektur, führt dies dennoch zu einer einheitlichen Formel, wie wir gleich sehen werden.

Relativistische Korrektur
Der Anteil der relativistischen Korrektur in der Feinstruktur des Wasserstoffatoms ist von der gleichen Größenordnung wie der Beitrag der Spin-Bahn-Kopplung. Der Ausdruck für die relativistische Energie ist gegeben durch die Differenz zwischen relativistischer Gesamtenergie und Ruheenergie:

$$\begin{aligned}
\hat{T} &= \sqrt{\hat{\boldsymbol{p}}^2c^2 + m_{\mathrm{e}}^2c^4} - m_{\mathrm{e}}c^2 \\
&\approx \frac{\hat{\boldsymbol{p}}^2}{2m_{\mathrm{e}}} - \frac{\hat{\boldsymbol{p}}^4}{8m_{\mathrm{e}}^3c^2},
\end{aligned}$$

so dass sich ergibt:

$$\hat{H}_{\text{rel}} = -\frac{\hat{\boldsymbol{p}}^4}{8m_{\text{e}}^3c^2}, \tag{4.23}$$

und wir müssen nun den Korrekturbeitrag zu den Energieniveaus berechnen:

$$\begin{aligned} E_{\text{rel}}^{(1)} &= -\frac{1}{8m_{\text{e}}^3c^2}\left\langle nl \left| \hat{p}^4 \right| nl \right\rangle \\ &= -\frac{1}{2m_{\text{e}}c^2}\left\langle nl \left| \left(\hat{H}_0 + \frac{e^2}{\hat{r}}\right)^2 \right| nl \right\rangle \\ &= -\frac{1}{2m_{\text{e}}c^2}\left\langle nl \left| \hat{H}_0^2 + \hat{H}_0\frac{e^2}{\hat{r}} + \frac{e^2}{\hat{r}}\hat{H}_0 + \frac{e^4}{\hat{r}^2} \right| nl \right\rangle \\ &= -\frac{1}{2m_{\text{e}}c^2}\left[(E_n^{(0)})^2 + 2E_n^{(0)}\underbrace{\left\langle nl \left| \frac{e^2}{\hat{r}} \right| nl \right\rangle}_{\frac{e^2}{n^2a_0}} + \underbrace{\left\langle nl \left| \frac{e^4}{\hat{r}^2} \right| nl \right\rangle}_{\frac{2e^4}{n^3(2l+1)a_0^2}}\right], \end{aligned} \tag{4.24}$$

unter Anwendung des Tricks, dass sich $\hat{\boldsymbol{p}}^4$ ja einfach in den Variablen des ungestörten Hamilton-Operators $\hat{H}_0$ schreiben lässt, und unter Anwendung von (II-29.40,II-29.41). Verwenden wir nun wieder, dass

$$E_n^{(0)} = -\frac{e^2}{2a_0n^2},$$
$$a_0 = \frac{\hbar^2}{m_{\text{e}}e^2},$$

so erhalten wir weiter:

$$\left\langle nl \left| \hat{p}^4 \right| nl \right\rangle = \frac{m_{\text{e}}^4e^8}{n^4\hbar^4}\left(\frac{8n}{2l+1} - 3\right), \tag{4.25}$$

und damit:

$$E_{\text{rel}}^{(1)} = -\frac{\alpha^4 m_{\text{e}}c^2}{8n^4}\left(\frac{8n}{2l+1} - 3\right). \tag{4.26}$$

Der Gesamteffekt

Die Feinstruktur ergibt sich nun aus der Summe der Beiträge von Spin-Bahn-Kopplung, Darwin-Term und relativistischer Korrektur, und zwar für die drei Fälle $j = l \pm \frac{1}{2}$ sowie $l = 0, j = \frac{1}{2}$:

$$E_{\text{fine}}^{(1)} = \begin{cases} E_{LS}^{(1)} + E_{\text{rel}}^{(1)} & (l \neq 0) \\ E_{\text{D}}^{(1)} + E_{\text{rel}}^{(1)} & (l = 0) \end{cases}, \tag{4.27}$$

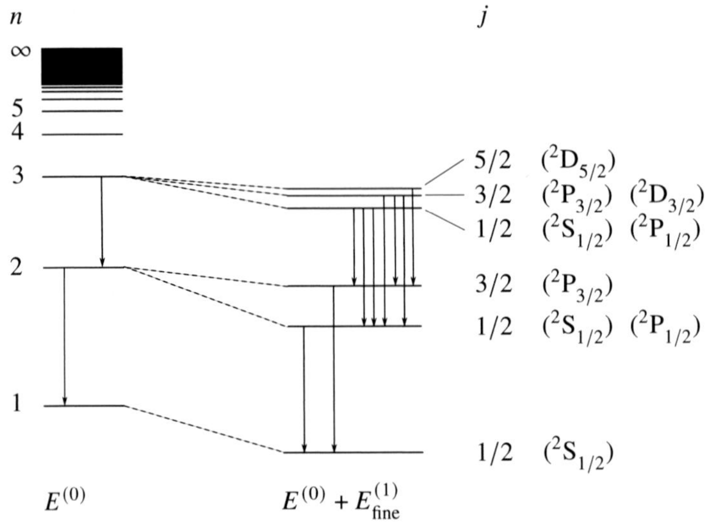

Abbildung 1.2: Die Feinstruktur des Wasserstoffatoms. Die Wechselwirkung des magnetischen Moments des Elektrons mit dem äußeren Magnetfeld hebt die l-Entartung der Zustände auf. Die Energienvieaus sind nicht mehr nur abhängig vo n, sondern vielmehr von n, j.

- $j = l + \frac{1}{2}$:

$$\begin{aligned} E^{(1)}_{\text{fine}} &= \frac{\alpha^4 m_e c^2}{2n^3}\frac{1}{j(2j+1)} - \frac{\alpha^4 m_e c^2}{8n^4}\left(\frac{4n}{j} - 3\right) \\ &= \frac{\alpha^4 m_e c^2}{8n^4}\left(3 - \frac{4n}{j+\frac{1}{2}}\right), \end{aligned}$$

- $j = l - \frac{1}{2}$:

$$\begin{aligned} E^{(1)}_{\text{fine}} &= -\frac{\alpha^4 m_e c^2}{2n^3}\frac{j+\frac{3}{2}}{2(j+\frac{1}{2})(j+\frac{3}{2})(j+1)} - \frac{\alpha^4 m_e c^2}{8n^4}\left(\frac{4n}{j+1} - 3\right) \\ &= \frac{\alpha^4 m_e c^2}{8n^4}\left(3 - \frac{4n}{j+\frac{1}{2}}\right). \end{aligned}$$

- $l = 0, j = \frac{1}{2}$:

$$\begin{aligned} E^{(1)}_{\text{fine}} &= \frac{\alpha^4 m_e c^2}{2n^3} - \frac{\alpha^4 m_e c^2}{8n^4}(8n - 3) \\ &= \frac{\alpha^4 m_e c^2}{8n^4}(3 - 4n). \end{aligned}$$

Für alle drei Fälle ergibt sich also derselbe Ausdruck. Verwenden wir nun, dass

$$E_n^{(0)} = -\frac{e^4 m_e}{2n^2\hbar^2} = -\frac{\alpha^2 m_e c^2}{2n^2},$$

so können wir die Energieniveaus des Wasserstoffatoms mit Feinstruktur in 1. Ordnung Störungstheorie schreiben als:

$$E_{nj} = E_n^{(0)}\left[1 + \frac{\alpha^2}{n^2}\left(\frac{n}{j+\frac{1}{2}} - \frac{3}{4}\right)\right]. \tag{4.28}$$

Wie man sieht, wird durch die Spin-Bahn-Kopplung und die relativistische Korrektur die ursprüngliche n-Entartung der Energieniveaus aufgehoben und durch eine j-Entartung bei gegebenem n ersetzt.

Die Übergänge zwischen den einzelnen Niveaus erfolgen vorrangig in Form elektrischer Dipolübergängen unter Einhaltung der entsprechenden Auswahlregeln (siehe Abschnitt 20) $\Delta l = \pm 1$ beziehungsweise $\Delta j = 0, \pm 1$ und $\Delta m_l = 0, \pm 1$ beziehungsweise $\Delta m_j = 0, \pm 1$. Beim Wasserstoffatom ergibt die Feinstruktur der Lyman-Serie daher für jede Spektrallinie die Aufspaltung in ein Dublett, beispielsweise

$$n\,^2\mathrm{P}_{3/2} \longrightarrow 1\,^2\mathrm{S}_{1/2},$$
$$n\,^2\mathrm{P}_{1/2} \longrightarrow 1\,^2\mathrm{S}_{1/2},$$

während sich für die Balmer-Serie sieben erlaubte Übergänge ergeben:

$$n\,^2\mathrm{P}_{3/2} \longrightarrow 1\,^2\mathrm{S}_{1/2},$$
$$n\,^2\mathrm{P}_{1/2} \longrightarrow 1\,^2\mathrm{S}_{1/2},$$
$$n\,^2\mathrm{S}_{3/2} \longrightarrow 1\,^2\mathrm{P}_{1/2},$$
$$n\,^2\mathrm{S}_{1/2} \longrightarrow 1\,^2\mathrm{P}_{3/2},$$
$$n\,^2\mathrm{D}_{3/2} \longrightarrow 1\,^2\mathrm{P}_{1/2},$$
$$n\,^2\mathrm{D}_{1/2} \longrightarrow 1\,^2\mathrm{P}_{3/2},$$
$$n\,^2\mathrm{D}_{5/2} \longrightarrow 1\,^2\mathrm{P}_{3/2},$$

aus denen wegen des Zusammenfallens der Niveaus $n\,^2\mathrm{S}_{1/2}$ und $n\,^2\mathrm{P}_{1/2}$, sowie von $n\,^2\mathrm{P}_{3/2}$ und $n\,^2\mathrm{D}_{3/2}$ aber nur fünf verschiedene Spektrallinien ergeben.

5 Der Zeeman-Effekt

Der allgemeine Effekt der Aufspaltung der Spektrallinien von Atomen in einem äußeren Magnetfeld heißt **Zeeman-Effekt** und wurde bereits 1896 vom niederländischen Physiker Pieter Zeeman nachgewiesen, der hierfür 1902 den Nobelpreis für Physik erhielt – zusammen mit seinem Landsmann Hendrik Antoon Lorentz, der eine theoretische Interpretation lieferte.

Befindet sich ein Wasserstoffatom in einem äußeren homogenen Magnetfeld $\boldsymbol{B}$, so wird die ursprüngliche l-Entartung der Energieniveaus aufgehoben, und die Energieniveaus spalten sich auf, wobei die Energieverschiebung für schwache Felder proportional zur Stärke des äußeren angelegten Magnetfelds ist. Dieser Fall unter Berücksichtigung des Elektronenspins $\hat{S}$ führt zum sogenannten **anomalen Zeeman-Effekt**. Der Begriff „anomal" rührt daher, dass vor der Postulierung des Elektronenspins die Aufspaltung der Energieniveaus beim Wasserstoffatom, allgemeiner bei allen Atomen mit halbzahligem Gesamtspin aller Valenzelektronen, nicht erklärt werden konnte, während der sogenannte **normale Zeeman-Effekt** ein Spezialfall des ersteren darstellt, nämlich dann, wenn der Gesamtspin aller Valenzelektronen ganzzahlig ist und wenn die sogenannte **LS-Kopplung** näherungsweise gültig ist, siehe Abschnitt II-44. Entgegen der Namensgebung ist der anomale Zeeman-Effekt daher der allgemeinere Fall, und der normale Zeeman-Effekt ergibt sich danach automatisch als Spezialfall.

Wie im historischen Abschnitt I-11 bereits erläutert, gab die quantenmechanische Erklärung und die quantitativ korrekte Berechnung des (anomalen) Zeeman-Effekts durch Heisenberg und Jordan im Jahre 1926 [HJ26] den maßgeblichen Ausschlag – vor allem bei Pauli – dazu, die Existenz des Spin zu akzeptieren.

Zunächst stellen wir den Hamilton-Operator auf. Wie in Abschnitt II-34 können wir bei einem konstanten Magnetfeld $\boldsymbol{B}$ unter Verwendung der Coulomb-Eichung (II-30.30) den Ansatz (II-34.1)

$$\boldsymbol{A}(\boldsymbol{r}) = \frac{1}{2}\boldsymbol{B} \times \boldsymbol{r},$$
$$\phi(\boldsymbol{r}) \equiv 0$$

machen, welchen wir in der Pauli-Gleichung (II-33.3) verwenden, und erhalten so den Hamilton-Operator für ein Elektron der Masse m_e und elektrischer Ladung $q = -e$ im äußeren konstanten Magnetfeld $\boldsymbol{B}$:

$$\hat{H} = \frac{\hat{\boldsymbol{p}}^2}{2m_\mathrm{e}} - \frac{e^2}{\hat{r}} + \frac{e}{2m_\mathrm{e}c}\hat{\boldsymbol{B}} \cdot (\hat{\boldsymbol{L}} + 2\hat{\boldsymbol{S}}) + \frac{e^2}{8m_\mathrm{e}c^2}(\hat{\boldsymbol{B}} \times \hat{\boldsymbol{r}})^2.$$

Wie bei der Betrachtung der Feinstruktur in Abschnitt 4 verwenden wir in den folgenden Rechnungen nicht die reduzierte Masse für das Elektron, sondern dessen Ruhemasse m_e, weil wie dort relativistische Korrekturen mitberücksichtigt werden müssen, so dass die Ersetzung durch die reduzierte Masse ohnehin nicht ausreichend ist. Es sei aber an dieser Stelle angemerkt, dass diese für schwerere Mehrelektronenatome immer weniger relevant werden, so dass andererseits ein Isotopeneffekt dann doch nur durch Berücksichtigung einer reduzierten Masse korrekt berechnet werden kann. Eine entsprechende Transformation in Schwerpunktkoordinaten führt dann zu einer zusätzlichen quadratischen Form der einzelnen Elektronenimpulse im Hamilton-Operator, dem sogenannten **Hughes–Eckart-Term** [HE30], der aber im Allgemeinen vernachlässigt werden kann. Wir werden in Abschnitt 8 auf diesen Term zurückkommen. Für ausführlichere Betrachtungen siehe die weiterführende Literatur, insbesondere die Monographien von Condon und Shortley oder von Kuhn.

Für ein Mehrelektronenatom verändert sich der Hamilton-Operator nicht nur durch Hinzunahme der weiteren Einteilchen-Terme, sondern auch durch entsprechende Modifikationen des jeweils auf die Elektronen wirkenden, durch die Gesamtheit von Kern und Hüllenelektronen hervorgerufenen effektiven Potentials. Diese zum ungestörten Hamilton-Operator $\hat{H}_0$ gehörenden Bestandteile sind jedoch für die Betrachtung des Zeeman-Effekts nicht von Belang. Relevant ist, dass $\hat{H}$ im externen homogenen Magnetfeld von der Form ist:

$$\hat{H} = \hat{H}_0 + \frac{e}{2m_\mathrm{e}c}\hat{\boldsymbol{B}} \cdot (\hat{\boldsymbol{L}} + 2\hat{\boldsymbol{S}}) + \sum_i \frac{e^2}{8m_\mathrm{e}c^2}(\hat{\boldsymbol{B}} \times \hat{\boldsymbol{r}}_{(i)})^2, \tag{5.1}$$

wobei i die einzelnen Elektronen indiziert. Hierbei stellen $\hat{\boldsymbol{L}}$ und $\hat{\boldsymbol{S}}$ den durch alle Elektronen gebildeten Gesamtbahndrehimpuls und den Gesamtspin dar.

Den letzten, sogenannten diamagnetischen Term quadratisch in $\hat{\boldsymbol{B}}$ können wir normalerweise vernachlässigen, solange wir Magnetfelder unter normalen Laborbedingungen betrachten, das heißt Feldstärken der Größenordnung 10^3 T. In diesem Falle ist er von der Größenordnung 10^{-6} kleiner als der paramagnetische Term linear in $\hat{\boldsymbol{B}}$. Das ändert sich natürlich in astrophysikalischen Situationen wie beispielsweise nahe der Oberfläche von Neutronensternen, wenn magnetische Feldstärken von der Größenordnung 10^8 T oder höher möglich sind und dann auch der **quadratische Zeeman-Effekt** an Relevanz gewinnt. Aber auch bereits unter Laborbedingungen kann der diamagnetische Term bei hochangeregten Rydberg-Atomen, bei denen bei Hauptquantenzahlen um die $n = 49$ oder höher die Energiedifferenz zwischen benachbarten Niveaus sehr gering ist, bereits eine Rolle spielen.

Legen wir nun das $\boldsymbol{B}$-Feld ohne Beschränkung der Allgemeinheit in z-Richtung, erhalten wir aus (5.1)

$$\hat{H} = \hat{H}_0 + \hat{H}_\mathrm{Z},$$

mit

$$\hat{H}_\mathrm{Z} = \frac{eB}{2m_\mathrm{e}c}(\hat{L}_z + 2\hat{S}_z). \tag{5.2}$$

Der Zeeman-Effekt führt zu einer Verschiebung beziehungsweise Aufspaltung der Energieniveaus des Wasserstoffatoms, die größenordnungsmäßig mit der Feinstruktur vergleichbar ist, so dass man stets beide Beiträge zusammen betrachtet:

$$\hat{H} = \hat{H}_0 + \hat{H}_\mathrm{fine} + \hat{H}_\mathrm{Z},$$

mit $\hat{H}_\mathrm{fine} = \hat{H}_{LS} + \hat{H}_\mathrm{rel}$, siehe (4.12) und (4.23). Man unterscheidet daher bei der weiteren Betrachtung die beiden Fälle, dass entweder der Feinstrukturterm $\hat{H}_\mathrm{fine}$ stark dominiert oder der Zeeman-Term $\hat{H}_\mathrm{Z}$.

Schwache Magnetfelder ($|\hat{H}_{\mathbf{fine}}| \gg |\hat{H}_\mathrm{Z}|$)
In diesem Fall betrachten wir die Summe $\hat{H}_0+\hat{H}_\mathrm{fine}$ gewissermaßen als ungestörten Hamilton-Operator und $\hat{H}_\mathrm{Z}$ als kleine Störung. Die LS-Kopplung ist anwendbar. Als Eigenzustandsbasis verwenden wir daher $\{\ |\ LSJm_J\rangle\ \}$, die Hauptquantenzahl n spielt hier keine Rolle. Außerdem ist der Störoperator bereits in $\{\ |\ LSJm_J\rangle\ \}$ diagonal, daher entfällt eine notwendige Diagonalisierung gemäß Ende Abschnitt 1, so dass wir rechnen:

$$\begin{aligned} E_\mathrm{Z}^{(1)} &= \frac{eB}{2m_\mathrm{e}c}\left\langle LSJm_J \,\middle|\, \hat{L}_z + 2\hat{S}_z \,\middle|\, LSJm_J \right\rangle \\ &= \frac{eB}{2m_\mathrm{e}c}\left\langle LSJm_J \,\middle|\, \hat{J}_z + \hat{S}_z \,\middle|\, LSJm_J \right\rangle \\ &= \frac{eB}{2m_\mathrm{e}c}\left(\hbar m_J + \frac{J(J+1) - L(L+1) + S(S+1)}{2J(J+1)}\hbar m_J\right) \\ &= g_J m_J \mu_\mathrm{B} B, \end{aligned}$$

mit dem Bohrschen Magneton $\mu_\mathrm{B} = e\hbar/(2m_\mathrm{e}c)$ (siehe (II-33.7)) und dem **Landé-Faktor**

$$g_J = 1 + \frac{J(J+1) - L(L+1) + S(S+1)}{2J(J+1)}, \tag{5.3}$$

und unter Verwendung von (II-40.16).

Tabelle 1.1: Landé-Faktoren einiger atomarer Zustände.

Zustand	$^2\mathrm{S}_{1/2}$	$^2\mathrm{P}_{1/2}$	$^2\mathrm{P}_{3/2}$	$^2\mathrm{D}_{3/2}$	$^2\mathrm{D}_{5/2}$	$^2\mathrm{F}_{5/2}$	$^2\mathrm{F}_{7/2}$
g_j	2	$\frac{2}{3}$	$\frac{4}{3}$	$\frac{4}{5}$	$\frac{6}{5}$	$\frac{6}{7}$	$\frac{8}{7}$

Für ein Wasserstoffatom im Speziellen mit $s = \frac{1}{2}$ und $j = l \pm \frac{1}{2}$ im homogenen äußeren Magnetfeld gilt dann, unter Berücksichtigung der Feinstruktur (4.28):

$$E_{njm_j} = E_n^{(0)}\left[1 + \frac{\alpha^2}{4n^2}\left(\frac{4n}{j+\frac{1}{2}} - 3\right)\right] + g_j m_j \mu_\mathrm{B} B, \tag{5.4}$$

und wir sehen anhand von (5.3), dass die Landé-Faktoren zu selbem l, aber verschiedenem j nicht identisch sind. Vielmehr ist:

$$g_{j=l\pm\frac{1}{2}} = \begin{cases} \dfrac{2l+2}{2l+1} & \left(j = l + \dfrac{1}{2}\right) \\ \dfrac{2l}{2l+1} & \left(j = l - \dfrac{1}{2}\right) \end{cases}. \tag{5.5}$$

Tabelle 1.1 führt die Landé-Faktoren einiger atomarer Zustände.

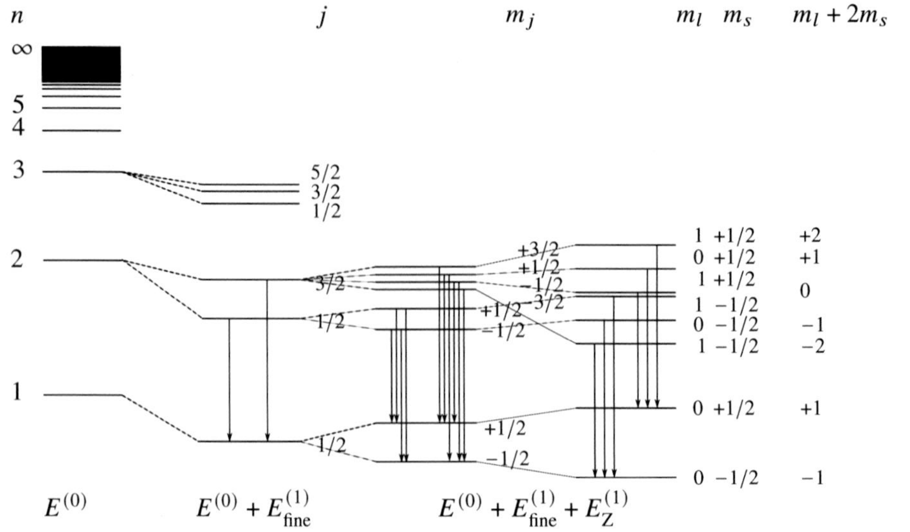

Abbildung 1.3: Der anomale Zeeman-Effekt für die ersten beiden Hauptquantenzahlen $n = 1, 2$ des Wasserstoffatoms. Für schwache Magnetfelder ist die LS-Kopplung anwendbar, die aber für stärkere Magnetfelder nicht mehr gilt, so dass der Zeeman-Effekt in den Paschen–Back-Effekt übergeht.

Für ein gegebenes j ist demnach die Differenz zwischen benachbarten Energieniveaus gegeben durch

$$(\Delta E)_{j=l\pm\frac{1}{2}} = g_{j=l\pm\frac{1}{2}}\mu_\text{B}B, \tag{5.6}$$

also etwas unterschiedlich für die beiden Fälle $j = l \pm \frac{1}{2}$.

Wie bereits der Feinstrukturterm für sich genommen, führt auch der Zeeman-Term zu einer Aufhebung der ursprünglichen l-Entartung und einer Abhängigkeit der Energieniveaus von j. Darüber hinaus spalten beim Zeeman-Effekt nun die beiden Feinstrukturniveaus zu jeweiligem $j = l \pm \frac{1}{2}$ nochmals in $2j + 1$ – also eine gerade Anzahl – Energieniveaus auf, je nach Wert von m_j, und die j-Entartung wird durch eine explizite Abhängigkeit der Energieniveaus von m_j ersetzt (siehe Abbildung 1.3). Das ist ein Beispiel für den allgemeinen, sogenannten **anomalen Zeeman-Effekt**.

Um das Spektrallllienbild beim anomalen Zeeman-Effekt des Wasserstoffatoms zu verstehen, betrachten wir mögliche Übergänge, wobei wir die in Abschnitt II-40 bereits angesprochenen und im Abschnitt 20 abzuleitenden Auswahlregeln für elektrische Dipolstrahlung $\Delta l = \pm 1$, $\Delta j = 0, \pm 1$ und $\Delta m_j = 0, \pm 1$ antizipieren müssen. Nehmen wir als Beispiel die Feinstruktur-Übergänge zwischen den Niveaus mit $n = 2$ und $n = 1$, so erhalten wir anstelle der ursprünglich zwei Linien

$$2\,{}^2\text{P}_{3/2} \longrightarrow 1\,{}^2\text{S}_{1/2},$$
$$2\,{}^2\text{P}_{1/2} \longrightarrow 1\,{}^2\text{S}_{1/2}$$

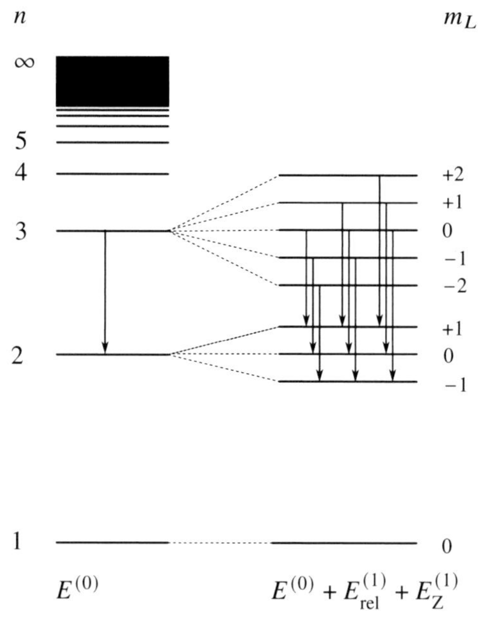

Abbildung 1.4: Der normale Zeeman-Effekt für die ersten drei Hauptquantenzahlen $n = 1, 2, 3$ eines Atoms mit Gesamt-Elektronenspin $s = 0$. Exemplarisch gezeigt sind mögliche Übergänge zwischen den $(n = 3, l = 3)$-Zuständen und den $(n = 2, l = 2)$-Zuständen. Die Hauptlinie spaltet nach Einschalten des $\boldsymbol{B}$-Felds in 3 äquidistante Linien auf, die aus 9 verschiedenen Übergängen stammen.

insgesamt $4 + 6 = 10$ Spektrallinien, vier durch die Aufspaltung des $2\,{}^2\mathrm{P}_{1/2}$-Niveaus und sechs durch die Aufspaltung des $2\,{}^2\mathrm{P}_{3/2}$-Niveaus (siehe Abbildung 1.3).

Die Formel (5.3) für den Landé-Faktor ist auf allgemeine atomare Zustände anwendbar und umfasst den Spezialfall, dass der Gesamtspin $S = 0$, so dass $J = L$ und $g_L = 1$. Dies führt zum sogenannten **normalen Zeeman-Effekt**: bei Atomen mit Gesamtspin $S = 0$ entfällt die Spin-Bahn-Kopplung (4.18), wohl aber bleibt die relativistische Korrektur (4.26) erhalten, was zu einer Auspaltung der Energieniveaus in $2L + 1$ – also eine ungerade Anzahl – Unterniveaus führt:

$$E_{nLm_L} = E_n^{(0)} - \frac{\alpha^4 m_\mathrm{e} c^2}{8n^4}\left(\frac{8n}{2L+1} - 3\right) + \frac{eB}{2m_\mathrm{e}c} m_L, \tag{5.7}$$

und es ist:

$$(\Delta E) = B\mu_\mathrm{B}. \tag{5.8}$$

Im Spektrallinienbild beim normalen Zeeman-Effekt spaltet entsprechend der Auswahlregeln $\Delta L = \pm 1$ und $\Delta m_L = 0, \pm 1$ jede Hauptlinie in eine ungerade Anzahl äquidistanter Linien auf, beispielsweise beim Übergang von $n\mathrm{D} \longrightarrow n'\mathrm{P}$ in insgesamt drei Linien, die aus neun verschiedenen Übergängen stammen (siehe Abbildung 1.4).

An dieser Stelle sei darauf hingewiesen, dass der Ausdruck (5.7) für die Energieniveaus zwar die Feinstruktur in 1. Ordnung Störungstheorie berücksichtigt, die Energieaufspaltung (5.8) hingegen alleine durch Vernachlässigung des diamagnetischen Terms quadratisch in $\boldsymbol{B}$ und wegen Gesamtspin $S = 0$ ergibt und keine weitere störungstheoretische Näherung darstellt. Der Grund ist, dass die beiden Hamilton-Operatoren $\hat{H}_0 = \hat{\boldsymbol{p}}^2/(2m_\mathrm{e}) - e^2/\hat{r}$ und $\hat{H} = \hat{H}_0 + eB/(2m_\mathrm{e}c)\hat{L}_z$ dieselben Eigenzustände besitzen, nur zu verschobenen Eigenwerten, da die m-Entartung aufgehoben wird.

Starke Magnetfelder ($|\hat{H}_{\mathrm{fine}}| \ll |\hat{H}_\mathrm{Z}|$): Paschen–Back-Effekt
In diesem Falle dominiert der Zeeman-Term, und bei hinreichend starkem externen Magnetfeld kann die Feinstruktur vollständig vernachlässigt werden. Der ungestörte Hamilton-Operator ist dann $\hat{H}_0$, und wir betrachten $\hat{H}_\mathrm{Z}$ als kleine Störung. Als Eigenzustandsbasis bietet sich nun $\{\ |\ LSm_Lm_S\rangle\}$ an – denn es gilt $[\hat{H}_0, \hat{H}_\mathrm{Z}] = 0$ – und wir berechnen:

$$\begin{aligned} E_\mathrm{Z}^{(1)} &= \frac{eB}{2m_\mathrm{e}c} \left\langle LSm_Lm_S \,\middle|\, \hat{L}_z + 2\hat{S}_z \,\middle|\, LSm_Lm_S \right\rangle \\ &= B\mu_\mathrm{B}(m_L + 2m_S). \end{aligned}$$

Wir erhalten somit:

$$E_{nm_Lm_S} = E_n^{(0)} + B\mu_\mathrm{B}(m_L + 2m_S). \tag{5.9}$$

Diese Verschiebung der Energieniveaus durch starke externe homogene Magnetfelder heißt **Paschen–Back-Effekt**, benannt nach den beiden deutschen Physikern Friedrich Paschen und Ernst Back, die ihn 1921 erstmalig beobachteten. Spins und Bahndrehimpulse entkoppeln hierbei – die LS-Kopplung ist also nicht mehr gültig – und es erfolgt eine Aufspaltung in eine gerade Anzahl von Energieniveaus, entsprechend der möglichen Werte von $m_L + 2m_S$. Das Spektrallinienbild ergibt sich dann aus den Übergängen entsprechend der Auswahlregeln $\Delta L = \pm 1$, $\Delta m_L = 0, \pm 1$ und $\Delta m_S = 0$ (siehe Abbildung 1.3).

6 Die Hyperfeinstruktur des Wasserstoffatoms

Bei den Beispielen zur Anwendung der Störungstheorie in der Physik des Wasserstoffatoms war der ungestörte Hamilton-Operator bislang der eines Elektrons im elektrostatischen Potentials des Atomkerns. Aber der Kern selbst besitzt ebenfalls Spin, und wie das Elektron auch erzeugt das durch ihn induzierte magnetische Moment ein Magnetfeld, welches vor allem ein Dipolfeld ist mit schwächeren Momenten höher Ordnung. Die Korrektur der Energieniveaus aufgrund der Wechselwirkung der Elektronen mit dem Magnetfeld des Kerns heißt **Hyperfeinstruktur**. Bereits der Name impliziert eine deutlich kleinere Aufspaltung als durch die Feinstruktur, nämlich – beim Wasserstoffatom – um etwa den Faktor 2000.

Zunächst einige semiklassische Vorbetrachtungen: Allgemein wird der Kernspin mit $\boldsymbol{I}$ bezeichnet, und der Gesamtdrehimpuls des Proton-Elektron-Systems mit $\boldsymbol{F}$. Dieser ist dann gegeben durch

$$\boldsymbol{F} = \boldsymbol{L} + \boldsymbol{S} + \boldsymbol{I}, \tag{6.1}$$

wobei $\boldsymbol{L}$ der Bahndrehimpuls und $\boldsymbol{S}$ der Elektronspin ist. Nur der Gesamtdrehimpuls $\boldsymbol{F}$ stellt eine Erhaltungsgröße dar.

Das Proton ist ein Spin-$\frac{1}{2}$-Teilchen und besitzt ein magnetisches Moment

$$\boldsymbol{\mu}_\text{p} = \frac{g_\text{p}}{\hbar}\mu_\text{N}\boldsymbol{I}, \tag{6.2}$$

wobei

$$g_\text{p} = 5{,}585\,694\,689\,3(16) \tag{6.3}$$

der g-Faktor des Protons ist [NIS18] und

$$\mu_\text{N} = \frac{e\hbar}{2m_\text{p}c} \tag{6.4}$$

das sogenannte **Kernmagneton** mit der Protonmasse m_p.

Das Vektorpotential für das Magnetfeld eines Punktdipols ist in der klassischen Elektrodynamik gegeben durch

$$\boldsymbol{A}(\boldsymbol{r}) = -\boldsymbol{\mu} \times \left(\nabla\frac{1}{r}\right) = \frac{\boldsymbol{\mu} \times \boldsymbol{r}}{r^3}, \tag{6.5}$$

mit dem magnetischen Moment μ, und das erzeugte Magnetfeld ist von der Form

$$\begin{aligned}\boldsymbol{B}(\boldsymbol{r}) &= \nabla \times \boldsymbol{A}(\boldsymbol{r})\\ &= -(\boldsymbol{\mu}\cdot\nabla)\frac{\boldsymbol{r}}{r^3} + \boldsymbol{\mu}\left(\nabla\cdot\frac{\boldsymbol{r}}{r^3}\right)\\ &= \frac{3\boldsymbol{r}\,(\boldsymbol{r}\cdot\boldsymbol{\mu}) - \boldsymbol{\mu}r^2}{r^5} + \frac{8\pi}{3}\boldsymbol{\mu}\delta(\boldsymbol{r}).\end{aligned} \tag{6.6}$$

Hierbei haben wir die Identität

$$(\boldsymbol{a}\cdot\nabla)\,(\boldsymbol{v}f(r)) = \frac{f(r)}{r}\left[\boldsymbol{a} - \boldsymbol{v}(\boldsymbol{a}\cdot\boldsymbol{v})\right] + \boldsymbol{v}(\boldsymbol{a}\cdot\boldsymbol{v})\frac{\mathrm{d}f}{\mathrm{d}r} \tag{6.7}$$

verwendet, mit $\boldsymbol{v} \mapsto \boldsymbol{e}_r$, $\boldsymbol{a} \mapsto \boldsymbol{\mu}$ und $f(r) = r^{-2}$.

Für die Konstruktion des das zusätzliche Störpotential darstellenden Hamilton-Operators $\hat{H}_{\mathrm{HFS}}$ beachten wir nun, dass das Magnetfeld $\hat{\boldsymbol{B}}(\hat{\boldsymbol{r}})$ einerseits über die minimale Kopplung die Energieniveaus der Elektronen beeinflusst und andererseits durch die Wechselwirkung mit dem Spin des Elektrons:

$$\hat{H}_{\mathrm{HFS}} = \hat{H}_{\mathrm{orb}} + \hat{H}_{\mathrm{spin}}. \tag{6.8}$$

Der erste, durch die minimale Kopplung entstehende Term entsteht durch (vergleiche (II-33.5)):

$$\frac{1}{m_{\mathrm{e}}}\left(\hat{\boldsymbol{p}} + \frac{e}{c}\hat{\boldsymbol{A}}(\hat{\boldsymbol{r}})\right)^2 = \frac{\hat{\boldsymbol{p}}^2}{2m_{\mathrm{e}}} + \hat{H}_{\mathrm{orb}}, \tag{6.9}$$

mit

$$\begin{aligned}
\hat{H}_{\mathrm{orb}} &= \frac{e}{m_{\mathrm{e}}c}\hat{\boldsymbol{A}}(\hat{\boldsymbol{r}}) \cdot \hat{\boldsymbol{p}} + \frac{e^2}{2m_{\mathrm{e}}c^2}\hat{\boldsymbol{A}}(\hat{\boldsymbol{r}})^2. \\
&= \frac{e}{m_{\mathrm{e}}c}\frac{\hat{\boldsymbol{\mu}}_{\mathrm{p}} \times \hat{\boldsymbol{r}}}{\hat{r}^3} \cdot \hat{\boldsymbol{p}} + \frac{e^2}{2m_{\mathrm{e}}c^2}\hat{\boldsymbol{A}}(\hat{\boldsymbol{r}})^2 \\
&= \frac{e}{m_{\mathrm{e}}c}\hat{\boldsymbol{\mu}}_{\mathrm{p}} \cdot \frac{\hat{\boldsymbol{r}} \times \hat{\boldsymbol{p}}}{\hat{r}^3} + \frac{e^2}{2m_{\mathrm{e}}c^2}\hat{\boldsymbol{A}}(\hat{\boldsymbol{r}})^2 \\
&= \frac{e}{m_{\mathrm{e}}c}\frac{1}{\hat{r}^3}\hat{\boldsymbol{\mu}}_{\mathrm{p}} \cdot \hat{\boldsymbol{L}} + \frac{e^2}{2m_{\mathrm{e}}c^2}\hat{\boldsymbol{A}}(\hat{\boldsymbol{r}})^2.
\end{aligned} \tag{6.10}$$

Unter Vernachlässigung des zweiten, quadratischen Terms und mit (6.2,6.4) erhalten wir für (6.10):

$$\hat{H}_{\mathrm{orb}} = \frac{e^2 g_{\mathrm{p}}}{2m_{\mathrm{e}}m_{\mathrm{p}}c^2}\frac{1}{\hat{r}^3}\hat{\boldsymbol{I}} \cdot \hat{\boldsymbol{L}}. \tag{6.11}$$

Die Wechselwirkung des Elektronspins mit dem Magnetfeld des Protons ist (vergleiche wieder den entsprechenen Term in (II-33.5), sowie (II-33.6)):

$$\begin{aligned}
\hat{H}_{\mathrm{spin}} &= -\hat{\boldsymbol{\mu}}_S \cdot \hat{\boldsymbol{B}}(\hat{\boldsymbol{r}}) \\
&= \frac{2}{\hbar}\mu_{\mathrm{B}}\hat{\boldsymbol{S}} \cdot \hat{\boldsymbol{B}}(\hat{\boldsymbol{r}}) \\
&= \frac{e}{m_{\mathrm{e}}c}\hat{\boldsymbol{S}} \cdot \hat{\boldsymbol{B}}(\hat{\boldsymbol{r}}).
\end{aligned}$$

Der Ausdruck (6.6) für das nukleare Magnetfeld wird mit Hilfe von (6.2,6.4) etwas umfornuliert:

$$\begin{aligned}
\hat{\boldsymbol{B}}(\hat{\boldsymbol{r}}) &= \frac{3\hat{\boldsymbol{r}}\left(\hat{\boldsymbol{r}} \cdot \hat{\boldsymbol{\mu}}_{\mathrm{p}}\right) - \hat{\boldsymbol{\mu}}_{\mathrm{p}}\hat{r}^2}{\hat{r}^5} + \frac{8\pi}{3}\hat{\boldsymbol{\mu}}_{\mathrm{p}}\delta(\hat{\boldsymbol{r}}) \\
&= \frac{e g_{\mathrm{p}}}{2m_{\mathrm{p}}c}\left[\frac{3\hat{\boldsymbol{r}}\left(\hat{\boldsymbol{r}} \cdot \hat{\boldsymbol{I}}\right) - \hat{\boldsymbol{I}}\hat{r}^2}{\hat{r}^5} + \frac{8\pi}{3}\hat{\boldsymbol{I}}\delta(\hat{\boldsymbol{r}})\right],
\end{aligned}$$

so dass

$$
\begin{aligned}
\hat{H}_{\text{spin}} &= \frac{e}{m_{\text{e}}c}\hat{\boldsymbol{S}} \cdot \hat{\boldsymbol{B}}(\hat{\boldsymbol{r}}) \\
&= \frac{e^2 g_{\text{p}}}{2m_{\text{e}}m_{\text{p}}c^2}\hat{\boldsymbol{S}} \cdot \left[\frac{3\hat{\boldsymbol{r}}\left(\hat{\boldsymbol{r}} \cdot \hat{\boldsymbol{I}}\right) - \hat{\boldsymbol{I}}\hat{r}^2}{\hat{r}^5} + \frac{8\pi}{3}\hat{\boldsymbol{I}}\delta(\hat{\boldsymbol{r}})\right] \\
&= \frac{e^2 g_{\text{p}}}{2m_{\text{e}}m_{\text{p}}c^2}\left[\frac{3}{\hat{r}^5}\sum_{i,j}\hat{S}_i\hat{I}_j\underbrace{\left(\hat{r}_i\hat{r}_j - \frac{1}{3}\delta_{ij}\hat{r}^2\right)}_{=:\hat{T}_{ij}} + \frac{8\pi}{3}\hat{\boldsymbol{S}} \cdot \hat{\boldsymbol{I}}\delta(\hat{\boldsymbol{r}})\right].
\end{aligned} \tag{6.12}
$$

Die Hyperfeinstrukturaufspaltung im Grundzustand ($n = 1$)
Nicht nur ist der Effekt der Hyperfeinstrukturaufspaltung im Grundzustand ($n = 1$) am größten, sondern auch der entsprechende Übergang am häufigsten. Außerdem wird er bei den höheren Zuständen ($n > 1$) durch einen weiteren Effekt überlagert, der sogenannten **Lamb-Verschiebung**, die wir aber erst in Abschnitt IV-10 berechnen können. Deren Beitrag ist zwar deutlich kleiner als der der Feinstruktur, aber deutlich höher als der der Hyperfeinstruktur und führt bei den Zuständen für $n > 1$ zu einer weiteren Aufspaltung der Energieniveaus, während er für den Grundzustand lediglich eine Niveauverschiebung bewirkt.

Im Grundzustand ist nun $\hat{\boldsymbol{L}} = 0$, und es gilt $\hat{\boldsymbol{F}} = \hat{\boldsymbol{S}} + \hat{\boldsymbol{I}}$. Das heißt, der Teil (6.11) des Hamilton-Operators entfällt vollständig, und es trägt nur der Spin-Teil (6.12) zur Hyperfeinstruktur bei. Der Spin-Teil (6.12) wiederum besteht aus zwei Termen. Der erste enthält $\hat{T}_{ij}$, einen irreduziblen Tensoroperator vom Rang 2 (vergleiche II-39). In erster Ordnung Störungstheorie trägt dieser ebenfalls nicht zur Energiekorrektur $E_{\text{HFS}}^{(1)}$ bei, denn das Wigner–Eckart-Theorem sorgt für Auswahlregeln (siehe Abschnitt II-40):

$$
\langle\psi_{100}|\hat{T}_q|\psi_{100}\rangle \sim C_{0,q,0}^{0,2,0} = 0,
$$

wobei $\hat{T}_q$ die q-Komponenten in sphärischer Darstellung ist. Für $q = 0$ ist die erste Auswahlregel verletzt, und für $q \neq 0$ sogar die erste und die zweite Auswahlregel. Also verbleibt als einziger Beitrag zur Energiekorrektur der Term proportional zu $\delta(\hat{\boldsymbol{r}})$.

Wir müssen nun insgesamt vier linear unabhängige Zustände betrachten, und wir können entweder die Basis $\{\, |n, l, m_s, m_I\rangle \,\}$ verwenden, wobei $m_s = \pm\frac{1}{2}$ die magnetische Quantenzahl zum Elektronspin und $m_I = \pm\frac{1}{2}$ die magnetische Quantenzahl zum Protonspin ist (die Verwendung eines großgeschriebenen Subskripts soll Verwechslungen mit einem Laufindex vermeiden) – oder wie verwenden die Basis $\{\, |n, l, F, m_F\rangle \,\}$, wobei $F \in \{\, 0, 1 \,\}$ den Gesamtdrehimpuls angibt und $m_F = -F \ldots F$ die zugehörige magnetische Quantenzahl ist. Wir entscheiden uns für die letztere. Dann ist mit (II-29.35) und (II-40.15):

$$
E_{\text{HFS}}^{(1)} = \frac{4\pi e^2 g_{\text{p}}}{3m_{\text{e}}m_{\text{p}}c^2}\underbrace{\langle n = 1, l = 0|\delta(\hat{\boldsymbol{r}})|n = 1, l = 0\rangle}_{=\frac{1}{\pi a_0^3} = \frac{m_{\text{e}}^3\alpha^3c^3}{\pi\hbar^3}}\underbrace{\langle F, m_F|\hat{\boldsymbol{S}} \cdot \hat{\boldsymbol{I}}|F, m_F\rangle}_{=\hbar^2\left[\frac{1}{2}F(F+1) - \frac{3}{4}\right]},
$$

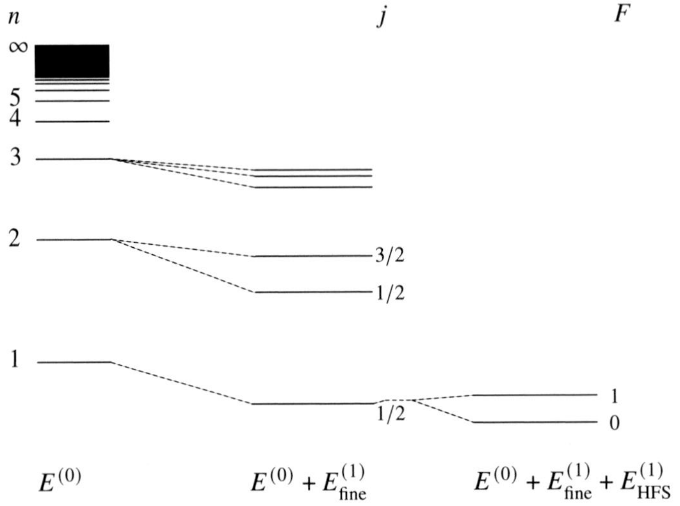

Abbildung 1.5: Die Hyperfeinstruktur des Grundzustands des Wasserstoffatoms. Angedeutet ist die zusätzliche Lamb-Verschiebung, die sich gewissermaßen zwischen Feinstruktur und Hyperfeinstruktur befindet und zu einer Erhöhung des $1\,^2\mathrm{S}_{1/2}$-Niveaus führt. Die Niveauschemata sind nicht maßstabsgerecht.

und damit

$$E^{(1)}_{\text{HFS}} = \frac{g_p m_e^2 \alpha^4 c^2}{m_p} \cdot \begin{cases} \frac{1}{3} & (F=1) \\ -1 & (F=0) \end{cases} . \tag{6.13}$$

Abbildung 1.5 zeigt die Hyperfeinaufspaltung des Grundzustands. Die Energieaufspaltung ΔE zwischen den beiden Niveaus für $F = 1$ und $F = 0$ ist dann

$$\Delta E = E^{(1)}_{F=1} - E^{(1)}_{F=0} = \frac{4 g_p m_e^2 \alpha^4 c^2}{3 m_p} \tag{6.14}$$

$$\approx 5{,}877 \cdot 10^{-6}\,\text{eV}, \tag{6.15}$$

unter Verwendung von [NIS18]:

$$m_e c^2 = 0{,}510\,998\,950\,00(15) \cdot 10^6\,\text{eV}, \tag{6.16}$$

$$\frac{m_e}{m_p} = (1836{,}152\,673\,43(11))^{-1}, \tag{6.17}$$

$$\alpha = 7{,}297\,352\,569\,3(11) \cdot 10^{-3}. \tag{6.18}$$

Der bislang genaueste Messwert für diese Energieaufspaltung ist

$$\Delta E = 5{,}874\,33 \cdot 10^{-6}\,\text{eV}, \tag{6.19}$$

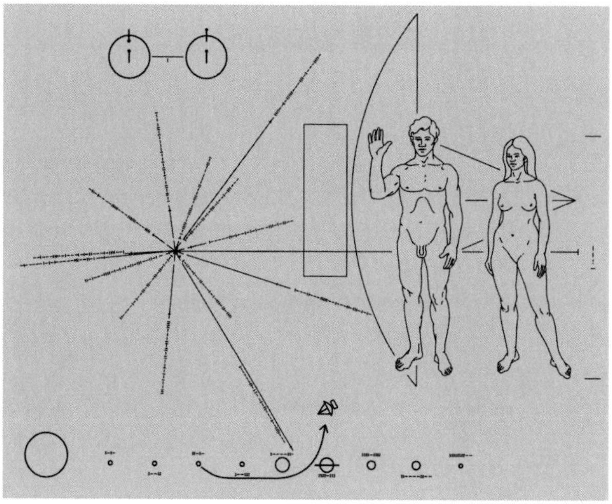

Abbildung 1.6: Der Hyperfeinstrukturübergang als Illustration (oben links) auf den beiden goldenen Plaketten der interstellaren Raumsonden Pioneer 10 und Pioneer 11 (Abbildung: Vectors by Oona Räisänen (Mysid); designed by Carl Sagan & Frank Drake; artwork by Linda Salzman Sagan / Public domain).

was gemäß der Formel $E = hc/\lambda$ einer Wellenlänge von

$$\lambda \approx 21{,}106\,\text{cm} \tag{6.20}$$

entspricht. Die entsprechende spektroskopische Spektrallinie ist die berühmte **21cm-Linie** oder **HI-Linie** (gesprochen: „H-eins-Linie“) der charakteristischen Radiostrahlung des neutralen Wasserstoffs. Ihr Nachweis ist von großer Bedeutung in der Astrophysik und der Kosmologie, da sie direkten Aufschluss über die Masseverteilung und durch den Doppler-Effekt auch die Massebewegung von neutralem Wasserstoff im Universum gibt. Dieser Übergang ist ein sogenannter **magnetischer Dipolübergang** und als solcher im Vergleich zu elektrischen Dipolübergängen um etwa einen Faktor 10^{-3} unterdrückt (siehe Abschnitt 20), aber aufgrund der enormen Mengen an Wasserstoff im Universum dennoch sehr gut nachweisbar.

Der Hyperfeinstrukturübergang des Wasserstoffatoms findet sich als Illustration auf den goldenen Plaketten der beiden interstellaren Raumsonden *Pioneer 10* und *Pioneer 11* wieder (Abbildung 1.6) sowie auf den *Voyager Golden Records* der beiden Raumsonden *Voyager 1* und *Voyager 2*.

7 Das Variationsverfahren von Rayleigh–Ritz

Es gibt Quantensysteme, deren Hamilton-Operatoren nicht exakt lösbar sind, die sich aber auch einer störungstheoretischen Behandlung entziehen. Der Grund ist dann, dass es schlicht keinen ungestörten Hamilton-Operator $\hat{H}_0$ gibt, dessen Lösungen bekannt sind und der hinreichend ähnlich zum vollen Hamilton-Operator $\hat{H}$ ist, so dass dieser dann gewissermaßen als die gestörte Version davon betrachtet werden kann.

Eines der Näherungsverfahren, um diese Art von Problemen zu lösen, ist das **Variationsverfahren von Rayleigh–Ritz**. Das Variationsverfahren findet seine Anwendung im Auffinden einer obere Schranke für die Grundzustandsenergie eines Systems ohne direktes Betrachten der Schrödinger-Gleichung des Systems, während allerdings die höheren Energieniveaus mit diesem Verfahren nur sehr umständlich zu erhalten sind. Es stellt die Anwendung einer äußerst elementaren mathematischen Methode dar, das auf Walter Ritz und Lord Rayleigh zurückgeht.

Im Variationsverfahren wird das Eigenwertproblem des Hamilton-Operators (I-16.3) nicht direkt gelöst, sondern vielmehr berechnet man das Minimum des Funktionals

$$E[\psi] = \frac{\langle\psi|\hat{H}|\psi\rangle}{\langle\psi|\psi\rangle}, \tag{7.1}$$

indem man $|\psi\rangle$ durch eine Schar von Testzuständen $|\psi_\alpha\rangle$ parametrisiert und die stationären Punkte der Funktionalableitung

$$\frac{\delta E[\psi_\alpha]}{\delta\psi_\alpha} \stackrel{!}{=} 0 \tag{7.2}$$

findet.

Satz (Obere Schranke für die Grundzustandsenergie). *Für jeden beliebigen Testzustand $|\psi_\alpha\rangle$ gilt:*

$$E[\psi_\alpha] = \frac{\langle\psi_\alpha|\hat{H}|\psi_\alpha\rangle}{\langle\psi_\alpha|\psi_\alpha\rangle} \geq E_0, \tag{7.3}$$

wobei E_0 die exakte (aber durchaus unbekannte) Grundzustandsenergie des Systems ist.

Beweis. Zunächst ist zu sehen, dass Gleichheit nur dann gilt, wenn $|\psi_\alpha\rangle$ proportional zum exakten Grundzustand $|\phi_0\rangle$ ist. Für alle anderen Zustände mit

$$|\psi_\alpha\rangle = \sum_n c_n |\phi_n\rangle,$$

wobei $|\phi_n\rangle$ die exakten, aber unbekannten Energieeigenzustände von $\hat{H}$ sind, gilt:

$$\begin{aligned} E[\psi_\alpha] = \frac{\langle\psi_\alpha|\hat{H}|\psi_\alpha\rangle}{\langle\psi_\alpha|\psi_\alpha\rangle} &= \frac{\sum_n |c_n|^2 E_n}{\sum_n |a_n|^2} \\ &> \frac{E_0 \sum_n |c_n|^2}{\sum_n |a_n|^2} = E_0. \end{aligned}$$

■

Das Variationsverfahren besteht aus vier wesentlichen Schritten, die zumeist direkt in der Ortsdarstellung durchgeführt werden:

1. Zunächst parametrisiert man eine Schar von Testzuständen $|\psi_\alpha\rangle$ auf möglichst optimale Weise, die sämtliche physikalischen Eigenschaften des Grundzustands wie Symmetrien oder mathematische Randbedingungen wie Knotenzahl, Verhalten im Unendlichen und so weiter berücksichtigt. Das übliche englische Wort hierfür heißt *"educated guess"*. Diese Parametrisierung erfolgt dann nach bestem Wissen und Gewissen über die Parameterschar $\alpha_1, \alpha_2, \ldots$, das heißt also: $|\psi\rangle = |\psi(\alpha_1, \alpha_2, \ldots)\rangle$.

2. Als nächstes berechnet man das Energiefunktional (7.1) als Funktion der Parameter $(\alpha_1, \alpha_2, \ldots)$, das heißt: $E = E(\alpha_1, \alpha_2, \ldots)$. In den meisten Fällen sind die Testfunktionen normiert, so dass der Nenner Eins ist.

3. Nun findet man die lokalen Minima von $E = E(\alpha_1, \alpha_2, \ldots)$, sprich, man berechnet:

$$\frac{\partial E(\alpha_1, \alpha_2, \ldots)}{\partial \alpha_i} \stackrel{!}{=} 0. \tag{7.4}$$

   Hierdurch erhalten wir mindestens ein lokales Minimum $\boldsymbol{\alpha}_0 = (\alpha_{1,0}, \alpha_{2,0}, \ldots)$, das E minimiert. Für alle physikalisch vernünftigen Hamilton-Operatoren ist implizit klar, dass die gefundenen Nullstellen Minima sein müssen und keine Sattelpunkte oder Maxima.

4. Durch Einsetzen der gefundenen Werte $\boldsymbol{\alpha}_0 = (\alpha_{1,0}, \alpha_{2,0}, \ldots)$ in $E(\alpha_1, \alpha_2, \ldots)$ erhält man eine obere Schranke für die Grundzustandsenergie E_0, das heißt:

$$E_0 \leq E(\alpha_{1,0}, \alpha_{2,0}, \ldots). \tag{7.5}$$

Grundsätzlich ist das Variationsverfahren auch zum Auffinden der höheren Energieniveaus anwendbar. Suchen wir beispielsweise die Energie E_1 des ersten angeregten Zustands $|\phi_1\rangle$, können wir über Parametrisierung einen Testzustand $|\psi_1\rangle$ suchen, der das Energiefunktional (7.1) minimiert und für den die Randbedingung gilt:

$$\langle\psi_1|\psi_0\rangle = 0, \tag{7.6}$$

wobei $|\psi_0\rangle$ der bereits approximierte Grundzustand des Systems ist. Für das Auffinden des nächsten angeregten Zustands und dessen Energieniveau kommen dann weitere Randbedingungen $\langle\psi_2|\psi_0\rangle = 0, \langle\psi_2|\psi_1\rangle = 0$ hinzu. Diese Randbedingungen baut man dann üblicherweise als Lagrange-Multiplikatoren in das zu minimierende Funktional ein.

Man erkennt aber, dass deren Anzahl mit jedem höheren Zustand anwächst und das Verfahren immer aufwendiger wird. Deshalb verwendet man das Rayleigh–Ritz-Verfahren meist nur zur Bestimmung der Grundzustandsenergie.

Als Anmerkung sei an dieser Stelle angebracht, dass im Falle von Knickstellen der Wellenfunktion – sprich bei Unstetigkeiten der ersten räumlichen Ableitung – Obacht bei der Berechnung von Ausdrücken wie $\langle\psi|\hat{H}|\psi\rangle$ gegeben werden muss. Betrachtet man

$$-\frac{\hbar^2}{2m}\int_{-\infty}^{\infty}\psi^*(x)\frac{\mathrm{d}^2\psi(x)}{\mathrm{d}x^2}\mathrm{d}x = \frac{\hbar^2}{2m}\int_{-\infty}^{\infty}\left|\frac{\mathrm{d}\psi(x)}{\mathrm{d}x}\right|^2 dx, \tag{7.7}$$

so sind zwar beide Seiten die Ortsdarstellung von $\langle\psi|\hat{p}^2/2m|\psi\rangle$, die durch eine partielle Integration auseinander hervorgehen, sofern sie gebundene Zustände darstellen (und daher $\psi^*(x)\frac{\mathrm{d}\psi(x)}{\mathrm{d}x} \to 0$ für $x \to \infty$. Allerdings ist die linke Seite von (7.7) an Unstetigkeitsstellen der ersten Ableitung von $\psi(x)$ nicht definiert, die rechte Seite hingegen schon. Die dreidimensionale Version von (7.7) lautet:

$$-\frac{\hbar^2}{2m}\int_{\mathbb{R}^3}\psi^*(\boldsymbol{r})\nabla^2\psi(x)\mathrm{d}^3\boldsymbol{r} = \frac{\hbar^2}{2m}\int_{\mathbb{R}^3}\nabla\psi^*(\boldsymbol{r})\cdot\nabla\psi(\boldsymbol{r})\mathrm{d}^3\boldsymbol{r}. \tag{7.8}$$

Das Hellmann–Feynman-Theorem

An dieser Stelle sei das sogenannte **Hellmann–Feynman-Theorem** vorgestellt, das folgendes besagt:

Satz (Hellmann–Feynman-Theorem). *Es sei $\hat{H}_\lambda$ der Hamilton-Operator eines Quantensystems und λ eine beliebige Größe, von der dieser abhängt. Die Zustände $\{\ |\psi_\lambda\rangle\ \}$ seien die normierten Eigenzustände von $\hat{H}$, ebenfalls in Abhängigkeit von λ. Dann gilt für den Erwartungswert $E_\lambda = \langle\psi_\lambda|\hat{H}|\psi_\lambda\rangle$:*

$$\frac{\mathrm{d}E_\lambda}{\mathrm{d}\lambda} = \left\langle\psi_\lambda\left|\frac{\mathrm{d}\hat{H}_\lambda}{\mathrm{d}\lambda}\right|\psi_\lambda\right\rangle. \tag{7.9}$$

Beweis. Der Beweis ist trivial. Anwendung der Produktregel ergibt:

$$\begin{aligned}\frac{\mathrm{d}E_\lambda}{\mathrm{d}\lambda} &= \frac{\mathrm{d}}{\mathrm{d}\lambda}\langle\psi_\lambda|\hat{H}|\psi_\lambda\rangle \\ &= E_\lambda\frac{\mathrm{d}}{\mathrm{d}\lambda}\langle\psi_\lambda|\psi_\lambda\rangle + \left\langle\psi_\lambda\left|\frac{\mathrm{d}\hat{H}_\lambda}{\mathrm{d}\lambda}\right|\psi_\lambda\right\rangle \\ &= \left\langle\psi_\lambda\left|\frac{\mathrm{d}\hat{H}_\lambda}{\mathrm{d}\lambda}\right|\psi_\lambda\right\rangle.\end{aligned}$$ ∎

So trivial der Beweis des Hellmann–Feynman-Theorems ist, so begrenzt ist dessen praktischer Nutzen. Es wurde bereits 1932 von Paul Güttinger bewiesen [Güt32], einem damaligen Diplomanden und späteren Doktoranden Wolfgang Paulis während dessen Zeit an der Eidgenössischen Technischen Hochschule in Zürich. Später zeigte diese Relation unabhängig davon Hans Hellmann, ein Mitbegründer der Quantenchemie und Autor des ersten deutschsprachigen Lehrbuchs zu diesem Thema *„Einführung in die Quantenchemie"*, das 1937 erschienen ist, nachdem er selbst es zuvor auf Russisch verfasst hatte – Hellmann war nach der Machtergreifung Hitlers in die damalige Sowjetunion emigriert. Der Begriff „Quantenchemie" selbst wurde wohl erstmals vom im Wien lehrenden Physiker Arthur Haas verwendet, war aber ansonsten eher ungebräuchlich. 1939 schließlich fand Richard Feynman, wiederum in Unkenntnis der vorherigen Arbeiten, diesen Zusammenhang aufs Neue [Fey39].

Die Idee hinter dem Hellmann–Feynman-Theorem ist, dass aus Kenntnis der elektrischen Ladungsverteilung $q|\langle\psi|\psi\rangle|^2$ in einem Molekül alle darin auftretenden Kräfte berechnet werden können, die sich zum Beispiel aus der Variation der Kernabstände ergeben. Stabilitätsfragen lassen sich dann einfach nach den Gesetzmäßigkeiten der klassischen Elektrostatik klären.

Dass der praktische Nutzen so gering ist, liegt daran, dass in der Formulierung wie oben die Zustände $\{ \mid \psi_\lambda\rangle \}$ Eigenzustände von $\hat{H}_\lambda$ sein müssen, die entweder wie so häufig nicht bekannt sind – dann hilft Relation (7.9) auch nicht weiter, sondern liefert im Allgemeinen falsche Ergebnisse – oder eben doch, so dass man auf (7.9) nicht zwingend angewiesen ist und das Hellmann–Feynman-Theorem allenfalls wieder eine weitere, alles in allem triviale Zusatzerkenntnis darstellt.

Der Grund, warum die Relation (7.9) meist im Zusammenhang mit dem Variationsprinzip wiedergegeben wird, liegt daran, dass sie auch für Zustände gilt, die bei der **Hartree–Fock-Methode** im sogenannten **Hartree–Fock-Limit** aus dem Variationsprinzip erhalten werden, eine vor allem in der Quantenchemie äußerst wichtige Vielteilchen-Näherungsmethode, die wir in Abschnitt 9 betrachten werden. Für alle anderen Zustände gilt das Hellmann–Feynman-Theorem im Allgemeinen nicht oder nur näherungsweise und kann nur mit entsprechender Unsicherheit behaftet zur Berechnung intramolekularer Kräfte verwendet werden.

8 Das Helium-Atom

Dieser Abschnitt stellt eine gewisse Synthese dar. Um den Grundzustand des Helium-Atoms zu berechnen, finden mehrere in zurückliegenden Abschnitten behandelte Konzepte Anwendung: Störungstheorie und alternativ dazu das Variationsverfahren. Außerdem ist das Helium-Atom ein Mehrelektronensystem – aus diesem Grund müssen wir die Antisymmetrisierung des Grundzustands beachten.

Wie bereits im historischen Überblick (Abschnitt I-11) erwähnt, gehen die ersten störungstheoretischen Berechnungen des Spektrums des Helium-Atoms bereits auf Heisenberg zurück [Hei26a; Hei26b], in denen er auch erstmalig die „Uhlenbeck–Goudsmit-Hypothese" und das Pauli-Prinzip in konkrete Rechnungen einfließen ließ und mit ihnen die Natur der Para- und Orthohelium-Zustände erklären konnte. Dennoch waren die quantitativen Ergebnisse der Störungstheorie nicht befriedigend, und erst die Arbeiten des norwegischen Physikers Egil Andersen Hylleraas einige Jahre später in Göttingen auf der Grundlage von Variationsansätzen lieferten sehr gute Berechnungen zahlreicher Atomspektren, insbesondere Helium-artiger Atome [Hyl29; Hyl30].

Wir werden zunächst drastisch nähern: im Folgenden wird sowohl die Spin-Bahn-Kopplung als auch (anfangs jedenfalls!) die elektrostatische Abstoßung der beiden Elektronen vernachlässigt. Die beiden Elektronen befinden sich im statischen elektrischen Feld des Kerns mit Kernladungszahl $-Ze$. Dies führt uns dann auf ein bereits bekanntes Problem zurück, und ohne Mehraufwand können wir dann sämtliche Zwei-Elektronen-Systeme wie das negative Wasserstoffion, das positive Lithium-Ion oder eben das Helium-Atom untersuchen, für welches $Z = 2$ ist.

Vorbetrachtungen und Einführung von Relativkoordinaten

Der Hamilton-Operator dieses stark genäherten Systems ist dann zunächst gegeben durch:

$$\hat{H} = \underbrace{\frac{\hat{\boldsymbol{P}}^2}{2m_\mathrm{N}} + \frac{\hat{\boldsymbol{p}}_{(1)}^2}{2m_\mathrm{e}} + \frac{\hat{\boldsymbol{p}}_{(2)}^2}{2m_\mathrm{e}}}_{=:T} - \frac{Ze^2}{\hat{r}_{(1)}} - \frac{Ze^2}{\hat{r}_{(2)}}, \tag{8.1}$$

wobei m_N die Masse des Heliumkerns ist und m_e die Elektronmasse. Wir haben also ein Drei-Teilchen-Problem vor uns und wollen an dieser Stelle auf die Separation in Schwerpunkt- und Relativkoordinaten für ein N-Teilchen-System eingehen, was wir bereits in Abschnitt II-25 für $N = 2$ mit wechselwirkendem Zentralpotential gemacht haben. Für $N > 2$ geht die Betrachtung allerdings analog. Wir definieren Schwerpunkts- und Relativkoordinaten

$$\boldsymbol{R} = \frac{m_\mathrm{N}\boldsymbol{r}_\mathrm{N} + m_\mathrm{e}\sum_{i=1}^N \boldsymbol{r}_{(i)}}{m_\mathrm{N} + Nm_\mathrm{e}}, \tag{8.2}$$

$$\boldsymbol{r}'_{(i)} = \boldsymbol{r}_{(i)} - \boldsymbol{r}_\mathrm{N}, \tag{8.3}$$

wobei $\boldsymbol{r}_\mathrm{N}$ den Ortsvektor des Atomkerns darstellt. In diesen kann man den kinetischen Teil T in (8.1) dann wie folgt erhalten:

$$\begin{aligned} 2T &= m_\mathrm{N}\dot{\boldsymbol{r}}_\mathrm{N}^2 + m_\mathrm{e}\sum_{i=1}^{N}\dot{\boldsymbol{r}}_{(i)}^2 \\ &= (m_\mathrm{N} + Nm_e)\dot{\boldsymbol{R}}^2 + m_\mathrm{e}\sum_{i=1}^{N}(\dot{\boldsymbol{r}}'_{(i)})^2 - \frac{m_\mathrm{e}^2}{m_\mathrm{N} + Nm_\mathrm{e}}\left(\sum_{i=1}^{N}(\dot{\boldsymbol{r}}'_{(i)})^2\right). \end{aligned}$$

Die kanonisch konjugierten Impulse erhält man dann durch

$$\begin{aligned} \boldsymbol{P} &= \nabla_{\dot{\boldsymbol{R}}}T = (M + Nm_e)\dot{\boldsymbol{R}}, \\ \boldsymbol{p}'_{(i)} &= \nabla_{\dot{\boldsymbol{r}}'_{(i)}}T = m_e\left(\dot{\boldsymbol{r}}'_{(i)} - \sum_{j=1}^{N}\dot{\boldsymbol{r}}'_{(j)}\frac{m_\mathrm{e}}{m_\mathrm{N} + Nm_\mathrm{e}}\right), \end{aligned}$$

so dass wir für den kinetischen Term erhalten:

$$T = \frac{\boldsymbol{P}^2}{2(m_\mathrm{N} + Nm_\mathrm{e})} + \frac{1}{2\mu}\sum_{i=1}^{N}(\boldsymbol{p}'_{(i)})^2 + \frac{1}{m_\mathrm{N}}\sum_{1\leq j<i}\boldsymbol{p}'_{(i)}\boldsymbol{p}'_{(j)}, \tag{8.4}$$

mit der **reduzierten Masse**

$$\mu = \frac{m_\mathrm{e}m_\mathrm{N}}{m_\mathrm{e} + m_\mathrm{N}}. \tag{8.5}$$

Der letzte Term dieses Ausdrucks proportional zu m_N^{-1} ist der sogenannte **Hughes–Eckart-Term** [HE30], der störungstheoretisch berücksichtigt, aber häufig vernachlässigt werden kann. Für ausführlichere Betrachtungen siehe die weiterführende Literatur, insbesondere die Monographien von Condon und Shortley oder von Kuhn.

Somit erhalten wir nach Abseparieren der Schwerpunktsbewegung und unter Vernachlässigung des Hughes–Eckart-Terms sowie nach Wegfall des Strichs in der Notation als weiteren Ausgangspunkt den Hamilton-Operator:

$$\hat{H} = \frac{\hat{\boldsymbol{p}}_{(1)}^2}{2\mu} + \frac{\hat{\boldsymbol{p}}_{(2)}^2}{2\mu} - \frac{Ze^2}{\hat{r}_{(1)}} - \frac{Ze^2}{\hat{r}_{(2)}}, \tag{8.6}$$

dessen Form einen Separationsansatz der Art (I-18.21) erlaubt und dessen Eigenzustände in Ortsdarstellung daher von der Form

$$|n_{(1)}, l_{(1)}, m_{(1)}, n_{(2)}, l_{(2)}, m_{(2)}\rangle \otimes |m_{(1),s_1}, m_{(2),s_2}\rangle\,, \tag{8.7}$$

mit $|n_{(1)}, l_{(1)}, m_{(1)}, n_{(2)}, l_{(2)}, m_{(2)}\rangle \in \mathcal{H}_B$ und $|m_{(1),s_1}, m_{(2),s_2}\rangle \in \mathcal{H}_S$ (siehe Abschnitt II-43), so dass

$$\langle \boldsymbol{r}_{(1)}, \boldsymbol{r}_{(2)}|n_{(1)}, l_{(1)}, m_{(1)}; n_{(2)}, l_{(2)}, m_{(2)}\rangle = R_{n_1l_1}(r_1)\mathrm{Y}_{l_1,m_{1,l}}(\theta_1,\phi_1)R_{n_2l_2}(r_2)\mathrm{Y}_{l_2,m_{2,l}}(\theta_2,\phi_2)$$

ist. Die Energieeigenwerte von (8.6) sind dann:

$$E_{n_1 n_2} = -\frac{Z^2\alpha^2\mu c^2}{2n_1^2} - \frac{Z^2\alpha^2\mu c^2}{2n_2^2}. \tag{8.8}$$

Der Zustand $|\psi\rangle$ muss nun allerdings antisymmetrisch sein bezüglich einer Vertauschung der beiden Elektronen. Die einzelnen Spins stellen für sich keine Erhaltungsgröße dar, und wir koppeln zunächst die Spins der beiden Elektronen zu einem Gesamtspin $\hat{\boldsymbol{S}}$ (wir nutzen hierbei stillschweigend aus, dass die LS-Kopplung anwendbar ist). Die Eigenzustände $|s, m_s\rangle$ von $\hat{\boldsymbol{S}}^2$ und $\hat{S}_z$ sind dann (vergleiche (II-37.21–II-37.24)):

$$|0,0\rangle = \frac{1}{\sqrt{2}}\left(|\tfrac{1}{2},-\tfrac{1}{2}\rangle - |-\tfrac{1}{2},\tfrac{1}{2}\rangle\right), \tag{8.9}$$

$$|1,1\rangle = |\tfrac{1}{2},\tfrac{1}{2}\rangle, \tag{8.10}$$

$$|1,0\rangle = \frac{1}{\sqrt{2}}\left(|\tfrac{1}{2},-\tfrac{1}{2}\rangle + |-\tfrac{1}{2},\tfrac{1}{2}\rangle\right), \tag{8.11}$$

$$|1,-1\rangle = |-\tfrac{1}{2},-\tfrac{1}{2}\rangle. \tag{8.12}$$

Der Singulett-Zustand (8.9) ist hierbei antisymmetrisch im Spin-Raum $\mathcal{H}_S$ bezüglich der Vertauschung der beiden Elektronen, und die drei Triplett-Zustände (8.10–8.12) sind diesbezüglich symmetrisch. Entsprechend umgekehrt muss demnach das Symmetrieverhalten der Wellenfunktion im Ortsraum bezüglich der Vertauschung $\boldsymbol{r}_{(1)} \leftrightarrow \boldsymbol{r}_{(2)}$ sein.

Da aufgrund der unterschiedlichen Symmetrieeigenschaften in $\mathcal{H}_B$ die physikalischen Eigenschaften der Singulett-Zustände unterschiedlich von denen der Triplett-Zustände sind, hat sich eine eigene Bezeichnung eingebürgert: Die Singulett-Zustände des Heliums werden **Parahelium** genannt, die Triplett-Zustände hingegen **Orthohelium**.

Störungstheoretische Betrachtung

Die obige Vernachlässigung der Wechselwirkung zwischen den Elektronen ist natürlich vollkommen unrealistisch und diente lediglich dazu, eine geeignete Zustandsbasis für die weitere Betrachtung aufzustellen. Nun fügen wir den Wechselwirkungsterm $\hat{V}$ hinzu:

$$\hat{V} = \frac{e^2}{|\hat{\boldsymbol{r}}_{(1)} - \hat{\boldsymbol{r}}_{(2)}|}. \tag{8.13}$$

Der ungestörte Grundzustand $|\psi_0\rangle$ ist in (8.7) und (8.8) gegeben durch $n_1 = n_2 = 1$. Da der Teil des Zustands in $\mathcal{H}_B$ – in anderen Worten die Wellenfunktion – symmetrisch bezüglich der Vertauschung $\boldsymbol{r}_{(1)} \leftrightarrow \boldsymbol{r}_{(2)}$ ist, muss der Spinanteil antisymmetrisch sein, sprich: es muss der Singulett-Zustand (Parahelium) sein. Damit haben wir:

$$|\psi_0\rangle = \frac{1}{\sqrt{2}}|1,0,0;1,0,0\rangle \otimes \left(|\tfrac{1}{2},-\tfrac{1}{2}\rangle - |-\tfrac{1}{2},\tfrac{1}{2}\rangle\right) \tag{8.14}$$

und

$$E_0 = E_{11} = -Z^2\frac{e^4\mu}{\hbar^2}. \tag{8.15}$$

Da der Störoperator $\hat{V}$ keinen Anteil im Spin-Raum besitzt (wir vernachlässigen nach wie vor die Spin-Bahn-Kopplung), liefert der Zustandsanteil im Spin-Raum lediglich einen Beitrag zum Skalarprodukt vom Faktor Eins. Die Wellenfunktion im Ortsraum lautet (siehe Abschnitt II-29)

$$R_{10}(r)Y_{00}(\theta,\phi) = \frac{1}{\sqrt{\pi}}\left(\frac{Z}{a_0}\right)^{3/2} \mathrm{e}^{-Zr/a_0},$$

Die Energiekorrektur in erster Ordnung Störungstheorie ist dann:

$$\begin{aligned} E_0^{(1)} &= \langle 1,0,0;1,0,0|\hat{V}|1,0,0;1,0,0\rangle \\ &= \frac{1}{\pi^2}\left(\frac{Z}{a_0}\right)^6 \int \mathrm{d}^3\boldsymbol{r}_{(1)} \int \mathrm{d}^3\boldsymbol{r}_{(2)} \mathrm{e}^{-2Z(r_{(1)}+r_{(2)})/a_0} \frac{e^2}{|\hat{\boldsymbol{r}}_{(1)} - \hat{\boldsymbol{r}}_{(2)}|}. \end{aligned} \tag{8.16}$$

Für die Berechnung des Integrals (8.16) verwenden wir nun die Fourier-Transformierte (8.27), so dass

$$\begin{aligned} E_0^{(1)} &= \frac{e^2}{2\pi^4}\left(\frac{Z}{a_0}\right)^6 \int \mathrm{d}^3\boldsymbol{r}_{(1)} \int \mathrm{d}^3\boldsymbol{r}_{(2)} \mathrm{e}^{-2Z(r_{(1)}+r_{(2)})/a_0} \int_{\mathbb{R}^3} \frac{1}{k^2} \mathrm{e}^{\mathrm{i}\boldsymbol{k}\cdot(\boldsymbol{r}_{(1)}-\boldsymbol{r}_{(2)})} \mathrm{d}^3\boldsymbol{k} \\ &= \frac{e^2}{2\pi^4}\left(\frac{Z}{a_0}\right)^6 \int \frac{1}{k^2}\left[\int \mathrm{e}^{-2Zr/a_0} \mathrm{e}^{\mathrm{i}\boldsymbol{k}\cdot\boldsymbol{r}} \mathrm{d}^3\boldsymbol{r}\right]^2 \mathrm{d}^3\boldsymbol{k}. \end{aligned}$$

Das Integral in den eckigen Klammern ist aber vom Typ (8.29), so dass wir schreiben können:

$$\begin{aligned} E_0^{(1)} &= \frac{e^2}{2\pi^4}\left(\frac{Z}{a_0}\right)^6 \int \frac{1}{k^2}\left[\frac{256 Z^2 \pi^2}{(4Z^2/a_0^2 + k^2)^4 a_0^2}\right] \mathrm{d}^3\boldsymbol{k} \\ &= \frac{128 e^2}{\pi^2}\left(\frac{Z}{a_0}\right)^8 \int \frac{1}{k^2\left[4Z^2/a_0^2 + k^2\right]^4} \mathrm{d}^3\boldsymbol{k} \\ &= \frac{128 e^2}{\pi^2}\left(\frac{Z}{a_0}\right)^8 4\pi \int \frac{1}{\left[4Z^2/a_0^2 + k^2\right]^4} \mathrm{d}k \\ &= \frac{5e^2 Z}{8a_0} = \frac{5}{8} Z \frac{e^4\mu}{\hbar^2}, \end{aligned}$$

und somit in erster Ordnung Störungstheorie:

$$E_0 = \left(-Z^2 + \frac{5}{8}Z\right)\frac{e^4\mu}{\hbar^2}. \tag{8.17}$$

Für Helium-artige Atome mit $Z = 1, 2, 3$ zeigt Tabelle 1.2 Werte für E_0.

Die Näherung in erster Ordnung Störungstheorie ist nicht besonders gut, wenn man den relativen Fehler von etwa 5,6 % für das Helium-Atom betrachtet. Allerdings war von

Tabelle 1.2: Grundzustandsenergien für Helium-artige Atome in erster Ordnung Störungstheorie.

	Theorie 1. Ordnung	Experimentell
H^-	−10,2 eV	−14,35 eV
He	−74,83 eV	−78,99 eV
Li^+	−193,88 eV	−198,1 eV

vornherein klar, dass die Coulomb-Wechselwirkung der beiden Elektronen nicht unbedingt als kleine Störung betrachtet werden kann. Physikalisch gesehen trägt der Effekt des einen Elektrons zu einem Screening-Effekt zum effektiven Potential des anderen Elektrons bei. Das jeweils andere Elektrons „sieht" gewissermaßen eine geringere Zentralladung im Coulomb-Feld. Wie wir gleich sehen werden, bietet das Variationsverfahren von Rayleigh–Ritz eine weitaus bessere Näherung, wenn dieser Screening-Effekt von Anfang an in den Ansatz für die Wellenfunktion eingebaut wird.

Anwendung des Variationsverfahrens

Wie in Abschnitt 7 bereits angemerkt, steckt in der geeigneten Wahl des Ansatzes für eine geeignete Testfunktion ein gewisses Vorwissen. Im vorliegenden Fall berücksichtigen wir den Screening-Effekt dadurch, dass wir von der Wirkung einer effektiven Zentralladung irgendwo zwischen Z und $Z - 1$ ausgehen.

Als Testfunktion für den Grundzustand des Helium-Atoms wählen wir daher die Form

$$\psi_0(\boldsymbol{r}_{(1)}, \boldsymbol{r}_{(2)}) = \frac{\sigma^3}{\pi a_0^3} \mathrm{e}^{-\sigma(r_{(1)}+r_{(2)})/a_0}, \tag{8.18}$$

wobei für den zu bestimmenden Parameter σ demnach gilt: $Z - 1 \leq \sigma \leq Z$. Man beachte, dass ψ_0 bereits normiert ist. Derjenige Wert für σ, der das Energiefunktional $E[\psi] = \langle\psi|\hat{H}|\psi\rangle$ minimiert, liefert dann die beste Abschätzung für E_0 unter allen $E(\sigma)$.

Es ist:

$$\begin{aligned} E(\sigma) &= \langle\psi|\hat{H}_0|\psi\rangle + \langle\psi|\hat{V}|\psi\rangle \\ &= \langle\psi|\hat{H}_0|\psi\rangle + \frac{5}{8}\sigma\frac{e^4\mu}{\hbar^2}, \end{aligned}$$

unter Verwendung von (8.17) mit der Ersetzung $Z \longrightarrow \sigma$. Die Berechnung von $\langle\psi|\hat{H}_0|\psi\rangle$ ist denkbar einfach, denn es ist:

$$\begin{aligned}\langle\psi|\hat{H}_0|\psi\rangle &= -\frac{1}{2m_e}\langle\psi_0|\hat{\boldsymbol{p}}^2_{(1)}+\hat{\boldsymbol{p}}^2_{(2)}|\psi_0\rangle - Ze^2\left\langle\psi_0\left|\left(\frac{1}{\hat{r}_{(1)}}+\frac{1}{\hat{r}_{(2)}}\right)\right|\psi_0\right\rangle \\ &= \underbrace{-\frac{1}{2m_e}\langle\psi_0|\hat{\boldsymbol{p}}^2_{(1)}+\hat{\boldsymbol{p}}^2_{(2)}|\psi_0\rangle - \sigma e^2\left\langle\psi_0\left|\left(\frac{1}{\hat{r}_{(1)}}+\frac{1}{\hat{r}_{(2)}}\right)\right|\psi_0\right\rangle}_{=-\frac{\sigma^2e^2}{a_0}} \\ &\quad -(Z-\sigma)e^2\left\langle\psi_0\left|\left(\frac{1}{\hat{r}_{(1)}}+\frac{1}{\hat{r}_{(2)}}\right)\right|\psi_0\right\rangle .\end{aligned}$$

Der letzte Schritt legt offen, dass die ersten beiden Summanden zusammen nichts anderes sind als

$$2\,\langle\hat{H}_0'\rangle = -\frac{\sigma^2e^2}{a_0}$$

(siehe (II-29.12)), wenn $\hat{H}_0'$ der Hamilton-Operator für das Coulomb-Problem mit der Ersetzung $Z \longrightarrow \sigma$ ist. Es bleibt zu berechnen:

$$\begin{aligned}-(Z-\sigma)e^2\int \mathrm{d}^3\boldsymbol{r}\psi_0(\boldsymbol{r})\frac{1}{r}\psi_0(\boldsymbol{r}) &= -(Z-\sigma)e^2 4\pi\frac{\sigma^3}{\pi a_0^3}\underbrace{\int \mathrm{d}r r \mathrm{e}^{-2\sigma r/a_0}}_{=\frac{a_0^2}{4\sigma^2}} \\ &= -(Z-\sigma)e^2\frac{\sigma}{a_0}.\end{aligned}$$

Damit ist:

$$E(\sigma) = \left(\sigma^2 - 2\left(Z-\frac{5}{16}\right)\sigma\right)\frac{e^4\mu}{\hbar^2}. \tag{8.19}$$

Um das Minimum von (8.19) zu finden, berechnen wir:

$$\begin{aligned}\frac{\mathrm{d}E(\sigma)}{\mathrm{d}\sigma} &= \left(2\sigma - 2Z + \frac{5}{8}\right)\frac{e^4\mu}{\hbar^2} \stackrel{!}{=} 0 \\ &\Longrightarrow \sigma = Z - \frac{5}{16},\end{aligned}$$

und daher:

$$E_0 = -\left(Z-\frac{5}{16}\right)^2\frac{e^4\mu}{\hbar^2}. \tag{8.20}$$

Tabelle 1.3 zeigt die Werte für E_0 für Helium-artige Atome mit $Z = 1, 2, 3$, und man erkennt, dass das Variationsverfahren eine deutlich bessere Näherung im Vergleich zu den experimentell bestimmten Werten darstellt als die erste Ordnung Störungstheorie. Der Grund ist die Berücksichtigung des Screening-Effekts im Ansatz (8.18) für die Wellenfunktion des Grundzustands.

Tabelle 1.3: Grundzustandsenergien für Helium-artige Atome, berechnet durch das Variationsverfahren, verglichen mit erster Ordnung Störungstheorie.

	Variationsverfahren	Theorie 1. Ordnung	Experimentell
H^-	−12,86 eV	−10,2 eV	−14,35 eV
He	−77,49 eV	−74,83 eV	−78,99 eV
Li^+	−196,54 eV	−193,88 eV	−198,1 eV

Angeregte Zustände und Hundsche Regeln

Im Folgenden sei lediglich ein qualitativer Ausblick gegeben: Als Ansatz für die angeregten Zustände kann man Testfunktionen der Form

$$\psi(\boldsymbol{r}_{(1)}, \boldsymbol{r}_{(2)}) = \frac{1}{\sqrt{2}} \left[\psi_{n_{(1)}l_{(1)}m_{(1)}}(\boldsymbol{r}_{(1)})\psi_{n_{(2)}l_{(2)}m_{(2)}}(\boldsymbol{r}_{(2)}) \right.$$
$$\left. \pm\psi_{n_{(1)}l_{(1)}m_{(1)}}(\boldsymbol{r}_{(2)})\psi_{n_{(2)}l_{(2)}m_{(2)}}(\boldsymbol{r}_{(1)})\right]$$

wählen. Die beiden Elektronen besetzen in diesem Fall also jeweils unterschiedliche Ein-Teilchen-Zustände. Im Falle des Heliums kann man nun zeigen, dass in dem Falle, dass mindestens eines der beiden Elektronen den Grundzustand besetzt, der Erwartungswert $\langle \hat{H} \rangle$ kleiner ist als der des Grundzustands des He^+-Ions, oder in anderen Worten: es gibt gebundene Zwei-Elektronen-Zustände. Besetzen hingegen beide Elektronen einen angeregten Ein-Teilchen-Zustand, sind sie vereinfacht ausgedrückt so weit vom Atomkern entfernt, dass ihrere gegenseitige Abstoßung die Anziehung des Coulomb-Potentials übersteigt, und es keine gebundenen Zwei-Teilchen-Zustände mehr gibt. Daher ist für die Testfunktion der Ansatz

$$\psi(\boldsymbol{r}_{(1)}, \boldsymbol{r}_{(2)}) = \frac{1}{\sqrt{2}} \left[\psi_{100}(\boldsymbol{r}_{(1)})\psi_{nlm}(\boldsymbol{r}_{(2)}) \pm \psi_{100}(\boldsymbol{r}_{(2)})\psi_{nlm}(\boldsymbol{r}_{(1)})\right]$$

zu verwenden.

Auch ohne explizite Berechnung ist bereits klar, dass die Parahelium- und Orthohelium-Zustände völlig unterschiedlich sind. Durch die Symmetrisierung beziehungsweise Antisymmetrisierung in $\mathcal{H}_B$ wird eine jeweils unterschiedliche effektive Wechselwirkung im Ortsraum induziert, die sogenannte **Austauschwechselwirkung**. Da bei Parahelium (symmetrische Wellenfunktion im Ortsraum) die beiden Elektronen sich sehr nahe kommen können, steigt effektiv der Beitrag der Coulomb-Abstoßung – die Energieniveaus liegen durchweg höher als bei Orthohelium, mit der einzigen Ausnahme des Grundzustands, der als Parahelium vorliegt.

Dieser Sachverhalt kann natürlich durch geeignete Näherungsmethoden quantitativ sehr gut erfasst werden und ist die Grundlage der **Hundschen Regeln**, nach denen Zustände mit höherem Gesamtspin ein niedrigeres Energieniveaus besitzen als Zustände mit niedrigerem Gesamtspin (siehe Abschnitt II-44). Wir kommen im nun folgenden Abschnitt 9 darauf zurück.

Mathematischer Einschub 3: Berechnung häufig benötigter Integrale

In vielen Rechnungen der Quantenmechanik (und auch in anderen Disziplinen der Theoretischen Physik) tauchen Integrale auf, die man nicht jedes Mal aufs neue ausrechnen möchte. Im Folgenden sei eine Zusammenfassung einiger häufiger Integraltypen gegeben, sowie die typische Vorgehensweise, um diese zu lösen.

Eine elementare Rechnung ergibt das Integral

$$\begin{aligned}\int_0^\infty \mathrm{e}^{-\mu x}\sin(kx)\mathrm{d}x &= \frac{1}{2\mathrm{i}}\int_0^\infty \left[\mathrm{e}^{-(\mu-\mathrm{i}k)x} - \mathrm{e}^{-(\mu+\mathrm{i}k)x}\right]\mathrm{d}x\\ &= \frac{k}{\mu^2+k^2}. \end{aligned} \tag{8.21}$$

Durch Ableiten von (8.21) nach dem Parameter μ ergibt sich so:

$$\int_0^\infty x\mathrm{e}^{-\mu x}\sin(kx)\mathrm{d}x = \frac{2k\mu}{(\mu^2+k^2)^2}, \tag{8.22a}$$

$$\int_0^\infty x^2\mathrm{e}^{-\mu x}\sin(kx)\mathrm{d}x = \frac{2k(3\mu^2-k^2)}{(\mu^2+k^2)^3}, \tag{8.22b}$$

$$\int_0^\infty x^3\mathrm{e}^{-\mu x}\sin(kx)\mathrm{d}x = \frac{24k\mu(\mu^2-k^2)}{(\mu^2+k^2)^4}, \tag{8.22c}$$

und allgemein:

$$\int_0^\infty x^n\mathrm{e}^{-\mu x}\sin(kx)\mathrm{d}x = \frac{\mathrm{i}}{2}\left[\frac{(\mu-\mathrm{i}k)^{n+1}-(\mu+\mathrm{i}k)^{n+1}}{(\mu^2+k^2)^{n+1}}\right]\Gamma(n+1). \tag{8.23}$$

Gleichermaßen erhält man für $a > 0$ aus

$$\int_0^\infty \frac{\mathrm{d}x}{(a^2+x^2)} = \frac{\pi}{2a} \tag{8.24}$$

durch Ableitung nach a an der Stelle $a = 1$:

$$\int_0^\infty \frac{\mathrm{d}x}{(1+x^2)^n} = \frac{(2n-3)!!}{2^n(n-1)!}\pi = \frac{\Gamma(n-\frac{1}{2})}{2\Gamma(n)}\pi. \tag{8.25}$$

Das Integral

$$\int_0^\infty \frac{x^3}{\mathrm{e}^x-1}\mathrm{d}x = \frac{\pi^4}{15} \tag{8.26}$$

berechnet man über folgenden Trick:

$$\begin{aligned}\int_0^\infty \frac{x^3}{e^x - 1}dx &= \int_0^\infty x^3 \frac{e^{-x}}{1 - e^{-x}}dx \\ &= \int_0^\infty x^3 \sum_{n=1}^\infty e^{-nx}dx \\ &= 6 \sum_{n=1}^\infty \frac{1}{n^4} = \frac{\pi^4}{15}.\end{aligned}$$

Aus der bereits aus der klassischen Elektrodynamik bekannten Relation

$$\nabla^2 \left(\frac{1}{r}\right) = -4\pi\delta(\boldsymbol{r})$$

leiten wir über Fourier-Transformation ab, dass

$$\nabla^2 \left(\frac{1}{r}\right) = -\frac{4\pi}{(2\pi)^3} \int_{\mathbb{R}^3} e^{i\boldsymbol{k}\cdot\boldsymbol{r}} d^3\boldsymbol{k},$$

und somit:

$$\frac{1}{r} = \frac{4\pi}{(2\pi)^3} \int_{\mathbb{R}^3} \frac{1}{k^2} e^{i\boldsymbol{k}\cdot\boldsymbol{r}} d^3\boldsymbol{k}, \tag{8.27}$$

$$\frac{1}{k^2} = \frac{1}{4\pi} \int_{\mathbb{R}^3} \frac{1}{r} e^{-i\boldsymbol{k}\cdot\boldsymbol{r}} d^3\boldsymbol{r}. \tag{8.28}$$

Zuguterletzt erhalten wir aus (8.22), sowie der Reihenentwicklung (II-24.20), bei der im Integral nur der ($l = 0$)-Beitrag übrig bleibt, Fourier-Transformierte wie die folgenden:

$$\int_{\mathbb{R}^3} e^{-\mu r} e^{i\boldsymbol{k}\cdot\boldsymbol{r}} d^3\boldsymbol{r} = \frac{4\pi}{k} \int_0^\infty r e^{-\mu r} \sin(kr) dr = \frac{8\pi\mu}{(\mu^2 + k^2)^2}, \tag{8.29}$$

$$\int_{\mathbb{R}^3} r e^{-\mu r} e^{i\boldsymbol{k}\cdot\boldsymbol{r}} d^3\boldsymbol{r} = \frac{4\pi}{k} \int_0^\infty r^2 e^{-\mu r} \sin(kr) dr = \frac{8\pi(3\mu^2 - k^2)}{(\mu^2 + k^2)^3}. \tag{8.30}$$

9 Vielteilchensysteme: die Hartree–Fock-Methode

Vom englischen Mathematiker und Physiker Douglas Rayner Hartree stammt der auf einem Variationsverfahren aufbauenden Ansatz, die Wellenfunktion eines Vielteilchensystems durch ein iteratives Verfahren zu bestimmen [Har28a; Har28b; Har28c; Har29]. Es ist die Grundlage eines der wichtigsten Näherungsmethoden in der Atom- und Molekülphysik, allerdings nicht ohne eine grundlegende und weitreichende Modifikation, die wir weiter unten einbauen werden. Zunächst schauen wir uns die ursprüngliche Idee Hartrees an, da sie das Verfahren klarer verständlich macht.

Wir betrachten ein N-Elektronen-System, beispielsweise die Hüllenelektronen eines Atoms oder Moleküls oder die Energiebandelektronen eines Festkörpers. Der Hamilton-Operator dieses Systems ist dann gegeben durch

$$\hat{H} = \sum_{i=1}^{N} \left(\frac{\hat{\boldsymbol{p}}_{(i)}^2}{2m} + \hat{V}_i(\hat{\boldsymbol{r}}_{(i)}) \right) + \frac{1}{2} \sum_{i \neq j} \frac{e^2}{|\hat{\boldsymbol{r}}_{(i)} - \hat{\boldsymbol{r}}_{(j)}|}. \tag{9.1}$$

Dabei ist m die (reduzierte) Masse der Elektronen, $\hat{\boldsymbol{r}}_{(i)}$ und $\hat{\boldsymbol{p}}_{(i)}$ sind die Orts- und Impulsoperatoren des i-ten Teilchens und $\hat{V}_i(\hat{\boldsymbol{r}}_{(i)})$ das auf dieses wirkende durch die Atomkerne erzeugte Potential *ohne* Berücksichtigung der gegenseitigen Coulomb-Abstoßung der Elektronen, welche durch den letzten Term dargestellt wird. Wir verwenden im Folgenden die Ortsdarstellung und vernachlässigen den Spin der Elektronen und damit einhergehend auch die notwendige (Anti-)Symmetrisierung der Wellenfunktion.

Der Kern des Verfahrens besteht darin, für die gesuchte Vielteilchen-Wellenfunktion einen Produktansatz zu machen:

$$\psi(\boldsymbol{r}_{(1)}, \boldsymbol{r}_{(2)}, \ldots) = \prod_{i=1}^{N} \psi_i(\boldsymbol{r}_{(i)}), \tag{9.2}$$

wobei wir voraussetzen, dass die einzelnen Ein-Teilchen-Wellenfunktionen $\psi_i(\boldsymbol{r}_{(i)})$ im entsprechenden Ein-Teilchen-Hilbertraum normiert sind, und durch ein Variationsverfahren diejenigen Funktionen $\psi_i(\boldsymbol{r}_{(i)})$ zu erhalten, die das Energiefunktional $E[\psi]$ minimieren. Dieses ist dann unter Ausnutzung der Normierung gegeben durch

$$\begin{aligned} E[\psi] &= \int \mathrm{d}^3\boldsymbol{r}_{(1)} \cdots \int \mathrm{d}^3\boldsymbol{r}_{(N)} \psi(\boldsymbol{r}_{(1)}, \boldsymbol{r}_{(2)}, \ldots)^* \times \\ &\quad \times \left[\sum_{i=1}^{N} \left(-\frac{\hbar^2 \nabla_{(i)}^2}{2m} + V_i(\boldsymbol{r}_{(i)}) \right) + \frac{1}{2} \sum_{i \neq j} \frac{e^2}{|\boldsymbol{r}_{(i)} - \boldsymbol{r}_{(j)}|} \right] \psi(\boldsymbol{r}_{(1)}, \boldsymbol{r}_{(2)}, \ldots) \\ &= \sum_{i=1}^{N} \int \mathrm{d}^3\boldsymbol{r} \psi_i(\boldsymbol{r})^* \left(-\frac{\hbar^2 \nabla^2}{2m} + V_i(\boldsymbol{r}) \right) \psi_i(\boldsymbol{r}) \\ &\quad + \frac{1}{2} \sum_{i \neq j} \int \mathrm{d}^3\boldsymbol{r} \int \mathrm{d}^3\boldsymbol{r}' \psi_i(\boldsymbol{r})^* \psi_j(\boldsymbol{r}')^* \frac{e^2}{|\boldsymbol{r} - \boldsymbol{r}'|} \psi_i(\boldsymbol{r}) \psi_j(\boldsymbol{r}'). \end{aligned} \tag{9.3}$$

Im Unterschied zum Rayleigh–Ritz-Verfahren in Abschnitt 7 findet nun keine Parametrisierung von Testfunktionen statt, sondern vielmehr wird direkt über eine Funktionalableitung ein System gekoppelter Differentialgleichungen für die einzelnen Ein-Teilchen-Wellenfunktionen $\psi_i(\boldsymbol{r})$ abgeleitet. Dabei werden $\psi_i(\boldsymbol{r})$ und $\psi_i(\boldsymbol{r})^*$ aufgrund ihrer Komplexwertigkeit als unabhängig voneinander betrachtet – allerdings führt das Nullsetzen der entsprechenden Funktionableitungen aufgrund des symmetrischen Vorkommens im Hamilton-Operator (9.1) zu zueinander komplex-konjugierten und damit äquivalenten Gleichungen. Die Normierungsbedingungen werden mittels Lagrange-Multiplikatoren berücksichtigt. Wir fordern also das Verschwinden der folgenden Funktionalableitung:

$$\frac{\delta}{\delta\psi_i(\boldsymbol{r})}\left(E[\psi] - \sum_{i=1}^{N}\lambda_i \int \mathrm{d}^3\boldsymbol{r}\psi_i(\boldsymbol{r})^*\psi_i(\boldsymbol{r})\right) \stackrel{!}{=} 0, \tag{9.4}$$

was mit (9.3) zu den **Hartree-Gleichungen** führt:

$$\left[-\frac{\hbar^2\nabla^2}{2m} + V_{\mathrm{eff},i}(\boldsymbol{r}) - \lambda_i\right]\psi_i(\boldsymbol{r}) = 0, \tag{9.5}$$

für $i = 1, \ldots, N$, mit dem **effektiven Potential**

$$V_{\mathrm{eff},i}(\boldsymbol{r}) = V_i(\boldsymbol{r}) + \sum_{j\neq i}\int \mathrm{d}^3\boldsymbol{r}'\psi_j(\boldsymbol{r}')^*\frac{e^2}{|\boldsymbol{r}-\boldsymbol{r}'|}\psi_j(\boldsymbol{r}'). \tag{9.6}$$

Gleichung (9.5) hat zwar augenscheinlich die Form einer Eigenwertgleichung, und wäre der Integralterm im Ausdruck (9.6) für das effektive Potential $V_{\mathrm{eff},i}(\boldsymbol{r})$ nicht, hätten wir tatsächlich eine herkömmliche stationäre Schrödinger-Gleichung für die einzelnen Ein-Teilchen-Wellenfunktionen $\psi_i(\boldsymbol{r})$ vor uns. Im Integralterm jedoch stecken die ebenfalls unbekannten Funktionen $\psi_j(\boldsymbol{r})$ für $j \neq i$, so dass die Gleichungen (9.5) implizit in der Gesamtheit der Funktionen $\{\psi_i(\boldsymbol{r})\}$ sind und durch ein iteratives Verfahren gelöst werden. Hierzu löst man (9.5) zunächst mit $V^{(0)}_{\mathrm{eff},i} = V_i$ und erhält in nullter Ordnung einen Satz Lösungen $\{\psi_i^{(0)}(\boldsymbol{r})\}$. Mit diesen berechnet man den Integralterm und erhält so den Ausdruck

$$V^{(1)}_{\mathrm{eff},i}(\boldsymbol{r}) = V_i(\boldsymbol{r}) + \sum_{j\neq i}\int \mathrm{d}^3\boldsymbol{r}'\left[\psi_j^{(0)}(\boldsymbol{r}')\right]^*\frac{e^2}{|\boldsymbol{r}-\boldsymbol{r}'|}\psi_j^{(0)}(\boldsymbol{r}').$$

Diesen verwendet man dann wiederum in (9.5), so dass man Lösungen $\{\psi_i^{(1)}(\boldsymbol{r})\}$ in erster Ordnung erhält. Diese Iteration wird so lange fortgesetzt, bis sich die Lösungen innerhalb vorgegebener Genauigkeitsgrenzen nicht mehr ändern, sie also konvergiert sind im Sinne eines numerischen Verfahrens, und die praktische Durchführung dieses Verfahrens erfolgt im Allgemeinen computerunterstützt.

Am Ende erhält man dann sowohl die gesuchten Lösungen $\{\psi_i(\boldsymbol{r})\}$ für die elektronischen Wellenfunktionen, als auch das aus diesen gebildete effektive Potential $V_{\mathrm{eff},i}(\boldsymbol{r})$, in dem die

Elektronen sich bewegen. Beide unbekannte Größen bedingen einander. Aus diesem Grund nennt man diese Art des iterativen Verfahrens auch die **Methode des selbstkonsistenten Felds** (gebräuchlichere englische Bezeichnung: *''self-consistent field method (SCF)''*). Abschließend erhält man dann über (9.2) die Gesamtwellenfunktion des Grundzustands und aus (9.3) und (9.5) die Grundzustandsenergie

$$E[\psi] = \sum_{i=1}^{N} \lambda_i - \frac{1}{2} \sum_{i \neq j}^{N} \int \mathrm{d}^3 \boldsymbol{r} \int \mathrm{d}^3 \boldsymbol{r}' \psi_i(\boldsymbol{r})^* \psi_j(\boldsymbol{r}')^* \frac{e^2}{|\boldsymbol{r} - \boldsymbol{r}'|} \psi_j(\boldsymbol{r}') \psi_i(\boldsymbol{r}). \tag{9.7}$$

Das ganz große Manko der Hartree-Methode ist selbstverständlich die Vernachlässigung des Elektronenspins und die damit einhergehende notwendige (Anti-)Symmetrisierung der Wellenfunktion $\psi(\boldsymbol{r}_{(1)}, \boldsymbol{r}_{(2)}, \ldots)$ in 9.2. Wir können daher nicht erwarten, dass ohne die korrekte Berücksichtigung dieser Effekte die Hartree-Methode physikalisch vernünftige Ergebnisse liefert. Eine entsprechend modifizierte Variante dieses Verfahrens, die den Spin-Effekten hinreichend Rechnung trägt, wurde 1930 von Fock ausgearbeitet [Foc30b] und daraufhin auf das Natrium-Atom angewandt [Foc30a]. Slater wies unabhängig auf die Notwendigkeit der korrekten Antisymmetrisierung des Zustands hin [Sla30]. Wir wollen diese **Hartree–Fock-Methode** im Folgenden vorstellen.

Berücksichtigung des Elektron-Spins: die Hartree–Fock-Methode
Wir betrachten wieder den Hamilton-Operator 9.1 und separieren diesen für die weitere Rechnung in einen Ein-Teilchen-Anteil $\hat{H}_1$ und einen Zwei-Teilchen-Anteil $\hat{H}_2$ wie folgt:

$$\hat{H} = \underbrace{\sum_{i=1}^{N} \hat{H}_{1,(i)}}_{\hat{H}_1} + \underbrace{\frac{1}{2} \sum_{i \neq j} \hat{H}_{2,(ij)}}_{\hat{H}_2}, \tag{9.8}$$

mit

$$\hat{H}_{1,(i)} = \frac{\hat{\boldsymbol{p}}_{(i)}^2}{2m} + \hat{V}(\hat{\boldsymbol{r}}_{(i)}), \tag{9.9}$$

$$\hat{H}_{2,(ij)} = \frac{e^2}{|\hat{\boldsymbol{r}}_{(i)} - \hat{\boldsymbol{r}}_{(j)}|}, \tag{9.10}$$

vergleiche auch Abschnitt II-45.

Das Hartree–Fock-Verfahren ist nun konzeptionell gleich zum ursprünglichen Hartree-Verfahren, baut aber von Anfang an im Ansatz für die Gesamt-Wellenfunktion den Spin und die korrekte Antisymmetrisierung des Zustands ein. Anstelle von (9.2) setzt man daher für den N-Elektronen-Zustand an (vergleiche (II-43.11,II-43.9)):

$$|\Psi\rangle_A = \frac{1}{\sqrt{N!}} \sum_{\alpha \in S_N} (-1)^{n_\alpha} \hat{\pi}_\alpha \, |\psi_{(1),k_1}, \ldots, \psi_{(N),k_N}\rangle, \tag{9.11}$$

wobei der Index α über alle $N!$ verschiedene Permutationen läuft, $\hat{\pi}_\alpha$ der jeweilige Permutationsoperator ist und n_α die Anzahl der Austauschoperatoren darstellt, deren Verkettung den Permutationsoperator ergibt (siehe Abschnitt II-43).

Da Elektronen Spin-$\frac{1}{2}$-Teilchen sind, sind die einzelnen Einteilchen-Zustände $|\psi_{k_i}\rangle$ Pauli-Spinoren (vergleiche (II-4.21)):

$$|\psi_{k_i}\rangle = \begin{pmatrix} \psi_{k_i,+} \\ \psi_{k_i,-} \end{pmatrix}, \tag{9.12}$$

$$\langle \boldsymbol{r}, \sigma | \psi_{k_i}\rangle = \psi_{k_i,\sigma}(\boldsymbol{r}) \quad (\sigma \in \{+,-\}), \tag{9.13}$$

und wir setzen diese im entsprechenden Ein-Teilchen-Hilbertraum als orthonormiert voraus:

$$\langle \psi_{k_i} | \psi_{k_j}\rangle = \delta_{ij}. \tag{9.14}$$

Im ersten Schritt berechnen wir den Ausdruck für das Energiefunktional $E[\psi] = \langle \hat{H}_1\rangle + \frac{1}{2}\langle \hat{H}_2\rangle$. Wir betrachten zunächst den Ein-Teilchen-Anteil:

$$\begin{aligned}
\langle \hat{H}_1 \rangle &= \frac{1}{N!} \sum_{\alpha,\beta \in S_N} (-1)^{n_\alpha + n_\beta} \langle \psi_{(1),k_1}, \ldots, \psi_{(N),k_N} | \hat{\pi}_\beta^\dagger \hat{H}_1 \hat{\pi}_\alpha | \psi_{(1),k_1}, \ldots, \psi_{(N),k_N} \rangle \\
&= \frac{1}{N!} \sum_i \sum_{\alpha \in S_N} \langle \psi_{(1),k_1}, \ldots, \psi_{(N),k_N} | \hat{\pi}_\alpha^\dagger \hat{H}_{1,(i)} \hat{\pi}_\alpha | \psi_{(1),k_1}, \ldots, \psi_{(N),k_N} \rangle \\
&= \frac{1}{N!} \sum_i \sum_{\alpha \in S_N} \langle \ldots, \psi_{(i),k_{\pi_\alpha(i)}}, \ldots, | \hat{H}_{1,(i)} | \ldots, \psi_{(i),k_{\pi_\alpha(i)}}, \ldots, \rangle \\
&= \frac{(N-1)!}{N!} \sum_{i,j} \langle \psi_{(i),k_j} | \hat{H}_{1,(i)} | \psi_{(i),k_j} \rangle \\
&= \sum_{j=1}^{N} \left\langle \psi_{k_j} \left| \frac{\hat{\boldsymbol{p}}^2}{2m} + \hat{V}(\hat{\boldsymbol{r}}) \right| \psi_{k_j} \right\rangle \\
&= \sum_{j=1}^{N} \sum_\sigma \int \mathrm{d}^3 \boldsymbol{r} \psi_{k_j,\sigma}(\boldsymbol{r})^* \left(-\frac{\hbar^2 \nabla^2}{2m} + V(\boldsymbol{r}) \right) \psi_{k_j,\sigma}(\boldsymbol{r}).
\end{aligned} \tag{9.15}$$

Die Auflösung der Doppel- in eine Einfachsumme über alle Permutationen ist aufgrund der Orthonormierung der Einteilchen-Zustände möglich und weil jeder von diesen im fermionischen N-Teilchen-Zustand genau einmal vorkommt. Der vorletzte Schritt nutzt aus, dass für festes i der Operator $\hat{H}_{1,(i)}$ nur auf den Ein-Teilchen-Zustand $|\psi_{(i),k_i}\rangle$ wirkt und insgesamt $(N-1)!$ Permutationen der übrigen Zustände dann jeweils denselben Beitrag $\langle \psi_{(i),k_j} | \hat{H}_{1,(i)} | \psi_{(i),k_j}\rangle$ liefern. Der letzte Schritt wiederum, bevor wir dann in die Ortsdarstellung wechseln, verwendet die Äquivalenz der einzelnen Ein-Teilchen-Hilberträume, so dass die Summe über i einfach zu einem weiteren Faktor N führt.

Weiter nun zum Zwei-Teilchen-Anteil:

$$
\begin{aligned}
\langle \hat{H}_2 \rangle &= \frac{1}{N!} \sum_{\alpha,\beta \in \mathcal{S}_N} (-1)^{n_\alpha + n_\beta} \langle \psi_{(1),k_1}, \ldots, \psi_{(N),k_N} | \hat{\pi}_\alpha^\dagger \hat{H}_2 \hat{\pi}_\alpha | \psi_{(1),k_1}, \ldots, \psi_{(N),k_N} \rangle \\
&= \frac{1}{N!} \sum_{i \neq j} \sum_{\alpha \in \mathcal{S}_N} \Big(\langle \psi_{(1),k_1}, \ldots, \psi_{(N),k_N} | \hat{\pi}_\alpha^\dagger \hat{H}_{2,(ij)} \hat{\pi}_\alpha | \psi_{(1),k_1}, \ldots, \psi_{(N),k_N} \rangle \\
&\quad - \langle \psi_{(1),k_1}, \ldots, \psi_{(N),k_N} | \hat{\pi}_\alpha^\dagger \hat{H}_{2,(ij)} \hat{\pi}_{ij} \hat{\pi}_\alpha | \psi_{(1),k_1}, \ldots, \psi_{(N),k_N} \rangle \Big) \\
&= \frac{1}{N!} \sum_{i \neq j} \sum_{\alpha \in \mathcal{S}_N} \\
&\Big(\langle \ldots, \psi_{(i),k_{\pi_\alpha(i)}}, \ldots, \psi_{(j),k_{\pi_\alpha(j)}}, \ldots, | \hat{H}_{2,(ij)} | \ldots, \psi_{(i),k_{\pi_\alpha(i)}}, \ldots, \psi_{(j),k_{\pi_\alpha(j)}}, \ldots, \rangle \\
&\quad - \langle \ldots, \psi_{(i),k_{\pi_\alpha(i)}}, \ldots, \psi_{(j),k_{\pi_\alpha(j)}}, \ldots, | \hat{H}_{2,(ij)} | \ldots, \psi_{(i),k_{\pi_\alpha(j)}}, \ldots, \psi_{(j),k_{\pi_\alpha(i)}}, \ldots, \rangle \Big) \\
&= \frac{(N-2)!}{N!} \sum_{i \neq j} \sum_{l,m} \\
&\Big(\langle \psi_{(i),k_l} \psi_{(j),k_m} | \hat{H}_{2,(ij)} | \psi_{(i),k_l} \psi_{(j),k_m} \rangle - \langle \psi_{(i),k_l} \psi_{(j),k_m} | \hat{H}_{2,(ij)} | \psi_{(i),k_m} \psi_{(j),k_l} \rangle \Big) \\
&= \sum_{l \neq m} \left(\left\langle \psi_{(1),k_l} \psi_{(2),k_m} \left| \frac{e^2}{|\hat{\boldsymbol{r}}_{(1)} - \hat{\boldsymbol{r}}_{(2)}|} \right| \psi_{(1),k_l} \psi_{(2),k_m} \right\rangle \right. \\
&\quad \left. - \left\langle \psi_{(1),k_l} \psi_{(2),k_m} \left| \frac{e^2}{|\hat{\boldsymbol{r}}_{(1)} - \hat{\boldsymbol{r}}_{(2)}|} \right| \psi_{(1),k_m} \psi_{(2),k_l} \right\rangle \right) \\
&= \sum_{l \neq m} \sum_{\sigma,\sigma'} \int \mathrm{d}^3 \boldsymbol{r} \int \mathrm{d}^3 \boldsymbol{r}' \frac{e^2}{|\boldsymbol{r} - \boldsymbol{r}'|} \psi_{l,\sigma}(\boldsymbol{r})^* \psi_{m,\sigma'}(\boldsymbol{r}')^* \\
&\qquad \times \left\{ \psi_{l,\sigma}(\boldsymbol{r}) \psi_{m,\sigma'}(\boldsymbol{r}') - \psi_{m,\sigma}(\boldsymbol{r}) \psi_{l,\sigma'}(\boldsymbol{r}') \right\} .
\end{aligned} \tag{9.16}
$$

Der Gedankengang in der Rechnung geht wie oben: wieder haben wir die Orthonormierung der Einteilchen-Zustände für die Auflösung der Doppel- in eine Einfachsumme über alle Permutationen verwendet, wobei jeweils zwei Permutationen Beiträge liefern, die sich um $(i \leftrightarrow j)$ unterscheiden. Der vorletzte Schritt nutzt aus, dass für feste i, j der Operator $\hat{H}_{2,(ij)}$ nur auf die Zwei-Teilchen-Zustände $|\psi_{(i),k_i} \psi_{(j),k_j}\rangle$ wirkt und insgesamt $(N-2)!$ Permutationen der übrigen Zustände dann jeweils die selben Beiträge $\langle \psi_{(1),k_l} \psi_{(2),k_m} | \hat{H}_{2,(ij)} | \psi_{(1),k_l} \psi_{(2),k_m} \rangle$ und $(i \leftrightarrow j)$ (beziehungsweise $(l \leftrightarrow m)$) liefern. Nach dem Wechsel in die Ortsdarstellung haben wir dann wieder die Ersetzung $k_{l,m} \to \{l, m\}$ gemacht.

Damit haben wir das Energiefunktional $E[\psi] = \langle \hat{H}_1 \rangle + \frac{1}{2} \langle \hat{H}_2 \rangle$ berechnet und können wie im Hartree-Fall die Funktionalableitung von $E[\psi]$ nach $\psi_{l,\sigma}(\boldsymbol{r})$ unter Verwendung von Lagrange-Multiplikatoren zur Erfüllung der Normierungsbedingung bilden:

$$
\frac{\delta}{\delta \psi_{i,\sigma}(\boldsymbol{r})} \left(E[\psi] - \sum_{j=1}^{N} \lambda_j \sum_{\sigma} \int \mathrm{d}^3 \boldsymbol{r} \psi_{j,\sigma}(\boldsymbol{r})^* \psi_{j,\sigma}(\boldsymbol{r}) \right) \stackrel{!}{=} 0. \tag{9.17}
$$

Als Ergebnis erhält man:

$$\left(-\frac{\hbar^2\nabla^2}{2m}+V(\boldsymbol{r})\right)\psi_{i,\sigma}(\boldsymbol{r})$$
$$+\frac{1}{2}\sum_{j\neq i}\sum_{\sigma'}\int \mathrm{d}^3\boldsymbol{r}'\psi_{j,\sigma'}(\boldsymbol{r}')^*\frac{e^2}{|\boldsymbol{r}-\boldsymbol{r}'|}\left\{\psi_{i,\sigma}(\boldsymbol{r})\psi_{j,\sigma'}(\boldsymbol{r}')-\psi_{j,\sigma}(\boldsymbol{r})\psi_{i,\sigma'}(\boldsymbol{r}')\right\}$$
$$-\lambda_i\psi_{i,\sigma}(\boldsymbol{r})=0, \quad (9.18)$$

beziehungsweise, etwas schöner sortiert:

$$\left(-\frac{\hbar^2\nabla^2}{2m}+V_{\mathrm{eff},ij}(\boldsymbol{r})-\lambda_i\delta_{ij}\right)\psi_{j,\sigma}(\boldsymbol{r})=0, \quad (9.19)$$

für $i = 1, \ldots, N$, mit dem **effektiven Potential**

$$V_{\mathrm{eff},ij}(\boldsymbol{r})=V(\boldsymbol{r})\delta_{ij}+$$
$$\frac{1}{2}\sum_{l\neq i}\sum_{\sigma'}\int \mathrm{d}^3\boldsymbol{r}'\psi_{l,\sigma'}(\boldsymbol{r}')^*\frac{e^2}{|\boldsymbol{r}-\boldsymbol{r}'|}\left\{\delta_{ij}\psi_{l,\sigma'}(\boldsymbol{r}')-\delta_{jl}\psi_{i,\sigma'}(\boldsymbol{r}')\right\}. \quad (9.20)$$

Die Gleichungen (9.18) beziehungsweise (9.19) mit (9.20) heißen die **Hartree–Fock-Gleichungen**, und für sie gelten wie für die Hartree-Gleichungen (9.5) mit (9.6) die gleichen Aussagen bezüglich des iterativen Lösungsverfahrens nach der SCF-Methode.

Anschließend erhält man dann über (9.11) den Grundzustand und mit Hilfe von (9.15), (9.16) und (9.19) die Grundzustandsenergie

$$E[\psi]=\sum_{i=1}^{N}\lambda_i-\frac{1}{2}\sum_{j\neq i}\sum_{\sigma'}\int \mathrm{d}^3\boldsymbol{r}\int \mathrm{d}^3\boldsymbol{r}'\psi_{i,\sigma}(\boldsymbol{r})^*\psi_{j,\sigma'}(\boldsymbol{r}')^*\frac{e^2}{|\boldsymbol{r}-\boldsymbol{r}'|}$$
$$\times\left\{\psi_{i,\sigma}(\boldsymbol{r})\psi_{j,\sigma'}(\boldsymbol{r}')-\psi_{j,\sigma}(\boldsymbol{r})\psi_{i,\sigma'}(\boldsymbol{r}')\right\},$$

beziehungsweise

$$E[\psi]=\sum_{i=1}^{N}\lambda_i-\frac{1}{2}\sum_{i\neq j}(C_{ij}-A_{ij}), \quad (9.21)$$

mit dem **Coulomb-Integral**

$$C_{ij}=e^2\sum_{\sigma,\sigma'}\int \mathrm{d}^3\boldsymbol{r}\int \mathrm{d}^3\boldsymbol{r}'\frac{|\psi_{i,\sigma}(\boldsymbol{r})|^2|\psi_{j,\sigma'}(\boldsymbol{r}')|^2}{|\boldsymbol{r}-\boldsymbol{r}'|} \quad (9.22)$$

und dem **Austausch-Integral**

$$A_{ij}=e^2\sum_{\sigma,\sigma'}\int \mathrm{d}^3\boldsymbol{r}\int \mathrm{d}^3\boldsymbol{r}'\frac{\psi_{i,\sigma}(\boldsymbol{r})^*\psi_{j,\sigma'}(\boldsymbol{r}')^*\psi_{j,\sigma}(\boldsymbol{r})\psi_{i,\sigma'}(\boldsymbol{r}')}{|\boldsymbol{r}-\boldsymbol{r}'|}. \quad (9.23)$$

Der entscheidende Unterschied zwischen (9.21) und dem entsprechenden Ausdruck (9.7) in der ursprünglichen Hartree-Methode ist das Austausch-Integral (9.23). Dieses ist eine direkte Folge des Pauli-Prinzips und bewirkt zunächst eine allgemeine Absenkung der Energiewerte, so dass das Energiefunktional (9.21) eine bessere Näherung darstellt als (9.7).

Die eigentliche Beitrag des Austausch-Integral ist jedoch die Absenkung der potentiellen Energie zwischen zwei Elektronen bei gleichgerichtetem Spin. Das sieht man wie folgt: wir betrachten zwei unterschiedliche Fälle, in denen die Einteilchen-Zustände (9.12) Produktzustände $|\psi_{i,j}\rangle\,|\pm\rangle \in \mathcal{H}_B \otimes \mathcal{H}_S$ sind.

- Die Spins sind in (9.23) paarweise entgegengesetzt orientiert:

$$\langle \boldsymbol{r}, \sigma|\psi_i\rangle = \psi_i(\boldsymbol{r})\delta_{\sigma,+},$$
$$\langle \boldsymbol{r}, \sigma|\psi_j\rangle = \psi_j(\boldsymbol{r})\delta_{\sigma,-}.$$

  Dann lässt sich (9.23) schreiben als

$$\begin{aligned} A_{ij} &= e^2 \sum_{\sigma,\sigma'} \delta_{\sigma,+}\delta_{\sigma',-}\delta_{\sigma,-}\delta_{\sigma',+} \int \mathrm{d}^3\boldsymbol{r} \int \mathrm{d}^3\boldsymbol{r}' \frac{\psi_i(\boldsymbol{r})^*\psi_j(\boldsymbol{r}')^*\psi_j(\boldsymbol{r})\psi_i(\boldsymbol{r}')}{|\boldsymbol{r}-\boldsymbol{r}'|} \\ &= 0. \end{aligned}$$

- Die Spins sind in (9.23) paarweise gleich orientiert:

$$\langle \boldsymbol{r}, \sigma|\psi_i\rangle = \psi_i(\boldsymbol{r})\delta_{\sigma,+},$$
$$\langle \boldsymbol{r}, \sigma|\psi_j\rangle = \psi_j(\boldsymbol{r})\delta_{\sigma,+}.$$

  Dann lässt sich (9.23) schreiben als

$$\begin{aligned} A_{ij} &= e^2 \sum_{\sigma,\sigma'} \delta_{\sigma,+}\delta_{\sigma',+}\delta_{\sigma,+}\delta_{\sigma',+} \int \mathrm{d}^3\boldsymbol{r} \int \mathrm{d}^3\boldsymbol{r}' \frac{\psi_i(\boldsymbol{r})^*\psi_j(\boldsymbol{r}')^*\psi_j(\boldsymbol{r})\psi_i(\boldsymbol{r}')}{|\boldsymbol{r}-\boldsymbol{r}'|} \\ &= e^2 \int \mathrm{d}^3\boldsymbol{r} \int \mathrm{d}^3\boldsymbol{r}' \frac{\psi_i(\boldsymbol{r})^*\psi_j(\boldsymbol{r}')^*\psi_j(\boldsymbol{r})\psi_i(\boldsymbol{r}')}{|\boldsymbol{r}-\boldsymbol{r}'|}. \end{aligned}$$

Elektronen mit gleicher Spinorientierung erfahren also (über die Coulomb-Abstoßung hinaus) eine zusätzliche effektive Abstoßung, was zu einem insgesamt niedrigeren Energieniveau führt. Dies ist die Grundlage der Hundschen Regeln (siehe Abschnitt II-44), nach denen Zustände mit höherem Gesamtspin ein niedrigeres Energieniveaus besitzen als Zustände mit niedrigerem Gesamtspin, und die physikalische Ursache für das Phänomen des Ferromagnetismus.

10 Moleküle: Die Born–Oppenheimer-Methode

Eine exakte Berechnung von Molekülspektren und -orbitalen ist wie bei fast allen Atomen auch nicht möglich. Eines der wichtigsten Näherungsverfahren hierfür entstammt bereits aus der Frühzeit der Quantenmechanik, nämlich dem Jahre 1927, und wurde von Max Born und dem US-Amerikaner Julius Robert Oppenheimer erarbeitet [BO27]. Oppenheimer, der spätere „Vater der Atombombe" und Leiter des Los Alamos National Laboratory zu Kriegszeiten, befand sich in den Jahren 1926–27 in Göttingen, wo er bei Born promovierte. Die **Born–Oppenheimer-Methode** macht zunutze, dass die Bewegungen von Atomkernen und von Elektronen in einem Molekül aufgrund des großen Masseverhältnis getrennt voneinander berechnet werden können, und ist Grundlage zahlreicher weiterer Näherungsverfahren und numerischer Methoden in der Quantenchemie und der Molekülphysik.

Im Rahmen dieser Methode befinden sich die Atomkerne in einem durch die Elektronen erzeugten effektiven Potential, das abhängig ist von den relativen Abstände der Kerne zueinander und offensichtlich für gewisse Werte hiervon Minima besitzen muss – nichts anderes folgt aus der offensichtlichen Existenz von Molekülen. Aus dieser Gleichgewichtslage heraus können Moleküle dann Schwingungen ausführen, die von Translations- und Rotationsbewegungen des Moleküls als Ganzes überlagert werden können, wobei die Translationsbewegung des Gesamtmoleküls selbstverständlich absepariert werden kann und im Folgenden nicht weiter betrachtet wird.

Bei einem Molekül seien die Koordinaten der Elektronen dargestellt durch die Ortsoperatoren $\hat{\boldsymbol{r}}_i$, wobei der Index i die Elektronen markiert, und die Koordinaten der Atomkerne durch $\hat{\boldsymbol{R}}_k$, wobei der Index k die Kerne markiert. Der Spin aller Teilchen werde vernachlässigt, und die einzelnen Kerne besitzen jeweils die Masse M_k. Ausgangspunkt ist dann der Hamilton-Operator eines Moleküls der Form

$$\hat{H} = \hat{T}_\text{e} + \hat{T}_\text{N} + \hat{V}_\text{ee} + \hat{V}_\text{NN} + \hat{V}_\text{eN}, \tag{10.1}$$

wobei

$$\hat{T}_\text{e} = \sum_i \frac{\hat{\boldsymbol{p}}^2_{(i)}}{2m_\text{e}} \quad \text{(kinetische Energie der Elektronen)},$$

$$\hat{T}_\text{N} = \sum_k \frac{\hat{\boldsymbol{P}}^2_{(k)}}{2M_k} \quad \text{(kinetische Energie der Atomkerne)},$$

$$\hat{V}_\text{ee} = e^2 \sum_{i<j} \frac{1}{|\hat{\boldsymbol{r}}_{(i)} - \hat{\boldsymbol{r}}_{(j)}|} \quad \text{(Coulomb-Abstoßung zwischen den Elektronen)},$$

$$\hat{V}_\text{NN} = e^2 \sum_{k<l} \frac{Z_{(k)} Z_{(l)}}{|\hat{\boldsymbol{R}}_{(k)} - \hat{\boldsymbol{R}}_{(l)}|} \quad \text{(Coulomb-Abstoßung zwischen den Kernen)},$$

$$\hat{V}_\text{eN} = -e^2 \sum_{i,k} \frac{Z_{(k)}}{|\hat{\boldsymbol{r}}_{(i)} - \hat{\boldsymbol{R}}_{(k)}|} \quad \text{(Coulomb-Anziehung zwischen Elektronen und Kernen)}.$$

Die volle zeitunabhängige Schrödinger-Gleichung lautet:

$$\hat{H}\,|\Psi\rangle = E\,|\Psi\rangle\,. \tag{10.2}$$

Die Atomkerne einerseits und die Elektronen andererseits stellen ein gekoppeltes Quantensystem dar, und die Freiheitsgrade von Kernen und Elektronen sind nicht unabhängig voneinander. Von demher kann ein herkömmlicher Separationsansatz nicht zum Ziel führen.

Quantitative Vorbetrachtungen
Wir wollen zunächst eine kurze Vorbetrachtung zur Größenordnung der einzelnen Beiträge machen. Das Verhältnis von Proton- zu Elektronmasse ist etwa $m_\mathrm{p}/m_\mathrm{e} \approx 1836$. Für schwerere Moleküle beträgt das Verhältnis von Kern- zu Elektronmasse bis zu 10^5. Es sei a die typische Längenskala eines Moleküls. Dann kann man eine typische elektronische kinetische Energieskala mit Hilfe der Heisenbergschen Unbestimmtheitsrelation $a\Delta p \approx \hbar/2$ abschätzen zu

$$T_\mathrm{e} = \frac{(\Delta p)^2}{2m_\mathrm{e}} \approx \frac{\hbar^2}{m_\mathrm{e}a^2}. \tag{10.3}$$

Diese kinetische Energie der Elektronen wird im Gleichgewichtszustand offensichtlich durch die potentielle Energie der Elektronen ausgeglichen. Also ist T_e eine Abschätzung der Bindungsenergie der Elektronen.

Für die Abschätzung der Energieskala für Vibrationen der Kerne machen wir folgenden klassischen Ansatz: die Elektronen müssen mit der gleichen Kraft an das Molekül gebunden sein wie die Kerne. Für die Vibration machen wir nun einen Oszillatoransatz, so dass die Kraft gegeben ist durch $|F_\mathrm{p}| = m_\mathrm{p}\omega_\mathrm{p}^2\Delta R$ für die Kerne und $|F_\mathrm{e}| = m_\mathrm{e}\omega_\mathrm{e}^2\Delta r$ für die Elektronen. Wenn $\Delta R = \Delta r = a$, so ist

$$\sqrt{\frac{m_\mathrm{e}}{m_\mathrm{p}}} = \frac{\hbar\omega_\mathrm{p}}{\hbar\omega_\mathrm{e}} = \frac{E_\mathrm{vib}}{T_\mathrm{e}},$$

und somit

$$E_\mathrm{vib} \approx \left(\frac{m_\mathrm{e}}{m_\mathrm{p}}\right)^{1/2} T_\mathrm{e}. \tag{10.4}$$

Zuguterletzt schätzen wir die Energieskala für Rotationen des Moleküls ab. Das Trägheitsmoment des Moleküls ist $I = m_\mathrm{p}a^2$ und die Rotationsenergie ist

$$E_\mathrm{rot} = \frac{L^2}{2I} = \frac{\hbar^2 l(l+1)}{2m_\mathrm{p}a^2} \approx \frac{m_\mathrm{e}}{m_\mathrm{p}}T_\mathrm{e}. \tag{10.5}$$

Wir haben also eine Hierarchie von Energieskalen:

$$T_\mathrm{e} : E_\mathrm{vib} : E_\mathrm{rot} = 1 : \left(\frac{m_\mathrm{e}}{m_\mathrm{p}}\right)^{1/2} : \frac{m_\mathrm{e}}{m_\mathrm{p}}, \tag{10.6}$$

so dass die typische Energieskala für Rotationsanregungen eines leichten Moleküls um einen Faktor 40 niedriger liegen als die für Vibrationen, und diese wiederum um den gleichen Faktor niedriger liegt als die für elektronische Anregungen.

Grundprinzip der Born–Oppenheimer-Methode

Das Grundprinzip ist nun das folgende: in einem ersten Schritt werden die Koordinaten $\boldsymbol{R}_{(k)}$ der Kerne als gegebene, feste Parameter angesehen, und die Schrödinger-Gleichung für die Elektronen im Potential der Kerne wird gelöst. Der kinetische Term für die Kerne $\hat{T}_{\mathrm{N}}$ wird dabei vernachlässigt. Der zweite Schritt besteht dann darin, dass die Schrödinger-Gleichung für die Kerne mit einem effektiven Potential der Elektronen gelöst wird. Dass das Ganze überhaupt funktioniert, ist der Tatsache geschuldet, dass für den in diesem ersten Schritt verwendete reduzierte Hamilton-Operator

$$\hat{H}_{\mathrm{e}} = \hat{T}_{\mathrm{e}} + \hat{V}_{\mathrm{ee}} + \hat{V}_{\mathrm{eN}} + \hat{V}_{\mathrm{NN}} \tag{10.7}$$

mit den Kernkoordinaten kommutiert $[\hat{H}_{\mathrm{e}}, \hat{\boldsymbol{R}}_{(k)}] = 0$ (im Gegensatz hierzu ist allerdings $[\hat{H}_{\mathrm{e}}, \hat{T}_{\mathrm{N}}] \neq 0$). Wir wollen dieses Grundprinzip etwas formaler betrachten.

Wir bezeichnen mit $\hat{\boldsymbol{R}}$ die Gesamtheit der Kernkoordinaten und mit $\hat{\boldsymbol{r}}$ die Gesamtheit der Elektronkoordinaten. Es sei $\mathcal{H} = \mathcal{H}^{\mathrm{slow}} \otimes \mathcal{H}^{\mathrm{fast}}$ der Hilbertraum der Zustände $\{\ |\,\Psi\rangle\ \}$ des Gesamtsystems, welche die Schrödinger-Gleichung (10.2) erfüllen. Dieses Gesamtsystem ist ein gekoppeltes System aus Kernen, deren Zustände Elemente des Unter-Hilbert-Raum $\mathcal{H}^{\mathrm{slow}}$ sind, und Elektronen mit dem entsprechenden Hilbertraum $\mathcal{H}^{\mathrm{fast}}$. Es sei $\{\ |\,\boldsymbol{r},\boldsymbol{R}\rangle\ \}$ die uneigentliche Eigenvektorbasis in $\mathcal{H}$ mit $|\boldsymbol{r},\boldsymbol{R}\rangle = |\boldsymbol{r}\rangle \otimes |\boldsymbol{R}\rangle$, wobei $|\boldsymbol{r}\rangle \in \mathcal{H}^{\mathrm{fast}}$ und $|\boldsymbol{R}\rangle \in \mathcal{H}^{\mathrm{slow}}$, und

$$\hat{\boldsymbol{R}}\,|\boldsymbol{r},\boldsymbol{R}\rangle = \boldsymbol{R}\,|\boldsymbol{r},\boldsymbol{R}\rangle\,, \tag{10.8}$$

$$\hat{\boldsymbol{r}}\,|\boldsymbol{r},\boldsymbol{R}\rangle = \boldsymbol{r}\,|\boldsymbol{r},\boldsymbol{R}\rangle\,. \tag{10.9}$$

Außerdem sei $\{\ |\,\phi_n,\boldsymbol{R}\rangle\ \}$ eine weitere uneigentliche Eigenvektorbasis in $\mathcal{H}$ dadurch implizit definiert, dass

$$\hat{\boldsymbol{R}}\,|\phi_n,\boldsymbol{R}\rangle = \boldsymbol{R}\,|\phi_n,\boldsymbol{R}\rangle\,, \tag{10.10}$$

$$\hat{H}_{\mathrm{e}}\,|\phi_n,\boldsymbol{R}\rangle = E_n\,|\phi_n,\boldsymbol{R}\rangle\,. \tag{10.11}$$

Der Übergang von der einen zur anderen Basis erfolgt gemäß:

$$\begin{aligned}|\phi_n,\boldsymbol{R}\rangle &= \int \mathrm{d}\boldsymbol{R}' \int \mathrm{d}\boldsymbol{r}'\,|\boldsymbol{r}',\boldsymbol{R}'\rangle\,\langle \boldsymbol{r}',\boldsymbol{R}'|\phi_n,\boldsymbol{R}\rangle \\ &= \int \mathrm{d}\boldsymbol{r}'\,|\boldsymbol{r}',\boldsymbol{R}\rangle\,\langle \boldsymbol{r}'||\phi_n(\boldsymbol{R})\rangle\,,\end{aligned}$$

wobei wir verwendet haben, dass

$$\langle \boldsymbol{r}',\boldsymbol{R}'|\phi_n,\boldsymbol{R}\rangle =: \delta(\boldsymbol{R}'-\boldsymbol{R})\,\langle \boldsymbol{r}'||\phi_n(\boldsymbol{R})\rangle\,. \tag{10.12}$$

Die Gleichung (10.12) erfüllt zwei Dinge: zum einen bringt sie die Pseudo-Orthogonalität der uneigentlichen Eigenzustände von $\hat{\boldsymbol{R}}$ zum Ausdruck, zum anderen definiert sie das reduzierte Matrixelement $\langle \boldsymbol{r}' \| \phi_n(\boldsymbol{R}) \rangle$. Dieses wiederum induziert eine $\boldsymbol{R}$-abhängige Orthonormalbasis $\{ \mid \phi_n(\boldsymbol{R})\rangle \}$ in $\mathcal{H}^{\text{fast}}$, so dass dann *in dieser Basis*

$$|\phi_n, \boldsymbol{R}\rangle = |\boldsymbol{R}\rangle \otimes |\phi_n(\boldsymbol{R})\rangle \tag{10.13}$$

gilt.

Wir definieren nun den in $\mathcal{H}^{\text{fast}}$ wirkenden Hamilton-Operator $\hat{h}_\text{e}(\boldsymbol{R})$ implizit durch

$$\begin{aligned}\hat{H}_\text{e}\left(|\boldsymbol{R}\rangle \otimes |\phi_n(\boldsymbol{R})\rangle\right) &= |\boldsymbol{R}\rangle \otimes \hat{h}_\text{e}(\boldsymbol{R})\, |\phi_n(\boldsymbol{R})\rangle \\ &= E_n(\boldsymbol{R})\left(|\boldsymbol{R}\rangle \otimes |\phi_n(\boldsymbol{R})\rangle\right).\end{aligned} \tag{10.14}$$

Sowohl der Hamilton-Operator $\hat{h}_\text{e}(\boldsymbol{R})$ als auch der Energieeigenwert $E_n(\boldsymbol{R})$ besitzen also eine Abhängigkeit von den in $\mathcal{H}^{\text{fast}}$ als Parameter definierten Kernkoordinaten. Die $\boldsymbol{R}$-abhängige stationäre Schrödinger-Gleichung für die Zustände $|\phi_n(\boldsymbol{R})\rangle \in \mathcal{H}^{\text{fast}}$ lautet also:

$$\hat{h}_\text{e}(\boldsymbol{R})\, |\phi_n(\boldsymbol{R})\rangle = E_n(\boldsymbol{R})\, |\phi_n(\boldsymbol{R})\rangle\,, \tag{10.15}$$

woraus wir durch linksseitige Multiplikation mit $\langle \boldsymbol{r}|$ erhalten:

$$\begin{aligned}\Bigg[-\hbar^2 \sum_i \frac{\nabla^2_{(i)}}{2m_\text{e}} + e^2 \sum_{i<j} \frac{1}{|\boldsymbol{r}_{(i)} - \boldsymbol{r}_{(j)}|} - e^2 \sum_{i,k} \frac{Z_{(k)}}{|\boldsymbol{r}_{(i)} - \boldsymbol{R}_{(k)}|} \\ + e^2 \sum_{k<l} \frac{Z_{(k)} Z_{(l)}}{|\boldsymbol{R}_{(k)} - \boldsymbol{R}_{(l)}|}\Bigg] \phi_n(\boldsymbol{r}; \boldsymbol{R}) = E_n(\boldsymbol{R}) \phi_n(\boldsymbol{r}; \boldsymbol{R}).\end{aligned} \tag{10.16}$$

Die Lösung von (10.15) beziehungsweise (10.16) erfolgt über ein geeignetes Näherungsverfahren, und die Lösungen $\{ \mid \phi_n\rangle \}$ beziehungsweise $\phi_n(\boldsymbol{r}; \boldsymbol{R})$ selbst werden auch als **Molekülorbitale** oder auch als **elektronische Wellenfunktionen** bezeichnet. In der Praxis wird der Grundzustand von $\hat{H}_\text{e}$ unter Anwendung geeigneter Vielteilchen-Näherungsverfahren wie beispielsweise der Hartree–Fock-Methode (siehe Abschnitt 9) gelöst, wobei als Testfunktionen Linearkombinationen von denjenigen Lösungsfunktionen verwendet werden, die sich ergeben, wenn die einzelnen Atome als gedanklich isoliert voneinander betrachtet werden – eine Methode, die als *''linear combination of atomic orbitals''* oder kurz **LCAO** bezeichnet wird. Wir werden dies im nachfolgenden Abschnitt 11 am einfachsten Beispiel durchexerzieren. Als Ergebnis erhält man einen Ausdruck für die Energie $E_n(\boldsymbol{R})$ als Funktion der Kernkoordinaten $\boldsymbol{R}$.

Die oben beschriebene Methode zur Lösung der elektronischen Schrödinger-Gleichung mündet in voller Ausgestaltung ihres Apparats in der sogenannten **Molekülorbitaltheorie**, wobei der gängige Begriff „Theorie" an dieser Stelle etwas hochgegriffen wirkt und der Begriff „Methode" zwar besser geeignet, aber unüblicher ist. Tatsächlich ist es ein sehr effektives Näherungsverfahren, das auf der Born–Oppenheimer-Methode aufbaut und in den späten 1920er- und frühen 1930er-Jahren maßgeblich von Friedrich Hund, John C. Slater, dem britischen Theoretischen Physiker John Lennard-Jones und dem US-amerikanischen

Physiker und Chemiker Robert S. Mulliken erarbeitet wurde, der hierfür 1966 den Nobelpreis für Chemie erhielt. Der LCAO-Ansatz geht auf Lennard-Jones zurück [Len29], wurde aber auch bereits 1928 schon von Linus Pauling im Variationsansatz für das Wasserstoffmolekül-Ion H_2^+ verwendet [Pau28]. Zur Entstehungsgeschichte der Molekülorbitaltheorie sei dem interessierten Leser die Nobelpreisrede von Robert Mulliken ans Herz gelegt [Mul46], sowie die Würdigung Friedrich Hunds anlässlich dessen 100. Geburtstags durch Werner Kutzelnigg [Kut96].

Effektiver Hamilton-Operator für die Kerne
Im Folgenden stehe $\mathrm{d}\boldsymbol{R}$ für das Volumenelement $\mathrm{d}\boldsymbol{R}_{(1)} \cdot \ldots \cdot \mathrm{d}\boldsymbol{R}_{(k)} \cdot \ldots$ und $\mathrm{d}\boldsymbol{r}$ für das Volumenelement $\mathrm{d}\boldsymbol{r}_{(1)} \cdot \ldots \cdot \mathrm{d}\boldsymbol{r}_{(i)} \cdot \ldots$.

Die volle Lösung $|\Psi\rangle$ von (10.2) ist mit (10.10,10.11) sowie (10.13) von der Form:

$$|\Psi\rangle = \int \mathrm{d}\boldsymbol{R}' \sum_n |\phi_n, \boldsymbol{R}'\rangle \langle \phi_n, \boldsymbol{R}'|\Psi\rangle,$$

so dass mit (10.12):

$$\begin{aligned} \Psi(\boldsymbol{r}, \boldsymbol{R}) &= \langle \boldsymbol{r}, \boldsymbol{R}|\Psi\rangle \\ &= \int \mathrm{d}\boldsymbol{R}' \sum_n \langle \boldsymbol{r}, \boldsymbol{R}|\phi_n, \boldsymbol{R}'\rangle \langle \phi_n, \boldsymbol{R}'|\Psi\rangle \\ &= \int \mathrm{d}\boldsymbol{R}' \sum_n \delta(\boldsymbol{R}' - \boldsymbol{R}) \langle \boldsymbol{r}||\phi_n(\boldsymbol{R}')\rangle \langle \phi_n, \boldsymbol{R}'|\Psi\rangle \\ &= \sum_n \underbrace{\langle \boldsymbol{r}||\phi_n(\boldsymbol{R})\rangle}_{\phi_n(\boldsymbol{r};\boldsymbol{R})} \underbrace{\langle \phi_n, \boldsymbol{R}|\Psi\rangle}_{\Phi_n(\boldsymbol{R})}, \end{aligned} \tag{10.17}$$

und es gilt die Orthonormierung:

$$\int \Phi_m^*(\boldsymbol{R})\Phi_n(\boldsymbol{R})\mathrm{d}\boldsymbol{R} = \delta_{mn}. \tag{10.18}$$

Die Funktionen $\Phi_n(\boldsymbol{R})$ werden die **Kernwellenfunktionen** genannt, obwohl diese Bezeichnung eigentlich irreführend ist: sie suggeriert, als ob es einen Zustand $|\Phi_n\rangle \in \mathcal{H}^{\text{slow}}$ gäbe, so dass $\Phi_n(\boldsymbol{R}) = \langle \boldsymbol{R}|\Phi_n\rangle$, *was aber nicht der Fall ist!* Vielmehr ist $\Phi_n(\boldsymbol{R}) = \langle \phi_n, \boldsymbol{R}|\Psi\rangle$ eine Darstellung des Zustands $|\Psi\rangle \in \mathcal{H}$! *Aber unter gewissen Umständen* man kann $\Phi_n(\boldsymbol{R}) = \langle \boldsymbol{R}|\Phi_n\rangle$ durchaus als $\boldsymbol{R}$-Darstellung eines Zustands $\Phi_n(\boldsymbol{R})$ in einem **effektiven Hilbert-Raum** $\mathcal{H}^{\text{eff}}$ auffassen. Gleichung (10.18) drückt dann aus, dass $\{\ |\Psi_n\rangle\}$ eine Orthonormalbasis in $\mathcal{H}^{\text{eff}}$ ist, und (10.17) zeigt die Entwicklung einer allgemeinen Lösung $\Psi(\boldsymbol{r}, \boldsymbol{R})$ nach den Koeffizienten einer weiter oben eingeführten $\boldsymbol{R}$-abhängigen Orthonormalbasis $|\phi_n\rangle$. Zu diesen Umständen werden wir gleich noch kommen.

Die Schrödinger-Gleichung (10.2) selbst kann dann geschrieben werden als:

$$\sum_n \left[E_n(\boldsymbol{R}) - \sum_k \frac{\hbar^2 \nabla^2_{(k)}}{2M_k} \right] \Phi_n(\boldsymbol{R})\phi_n(\boldsymbol{r};\boldsymbol{R}) = E \sum_n \Phi_n(\boldsymbol{R})\phi_n(\boldsymbol{r};\boldsymbol{R}). \tag{10.19}$$

Multiplizieren wir nun (10.19) von links mit $\phi_m^*(\boldsymbol{r};\boldsymbol{R})$ und integrieren über $\mathrm{d}\boldsymbol{r}$, erhalten wir:

$$\sum_n \int \mathrm{d}\boldsymbol{r}\phi_m^*(\boldsymbol{r};\boldsymbol{R})\left[-\sum_k \frac{\hbar^2\nabla_{(k)}^2}{2M_k}\right]\Phi_n(\boldsymbol{R})\phi_n(\boldsymbol{r};\boldsymbol{R}) + E_m(\boldsymbol{R})\Phi_m(\boldsymbol{R}) = E\Phi_m(\boldsymbol{R}), \quad (10.20)$$

unter Ausnutzung der Orthonormalität der Eigenfunktionen $\phi_n(\boldsymbol{r};\boldsymbol{R})$ und der Vollständigkeit in $\mathcal{H}^{\text{fast}}$.

Der Laplace-Operator $\nabla_{(k)}^2$ wirkt sowohl auf $\phi_n(\boldsymbol{r};\boldsymbol{R})$ als auch auf $\Phi_n(\boldsymbol{R})$. Mit Hilfe der Produktregel erhalten wir so aus (10.20):

$$\left[-\sum_k \frac{\hbar^2\nabla_{(k)}^2}{2M_k} + E_m(\boldsymbol{R})\right]\Phi_m(\boldsymbol{R}) + \sum_n C_{mn}\Phi_n(\boldsymbol{R}) = E\Phi_m(\boldsymbol{R}), \quad (10.21)$$

mit

$$\begin{aligned} C_{mn}\Phi_n(\boldsymbol{R}) = &-\sum_k \frac{\hbar^2}{2M_k}\int \mathrm{d}\boldsymbol{r}\phi_m^*(\boldsymbol{r};\boldsymbol{R}) \\ &\times\left\{2\left[\nabla_{(k)}\Phi_n(\boldsymbol{R})\right]\cdot\left[\nabla_{(k)}\phi_n(\boldsymbol{r};\boldsymbol{R})\right] + \Phi_n(\boldsymbol{R})\nabla_{(k)}^2\phi_n(\boldsymbol{r};\boldsymbol{R})\right\}. \end{aligned} \quad (10.22)$$

Die Gleichung (10.21) ist nach wie vor äquivalent zur Schrödinger-Gleichung (10.2) und durch die unendliche Summe über alle n nach wie vor nicht exakt lösbar. Der Term $C_{mn}\Phi_n(\boldsymbol{R})$ bewirkt Übergänge zwischen den verschiedenen Zuständen $\Phi_n(\boldsymbol{R})$ und ist insgesamt von der Größenordnung $\sqrt{m_\mathrm{e}/M}$, wie wir kurz zeigen wollen. Machen wir für $\Phi_n(\boldsymbol{R})$ den Ansatz einer Wellenfunktion des harmonischen Oszillators

$$\Phi_n(\boldsymbol{R}) \sim \exp\left(-\frac{1}{2\hbar}(R-R_0)^2 M\omega_\mathrm{N}\right),$$

mit der mittleren Vibrationsfrequenz ω_N und einer mittleren Kernmasse M, so ist $\nabla\Phi_n \sim (\Delta RM\omega/\hbar)\Phi_n$. Durch den Vorfaktor vor dem Integral ist der erste Term in (10.22) dann insgesamt proportional zu $\omega_\mathrm{N} \sim \sqrt{m_\mathrm{e}/M}$. Der zweite Term in (10.22) ist proportional zu

$$\begin{aligned} -\frac{\hbar^2}{2M}\int \mathrm{d}\boldsymbol{r}\phi_m^*(\boldsymbol{r};\boldsymbol{R})\nabla_{\boldsymbol{R}}^2\phi_n(\boldsymbol{r};\boldsymbol{R}) &\approx -\frac{m_\mathrm{e}}{M}\frac{\hbar^2}{2m_\mathrm{e}}\int \mathrm{d}\boldsymbol{r}\phi_m^*(\boldsymbol{r};\boldsymbol{R})\nabla_{\boldsymbol{r}}^2\phi_n(\boldsymbol{r};\boldsymbol{R}) \\ &= \frac{m_\mathrm{e}}{M}T_\mathrm{e}, \end{aligned}$$

und damit um den Faktor m_e/M unterdrückt. Damit ist $C_{mn}\Phi_n(\boldsymbol{R})$ insgesamt von der Größenordnung $\sqrt{m_\mathrm{e}/M}$ und kann störungstheoretisch behandelt werden, wobei eine genauere Untersuchung ergibt, dass diese Störungsreihe tatsächlich eine Reihe in $(m_\mathrm{e}/M)^{1/4}$ ist und die zweite und die vierte Ordnung jeweils die Vibrations- und die Rotationsanregungen beschreiben, während die erste und die dritte Ordnung verschwinden [BO27]. Wir wollen im Folgenden keine systematische störungstheoretische Betrachtung durchführen, sondern einfach verschiedene Näherungen abnehmender Stärke betrachten.

Näherung: $C_{mn} = 0$

Das ist die „nullte Ordnung Störungstheorie", wie sie Born und Oppenheimer selbst in ihrer Originalarbeit [BO27] betrachtet haben. Im Falle $M_k \longrightarrow \infty$ geht $C_{mn} \longrightarrow 0$, und man erhält für die Kernwellenfunktionen $\Phi_n(\boldsymbol{R})$ eine **effektive Schrödinger-Gleichung**

$$\left[-\sum_k \frac{\hbar^2 \nabla^2_{(k)}}{2M_k} + E_n(\boldsymbol{R}) \right] \Phi_n(\boldsymbol{R}) = E\Phi_n(\boldsymbol{R}). \tag{10.23}$$

Gleichung (10.23) sagt zwei Dinge aus: zum einen sind die Kernwellenfunktionen $\Phi_n(\boldsymbol{R})$ nun Eigenfunktionen des vollen (aber genäherten) Hamilton-Operators, da sämtliche Mischterme in (10.21) verschwinden. Zum zweiten sagt sie aus, dass die durch die Lösung der elektronischen Schrödinger-Gleichung (10.16) erhaltene Lösung $E_n(\boldsymbol{R})$ ein **effektives Potential** darstellt, in dem sich die Kerne befinden. In Operatorform lautet die effektive Schrödinger-Gleichung (10.23) dann

$$\hat{H}_{\text{eff}} \left| \Phi_n \right\rangle = E \left| \Phi_n \right\rangle, \tag{10.24}$$

mit einem **effektiven Hamilton-Operator**

$$\hat{H}_{\text{eff}} = \sum_k \frac{\hat{\boldsymbol{P}}^2_{(k)}}{2M_k} + E_n(\hat{\boldsymbol{R}}), \tag{10.25}$$

wenn man nämlich $|\Phi_n\rangle \in \mathcal{H}^{\text{eff}}$ implizit durch $\Phi_n(\boldsymbol{R}) = \langle \boldsymbol{R} | \Phi_n \rangle$ definiert. Das sind genau die weiter oben erwähnten Umstände, unter denen man $|\Phi_n\rangle$ als einen Zustand in einem effektiven Hilbert-Raum $\mathcal{H}^{\text{eff}}$ betrachten kann.

Die Gesamtwellenfunktion faktorisiert in diesem Falle vollständig in einen elektronischen und einen Kernanteil, es ist:

$$\Psi(\boldsymbol{r}, \boldsymbol{R}) = \Psi_n(\boldsymbol{r}, \boldsymbol{R}) = \Phi_n(\boldsymbol{R}) \phi_n(\boldsymbol{r}; \boldsymbol{R}). \tag{10.26}$$

Näherung: Vernachlässigung der Nicht-Diagonalelemente von C_{mn}

Eine weniger drastische Näherung besteht in der Trunkierung der unendlichen Summe in (10.17) auf einen einzigen Summanden, so dass (10.26) nicht das Ergebnis, sondern der Ansatz ist. Dies führt dann nämlich nicht automatisch zu $C_{mn} = 0$, sondern lediglich zur Vernachlässigung der Nicht-Diagonalelemente von C_{mn}. Dadurch verschwinden wieder sämtliche Mischterme in (10.21), und wir erhalten:

$$\left[-\sum_k \frac{\hbar^2 \nabla^2_{(k)}}{2M_k} + E_n(\boldsymbol{R}) \right] \Phi_n(\boldsymbol{R}) + C_{nn} \Phi_n(\boldsymbol{R}) = E\Phi_n(\boldsymbol{R}), \tag{10.27}$$

mit

$$C_{nn}\Phi_n(\boldsymbol{R}) = \\ -\sum_k \frac{\hbar^2}{2M_k}\int \mathrm{d}\boldsymbol{r}\phi_n^*(\boldsymbol{r};\boldsymbol{R})\left\{2\left[\nabla_{(k)}\Phi_n(\boldsymbol{R})\right]\cdot\left[\nabla_{(k)}\phi_n(\boldsymbol{r};\boldsymbol{R})\right]+\Phi_n(\boldsymbol{R})\nabla^2_{(k)}\phi_n(\boldsymbol{r};\boldsymbol{R})\right\}. \tag{10.28}$$

Wir wollen den Ausdruck (10.28) für C_{nn} umformen. Definieren wir nun ein Vektorpotential wie folgt [MT79]:

$$\begin{aligned}\boldsymbol{A}_{(k),n}(\boldsymbol{R}) &:= \mathrm{i}\hbar\,\langle\phi_n(\boldsymbol{R})|\hat{\boldsymbol{P}}_{(k)}|\phi_n(\boldsymbol{R})\rangle\\ &= \mathrm{i}\hbar\int \mathrm{d}\boldsymbol{r}\phi_n^*(\boldsymbol{r};\boldsymbol{R})\nabla_{(k)}\phi_n(\boldsymbol{r};\boldsymbol{R}),\end{aligned} \tag{10.29}$$

so ist

$$\nabla_{(k)}\boldsymbol{A}_{(k),n}(\boldsymbol{R}) = \mathrm{i}\hbar\int \mathrm{d}\boldsymbol{r}\left[\nabla_{(k)}\phi_n^*(\boldsymbol{r};\boldsymbol{R})\right]\left[\nabla_{(k)}\phi_n(\boldsymbol{r};\boldsymbol{R})\right]+\mathrm{i}\hbar\int \mathrm{d}\boldsymbol{r}\phi_n^*(\boldsymbol{r};\boldsymbol{R})\nabla^2_{(k)}\phi_n(\boldsymbol{r};\boldsymbol{R}). \tag{10.30}$$

Verwenden wir (10.30) in (10.28), erhalten wir

$$\begin{aligned}C_{nn}\Phi_n(\boldsymbol{R}) &= \sum_k\frac{\hbar^2}{2M_k}\left\{\frac{2\mathrm{i}}{\hbar}\left[\nabla_{(k)}\Phi_n(\boldsymbol{R})\right]\boldsymbol{A}_{(k),n}(\boldsymbol{R})+\frac{\mathrm{i}}{\hbar}\Phi_n(\boldsymbol{R})\nabla_{(k)}\boldsymbol{A}_{(k),n}(\boldsymbol{R})\right.\\ &\quad\left.+\int \mathrm{d}\boldsymbol{r}\left[\nabla_{(k)}\phi_n^*(\boldsymbol{r};\boldsymbol{R})\right]\cdot\left[\nabla_{(k)}\phi_n(\boldsymbol{r};\boldsymbol{R})\right]\right\}\\ &= \sum_k\frac{\hbar^2}{2M_k}\left\{\frac{\mathrm{i}}{\hbar}\boldsymbol{A}_{(k),n}(\boldsymbol{R})\left[\nabla_{(k)}\Phi_n(\boldsymbol{R})\right]+\frac{\mathrm{i}}{\hbar}\nabla_{(k)}\left[\boldsymbol{A}_{(k),n}(\boldsymbol{R})\Phi_n(\boldsymbol{R})\right]\right.\\ &\quad\left.+\int \mathrm{d}\boldsymbol{r}\left[\nabla_{(k)}\phi_n^*(\boldsymbol{r};\boldsymbol{R})\right]\cdot\left[\nabla_{(k)}\phi_n(\boldsymbol{r};\boldsymbol{R})\right]\right\}.\end{aligned} \tag{10.31}$$

Beachten wir nun, dass

$$\begin{aligned}\left[-\mathrm{i}\hbar\nabla_{(k)}-\boldsymbol{A}_{(k),n}(\boldsymbol{R})\right]^2\Phi_n(\boldsymbol{R}) &= -\hbar^2\nabla^2_{(k)}\Phi_n(\boldsymbol{R})+\mathrm{i}\hbar\nabla_{(k)}\left[\boldsymbol{A}_{(k),n}(\boldsymbol{R})\Phi_n(\boldsymbol{R})\right]\\ &\quad+\mathrm{i}\hbar\boldsymbol{A}_{(k),n}(\boldsymbol{R})\nabla_{(k)}\Phi_n(\boldsymbol{R})+\boldsymbol{A}_{(k),n}(\boldsymbol{R})^2\Phi_n(\boldsymbol{R}),\end{aligned}$$

so wird aus (10.31) plus dem kinetischen Term für die Kerne:

$$\begin{aligned}-\sum_k\frac{\hbar^2\nabla^2_{(k)}}{2M_k}\Phi_n(\boldsymbol{R})+C_{nn}\Phi_n(\boldsymbol{R}) &= \sum_k\frac{1}{2M_k}\left\{\left[-\mathrm{i}\hbar\nabla_{(k)}-\boldsymbol{A}_{(k),n}(\boldsymbol{R})\right]^2\Phi_n(\boldsymbol{R})\right.\\ &\quad+\hbar^2\int \mathrm{d}\boldsymbol{r}\left[\nabla_{(k)}\phi_n^*(\boldsymbol{r};\boldsymbol{R})\right]\cdot\left[\nabla_{(k)}\phi_n(\boldsymbol{r};\boldsymbol{R})\right]\Phi_n(\boldsymbol{R})\\ &\quad\left.-\boldsymbol{A}_{(k),n}(\boldsymbol{R})^2\Phi_n(\boldsymbol{R})\right\}.\end{aligned}$$

Definieren wir nun zuguterletzt noch das **effektive Potential**

$$U_n(\boldsymbol{R}) = \sum_k \frac{1}{2M_k}\left[\hbar^2 \int \mathrm{d}\boldsymbol{r}\, \left[\nabla_{(k)}\phi_n^*(\boldsymbol{r};\boldsymbol{R})\right] \cdot \left[\nabla_{(k)}\phi_n(\boldsymbol{r};\boldsymbol{R})\right] - \boldsymbol{A}_{(k),n}(\boldsymbol{R})^2\right], \tag{10.32}$$

so erhalten wir schlussendlich für (10.27) wieder eine **effektive Schrödinger-Gleichung**

$$\left[-\sum_k \frac{\left[-\mathrm{i}\hbar\nabla_{(k)} - \boldsymbol{A}_{(k),n}(\boldsymbol{R})\right]^2}{2M_k} + E_n(\boldsymbol{R}) + U_n(\boldsymbol{R})\right]\phi_n(\boldsymbol{R}) = E\phi_n(\boldsymbol{R}), \tag{10.33}$$

oder darstellungsunabhängig

$$\hat{H}_{\text{eff}}\,|\Phi_n\rangle = E\,|\Phi_n\rangle\,, \tag{10.34}$$

mit einem **effektiven Hamilton-Operator**

$$\hat{H}_{\text{eff}} = \sum_k \frac{\left[\hat{\boldsymbol{P}}_{(k)} - \hat{\boldsymbol{A}}_{(k),n}(\hat{\boldsymbol{R}})\right]^2}{2M_k} + E_n(\hat{\boldsymbol{R}}) + \hat{U}_n(\hat{\boldsymbol{R}}), \tag{10.35}$$

wobei

$$\hat{U}_n(\hat{\boldsymbol{R}}) = -\langle\phi_n(\boldsymbol{R})|\hat{T}_{\mathrm{N}}|\phi_n(\boldsymbol{R})\rangle - \sum_k \frac{\hat{\boldsymbol{A}}_{(k),n}(\hat{\boldsymbol{R}})^2}{2M_k}, \tag{10.36}$$

der wie im Falle der zuerst betrachteten Näherung in $\mathcal{H}^{\text{eff}}$ wirkt. In der Praxis erfolgt die Lösung von (10.34) dann wieder durch geeignete Näherungsverfahren.

Die Rechenschritte, die von (10.27) zu (10.34) führen, sind exakt und werden gemeinhin als *Ausintegrieren der schnellen Freiheitsgrade* bezeichnet. Die eigentliche Näherung, die die Rechnung (10.27) zu (10.34) aber erst ermöglicht hat, ist (10.26). Sie wird als **Born–Oppenheimer-Näherung** bezeichnet, obwohl Born und Oppenheimer selbst in ihrer Arbeit [BO27] den Term C_{mn} störungstheoretisch behandelten und insbesondere die folgenden Betrachtungen nicht durchführten.

An (10.34) ist zu sehen, dass also in der Born–Oppenheimer-Näherung die Zustände $|\Phi_n\rangle$ Eigenzustände des effektiven Hamilton-Operators $\hat{H}_{\text{eff}}$ sind.

Keine Näherung: Exakte Schrödinger-Gleichung

Bevor wir uns der „Eichtheorie der Molekülphysik“ zuwenden, sei noch der Fall betrachtet, dass keine Näherungen für C_{mn} getroffen werden. Dann lässt sich analog zum obigen Fall der Born–Oppenheimer-Näherung (Gleichung (10.29)) ein „Matrix-Eichpotential“ definieren:

$$\begin{aligned}\boldsymbol{A}_{(k),mn}(\boldsymbol{R}) &:= \mathrm{i}\hbar\,\langle\phi_m(\boldsymbol{R})|\hat{\boldsymbol{P}}_{(k)}|\phi_n(\boldsymbol{R})\rangle \\ &= \mathrm{i}\hbar\int \mathrm{d}\boldsymbol{r}\,\phi_m^*(\boldsymbol{r};\boldsymbol{R})\nabla_{(k)}\phi_n(\boldsymbol{r};\boldsymbol{R}),\end{aligned} \tag{10.37}$$

und die Schrödinger-Gleichung (10.21) nimmt die Form

$$\hat{H}_{\text{eff},mn}\,|\Phi_n\rangle = E\,|\Phi_m\rangle \tag{10.38}$$

an, mit einem **effektiven Hamilton-Operator**

$$\hat{H}_{\text{eff},mn} = \sum_{k,l} \frac{\left[\hat{\boldsymbol{P}}_{(k)} - \hat{\boldsymbol{A}}_{(k),ml}(\hat{\boldsymbol{R}})\right]\left[\hat{\boldsymbol{P}}_{(k)} - \hat{\boldsymbol{A}}_{(k),ln}(\hat{\boldsymbol{R}})\right]}{2M_k} + E_m(\hat{\boldsymbol{R}})\delta_{mn} + \hat{U}_{mn}(\hat{\boldsymbol{R}}) \tag{10.39}$$

und mit

$$\hat{U}_{mn}(\hat{\boldsymbol{R}}) = -\langle\phi_m(\boldsymbol{R})|\hat{T}_\text{N}|\phi_n(\boldsymbol{R})\rangle - \sum_k \frac{\sum_l \hat{\boldsymbol{A}}_{(k),ml}(\hat{\boldsymbol{R}})\hat{\boldsymbol{A}}_{(k),ln}(\hat{\boldsymbol{R}})}{2M_k}. \tag{10.40}$$

An dieser Stelle ist klar ersichtlich, dass die einzelnen Zustände $|\Phi_n\rangle$ *keine* Eigenzustände des effektiven Hamilton-Operators sind, sondern dass vielmehr $\hat{H}_\text{eff}$ die verschiedenen Zustände $|\Phi_n\rangle$ koppelt. Gleichung (10.38) ist *keine* Eigenwertgleichung! Von daher macht es auch keinen Sinn, überhaupt von Zuständen $|\Phi_n\rangle$ zu sprechen, die in einer $\boldsymbol{R}$-Darstellung die Kernwellenfunktionen $\Phi_n(\boldsymbol{R})$ ergeben. Dass wir dennoch diese Notation verwendet haben, liegt an ihrer Effizienz.

Eichtheorie der Molekülphysik und Geometrische Phasen

Die Born–Oppenheimer-Methode entstammt zwar ursprünglich aus dem Anwendungsbereich der Molekülphysik, ist aber allgemein dann anwendbar, wenn ein gekoppeltes Quantensystem aus zwei Untersystemen besteht, welche jeweils stark unterschiedliche Energieskalen besitzen. Die „schnellen" und „langsamen" Freiheitsgrade sind dann diejenigen mit großen beziehungsweise kleinen Abständen in den jeweiligen Energieeigenwerten. Im vorliegenden Fall der Moleküle sind dies die elektronischen Freiheitsgrade und die Vibrations- und Rotationsfreiheitsgrade der Kerne. Aber auch in den Quantenfeldtheorien der Hochenergiephysik finden sich Beispiele, wo die Born–Oppenheimer-Methode ihre Anwendung findet, dort sind es schwere Teilchen, die die „schnellen" Freiheitsgrade darstellen, was den Begriff etwas unglücklich erscheinen lässt. Deshalb sollte man eigentlich eher von „hochenergetischen" und „niederenergetischen" Freiheitsgraden sprechen.

Die Form des effektiven Hamilton-Operators (10.35) erinnert an jene eines Systems von geladenen Teilchen in einem äußeren elektronagnetischen Feld, vergleiche (II-30.3) beziehungsweise (II-30.4) in Kapitel II-4. Die effektive Schrödinger-Gleichung (10.34) ist kovariant gegenüber einer Eichtransformation

$$|\Phi_n\rangle \mapsto \mathrm{e}^{\mathrm{i}\lambda_n(\hat{\boldsymbol{R}})}\,|\Phi_n\rangle\,, \tag{10.41a}$$

$$\hat{\boldsymbol{A}}_{(k),n}(\hat{\boldsymbol{R}}) \mapsto \hat{\boldsymbol{A}}_{(k),n}(\hat{\boldsymbol{R}}) + \hbar\hat{\nabla}_{(k)}\lambda_n(\hat{\boldsymbol{R}}), \tag{10.41b}$$

und die Wellenfunktion des Gesamtsystems $\Psi_n(\boldsymbol{r}, \boldsymbol{R}) = \Phi_n(\boldsymbol{R})\phi_n(\boldsymbol{r}; \boldsymbol{R})$ sowie die Schrödinger-Gleichung (10.2) sind invariant gegenüber dieser Eichtransformation, sofern sich die Elektron-Wellenfunktion $\phi_n(\boldsymbol{r}; \boldsymbol{R})$ sich transformiert entsprechend

$$\phi_n(\boldsymbol{r}; \boldsymbol{R}) \mapsto \mathrm{e}^{-\mathrm{i}\lambda_n(\boldsymbol{R})}\phi_n(\boldsymbol{r}; \boldsymbol{R}), \tag{10.42}$$

beziehungsweise wenn

$$|\phi_n(\boldsymbol{R})\rangle \mapsto \mathrm{e}^{-\mathrm{i}\lambda_n(\hat{\boldsymbol{R}})}\,|\phi_n(\boldsymbol{R})\rangle\,. \tag{10.43}$$

Wenn nun für alle $\boldsymbol{R}$ die Eichfelder $\boldsymbol{A}_{(k),n}(\boldsymbol{R})$ rotationsfrei sind ($\nabla_{(k)} \times \boldsymbol{A}_{(k)}(\boldsymbol{R}) \equiv 0$ für alle k), dann kann über eine geeignete Eichtransformation mit

$$\lambda_n(\boldsymbol{R}) = -\frac{1}{\hbar}\sum_k \int_{\boldsymbol{R}_0}^{\boldsymbol{R}} \boldsymbol{A}_{(k),n}(\boldsymbol{R}) \cdot \mathrm{d}\boldsymbol{R}_{(k)} \tag{10.44}$$

erreicht werden, dass die Eichpotentiale eliminiert werden, und der effektive Hamilton-Operator (10.35) die einfachere Form

$$\hat{H}_{\text{eff}} = \sum_k \frac{\hat{\boldsymbol{P}}^2_{(k)}}{2M_k} + E_n(\hat{\boldsymbol{R}}) + \hat{U}_n(\hat{\boldsymbol{R}}) \tag{10.45}$$

mit

$$\hat{U}_n(\hat{\boldsymbol{R}}) = -\,\langle\phi_n(\boldsymbol{R})|\hat{T}_{\mathrm{N}}|\phi_n(\boldsymbol{R})\rangle \tag{10.46}$$

annimmt. Diese Voraussetzung der Rotationsfreiheit ist allerdings für Moleküle mit einer komplexeren Form für einzelne Werte von $\boldsymbol{R}_{(k)}$ nicht gegeben, so dass bei zyklischen Veränderungen von $\boldsymbol{R}$ das Phasenintegral

$$\sum_k \oint \boldsymbol{A}_{(k),n}(\boldsymbol{R}) \cdot \mathrm{d}\boldsymbol{R}_{(k)}$$

für topologisch verschiedene geschlossene Kurven unterschiedliche Werte annimmt und ein Beispiel für eine nicht eliminierbare sogenannte **geometrische Phase** darstellt.

Das Auftauchen einer Eichtheorie nach dem Ausintegrieren der schnellen (hochenergetischen) Freiheitsgrade ist ein universelles Phänomen als Konsequenz der Born–Oppenheimer-Näherung, wie sie durch den Ansatz (10.26) erfolgt ist, und die eigentlich eine **adiabatische Näherung** darstellt. Wir werden in den Abschnitten 21 und 22 im Zusammenhang mit geometrischen Phasen darauf zurückkommen. Zur Born–Oppenheimer-Methode existiert eine Fülle neuerer Arbeiten. Ein guter Ausgangspunkt für die weitere Lektüre ist [MSW89], siehe aber die weiterführende Literatur zu geometrischen Phasen in Kapitel 2.

11 Das Wasserstoffmolekül-Ion H_2^+

Wir wollen die Born–Oppenheimer-Methode auf einen vergleichsweise simplen Fall anwenden. Das einfachste Molekül, das es gibt, ist das einfach positiv geladene Wasserstoffmolekül-Ion H_2^+. Es seien $\boldsymbol{R}_{(1,2)}$ die Koordinaten der beiden Protonen, $\boldsymbol{R} = \boldsymbol{R}_{(1)} - \boldsymbol{R}_{(2)}$, und $\boldsymbol{r}$ die des Elektrons. Im Schwerpunktsystem (unter Vernachlässigung der Elektronmasse) seien $\boldsymbol{P}_{(1)} = -\boldsymbol{P}_{(2)}$ die Impulse der Protonen und $\boldsymbol{p}$ der des Elektrons. Außerdem ist $\boldsymbol{R}_{(1)} = -\boldsymbol{R}_{(2)}$. Der einzige Parameter des Gesamtsystems ist $R = |\boldsymbol{R}|$. Die Proton- und die Elektronmasse sei jeweils m_p und m_e. Der Hamilton-Operator ist

$$\hat{H} = \frac{\hat{\boldsymbol{P}}^2}{m_\text{p}} + \underbrace{\frac{\hat{\boldsymbol{p}}^2}{2m_\text{e}} + e^2\left(\frac{1}{\hat{R}} - \frac{1}{|\hat{\boldsymbol{r}} - \hat{\boldsymbol{R}}/2|} - \frac{1}{|\hat{\boldsymbol{r}} + \hat{\boldsymbol{R}}/2|}\right)}_{\hat{H}_\text{e}}. \tag{11.1}$$

Abbildung 1.7 veranschaulicht das System.

Im ersten Schritt bestimmen wir näherungsweise die elektronischen Grundzustandsenergien und -wellenfunktionen. Dazu werden die Kernkoordinaten als klassische Parameter betrachtet. Für die Testfunktionen für den Variationsansatz wenden wir den LCAO-Ansatz an: wäre das Elektron nur an jeweils eines der Protonen gebunden, wäre die Grundzustandswellenfunktion gemäß Abschnitt II-29 jeweils gegeben durch

$$\langle \boldsymbol{r}|\phi_{1,2}(R)\rangle = \phi_{1,2}(\boldsymbol{r}; R) = \frac{1}{\sqrt{\pi a_0^3}} \mathrm{e}^{-r_{1,2}/a_0}, \tag{11.2}$$

mit $r_1 = |\boldsymbol{r} - \boldsymbol{R}/2|$ und $r_2 = |\boldsymbol{r} + \boldsymbol{R}/2|$. Die Größe a_0 ist der Bohrsche Atomradius $a_0 = \hbar^2/(m_\text{e}e^2)$. Daher verwenden wir als Testfunktion die Linearkombinationen

$$|\phi_\pm(R)\rangle = N_\pm \left(|\phi_1(R)\rangle \pm |\phi_2(R)\rangle\right), \tag{11.3}$$

mit jeweils zu bestimmenden Normierungskonstanten $N_\pm$. Da die Zustände $|\phi_{1,2}(R)\rangle$ bereits normiert und außerdem reell sind, ergibt sich diese durch die Bedingung

$$N_\pm^2(2 \pm 2I) \stackrel{!}{=} 1,$$

wobei

$$I := \langle \phi_1(R)|\phi_2(R)\rangle \tag{11.4}$$

$$= \frac{1}{\pi a_0^3} \int \mathrm{e}^{-(r_1+r_2)/a_0} \mathrm{d}^3\boldsymbol{r}$$

$$= \frac{1}{\pi a_0^3} \int \mathrm{e}^{-(|\boldsymbol{r}-\boldsymbol{R}/2|+|\boldsymbol{r}+\boldsymbol{R}/2|)/a_0} \mathrm{d}^3\boldsymbol{r} \tag{11.5}$$

das sogenannte **Überlapp-Integral** darstellt.

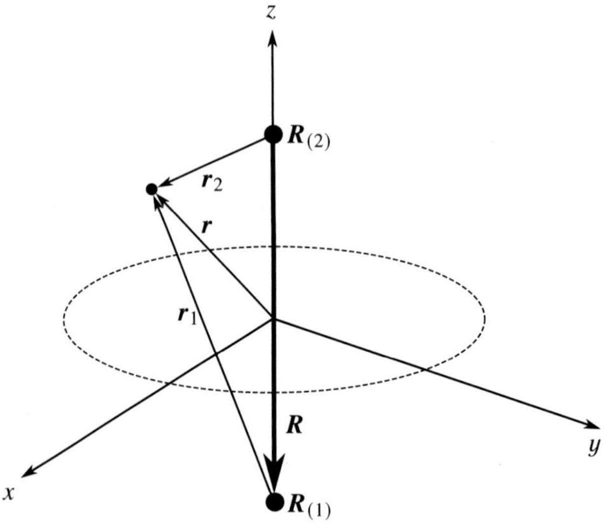

Abbildung 1.7: Das Wasserstoffmolekül-Ion H_2^+ ist das einfachste Molekül, das es gibt. Die beiden Protonen liegen auf der z-Achse, und es ist $\boldsymbol{r}_{1,2} = \boldsymbol{r} \mp \frac{\boldsymbol{R}}{2}$.

Um das Überlapp-Integral (11.5) zu berechnen, wechseln wir zu gestreckt-rotationselliptischen Koordinaten (die im Englischen *prolate-spheroidal coordinates* heißen):

$$x = \frac{R}{2}\sqrt{(\xi^2 - 1)(1 - \eta^2)}\cos\phi,$$
$$y = \frac{R}{2}\sqrt{(\xi^2 - 1)(1 - \eta^2)}\sin\phi,$$
$$z = \frac{R}{2}\xi\eta,$$

mit $1 \leq \xi < \infty$, $-1 \leq \eta \leq 1$ und $0 \leq \phi < 2\pi$. Dabei sei $\boldsymbol{R}$ entlang der z-Achse. Dann ist

$$\xi = \frac{r_1 + r_2}{R}, \tag{11.6}$$

$$\eta = \frac{r_1 - r_2}{R}, \tag{11.7}$$

beziehungsweise

$$r_{1,2} = \left|\boldsymbol{r} \mp \frac{\boldsymbol{R}}{2}\right| = \frac{R}{2}(\xi \pm \eta), \tag{11.8}$$

und das Volumenelement ist

$$\mathrm{d}^3\boldsymbol{r} = \left(\frac{R}{2}\right)^3 (\xi^2 - \eta^2)\mathrm{d}\phi\mathrm{d}\eta\mathrm{d}\xi. \tag{11.9}$$

Für das Überlappintegral (11.5) folgt dann:

$$
\begin{aligned}
I &= \frac{1}{\pi a_0^3}\left(\frac{R}{2}\right)^3 \int_0^{2\pi} \mathrm{d}\phi \int_{-1}^{1} \mathrm{d}\eta \int_1^{\infty} \mathrm{d}\xi (\xi^2 - \eta^2) \mathrm{e}^{-R[(\xi+\eta)+(\xi-\eta)]/(2a_0)} \\
&= \frac{2}{a_0^3}\left(\frac{R}{2}\right)^3 \int_{-1}^{1} \mathrm{d}\eta \int_1^{\infty} \mathrm{d}\xi (\xi^2 - \eta^2) \mathrm{e}^{-R\xi/a_0} \\
&= \frac{2}{a_0^3}\left(\frac{R}{2}\right)^3 \int_1^{\infty} \mathrm{d}\xi \left(2\xi^2 - \frac{2}{3}\right) \mathrm{e}^{-R\xi/a_0} \\
&= \mathrm{e}^{-R/a_0}\left(1 + \frac{R}{a_0} + \frac{R^2}{3a_0^2}\right),
\end{aligned} \tag{11.10}
$$

mittels partieller Integration.

Für die Zustände $|\phi_{1,2}(R)\rangle$ gilt jeweils:

$$
\frac{\hat{\boldsymbol{p}}^2}{2m_\mathrm{e}} |\phi_{1,2}(R)\rangle = \left(E_1 + \frac{e^2}{r_{1,2}}\right) |\phi_{1,2}(R)\rangle ,
$$

wobei $E_1 = -e^2/(2a_0)$ die Grundzustandsenergie des Elektrons im Wasserstoffatom ist. Damit ist

$$
\begin{aligned}
\hat{H}_\mathrm{e} |\phi_\pm(R)\rangle &= N_\pm \left(\hat{H}_\mathrm{e} |\phi_1(R)\rangle \pm \hat{H}_\mathrm{e} |\phi_2(R)\rangle\right) \\
&= \left(E_1 + \frac{e^2}{R}\right) |\phi_\pm(R)\rangle - N_\pm e^2 \left(\frac{1}{\hat{r}_2} |\phi_1(R)\rangle \pm \frac{1}{\hat{r}_1} |\phi_2(R)\rangle\right),
\end{aligned}
$$

und wir können die Grundzustandsenergie des H_2^+-Moleküls abschätzen zu

$$
\begin{aligned}
E_\pm(R) &= \langle \phi_\pm(R)|\hat{H}_\mathrm{e}|\phi_\pm(R)\rangle \\
&= E_1 + \frac{e^2}{R} - 2e^2 N_\pm^2 \left(\left\langle \phi_1(R) \left| \frac{1}{\hat{r}_2} \right| \phi_1(R) \right\rangle \pm \left\langle \phi_1(R) \left| \frac{1}{\hat{r}_2} \right| \phi_2(R) \right\rangle\right),
\end{aligned} \tag{11.11}
$$

uinter Ausnutzung der Tatsache, dass die jeweiligen Erwartungswerte aus Symmetriegründen unter der Ersetzung $r_{1,2} \mapsto r_{2,1}$ invariant sein müssen. Man beachte, dass R in $\hat{H}_\mathrm{e}$ als klassischer Parameter, nicht als dynamische Größe, behandelt wird.

In einer Nebenrechung berechnen wir nun die beiden Integrale auf der rechten Seite von (11.11), wieder unter Verwendung von gestreckt-rotationselliptischen Koordinaten und

(11.8). Zuerst das sogenannte **Coulomb-Integral**

$$\begin{aligned} C := \left\langle \phi_1(R) \left| \frac{1}{\hat{r}_2} \right| \phi_1(R) \right\rangle &= \frac{1}{\pi a_0^3} \int \frac{\mathrm{e}^{-2r_1/a_0}}{r_2} \mathrm{d}^3 \boldsymbol{r} \\ &= \frac{2}{\pi a_0^3} \left(\frac{R}{2}\right)^3 \int_0^{2\pi} \mathrm{d}\phi \int_{-1}^{1} \mathrm{d}\eta \int_1^{\infty} \mathrm{d}\xi (\xi^2 - \eta^2) \frac{\mathrm{e}^{-R(\xi+\eta)/a_0}}{R(\xi - \eta)} \\ &= \frac{4}{a_0^3} \left(\frac{R}{2}\right)^3 \frac{1}{R} \int_{-1}^{1} \mathrm{d}\eta \int_1^{\infty} \mathrm{d}\xi (\xi + \eta) \mathrm{e}^{-R(\xi+\eta)/a_0} \\ &= \frac{4}{a_0^3} \left(\frac{R}{2}\right)^3 \frac{a_0}{R^3} \int_{-1}^{1} \mathrm{d}\eta \mathrm{e}^{-R(\eta+1)/a_0} \left[a_0 + R(\eta + 1)\right] \\ &= \frac{1}{R} - \left(\frac{1}{a_0} + \frac{1}{R}\right) \mathrm{e}^{-2R/a_0}, \end{aligned} \tag{11.12}$$

und entsprechend das sogenannte **Austausch-Integral**

$$\begin{aligned} A := \left\langle \phi_1(R) \left| \frac{1}{\hat{r}_2} \right| \phi_2(R) \right\rangle &= \frac{1}{\pi a_0^3} \int \frac{\mathrm{e}^{-(r_1+r_2)/a_0}}{r_2} \mathrm{d}^3 \boldsymbol{r} \\ &= \frac{4}{a_0^3} \left(\frac{R}{2}\right)^3 \frac{1}{R} \int_{-1}^{1} \mathrm{d}\eta \int_1^{\infty} \mathrm{d}\xi (\xi - \eta) \mathrm{e}^{-R\xi/a_0} \\ &= \left(\frac{1}{a_0} + \frac{R}{a_0^2}\right) \mathrm{e}^{-R/a_0}, \end{aligned} \tag{11.13}$$

wieder mittels partieller Integration. Damit wird aus (11.11):

$$E_\pm(R) = E_1 + \frac{e^2}{R} - \frac{e^2}{1 \pm I} \left[C \pm A\right],$$

beziehungsweise nach Division von $|E_1|$ auf beiden Seiten:

$$\frac{E_\pm(R)}{|E_1|} = \frac{2a_0}{R} - 1 - \frac{2a_0}{1 \pm I} \left[C \pm A\right],$$

unter Auflösung von $N_\pm^2 = (2 \pm 2I)^{-1}$. Verwenden wir nun (11.10,11.12,11.13) und führen den dimensionslosen Parameter $t = R/a_0$ ein, so erhalten wir:

$$\frac{E_\pm(t)}{|E_1|} = -1 + \frac{2}{t} \left(1 - \frac{1 - (t+1)\,\mathrm{e}^{-2t} \pm \left(t + t^2\right) \mathrm{e}^{-t}}{1 \pm \mathrm{e}^{-t} \left(1 + t + t^2/3\right)}\right),$$

und schlussendlich:

$$\frac{E_\pm(t)}{|E_1|} = -1 + \frac{2}{t} \left(\frac{(1+t)\mathrm{e}^{-2t} \pm (1 - 2t^2/3)\mathrm{e}^{-t}}{1 \pm (1 + t + t^2/3)\mathrm{e}^{-t}}\right). \tag{11.14}$$

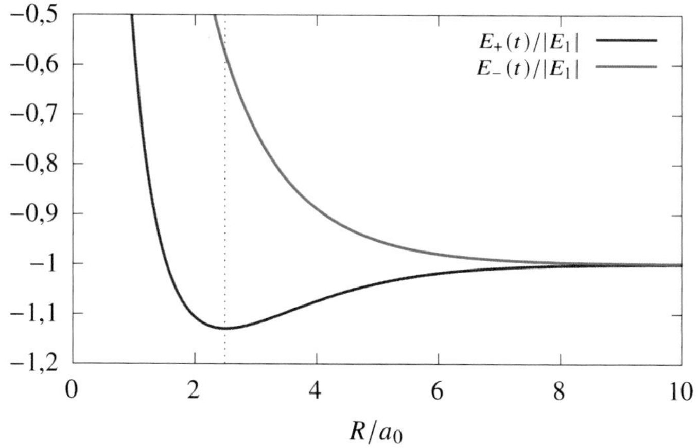

Abbildung 1.8: Die beiden Energiefunktionen $E_\pm(t)/|E_1|$ für das positiv geladene Wasserstoffmolekül-Ion H_2^+ in Abhängigkeit des dimensionslosen Parameters $t = R/a_0$. Nur die symmetrische Zustandskombination lässt gebundene Zustände zu. Das Minimum ergibt sich für einen Gleichgewichtsradius $R \approx 2{,}49a_0$ (gepunktete senkrechte Linie), bei einem Energiewert $E_+(R_0) \approx -1{,}13E_1$.

Abbildung 1.8 zeigt die beiden Funktionen $E_\pm(t)/|E_1|$. Das Molekül besitzt nur dann gebundene Zustände, wenn eine der beiden Funktionen ein Minimum besitzt, welches dann aufgrund des asymptotischen Verhaltens von $E_\pm(t)/|E_1|$ unterhalb von $E_\pm(t)/|E_1| = -1$ sein muss. In anderen Worten: nur wenn es einen Parameterbereich von t derart gibt, dass $E_\pm(t) < E_1$ gibt es überhaupt ein stabiles Molekül. Anderenfalls ist der Zustand eines Wasserstoffatoms und eines Protons energetisch günstiger. Der Grenzfall $t \longrightarrow \infty$ stellt genau den Fall zweier unendlich weit entfernten Protonen dar, von denen eines mit dem Elektron den gebundenen Zustand eines Wasserstoffatoms eingeht, daher geht für $t \longrightarrow \infty$ die Energie $E_\pm(t) \longrightarrow E_1$.

Nur die symmetrische Zustandskombination $|\phi_+(R)\rangle$ besitzt ein Minimum, und zwar für einen Wert von $R_0 \approx 2{,}49a_0$, für welchen sich einen Wert von E_+ ergibt von etwa $E_+(R_0) \approx -1{,}13E_1$, das bedeutet: die Bindungsenergie beträgt etwa $0{,}13E_1 \approx 1{,}77\,\mathrm{eV}$. Auch wenn diese Abschätzung von der Größenordnung her stimmt, sind die Abweichungen zum gemessenen Wert doch signifikant. Dieser beträgt etwa $R_0 \approx 2{,}00a_0$ bei einer Bindungsenergie von etwa 2,8 eV. Bessere Testfunktionen modifizieren den Ansatz (11.2) und sind von der Form

$$\phi_{1,2}(\boldsymbol{r}; R) = c(1 + \lambda z)\mathrm{e}^{-\eta(R) r_{1,2}/a_0}. \tag{11.15}$$

Sie berücksichtigen durch den Parameter λ einerseits eine Deformation des Molekülorbitals in z-Richtung, sowie durch die positive Funktion $\eta(R)$, die für eine Kontraktion des Orbitals in Abhängigkeit von R sorgt. Der interessierte Leser sei hierfür auf die weiterführende Literatur verwiesen.

Eine grundsätzlich exakte Lösung der elektronischen Schrödinger-Gleichung

$$\hat{H}_e |\phi(R)\rangle = E |\phi(R)\rangle \tag{11.16}$$

bei starrem Parameter R ist jedoch ebenfalls möglich, denn in gestreckt-rotationselliptischen Koordinaten separiert (11.16) [Hyl31] und kann mit Hilfe numerischer Verfahren im Prinzip beliebig genau gelöst werden [WH54; BLS53].

Mathematischer Einschub 4: Rotationselliptische Koordinaten

Rotationselliptische Koordinaten eignen sich insbesondere zur Lösung partieller Differentialgleichungen in drei Dimensionen mit geeigneter Symmetrie, welche in rotationselliptischen Koordinaten vollständig separieren..

Es gibt zwei Sätze von rotationselliptischen Koordinaten (ξ, η, ϕ): die **gestreckt-rotationselliptischen Koordinaten** (englisch: *''prolate-spheroidal coordinates''*) und die **abgeplattet-rotationselliptischen Koordinaten** (englisch: *''oblate-spheroidal coordinates''*).

Gestreckt-rotationselliptische Koordinaten
Das gestreckt-rotationselliptische Koordinatensystem ensteht durch Rotation des zweidimensionalen elliptischen Koordinatensystems um die Brennpunktachse, welche per Konvention die z-Achse darstellt. Gestreckt-rotationselliptische Koordinaten eignen sich für die Lösung von Zweizentrenproblemen, bei denen die beiden Potentialzentren die beiden Brennpunkte von Rotationsellipsoiden darstellen.

- Zusammenhang mit kartesischen Koordinaten:

$$x = c\sqrt{(\xi^2 - 1)(1 - \eta^2)} \cos\phi, \tag{11.17}$$

$$y = c\sqrt{(\xi^2 - 1)(1 - \eta^2)} \sin\phi, \tag{11.18}$$

$$z = c\xi\eta, \tag{11.19}$$

  mit einer Konstanten $c > 0$. Der gesamte Raum $\mathbb{R}^3$ ohne die z-Achse ist dann gegeben durch $1 < \xi < \infty, -1 < \eta < 1, 0 \leq \phi < 2\pi$. Die Koordinatenflächen $\xi = \text{const}$ sind gestreckte Rotationsellipsoide mit den Brennpunkten $(x, y, z) = (0, 0, \pm c)$. Die Koordinatenflächen $\eta = \text{const}$ sind zweischalige Rotationshyperboloide mit denselben Brennpunkten.
- Umgekehrter Zusammenhang mit kartesischen Koordinaten und alternative

Koordinaten:

$$\xi = \frac{1}{2c}\left(\sqrt{x^2+y^2+(z+a)^2} + \sqrt{x^2+y^2+(z-a)^2}\right), \tag{11.20}$$

$$\eta = \frac{1}{2c}\left(\sqrt{x^2+y^2+(z+a)^2} - \sqrt{x^2+y^2+(z-a)^2}\right), \tag{11.21}$$

$$\phi = \arctan\frac{y}{x}. \tag{11.22}$$

Mit den alternativen Koordinaten

$$\xi = \cosh\mu, \tag{11.23}$$

$$\eta = \cos\nu, \tag{11.24}$$

wobei $\mu > 0$ und $0 \leq \nu \leq \pi$, gilt:

$$x = c\sinh\mu\sin\nu\cos\phi, \tag{11.25}$$

$$y = c\sinh\mu\sin\nu\sin\phi, \tag{11.26}$$

$$z = c\cosh\mu\cos\nu, \tag{11.27}$$

und für die Distanz $r_\pm$ eines Punktes vom jeweiligen Brennpunkt $(0, 0, \pm c)$:

$$r_\pm = \sqrt{x^2+y^2+(z\mp a)^2} \tag{11.28}$$

$$= c(\cosh\mu \mp \cos\nu). \tag{11.29}$$

- Der Laplace-Operator ∇^2 nimmt in diesen Koordinaten die Form

$$\nabla^2 = \frac{1}{c^2(\xi^2-\eta^2)}\left[\frac{\partial}{\partial\xi}\left((\xi^2-1)\frac{\partial}{\partial\xi}\right) + \frac{\partial}{\partial\eta}\left((1-\eta^2)\frac{\partial}{\partial\eta}\right) + \frac{\xi^2-\eta^2}{(\xi^2-1)(1-\eta^2)}\frac{\partial^2}{\partial\phi^2}\right] \tag{11.30}$$

an.
- Das Volumenelement ist gegeben durch:

$$\mathrm{d}V = c^3(\xi^2-\eta^2)\mathrm{d}\xi\mathrm{d}\eta\mathrm{d}\phi. \tag{11.31}$$

Abgeplattet-rotationselliptische Koordinaten

Das abgeplattet-rotationselliptische Koordinatensystem ensteht durch Rotation des zweidimensionalen elliptischen Koordinatensystems um eine Achse senkrecht zur Brennpunktachse. Per Konvention wird die Brennpunktachse auf die xy-Ebene gelegt, so dass durch die Rotation ein Brennpunktring auf der xy-Ebene entsteht.

- Zusammenhang mit kartesischen Koordinaten:

$$x = c\sqrt{(\xi^2+1)(1-\eta^2)}\cos\phi, \tag{11.32}$$

$$y = c\sqrt{(\xi^2+1)(1-\eta^2)}\sin\phi, \tag{11.33}$$

$$z = c\xi\eta, \tag{11.34}$$

mit einer Konstanten $c > 0$. Der gesamte Raum $\mathbb{R}^3$ ohne die z-Achse und ohne die Scheibe $x^2 + y^2 \leq c^2$ ist dann gegeben durch $0 < \xi < \infty, -1 < \eta < 1, 0 \leq \phi < 2\pi$. Die Koordinatenflächen $\xi = \text{const}$ sind abgeplattete Rotationsellipsoide mit Brennkreis $z = 0, x^2 + y^2 = c^2$. Die Koordinatenflächen $\eta = \text{const}$ sind zweischalige Rotationshyperboloide mit demselben Brennkreis.

- Umgekehrter Zusammenhang mit kartesischen Koordinaten und alternative Koordinaten:

$$\sqrt{1+\xi^2} = \frac{1}{2c}\left(\sqrt{(\rho+c)^2+z^2} + \sqrt{(\rho-c)^2+z^2}\right), \tag{11.35}$$

$$\sqrt{1-\eta^2} = \frac{1}{2c}\left(\sqrt{(\rho+c)^2+z^2} - \sqrt{(\rho-c)^2+z^2}\right), \tag{11.36}$$

$$\phi = \arctan\frac{y}{x}, \tag{11.37}$$

wobei $\rho = \sqrt{x^2+y^2}$. Mit den alternativen Koordinaten

$$\xi = \sinh\mu, \tag{11.38}$$

$$\eta = \sin\nu, \tag{11.39}$$

wobei $\mu > 0$ und $-\frac{\pi}{2} \leq \nu \leq \frac{\pi}{2}$, gilt:

$$x = c\cosh\mu\cos\nu\cos\phi, \tag{11.40}$$

$$y = c\cosh\mu\cos\nu\sin\phi, \tag{11.41}$$

$$z = c\sinh\mu\sin\nu. \tag{11.42}$$

- Der Laplace-Operator ∇^2 nimmt in diesen Koordinaten die Form

$$\nabla^2 = \frac{1}{c^2(\xi^2+\eta^2)}\left[\frac{\partial}{\partial\xi}\left((\xi^2+1)\frac{\partial}{\partial\xi}\right) + \frac{\partial}{\partial\eta}\left((1-\eta^2)\frac{\partial}{\partial\eta}\right) + \frac{\xi^2+\eta^2}{(\xi^2+1)(1-\eta^2)}\frac{\partial^2}{\partial\phi^2}\right] \tag{11.43}$$

an.

- Das Volumenelement ist gegeben durch:

$$dV = c^3(\xi^2 + \eta^2)d\xi d\eta d\phi. \tag{11.44}$$

12 Das Wasserstoffmolekül H_2

Das Wasserstoffmolekül H_2 ist das am häufigsten vorkommende Molekül nicht nur auf der Erde, sondern im gesamten bekannten Universum. Die quantenmechanische Berechnung der Energieniveaus ist allerdings bereits ungleich schwerer als für das Wasserstoffmolekül-Ion H_2^+ (Abschnitt 11), insbesondere ist der elektronische Hamilton-Operator nicht mehr exakt lösbar. Dieser ist im Schwerpunktsystem der beiden Protonen

$$\hat{H}_e = \frac{\hat{\boldsymbol{p}}_{(1)}^2}{2m} + \frac{\hat{\boldsymbol{p}}_{(2)}^2}{2m} + e^2\left(\frac{1}{R} + \frac{1}{|\hat{\boldsymbol{r}}_{(1)} - \hat{\boldsymbol{r}}_{(2)}|}\right.$$
$$\left. - \frac{1}{|\hat{\boldsymbol{r}}_{(1)} - \hat{\boldsymbol{R}}/2|} - \frac{1}{|\hat{\boldsymbol{r}}_{(1)} + \hat{\boldsymbol{R}}/2|} - \frac{1}{|\hat{\boldsymbol{r}}_{(2)} - \hat{\boldsymbol{R}}/2|} - \frac{1}{|\hat{\boldsymbol{r}}_{(2)} + \hat{\boldsymbol{R}}/2|}\right). \tag{12.1}$$

Dabei ist R wieder der Abstand der beiden Protonen, und $\boldsymbol{r}_{(1,2)}$ und $\boldsymbol{p}_{(1,2)}$ sind Ort und Impuls der beiden Elektronen. Man beachte, dass wir R wieder als klassischen Parameter betrachten. Abbildung 1.9 zeigt den schematischen Aufbau des Systems.

Unsere Vorgehensweise ist die wie für das Wasserstoffmolekül-Ion (Abschnitt 11): zunächst konstruieren wir per LCAO geeignete Testfunktionen für einen Variationsansatz, müssen nun allerdings berücksichtigen, dass die beiden Elektronen des Moleküls dem Pauli-Prinzip unterliegen und der Zustand in jedem Fall total antisymmetrisch bezüglich der Vertauschung der beiden Elektronen sein muss.

Ein möglicher LCAO-Ansatz für einen Singulett-Zustand wäre

$$|\phi_+(R)\rangle = N_\pm\,|\phi_{(1),+}(R)\rangle\,|\phi_{(2),+}(R)\rangle \otimes \frac{1}{\sqrt{2}}\left(|\tfrac{1}{2},-\tfrac{1}{2}\rangle \mp |-\tfrac{1}{2},\tfrac{1}{2}\rangle\right). \tag{12.2}$$

Hierbei bezeichnen $|\phi_{(1,2),+}(R)\rangle$ jeweils die symmetrische und die antisymmetrische 1-Elektron-Linearkombination wie in (11.3). Es lässt sich aber schon vorhersagen, dass diese Linearkombination keine besonders gute Testfunktion ergibt, was man erkennt, wenn man (12.2) ausmultipliziert. Unter Vernachlässigung der Spin-Anteile erhält man dann:

$$|\phi_\pm(R)\rangle \sim \big[|\phi_{(1),1}(R)\rangle\,|\phi_{(2),2}(R)\rangle + |\phi_{(1),2}(R)\rangle\,|\phi_{(2),1}(R)\rangle$$
$$+ |\phi_{(1),1}(R)\rangle\,|\phi_{(2),1}(R)\rangle + |\phi_{(1),2}(R)\rangle\,|\phi_{(2),2}(R)\rangle\big],$$

und man erkennt, dass ein Zustand, bei dem beide Elektronen sich am selben Proton aufhalten (untere beiden Faktoren), gleich gewichtet wird wie ein Zustand, bei dem sie sich an jeweils unterschiedlichen Protonen befinden (obere beiden Faktoren). Der naive Ansatz (11.3) berücksichtigt also in keiner Weise die gegenseitige Coulomb-Abstoßung der beiden Elektronen. Von demher baut die sogenannte **Valenzstrukturtheorie** bereits von vornherein in den LCAO-Ansatz zusätzliche Annahmen ein, die aus der Molekülstruktur bereits hervorgehen.

Die Valenzstrukturtheorie (eine ähnlich hochgegriffene Bezeichnung wie „Molekülorbitaltheorie") wird auch **Heitler–London-Methode** genannt, nach den beiden deutschen

Physikern Walter Heitler und Fritz London, die diese Methode 1927 zur Untersuchung der chemischen Bindung auf das Wasserstoffmolekül anwendeten [HL27] und sicher als zwei der Gründerväter der Quantenchemie gelten dürfen. Sowohl Heitler als auch London emigrierten beide nach der Machtergreifung Hitlers 1933 nach Großbritannien.

In der heutigen Betrachtung sind die „herkömmliche" Molekülorbitaltheorie wie in Abschnitt 11 vorgestellt und die „herkömmliche" Valenzstrukturtheorie, die wir in diesem Abschnitt anwenden wollen, letztlich nur Ausprägungen eines allgemeineren Näherungsansatzes für die Berechnung molekularer Wellenfunktionen mittels Einteilchen-Wellenfunktionen.

Wir betrachten daher folgende zwei Zustände, den **Singulett-Zustand**, der im $\mathbb{R}^3$ symmetrisch und im Spin-Raum antisymmetrisch ist:

$$|\phi_+(R)\rangle = N_+ \big(|\phi_{(1),1}(R)\rangle\, |\phi_{(2),2}(R)\rangle + |\phi_{(1),2}(R)\rangle\, |\phi_{(2),1}(R)\rangle\big) \otimes \frac{1}{\sqrt{2}}\left(|\tfrac{1}{2},-\tfrac{1}{2}\rangle - |-\tfrac{1}{2},\tfrac{1}{2}\rangle\right), \tag{12.3}$$

sowie den **Triplett-Zustand**, der im $\mathbb{R}^3$ antisymmetrisch ist und im Spin-Raum symmetrisch:

$$|\phi_-(R)\rangle = N_- \big(|\phi_{(1),1}(R)\rangle\, |\phi_{(2),2}(R)\rangle - |\phi_{(1),2}(R)\rangle\, |\phi_{(2),1}(R)\rangle\big) \otimes \frac{1}{\sqrt{2}}\left(|\tfrac{1}{2},-\tfrac{1}{2}\rangle + |-\tfrac{1}{2},\tfrac{1}{2}\rangle\right). \tag{12.4}$$

Wie man erkennt, werden im Vergleich zum naiven Ansatz (11.3) schlicht die beiden ersten Faktoren ignoriert.

Die Grundzustandswellenfunktion sind gemäß Abschnitt II-29 jeweils gegeben durch

$$\langle \boldsymbol{r}_{(1,2)}|\phi_{(1,2),1,2}(R)\rangle = \phi_{1,2}(\boldsymbol{r}_{(1,2)};R) = \frac{1}{\sqrt{\pi a_0^3}} \mathrm{e}^{-r_{(1,2),1,2}/a_0}. \tag{12.5}$$

Hierbei stehen die geklammerten Indizes $(1,2)$ jeweils für eines der beiden Elektronen, und die ungeklammerten Indizes für den Abstand zu jeweils dem einen oder dem anderen Proton:

$$r_{(1,2),1} = |\boldsymbol{r}_{(1,2)} - \boldsymbol{R}/2|,$$
$$r_{(1,2),2} = |\boldsymbol{r}_{(1,2)} + \boldsymbol{R}/2|.$$

Die Größe a_0 ist wieder der Bohrsche Atomradius $a_0 = \hbar^2/(m_\mathrm{e}e^2)$.

Die Normierungskonstanten $N_\pm$ sind wieder gegeben durch

$$N_\pm^2(2 \pm 2I^2) \stackrel{!}{=} 1,$$

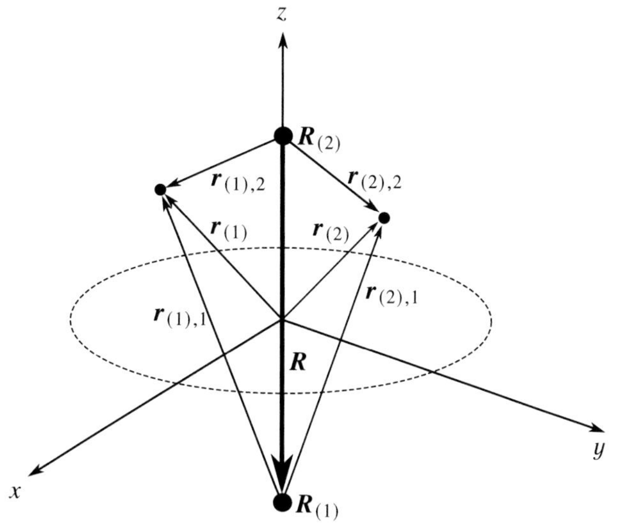

Abbildung 1.9: Das Wasserstoff-Molekül H_2.

mit dem **Überlapp-Integral**

$$\begin{aligned} I &= \langle \phi_{(1),1}(R)|\phi_{(1),2}(R)\rangle = \langle \phi_{(2),1}(R)|\phi_{(2),2}(R)\rangle \\ &= \frac{1}{\pi a_0^3}\int \mathrm{e}^{-(r_{(1),1}+r_{(1),2})/a_0}\mathrm{d}^3\boldsymbol{r}_{(1)} \\ &= \frac{1}{\pi a_0^3}\int \mathrm{e}^{-(|\boldsymbol{r}_{(1)}-\boldsymbol{R}/2|+|\boldsymbol{r}_{(1)}+\boldsymbol{R}/2|)/a_0}\mathrm{d}^3\boldsymbol{r}_{(1)}. \end{aligned} \tag{12.6}$$

Man beachte hierbei, dass eigentlich $I^2 = \langle \phi_{(1),1}(R)|\phi_{(1),2}(R)\rangle\, \langle \phi_{(2),1}(R)|\phi_{(2),2}(R)\rangle$, aber aus Symmetriegründen eben beide Faktoren identisch sind. Das Integral (12.6) haben wir in Abschnitt 11 bereits gelöst. Es ist mit (11.10):

$$I = \mathrm{e}^{-R/a_0}\left(1 + \frac{R}{a_0} + \frac{R^2}{3a_0^2}\right), \tag{12.7}$$

Für die Zustände $|\phi_{(1,2),1,2}(R)\rangle$ gilt jeweils:

$$\left(\frac{\hat{\boldsymbol{p}}_{(1)}^2}{2m} + \frac{\hat{\boldsymbol{p}}_{(2)}^2}{2m}\right)|\phi_{(1),1}(R)\rangle\,|\phi_{(2),2}(R)\rangle = \left(2E_1 + \frac{e^2}{r_{(1),1}} + \frac{e^2}{r_{(2),2}}\right)|\phi_{(1),1}(R)\rangle\,|\phi_{(2),2}(R)\rangle,$$

$$\left(\frac{\hat{\boldsymbol{p}}_{(1)}^2}{2m} + \frac{\hat{\boldsymbol{p}}_{(2)}^2}{2m}\right)|\phi_{(1),2}(R)\rangle\,|\phi_{(2),1}(R)\rangle = \left(2E_1 + \frac{e^2}{r_{(1),2}} + \frac{e^2}{r_{(2),1}}\right)|\phi_{(1),2}(R)\rangle\,|\phi_{(2),1}(R)\rangle,$$

wobei $E_1 = -e^2/(2a_0)$ die Grundzustandsenergie des Elektrons im Wasserstoffatom ist. Damit ist

$$\begin{aligned}\hat{H}_\mathrm{e}\,|\phi_\pm(R)\rangle &= N_\pm\left(\hat{H}_\mathrm{e}\,|\phi_{(1),1}(R)\rangle\,|\phi_{(2),2}(R)\rangle \pm \hat{H}_\mathrm{e}\,|\phi_{(1),2}(R)\rangle\,|\phi_{(2),1}(R)\rangle\right)\\ &= \left(2E_1 + \frac{e^2}{R}\right)|\phi_\pm(R)\rangle + \frac{e^2}{|\hat{\boldsymbol{r}}_{(1)} - \hat{\boldsymbol{r}}_{(2)}|}\,|\phi_\pm(R)\rangle\\ &\quad - N_\pm e^2\left(\left[\frac{1}{\hat{r}_{(1),2}} + \frac{1}{\hat{r}_{(2),1}}\right]|\phi_{(1),1}(R)\rangle\,|\phi_{(2),2}(R)\rangle\right.\\ &\quad \left.\pm\left[\frac{1}{\hat{r}_{(1),1}} + \frac{1}{\hat{r}_{(2),2}}\right]|\phi_{(1),2}(R)\rangle\,|\phi_{(2),1}(R)\rangle\right),\end{aligned}$$

und wir können die Grundzustandsenergie des H_2-Moleküls abschätzen zu

$$\begin{aligned}E_\pm(R) &= \langle\phi_\pm(R)|\hat{H}_\mathrm{e}|\phi_\pm(R)\rangle\\ &= 2E_1 + \frac{e^2}{R} + e^2\left\langle\phi_\pm\left|\frac{1}{|\hat{\boldsymbol{r}}_{(1)} - \hat{\boldsymbol{r}}_{(2)}|}\right|\phi_\pm\right\rangle\\ &\quad - 4e^2N_\pm^2\left(\left\langle\phi_{(1),1}(R)\left|\frac{1}{\hat{r}_{(1),2}}\right|\phi_{(1),1}(R)\right\rangle\right.\\ &\quad \left.\pm\left\langle\phi_{(1),1}(R)\left|\frac{1}{\hat{r}_{(1),2}}\right|\phi_{(1),2}(R)\right\rangle\langle\phi_{(1),1}|\phi_{(1),2}\rangle\right),\end{aligned} \tag{12.8}$$

uinter Ausnutzung der Tatsache, dass die jeweiligen Erwartungswerte aus Symmetriegründen unter der Ersetzung $r_{1,2} \mapsto r_{2,1}$ sowie unter der Teilchenvertauschung $r_{(1,2)} \mapsto r_{(2,1)}$ invariant sein müssen.

Der neu zu berechnende Erwartungswert ist

$$B := \left\langle\phi_\pm\left|\frac{1}{|\hat{\boldsymbol{r}}_{(1)} - \hat{\boldsymbol{r}}_{(2)}|}\right|\phi_\pm\right\rangle, \tag{12.9}$$

während wir die beiden anderen Erwartungswerte bereits mit (11.12) und (11.13) berechnet haben. Also ist:

$$E_\pm(R) = 2E_1 + \frac{e^2}{R} + e^2B - \frac{2e^2}{1 \pm I^2}(C \pm AI), \tag{12.10}$$

und wir müssen nun noch den Erwartungswert B berechnen.

Zunächst ist nach Ausmultiplizieren von (12.9):

$$\begin{aligned}B = &\frac{1}{1 \pm I^2}\underbrace{\int \mathrm{d}^3\boldsymbol{r}_{(1)}\mathrm{d}^3\boldsymbol{r}_{(2)}\frac{1}{|\boldsymbol{r}_{(1)} - \boldsymbol{r}_{(2)}|}\phi_1(\boldsymbol{r}_{(1)})^2\phi_2(\boldsymbol{r}_{(2)})^2}_{B_1}\\ &\pm\frac{1}{1 \pm I^2}\underbrace{\int \mathrm{d}^3\boldsymbol{r}_{(1)}\mathrm{d}^3\boldsymbol{r}_{(2)}\frac{1}{|\boldsymbol{r}_{(1)} - \boldsymbol{r}_{(2)}|}\phi_1(\boldsymbol{r}_{(1)})\phi_2(\boldsymbol{r}_{(1)})\phi_1(\boldsymbol{r}_{(2)})\phi_2(\boldsymbol{r}_{(2)})}_{B_2},\end{aligned}$$

wobei wir den Parameter R der besseren Lesbarkeit wegen unterdrückt haben. Die Berechnung von B_1 ist mit Hilfe gestreckt-rotationselliptischer Koordinaten (siehe Abschnitt 11) möglich, aber aufwendig. Die Berechnung von B_2 dagegen ist ausgesprochen anspruchsvoll. Die gesamten Berechnungen in diesem Abschnitt wurden erstmalig vom hierzulande doch weitestgehend wenig beachteten japanischen Physiker Yoshikatsu Sugiura – damals ein Student Max Borns in Göttingen – 1927 durchgeführt [Sug27].

Wir sind an dieser Stelle bequem und verwenden die Ergebnisse aus dem hervorragenden Werk [Mag13, Abschnitt 18.7.2], das eine große Sammlung von schwierigen Integralen und anderen Nebenrechnungen bietet, wie sie in dem Bereich der Molekülphysik vorkommen. Wir erhalten:

$$B_1 = \frac{1}{R}\left(1 - \mathrm{e}^{-2R/a_0}\left(1 + \frac{11R}{8a_0} + \frac{3R^2}{4a_0^2} + \frac{R^3}{6a_0^3}\right)\right), \tag{12.11}$$

$$\begin{aligned} B_2 = \frac{1}{5a_0}\Bigg\{&\mathrm{e}^{-2R/a_0}\left(\frac{25}{8} - \frac{23R}{4a_0} - \frac{3R^2}{a_0^2} - \frac{R^3}{3a_0^3}\right)\\ &+\frac{6a_0}{R}\left[I^2\left(\gamma + \log\frac{R}{a_0}\right) + (I')^2\mathrm{Ei}(-4R/a_0) - 2II'\mathrm{Ei}(-2R/a_0)\right]\Bigg\}, \end{aligned} \tag{12.12}$$

mit

$$I' = \mathrm{e}^{R/a_0}\left(1 - \frac{R}{a_0} + \frac{R^2}{3a_0^2}\right). \tag{12.13}$$

Hierbei ist γ die **Euler–Mascheroni-Konstante** (I-14.29) und $\mathrm{Ei}(x)$ die **Integralexponentialfunktion**

$$\mathrm{Ei}(x) = \int_{-\infty}^{x} \frac{\mathrm{e}^t}{t}\mathrm{d}t. \tag{12.14}$$

Damit wird aus (12.10):

$$E_\pm(R) = 2E_1 + \frac{J \pm K}{1 \pm I^2}, \tag{12.15}$$

mit

$$\begin{aligned} J &= e^2\left(\frac{1}{R} + B_1 - 2C\right)\\ &= \frac{e^2}{R}\mathrm{e}^{-2R/a_0}\left(1 + \frac{5R}{8a_0} - \frac{3R^2}{4a_0^2} - \frac{R^3}{6a_0^3}\right), \end{aligned} \tag{12.16}$$

$$\begin{aligned} K &= e^2\left(\frac{I^2}{R} + B_2 - 2AI\right)\\ &= \frac{e^2}{R}\mathrm{e}^{-2R/a_0}\left(1 + \frac{5R}{8a_0} - \frac{209R^2}{60a_0^2} - \frac{13R^3}{5a_0^3} - \frac{28R^4}{45a_0^4}\right)\\ &\quad + \frac{6e^2}{5R}\left(I^2\left(\gamma + \log\frac{R}{a_0}\right) + (I')^2\mathrm{Ei}(-4R/a_0) - 2II'\mathrm{Ei}(-2R/a_0)\right). \end{aligned} \tag{12.17}$$

Wir können nun im weiteren vorgehen wie in Abschnitt 11 und untersuchen, welche der beiden Linearkombinationen $|\phi_\pm(R)\rangle$ einen gebundenen Zustand zulässt. Es stellt sich heraus, dass die Funktion $E_+(R)$ bei $R_0 \approx 1{,}64a_0$ minimal wird und eine Bindungsenergie von etwa 3,15 eV ergibt, was verglichen mit dem experimentellen Wert von etwa 4,7 eV zwar nicht besonders gut ist, aber immerhin in die richtige Richtung weist. Auch hier werden wesentliche Verbesserungen erzielt, wenn man deformierte Testfunktionen verwendet oder aber den Einfluss höherer Atomorbitale berücksichtigt, was ebenfalls zu einer Aufhebung der Kugelsymmetrie der einzelnen atomaren Wellenfunktionen führt, siehe die weiterführende Literatur.

Heutzutage werden molekulare Wellenfunktionen beziehungsweise – um eine Sprache zu verwenden, die auf zunehmend makroskopischere Objekte anwendbar ist – die dreidimensionale Struktur von Molekülen mit Hilfe von Computeralgorithmen und entsprechend spezialisierten Programmen numerisch berechnet. In der modernen Theoretischen Chemie werden damit sogenannte **Ab-Initio-Rechnungen** durchgeführt – Berechnungen atomarer und molekularer Eigenschaften aus quantenmechanischen Grundlagen heraus, oder in anderen Worten: die Lösung der Schrödinger-Gleichung auch für sehr große und komplizierte Moleküle unter Anwendung diverser Näherungsverfahren.

Mathematischer Einschub 5: Die Integralexponentialfunktion

Die **Integralexponentialfunktion** $\mathrm{Ei}(x)$ ist für $x \in \mathbb{R} \setminus \{0\}$ definiert durch

$$\mathrm{Ei}(x) = \int_{-\infty}^{x} \frac{\mathrm{e}^t}{t}\mathrm{d}t = -\int_{-x}^{\infty} \frac{\mathrm{e}^{-t}}{t}\mathrm{d}t. \tag{12.18}$$

Da das Integral über den einfachen Pol bei $t = 0$ formuliert wird, muss es als Cauchyscher Hauptwert verstanden werden. Durch eine unglückliche Geschichte in der Notation wird allerdings in der Mathematik die Funktion

$$\mathrm{E}_1(x) = -\mathrm{Ei}(-x) = \int_{x}^{\infty} \frac{\mathrm{e}^{-t}}{t}\mathrm{d}t \tag{12.19}$$

bevorzugt. Die Funktion $\mathrm{E}_1(x)$ besitzt eine überall konvergente Reihenentwicklung

$$\mathrm{E}_1(x) = -\gamma - \log x - \sum_{n=1}^{\infty} \frac{(-1)^n x^n}{n n!}, \tag{12.20}$$

mit der Euler–Mascheroni-Konstanten γ, die allerdings zur praktischen Berechnung für große Werte von x relativ nutzlos ist. Es existiert aber eine asymptotisch-konvergente Reihe

$$\mathrm{E}_1(x) \approx \mathrm{e}^{-x}\left[\frac{1}{x} - \frac{1!}{x^2} + \frac{2!}{x^3} - \frac{3!}{x^4} + \ldots + (-1)^n \frac{n!}{x^{n+1}}\right], \tag{12.21}$$

die in Abhängigkeit von x einen Wert für n besitzt, für den die Reihe die bestmögliche Näherung an $e^x E_1(x)$ ergibt.

Auf ähnliche Weise sind der **Integralkosinus** $\mathrm{Ci}(x)$ und der **Integralsinus** $\mathrm{si}(x)$ definiert durch:

$$\mathrm{Ci}(x) = -\int_x^\infty \frac{\cos t}{t} \mathrm{d}t, \tag{12.22}$$

$$\mathrm{si}(x) = -\int_x^\infty \frac{\sin t}{t} \mathrm{d}t, \tag{12.23}$$

und es ist:

$$\mathrm{Ci}(x) + \mathrm{i}\,\mathrm{si}(x) = \mathrm{Ei}(\mathrm{i}x) = -\int_x^\infty \frac{\mathrm{e}^{\mathrm{i}t}}{t} \mathrm{d}t. \tag{12.24}$$

Man beachte die historisch bedingt alternative Definition des Integralsinus mit verwirrender Nomenklatur:

$$\mathrm{Si}(x) = \int_0^x \frac{\sin t}{t} \mathrm{d}t, \tag{12.25}$$

so dass

$$\mathrm{Si}(x) = \frac{\pi}{2} + \mathrm{si}(x). \tag{12.26}$$

Ferner ist der **Integrallogarithmus** $\mathrm{li}(x)$ definiert durch

$$\mathrm{li}(x) = \begin{cases} \int_0^x \frac{\mathrm{d}t}{\log t} & 0 < x < 1 \\ \mathrm{P}\int_0^x \frac{\mathrm{d}t}{\log t} & x > 1 \end{cases}, \tag{12.27}$$

für den ebenfalls eine alternative Definition existiert:

$$\mathrm{Li}(x) = \int_2^x \frac{\mathrm{d}t}{\log t}. \tag{12.28}$$

Sie hängt über die Relation

$$\mathrm{li}(x) = \mathrm{Ei}(\log x) \tag{12.29}$$

mit der Integralexponentialfunktion zusammen.

Die Integralexponentialfunktion $\mathrm{Ei}(x)$ kann als Spezialfall der **unvollständige Gamma-Funktion** aufgefasst werden, die ebenfalls in diversen Varianten definiert ist:

$$\gamma(a,x) = \int_0^x e^{-t} t^{a-1} dt \quad \textbf{(untere unvollständige Gamma-Funktion)}, \tag{12.30}$$

$$\Gamma(a,x) = \int_x^\infty e^{-t} t^{a-1} dt \quad \textbf{(obere unvollständige Gamma-Funktion)}, \tag{12.31}$$

wobei $\operatorname{Re} a > 0$. Damit ist

$$E_1(x) = \begin{cases} \Gamma(0,x) & (x > 0) \\ \Gamma(0,x) + i\pi & (x < 0) \end{cases}. \tag{12.32}$$

Zwischen den beiden Varianten und der Gamma-Funktion existiert der Zusammenhang

$$\gamma(a,x) + \Gamma(a,x) = \Gamma(a), \tag{12.33}$$

und es gelten die Rekursionsrelationen

$$\gamma(a+1,x) = a\gamma(a,x) - x^a e^{-x}, \tag{12.34}$$

$$\Gamma(a+1,x) = a\Gamma(a,x) + x^a e^{-x}. \tag{12.35}$$

Darüber hinaus gibt es einen Zusammenhang mit den konfluenten hypergeometrischen Funktionen 1. Art:

$$\gamma(a,x) = a^{-1} x^a M(a, a+1, -x). \tag{12.36}$$

Zuguterletzt gibt es noch eine **unvollständige Beta-Funktion**

$$B_x(p,q) = \int_0^x t^{p-1}(1-t)^{q-1} dt, \tag{12.37}$$

die für $0 \leq x \leq 1$ und $p > 0$ (und wenn $x = 1$, dann auch $q > 0$) definiert ist. Eine alternative Notation anstelle von $B_x(p,q)$ ist $B(x; p, q)$.

Weiterführende Literatur

Störungstheorie

Neben der weiterführenden Literatur zu Kapitel 1, hier weitere wesentlichen Werke:

Francisco M. Fernández: *Introduction to Perturbation Theory in Quantum Mechanics*, CRC Press, 2000.
Eine hervorragende Übersicht über verschiedene störungstheoretische Methoden und ihrer Anwendungen. Mit zahlreichen Maple-Programmen.

Kailash Kumar: *Perturbation Theory and the Nuclear Many Body Problem*, Dover Publications, 2017.
Ein Klassiker aus dem Jahre 1962, ursprünglich von North-Holland Publishing Company aufgelegt.

Carl M. Bender, Steven A. Orszag: *Advanced Mathematical Methods for Scientists and Engineers I: Asymptotic Methods and Perturbation Theory*, Springer-Verlag, 1999.
Ein Standardwerk für die praktische Anwendung zahlreicher asymptotischer Näherungsverfahren zur Lösung von Differentialgleichungen. Das Buch erschien 1978 bei McGraw-Hill ohne den nun neuen Titelzusatz (I), der suggeriert, als gäbe es einen zweiten Band. Den gibt es aber nicht.

Tosio Kato: *A Short Introduction to Perturbation Theory for Linear Operators*, Springer-Verlag, 1982.
Eine mathematische Einführung in die Störungstheorie und im Wesentlichen die ersten beiden Kapitel des folgenden Bandes:

Tosio Kato: *Perturbation Theory for Linear Operators*, Springer-Verlag, 2. Aufl. 1976.
Das Standardwerk zur mathematischen Störungstheorie linearer Operatoren.

Ali H. Layfeh: *Perturbation Methods*, Wiley-VCH, 2004.
Ursprünglich 1973 bei John Wiley & Sons erschienen.

William Paulsen: *Asymptotic Analysis and Perturbation Theory*, CRC Press, 2014.

A. Erdélyi: *Asymptotic Expansions*, Dover Publications, 1956.

R. B. Dingle: *Asymptotic Expansions: Their Derivation and Interpretation*, Academic Press, 1973.
Ein tabellarisches Nachschlagewerk.

Adelina Georgescu: *Asymptotic Treatment of Differential Equations*, Chapman & Hall, 1995.
Mittlerweile im Springer-Verlag erschienen.

F. W. J. Olver: *Introduction to Asymptotics and Special Functions*, Academic Press, 1974.

Frank W. J. Olver: *Asymptotics and Special Functions*, A K Peters, 1997.

Quantenmechanische Berechnungen in der Atom- und Molekülphysik

Es existiert eine Fülle an Literatur zur theoretischen Atom- und Molekülphysik, die letztlich in die Theoretische Chemie beziehungsweise in die Quantenchemie mündet. Als Grundlagenliteratur seien lediglich hervorgehoben:

Brian H. Bransden, Charles J. Joachain: *Physics of Atoms and Molecules*, Prentice Hall, 2nd ed. 2003.

Ein hervorragendes Werk von beachtlicher Dicke, das eine Fülle quantenmechanischer Anwendungen und deren Berechungen in der Atom- und Molekülphysik beinhaltet und gewissermaßen als Folgeband zum Lehrbuch zur Quantenmechanik derselben Autoren angesehen werden kann.

Harald Friedrich: *Theoretical Atomic Physics*, Springer-Verlag, 4. Aufl. 2017.
Ein erstklassiges Lehrwerk zur Quantenmechanik atomarer Systeme.

Wolfgang Demtröder: *Molekülphysik: Theoretische Grundlagen und experimentelle Methoden*, Oldenbourg, 2. Aufl. 2013.

Werner Kutzelnigg: *Einführung in die Theoretische Chemie*, Wiley-VCH, 2002.
Ein hervorragend geschriebenes Standardlehrbuch zur Quantenmechanik der Atome und der Moleküle, eigentlich aus dem Jahre 1974 (Teil I) beziehungsweise 1993 (2. Auflage von Teil II), in einem Band neu aufgelegt. Enthält sehr viele anekdotische Anmerkungen zur geschichtlichen Entwicklung der Theoretischen Chemie.

Ira N. Levine: *Quantum Chemistry*, Pearson Education, 7th ed. 2013.
Ein modernes Lehrbuch.

Robert L. Brooks: *The Fundamentals of Atomic and Molecular Physics*, Springer-Verlag, 2013.
Ein knappes einführendes Werk.

Valerio Magnasco: *Methods of Molecular Quantum Mechanics – An Introduction to Electronic Molecular Structure*, John Wiley & Sons, 2009.
Eine knapp gehaltene Einführung. Der mathematische Begleitband [Mag13] ist allerdings von enzyklopädischer Fülle.

Ralph E. Christoffersen: *Basic Principles and Techniques of Molecular Quantum Mechanics*, Springer-Verlag, 1989.

Hans A. Bethe, Edwin E. Salpeter: *Quantum Mechanics of One- and Two-Electron Atoms*, Springer-Verlag, 1957.
Ein Klassiker mit einer Fülle an detaillierten Rechnungen zu quantenmechanischen Grundlagen der Atomphysik.

E. U. Condon, G. H. Shortley: *The Theory of Atomic Spectra*, Cambridge University Press, 1935.
Ebenfalls ein Klassiker, mittlerweile als mehrfach korrigierter Nachdruck in Taschenbuchform erschienen.

Igor I. Sobelman: *Atomic Spectra and Radiative Transitions*, Springer-Verlag, 2nd ed. 1992.

John C. Slater: *Quantum Theory of Atomic Structure, Volumes I & II*, McGraw-Hill, 1960.

H. G. Kuhn: *Atomic Spectra*, Academic Press, 1962.

Henry Eyring, John Walter, George E. Kimball: *Quantum Chemistry*, John Wiley & Sons, 1944.
Ein Klassiker der Theoretischen Chemie.

Attila Szabo, Neil S. Ostlund: *Modern Quantum Chemistry – Introduction to Advanced Electronic Structure Theory*, Dover Publications, 1996.
Noch ein Klassiker, die revidierte erste Auflage des Werks, ursprünglich 1989 bei McGraw-Hill erschienen.

Hans A. Bethe, Roman Jackiw: *Intermediate Quantum Mechanics*, CRC Press, 3rd ed. 1985.
C. A. Coulson: *Valence*, Oxford University Press, 1952.
Ein Klassiker zur Theorie der Molekülbindungen, von einem der Pioniere der Theoretischen Chemie.
Stephan P. A. Sauer: *Molecular Electromagnetism – A Computational Chemistry Approach*, Oxford University Press, 2011.
Henry F. Schaefer III (ed.): *Methods of Electronic Structure Theory*, Plenum Press, 1977.
Band 3 aus der Reihe *"Modern Theoretical Chemistry"*. Nun vom Springer-Verlag verlegt.
Henry F. Schaefer III (ed.): *Applications of Electronic Structure Theory*, Plenum Press, 1977.
Band 4 aus der Reihe *"Modern Theoretical Chemistry"*. Nun vom Springer-Verlag verlegt.

Es sei außerdem auf die nützliche Online-Sammlung von Formeln in der Atomspektroskopie [MW19] verwiesen.

Teil 2

Zeitabhängige Systeme und Übergänge

Bislang haben wir nur Hamilton-Operatoren betrachtet, die nicht explizit zeitabhängig sind. Sehr wichtige Vorgänge in der Natur besitzen jedoch eine Zeitabhängigkeit, die in der Quantenmechanik durch einen zeitabhängigen Hamilton-Operator abgebildet wird: Molekül- und Atomspektroskopie handelt im Wesentlichen von der Absorption und Emission elektromagnetischer Strahlung von Atomen und Molekülen, und einhergehend mit dieser Strahlung finden Übergänge zwischen verschiedenen Zuständen dieser Systeme statt. Die zeitabhängige Störungstheorie ist das wichtigste Näherungsverfahren zur Untersuchung dieser Übergänge und legt die notwendigen formalen Grundlagen für die quantenfeldtheoretische Betrachtung von Strahlungsprozessen in Materie.

O. Tennert, *Quantenmechanik III*, https://doi.org/10.1007/978-3-662-68589-1_2

13 Das Wechselwirkungsbild

Wir betrachten zeitabhängige Systeme mit einem Hamilton-Operator $\hat{H}(t)$ von der Form

$$\hat{H}(t) = \hat{H}_0 + \hat{V}(t), \tag{13.1}$$

so dass der zeitabhängige Teil also in Form eines Störpotentials $\hat{V}(t)$ auftritt, und setzen voraus, dass die Lösungen des zeitunabhängigen Teils $\hat{H}_0$, gegeben durch

$$\hat{H}_0 \left|\psi_n\right\rangle = E_n \left|\psi_n\right\rangle,$$

sowie der Zeitentwicklungsoperator

$$\hat{U}_0(t, t_0) = \exp\left(-\frac{\mathrm{i}}{\hbar}(t - t_0)\hat{H}_0\right) \tag{13.2}$$

bekannt sind.

Die Standardmethode zur Lösung der zeitabhängigen Schrödinger-Gleichung (I-17.1) besteht dann darin, $|\Psi(t)\rangle$ in einer vollständigen Orthonormalbasis von Eigenzuständen darzustellen, und zwar in diesem Fall von Eigenzuständen von $\hat{H}_0$ mit zeitabhängigen Entwicklungskoeffizienten $c_n(t)$:

$$\begin{aligned} |\Psi(t)\rangle &= \sum_n c_n(t) \left|\Psi_n(t)\right\rangle \\ &= \sum_n c_n(t) \mathrm{e}^{-\mathrm{i}E_n t/\hbar} \left|\psi_n\right\rangle . \end{aligned} \tag{13.3}$$

Hierbei wird dem aufmerksamen Leser nicht entgehen, dass wir die Zeitabhängigkeit von $|\Psi(t)\rangle$ derart in die Koeffizienten $c_n(t)$ eingebaut haben, dass bei $\hat{V}(t) \equiv 0$ die „freie" unitäre Zeitentwicklung (so dass $c_n(t) = c_n(0)$) weiterhin bestimmt wird durch die Faktoren $\exp(-\mathrm{i}E_n t/\hbar)$. In anderen Worten: die Zeitabhängigkeit der Koeffizienten $c_n(t)$ ist lediglich durch $\hat{V}(t)$ gegeben. Das ist nun ein guter Zeitpunkt, um zunächst das Wechselwirkungsbild einzuführen, bevor wir mit (13.3) weiterverfahren.

Um die unitäre Zeitentwicklung von Quantensystemen zu beschreiben, haben wir bislang hauptsächlich im Schrödinger-Bild gerechnet, in dem die Zeitabhängigkeit ausschließlich im Zustandsvektor steckt und nicht in den Operatoren. Die Zeitentwicklung des Zustandsvektors wird hierbei durch die Schrödinger-Gleichung (I-17.1) beschrieben, und die formale Lösung durch den Zeitentwicklungsoperator $\hat{U}(t, t_0)$ wie in (I-17.2) gegeben.

Das Heisenberg-Bild hingegen haben wir insbesondere im Zusammenhang mit dem klassischen Grenzfall betrachtet, wo es die formalen Beziehungen zwischen der Quantenmechanik und der klassischen Mechanik herausstellen kann (siehe Abschnitt I-20), sowie in der Formulierung der sogenannten „zweiten Quantisierung" (Abschnitt II-48). In diesem Bild sind die Zustandsvektoren zeitunabhängig, und die gesamte Zeitentwicklung steckt in den Operatoren. An die Stelle der Schrödinger-Gleichung tritt im Heisenberg-Bild dann die Heisenberg-Gleichung (I-20.5) für die Zeitentwicklung der Operatoren.

Beide Bilder sind prinzipiell äquivalent und gleichermaßen geeignet, um vorrangig Systeme ohne explizite Zeitabhängigkeit zu beschreiben, und besitzen einen unterschiedlichen historischen Kontext (siehe Kapitel I-1).

Für die störungstheoretische Behandlung zeitabhängiger Quantenphänomene, die also durch einen explizit zeitabhängigen Hamilton-Operator $\hat{H}(t)$ beschrieben werden, ist ein weiteres Bild, das sogenannte **Wechselwirkungsbild** oder **Dirac-Bild** geeignet, welches Dirac in einer seiner Arbeiten 1926 in den Formalismus der Quantenmechanik einführte [Dir26]. Insbesondere erlaubt das Dirac-Bild eine manifest kovariant formulierte Störungstheorie, im Gegensatz zu den beiden anderen Bildern, und spielt daher in der relativistischen Theorie wechselwirkender Quantenfelder eine große Bedeutung.

In diesem Bild sind sowohl die Zustände als auch die Operatoren zeitabhängig, aber mit jeweils unterschiedlichem Zeitentwicklungsoperator.

Ein Zustandsvektor beziehungsweise ein Operator im Wechselwirkungsbild ist dann definiert durch:

$$|\Psi(t)\rangle_\mathrm{I} := \hat{U}_0^\dagger(t,t_0)\,|\Psi(t)\rangle\,, \tag{13.4}$$

$$\hat{A}_\mathrm{I}(t) := \hat{U}_0^\dagger(t,t_0)\hat{A}\hat{U}_0(t,t_0). \tag{13.5}$$

Um die Zeitentwicklung von $|\Psi(t)\rangle_\mathrm{I}$ zu erhalten, bilden wir die Zeitableitung von (13.4):

$$\begin{aligned} \mathrm{i}\hbar\frac{\mathrm{d}\,|\Psi(t)\rangle_\mathrm{I}}{\mathrm{d}t} &= -\hat{H}_0\hat{U}_0^\dagger(t,t_0)\,|\Psi(t)\rangle + \hat{U}_0^\dagger(t,t_0)\left(\mathrm{i}\hbar\frac{\mathrm{d}\,|\Psi(t)\rangle}{\mathrm{d}t}\right) \\ &= -\hat{H}_0\,|\Psi(t)\rangle_\mathrm{I} + \hat{U}_0^\dagger(t,t_0)\hat{H}\,|\Psi(t)\rangle\,. \end{aligned} \tag{13.6}$$

Da nun $\hat{H} = \hat{H}_0 + \hat{V}(t)$ und außerdem

$$\hat{U}_0^\dagger(t,t_0)\hat{V}(t) = \underbrace{\left(\hat{U}_0^\dagger(t,t_0)\hat{V}(t)\hat{U}_0(t,t_0)\right)}_{\hat{V}_\mathrm{I}(t)}\hat{U}_0^\dagger(t,t_0), \tag{13.7}$$

kann (13.6) wie folgt geschrieben werden:

$$\mathrm{i}\hbar\frac{\mathrm{d}\,|\Psi(t)\rangle_\mathrm{I}}{\mathrm{d}t} = -\hat{H}_0\,|\Psi(t)\rangle_\mathrm{I} + \hat{H}_0\hat{U}_0^\dagger(t,t_0)\,|\Psi(t)\rangle + \hat{V}_\mathrm{I}(t)\hat{U}_0^\dagger(t,t_0)\,|\Psi(t)\rangle\,,$$

oder

$$\mathrm{i}\hbar\frac{\mathrm{d}\,|\Psi(t)\rangle_\mathrm{I}}{\mathrm{d}t} = \hat{V}_\mathrm{I}(t)\,|\Psi(t)\rangle_\mathrm{I}\,. \tag{13.8}$$

Dies ist die Schrödinger-Gleichung für die Zustandsvektoren im Wechselwirkungsbild, und es ist ersichtlich, dass die Zeitentwicklung der Zustandsvektoren durch das Störpotential $\hat{V}_\mathrm{I}(t)$ bestimmt ist.

Um die Zeitentwicklung für die Operatoren im Wechselwirkungsbild zu erhalten, bilden wir die Zeitableitung von (13.5). Nach kurzer Rechnung erhält man so:

$$\frac{\mathrm{d}\hat{A}_\mathrm{I}(t)}{\mathrm{d}t} = -\frac{\mathrm{i}}{\hbar}[\hat{A}_\mathrm{I}(t),\hat{H}_0]. \tag{13.9}$$

Diese Gleichung entspricht der Heisenberg-Gleichung (I-20.5), aber mit der Ersetzung von $\hat{H}$ durch $\hat{H}_0$.

Für Zustandsvektoren und Operatoren gibt es im Dirac-Bild daher auch jeweils unterschiedliche Zeitentwicklungsoperatoren. Während der Zeitentwicklungsoperator für Operatoren aufgrund von (13.9) einfach durch (I-17.2) gegeben ist:

$$\hat{U}_0(t, t_0) = \exp\left(-\frac{\mathrm{i}}{\hbar}(t - t_0)\hat{H}_0\right), \tag{13.10}$$

nimmt der Zeitentwicklungsoperator $\hat{U}_\mathrm{I}(t, t_0)$ für die Zustände aufgrund der Zeitabhängigkeit von $V_\mathrm{I}(t)$ in (13.8) eine kompliziertere Form an. Wir werden im folgenden Abschnitt 14 eine explizite Darstellung in Form einer störungstheoretischen Reihenentwicklung für den Zeitentwicklungsoperator $\hat{U}_\mathrm{I}(t, t_0)$ ableiten.

Zusammenfassend kann man also sagen, dass das Wechselwirkungsbild auf gewisse Weise zwischen dem Schrödinger- und dem Heisenberg-Bild steht. Die Zeitentwicklung der Zustandsvektoren wird durch das Störpotential $\hat{V}_\mathrm{I}(t)$ erzeugt, die der Operatoren durch den ungestörten, zeitunabhängigen Hamilton-Operator $\hat{H}_0$, der natürlich in allen Bildern dieselbe Form hat.

Knüpfen wir nun an die Eingangsbetrachtung an. Im Dirac-Bild schreibt sich (13.3) einfach:

$$|\Psi(t)\rangle_\mathrm{I} = \sum_n c_n(t)\,|\psi_n\rangle, \tag{13.11}$$

so dass die Koeffizienten

$$c_n(t) = \langle\psi_n|\Psi(t)\rangle_\mathrm{I} \tag{13.12}$$

die **Übergangsamplituden** im Wechselwirkungsbild darstellen. Die Schrödinger-Gleichung (13.8) kann nach linksseitigem Multiplizieren mit $\langle\psi_n|$ zunächst geschrieben werden als:

$$\mathrm{i}\hbar\frac{\mathrm{d}\,\langle\psi_n|\Psi(t)\rangle_\mathrm{I}}{\mathrm{d}t} = \sum_m \langle\psi_n|\hat{V}_\mathrm{I}(t)|\psi_m\rangle\,\langle\psi_m|\Psi(t)\rangle_\mathrm{I},$$

was mit Hilfe von

$$\begin{aligned}\langle\psi_n|\hat{V}_\mathrm{I}(t)|\psi_m\rangle &= \langle\psi_n|\mathrm{e}^{\mathrm{i}\hat{H}_0 t/\hbar}\hat{V}(t)\mathrm{e}^{-\mathrm{i}\hat{H}_0 t/\hbar}|\psi_m\rangle \\ &= V_{nm}(t)\mathrm{e}^{\mathrm{i}(E_n - E_m)t/\hbar},\end{aligned}$$

sowie mit (13.12) umgeschrieben werden kann zu einem System gekoppelter Differentialgleichungen für die Übergangsamplituden im Wechselwirkungsbild:

$$\mathrm{i}\hbar\dot{c}_n(t) = \sum_m V_{nm}(t)\mathrm{e}^{\mathrm{i}\omega_{nm}t}c_m(t), \tag{13.13}$$

mit den **Übergangsfrequenzen** $\omega_{nm} = (E_n - E_m)/\hbar$. Dieses System gekoppelter Differentialgleichungen gilt es zu lösen, um die Zeitabhängigkeit von $|\Psi(t)\rangle$ zu erhalten. Bis auf wenige Ausnahmen (Abschnitt 23) ist dies jedoch nicht exakt möglich, so dass wir auf Näherungsverfahren angewiesen sind, von denen die zeitabhängige Störungstheorie die mit Abstand häufigste und wichtigste Methode ist, der wir uns im folgenden Abschnitt 14 zuwenden wollen.

14 Zeitabhängige Störungstheorie und Dyson-Reihe

Wie im vorherigen Abschnitt betrachten wir zeitabhängige Systeme, und zwar solche, die eine sinnvolle Trennung des zeitabhängigen Hamilton-Operators $\hat{H}(t)$ in zwei Teile erlaubt: einen im Prinzip bekannten zeitunabhängigen Teil $\hat{H}_0$, der als gelöst vorausgesetzt werden kann, und einem Störpotential $\hat{V}(t)$, das als „klein" im Sinne einer Störungstheorie betrachtet werden kann.

Die grundsätzliche Frage, die es in diesem Kapitel zu beantworten gilt, lautet: angenommen, das System mit $\hat{H}(t) = \hat{H}_0 + \hat{V}(t)$ befindet sich zum Zeitpunkt $t = 0$ in einem Eigenzustand $|\Psi_\mathrm{i}\rangle = |\psi_m\rangle$ des ungestörten Hamilton-Operators $\hat{H}_0$; wir groß ist die Wahrscheinlichkeit, das System nach einer Zeit t in einem Eigenzustand $|\Psi_\mathrm{f}\rangle = |\psi_n\rangle$ von $\hat{H}_0$ zu finden? Als wichtigen Zwischenschritt zur Beantwortung dieser Frage werden wir in diesem Kapitel den Zeitentwicklungsoperator im Wechselwirkungsbild sowie die zeitabhängige Störungsreihe für diesen herleiten.

Ausgehend von 13.8 kann man nun – in Analogie zur Vorgehensweise, die in Abschnitt I-17 von (I-17.1) zu (I-17.5) führt – eine Differentialgleichung für den Zeitentwicklungsoperator $\hat{U}_\mathrm{I}(t, t_0)$ ableiten:

$$i\hbar \frac{\mathrm{d}\hat{U}_\mathrm{I}(t,t_0)}{\mathrm{d}t} = \hat{V}_\mathrm{I}(t)\hat{U}_\mathrm{I}(t,t_0), \tag{14.1}$$

Diese Differentialgleichung lässt sich wiederum in eine Integralgleichung umwandeln, mit der Anfangsbedingung $\hat{U}_\mathrm{I}(t_0, t_0) = \mathbb{1}$:

$$\hat{U}_\mathrm{I}(t,t_0) = \mathbb{1} - \frac{\mathrm{i}}{\hbar}\int_{t_0}^{t} \hat{V}_\mathrm{I}(t')\hat{U}_\mathrm{I}(t',t_0)\mathrm{d}t', \tag{14.2}$$

man vergleiche dies wiederum mit (I-17.6).

Wir wollen nun $t_0 \leq t$ voraussetzen, so dass außerdem für die Integrationsvariable t' gilt:

$$t_0 \leq t' \leq t. \tag{14.3}$$

Die zeitabhängige Störungstheorie liefert nun Näherungslösungen für genau diese Integralgleichung, und zwar durch ein für Störungstheorie typisches iteratives Verfahren: in nullter Näherung ist wegen (14.2)

$$\hat{U}_\mathrm{I}^{(0)}(t,t_0) = \mathbb{1}. \tag{14.4}$$

Dieses in (14.2) eingesetzt, ergibt dann in erster Ordnung Störungstheorie

$$\hat{U}_\mathrm{I}(t,t_0) = \mathbb{1} + \hat{U}_\mathrm{I}^{(1)}(t,t_0), \tag{14.5}$$

mit dem Beitrag erster Ordnung:

$$\hat{U}_\mathrm{I}^{(1)}(t,t_0) = -\frac{\mathrm{i}}{\hbar}\int_{t_0}^{t} \hat{V}_\mathrm{I}(t')\mathrm{d}t'. \tag{14.6}$$

Der Term zweiter Ordnung ergibt sich zu:

$$\hat{U}_{\mathrm{I}}^{(2)}(t,t_0) = \left(-\frac{\mathrm{i}}{\hbar}\right)^2 \int_{t_0}^{t} \hat{V}_{\mathrm{I}}(t')\mathrm{d}t' \int_{t_0}^{t'} \hat{V}_{\mathrm{I}}(t'')\mathrm{d}t''. \tag{14.7}$$

Für die beiden Integrationsvariablen t', t'' gilt nun:

$$t_0 \leq t'' \leq t' \leq t. \tag{14.8}$$

t'', t' sind also gewissermaßen Zwischenzeitpunkte, die aufsteigend sortiert sind. Diese zeitliche Sortierung setzt sich in alle Ordnungen Störungstheorie fort.

Allgemein ist der Term für die n-te Ordnung dann

$$\hat{U}_{\mathrm{I}}^{(n)}(t,t_0) = \left(-\frac{\mathrm{i}}{\hbar}\right)^n \int_{t_0}^{t} \hat{V}_{\mathrm{I}}(t^{(1)})\mathrm{d}t^{(1)} \int_{t_0}^{t^{(1)}} \hat{V}_{\mathrm{I}}(t^{(2)})\mathrm{d}t^{(2)} \dots \int_{t_0}^{t^{(n-1)}} \hat{V}_{\mathrm{I}}(t^{(n)})\mathrm{d}t^{(n)}, \tag{14.9}$$

wo auch wieder gilt:

$$t_0 \leq t^{(n)} \leq t^{(n-1)} \leq \dots \leq t^{(1)} \leq t. \tag{14.10}$$

Der Zeitentwicklungoperator $\hat{U}_{\mathrm{I}}$ ist also in Form einer Reihenentwicklung darstellbar:

$$\hat{U}_{\mathrm{I}}(t,t_0) = \sum_{n=0}^{\infty} \hat{U}_{\mathrm{I}}^{(n)}(t,t_0), \tag{14.11}$$

mit

$$\hat{U}_{\mathrm{I}}^{(n)}(t,t_0) = \left(-\frac{\mathrm{i}}{\hbar}\right)^n \int_{t_0}^{t} \mathrm{d}t^{(1)} \int_{t_0}^{t^{(1)}} \mathrm{d}t^{(2)} \dots \int_{t_0}^{t^{(n-1)}} \mathrm{d}t^{(n)} \hat{V}_{\mathrm{I}}(t^{(1)})\hat{V}_{\mathrm{I}}(t^{(2)}) \dots \hat{V}_{\mathrm{I}}(t^{(n)}). \tag{14.12}$$

Die Störungsreihe (14.11) wird **Dyson-Reihe** genannt und erlaubt die Berechnung des Zeitentwicklungsoperators bis zur gewünschten Ordnung Störungstheorie. Freeman Dyson, der erst unlängst im hohen Alter von 96 Jahren starb, war ein englischer mathematischer Physiker, der unzählige Beiträge zur modernen Formulierung der Quantenelektrodynamik lieferte und den nahezu vollständigen Beweis ihrer Renormierbarkeit erbrachte. Er war es, der 1949 zeigte, dass die bis dato vollkommen unterschiedlichen Formulierungen der QED von Schwinger, Feynman und Tomonaga im Grunde zueinander äquivalent waren. Seine *Lecture Notes on Advanced Quantum Mechanics* von 1951 an der Cornell University waren lange Zeit das einzige Lehrmaterial, das jungen Forschern für das Erlernen der Grundlagen der Quantenfeldtheorie zur Verfügung stand und sind mittlerweile – in zweiter Auflage – neu aufgelegt käuflich erhältlich [Dys11].

Wäre die Zeitordnung der Integrationsvariablen $t^{(1)}, \dots, t^{(n)}$ nicht, die ja ihre mathematische Ursache darin hat, dass wir geschachtelte Integrale vor uns haben, die zwingend von innen nach außen berechnet werden müssen, könnte man diese Reihe nun als einfache Exponentialfunktion schreiben, wie wir es vom Ausdruck für $\hat{U}_0(t, t_0)$ her kennen. Das ist hier jedoch nicht möglich, und um dennoch wenigstens formal einen Exponentialausdruck für $\hat{U}_\mathrm{I}(t, t_0)$ zu erhalten, findet im Folgenden der bereits in Abschnitt II-48 eingeführte Zeitordnungsoperator T Verwendung.

Zur weiteren Umformung dieses Integrals nehmen wir zunächst die Stufenfunktion im Mehrdimensionalen zur Hand:

$$\Theta(x_1, x_2, \ldots, x_n) = \begin{cases} 1 & \text{für } x_1 \geq x_2 \geq \cdots \geq x_n, \\ 0 & \text{sonst} \end{cases}. \tag{14.13}$$

Damit kann (14.12) zunächst wie folgt geschrieben werden:

$$\hat{U}_\mathrm{I}^{(n)}(t, t_0) = \left(-\frac{\mathrm{i}}{\hbar}\right)^n \int_{t_0}^{t} \mathrm{d}t^{(1)} \int_{t_0}^{t} \mathrm{d}t^{(2)} \ldots \int_{t_0}^{t} \mathrm{d}t^{(n)} \\ \times \Theta(t^{(1)}, \ldots, t^{(n)}) \hat{V}_\mathrm{I}(t^{(1)}) \hat{V}_\mathrm{I}(t^{(2)}) \ldots \hat{V}_\mathrm{I}(t^{(n)}),$$

die Integrationsgrenzen sind nunmehr alle identisch, und die Stufenfunktion stellt sicher, dass die Zeitordnung eingehalten wird.

In einem weiteren Schritt stellen wir nun fest, dass

$$\Theta(t^{(1)}, \ldots, t^{(n)}) \hat{V}_\mathrm{I}(t^{(1)}) \ldots \hat{V}_\mathrm{I}(t^{(n)}) = \frac{1}{n!} \sum_{\pi \in \mathcal{S}_n} \Theta(t^{\pi(1)}, \ldots, t^{\pi(n)}) \hat{V}_\mathrm{I}(t^{\pi(1)}) \ldots \hat{V}_\mathrm{I}(t^{\pi(n)}), \tag{14.14}$$

wobei $\mathcal{S}_n$ die Permutationsgruppe der Ordnung n ist, deren Elemente die Permutationen $\pi\colon \{0, \ldots, n\} \to \{0, \ldots, n\}$ sind. Der **Zeitordnungsoperator** T beziehungsweise das **zeitgeordnete Produkt** ist nun genau durch die folgende Vorschrift definiert:

$$\mathrm{T}\, \hat{V}_\mathrm{I}(t^{(1)}) \ldots \hat{V}_\mathrm{I}(t^{(n)}) := \sum_{\pi \in \mathcal{S}_n} \Theta(t^{\pi(1)}, \ldots, t^{\pi(n)}) \hat{V}_\mathrm{I}(t^{\pi(1)}) \ldots \hat{V}_\mathrm{I}(t^{\pi(n)}) \tag{14.15}$$

$$= \hat{V}_\mathrm{I}(t^{i_1}) \ldots \hat{V}_\mathrm{I}(t^{i_n}) \quad \text{genau dann, wenn } t^{i_1} \geq t^{i_2} \cdots \geq t^{i_n}. \tag{14.16}$$

Wir erhalten so:

$$\hat{U}_\mathrm{I}(t, t_0) = \sum_{n=0}^{\infty} \frac{1}{n!} \left(-\frac{\mathrm{i}}{\hbar}\right)^n \int_{t_0}^{t} \mathrm{d}t^{(1)} \int_{t_0}^{t} \mathrm{d}t^{(2)} \ldots \int_{t_0}^{t} \mathrm{d}t^{(n)}\, \mathrm{T}\, \hat{V}_\mathrm{I}(t^{(1)}) \ldots \hat{V}_\mathrm{I}(t^{(n)}),$$

beziehungsweise den formalen Ausdruck:

$$\hat{U}_\mathrm{I}(t, t_0) = \mathrm{T} \exp\left(-\frac{\mathrm{i}}{\hbar} \int_{t_0}^{t} \hat{V}_\mathrm{I}(t')\mathrm{d}t'\right). \tag{14.17}$$

Es sei erwähnt, dass die Ausführungen zur Konvergenz von Störungsreihen in Abschnitt 1 im Wesentlichen auch für die Dyson-Reihe gelten. Siehe auch hierzu die weiterführende Literatur.

15 Übergangswahrscheinlichkeiten

Das Wichtigste zum Verständnis vorweg: Die in Abschnitt 14 eingeführte zeitabhängige Störungstheorie findet im Unterschied zur zeitunabhängigen Störungstheorie aus Kapitel 1 ihre Anwendung *nicht* in der näherungsweisen Berechnung zeitabhängiger Eigenwerte und -zustände des zeitabhängigen Hamilton-Operators $\hat{H}(t)$, die dann in jedem Fall keine stationären Zustände sind. Vielmehr ist das durch den ungestörten, also zeitunabhängigen Hamilton-Operator $\hat{H}_0$ beschriebene System Σ_0 mitsamt dessen Energieeigenzuständen und -werten Gegenstand der Untersuchung, zwischen welchen die als *extern* betrachtete Störung $\hat{V}(t)$ Übergänge induziert. Diese Sichtweise gilt ebenfalls im Falle einer zeitlich konstanten Störung wie im folgenden Abschnitt 16, der ja grundsätzlich auch als klassisches Sturm–Liouville-Problem betrachtet werden könnte.

Die Energie des Systems Σ_0 ist also zeitlich nicht konstant, und als Folge fungiert das externe Störpotential wie ein „Pool" an Energie, aus dem beliebig Energie geschöpft und an den beliebig Energie abgegeben werden kann, so dass Energieänderungen an Σ_0 stattfinden können, ohne dass aus Gesamtsicht der Energiesatz verletzt wird. Das System Σ_0 ist daher strenggenommen ein **offenes Quantensystem**, auch wenn der durchaus formidable Apparat zur Behandlung offener Quantensysteme nicht benötigt wird, da die Umgebung – also das Komplement zum geschlossenen System – durch das Störpotential modelliert wird und so eine Idealisierung des Gesamtsystems stattfindet. Man spricht in diesem Zusammenhang auch von der **semiklassischen** Betrachtung. Das in Abschnitt 13 eingeführte Dirac-Bild ist genau dafür geeignet, diese Separation in einem Formalismus abzubilden.

Um die Umgebung ebenfalls vollständig quantenmechanisch mit zu erfassen (zu „quantisieren"), muss in den meisten Fällen der Apparat der Quantenfeldtheorie angewandt werden, und wir werden dies im Kapitel IV-1 für den nichtrelativistischen Fall der Quantenelektrodynamik durchexerzieren.

Wie betrachten zunächst den Zeitentwicklungsoperator im Wechselwirkungsbild $\hat{U}_\mathrm{I}(t, t_0)$ und setzen ohne Beschränkung der Allgemeinheit $t_0 = 0$. In $\hat{H}_0$-Darstellung lauten die Matrixelemente

$$\langle\psi_n|\hat{U}_\mathrm{I}(t)|\psi_m\rangle = \mathrm{e}^{\mathrm{i}(E_n-E_m)t/\hbar}\,\langle\psi_n|\hat{U}(t)|\psi_m\rangle\,, \tag{15.1}$$

die sich offensichtlich von den **Übergangsamplituden** $\langle\psi_n|\hat{U}(t)|\psi_m\rangle$ auf der rechten Seite von (15.1) durch die Phasenfaktoren $\exp(\mathrm{i}(E_n - E_m)t/\hbar)$ unterscheiden. Für die **Übergangswahrscheinlichkeiten** $P_{m\to n}(t)$ gilt aber:

$$P_{m\to n}(t) = |\langle\psi_n|\hat{U}_\mathrm{I}(t)|\psi_m\rangle|^2 = |\langle\psi_n|\hat{U}(t)|\psi_m\rangle|^2, \tag{15.2}$$

und diese Übergangswahrscheinlichkeiten sind, was uns im Folgenden interessiert.

Das betrachtete Quantensystem befinde sich zum Zeitpunkt $t = 0$ in einem Eigenzustand $|\psi_m\rangle$ des ungestörten Hamilton-Operators $\hat{H}_0$. Dabei ist es zwar grundsätzlich unerheblich, ob das Störpotential $\hat{V}(t)$ bereits vorhanden ist oder bei $t = 0$ gewissermaßen erst „eingeschaltet" wird – in der Praxis wird eine entsprechende Präparation des Systems aber ohne Störpotential erfolgen. In (13.3) beziehungsweise (13.11) ist also $c_m(0) = 1$ und

$c_{n\neq m}(0) = 0$:

$$|\Psi_{\mathrm{i}}\rangle := |\Psi(0)\rangle_{\mathrm{I}} = |\psi_m\rangle\,. \tag{15.3}$$

Da nun mit 13.12

$$\begin{aligned} c_n(t) &= \langle\psi_n|\Psi(t)\rangle_{\mathrm{I}} \\ &= \langle\psi_n|\hat{U}_{\mathrm{I}}(t)|\psi_m\rangle\,, \end{aligned} \tag{15.4}$$

erkennt man, dass die Übergangswahrscheinlichkeit $P_{m\to n}(t)$ einfach durch

$$P_{m\to n}(t) = |\langle\psi_n|\hat{U}_{\mathrm{I}}(t)|\psi_m\rangle|^2 = |c_n(t)|^2 \tag{15.5}$$

gegeben ist.

Verwendet man nun im Ausdruck (15.5) für die Übergangswahrscheinlichkeit $P_{m\to n}(t)$ die Dyson-Reihe (14.11), so ergibt nun ebenfalls einen Reihenausdruck für $P_{m\to n}(t)$:

$$P_{m\to n}(t) = \left|c_n^{(0)} + c_n^{(1)}(t) + c_n^{(2)}(t) + \ldots\right|^2. \tag{15.6}$$

Die Beiträge bis zur zweiten Ordnung Störungstheorie lauten:

$$c_n^{(0)} = \langle\psi_n|\psi_m\rangle = \delta_{nm}, \tag{15.7}$$

$$\begin{aligned} c_n^{(1)}(t) &= -\frac{\mathrm{i}}{\hbar}\int_0^t \langle\psi_n|\hat{V}_{\mathrm{I}}(t')|\psi_m\rangle\,\mathrm{d}t' \\ &= -\frac{\mathrm{i}}{\hbar}\int_0^t V_{nm}(t')\mathrm{e}^{\mathrm{i}\omega_{nm}t'}\mathrm{d}t', \end{aligned} \tag{15.8}$$

$$c_n^{(2)}(t) = \left(-\frac{\mathrm{i}}{\hbar}\right)^2 \sum_k \int_0^t \mathrm{d}t' \int_0^{t'} \mathrm{d}t''\mathrm{e}^{\mathrm{i}\omega_{nk}t'}V_{nk}(t')\mathrm{e}^{\mathrm{i}\omega_{km}t''}V_{km}(t''), \tag{15.9}$$

mit $\omega_{nm} = (E_n - E_m)/\hbar$.

Die in der Anwendung interessanteste Übergangswahrscheinlichkeit $P_{m\to n}(t)$ ist nun die für $|\psi_m\rangle \to |\psi_n\rangle$ mit $m \neq n$. Dann ist $c_n^{(0)} = 0$, und in erster Ordnung Störungstheorie ergibt sich daher aus (15.8):

$$P_{m\to n}(t) = |c_n^{(1)}(t)|^2$$

oder

$$P_{m\to n}(t) = \frac{1}{\hbar^2}\left|\int_0^t V_{nm}(t')\mathrm{e}^{\mathrm{i}\omega_{nm}t'}\mathrm{d}t'\right|^2. \tag{15.10}$$

Im Prinzip liefern die Dyson-Reihe beziehungsweise die Matrixelemente von $\hat{U}_{\mathrm{I}}$ in der Dyson-Reihe die Übergangswahrscheinlichkeiten in jeder beliebigen Ordnung Störungstheorie. Terme höher als die erste Ordnung werden jedoch sehr schnell schwer berechenbar. Für viele Fragestellungen in der Atom- und Kernphysik ist aber die Näherung der ersten Ordnung (15.10) bereits ausreichend.

Im Folgenden betrachten wir zwei wichtige Fälle von Störpotentialen genauer: die **konstante Störung** (Abschnitt 16) und die **harmonische** oder **periodische Störung** (Abschnitt 18).

16 Konstante Störung I: Fermis Goldene Regel

Der einfachste Fall einer zeitabhängigen Störung ist eine zeitlich konstante Störung. Das klingt zunächst zwar widersinnig, ist doch aber der allerhäufigste Fall, wenn sich nämlich das zu betrachtende System nicht in einem stationären Zustand befindet und daher Übergänge zwischen Zuständen zu erwarten sind. Wie bereits in Abschnitt 15 einführend erläutert, ist man in diesem Zusammenhang aber gar nicht am Auffinden der stationären Zustände interessiert, sondern an den Übergängen zwischen den Eigenzuständen des ungestörten Hamilton-Operators $\hat{H}_0$.

In dem Falle, dass das Störpotential $\hat{V}$ zeitlich konstant ist – obgleich möglicherweise orts- und impulsabhängig – ist die Übergangsamplitude in erster Ordnung Störungstheorie

$$\begin{aligned} c_n^{(1)}(t) &= -\frac{\mathrm{i}}{\hbar} V_{nm} \int_0^t \mathrm{e}^{\mathrm{i}\omega_{nm}t'} \mathrm{d}t' \\ &= -\frac{1}{\hbar} \frac{V_{nm}}{\omega_{nm}} \left(\mathrm{e}^{\mathrm{i}\omega_{nm}t} - 1 \right), \end{aligned} \tag{16.1}$$

und (15.10) reduziert sich zu

$$P_{m\to n}(t) = \frac{1}{\hbar^2} \frac{|V_{nm}|^2}{\omega_{nm}^2} |\mathrm{e}^{\mathrm{i}\omega_{nm}t} - 1|^2, \tag{16.2}$$

was sich mit Hilfe von $|\mathrm{e}^{\mathrm{i}\phi} - 1|^2 = 2 - 2\cos\phi = 4\sin^2(\phi/2)$ vereinfachen lässt zu

$$P_{m\to n}(t) = \frac{4|V_{nm}|^2}{\hbar^2\omega_{nm}^2} \sin^2\left(\frac{\omega_{nm}t}{2}\right). \tag{16.3}$$

Betrachtet man zu einem beliebigen, aber festen Zeitpunkt t die Größe $P_{m\to n}$ nun als Funktion von ω_{nm}, also implizit als Funktion des Endzustands $|\psi_n\rangle$, so erkennt man einen Kurvenverlauf wie in Abbildung 2.1 gezeigt. Hierbei betrachten wir ω_{nm} als kontinuierlichen Parameter, ungeachtet dessen, ob überhaupt physikalische Zustände $|\psi_m\rangle, |\psi_n\rangle$ zu beliebigem ω_{nm} existieren.

Als Funktion von ω_{nm} besitzt $P_{m\to n}$ ein ausgeprägtes Maximum bei $\omega_{nm} = 0$ und fällt dann schnell mit zunehmendem Abstand zum Urprung ab. Höhe und Breite des absoluten Maximums in der Umgebung von $\omega_{nm} = 0$ sind jeweils proportional zu t^2 und zu $2\pi/t$, die Fläche unter der Kurve ist daher proportional zu t.

Dem Kurvenverlauf ist zu entnehmen, dass Übergänge vorzugsweise in solche Zustände erfolgen, bei denen $\omega_{nm} \approx 2\pi/t$ ist, bei denen also $\Delta E \cdot t \approx 2\pi\hbar$ ist. In anderen Worten: für kurze Augenblicke (kleine Werte von t) kann das (offene) Quantensystem Energiefluktuationen aufweisen. Das ist nichts anderes als eine Manifestation der Energie-Zeit-Unbestimmtheitsrelation (I-17.13), aber man beachte stets, dass die Größe ΔE bezogen ist auf den ungestörten Hamilton-Operator $\hat{H}_0$ und nicht auf das Gesamtsystem $\hat{H}$ unter Einbeziehung der Störung $\hat{V}$ selbst.

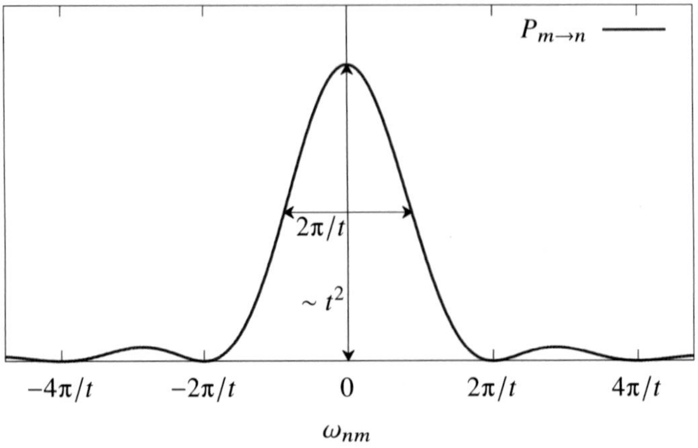

Abbildung 2.1: Die Übergangswahrscheinlichkeit $P_{m\to n}$ als Funktion einer als kontinuierlich angesehenen Variablen ω_{nm} für einen festen Zeitpunkt t.

Für $t \to \infty$ können wir nun die asymptotische Beziehung

$$\lim_{t\to\infty} \frac{\sin^2(xt)}{\pi x^2 t} = \delta(x)$$

(siehe (I-15.57) mit $t = \epsilon^{-1}$) mit $x = \omega_{nm}/2$ verwenden und erhalten

$$\lim_{t\to\infty} \frac{4}{\omega_{nm}^2} \sin^2\left(\frac{\omega_{nm}t}{2}\right) = \pi t \delta\left(\frac{\omega_{nm}}{2}\right) = 2\pi t\hbar\delta(E_n - E_m).$$

Damit lässt sich (16.3) im Grenzfall für große t vereinfachen zu:

$$P_{m\to n}(t) = \frac{2\pi t}{\hbar}|V_{nm}|^2\delta(E_n - E_m). \qquad (16.4)$$

Man beachte, dass (16.4) im Gegensatz zu (16.3) ein in t manifest lineares Verhalten aufweist. Sowohl (16.3) als auch (16.4) sind strenggenommen Wahrscheinlichkeitsdichten in ω_{nm} und damit Funktionale, die nur in einem Integral über ω_{nm} beziehungsweise E_n mathematisch verwendet werden dürfen.

Die **Übergangsrate**

$$\Gamma_{m\to n}(t) := \frac{\mathrm{d}P_{m\to n}(t)}{\mathrm{d}t}, \qquad (16.5)$$

also die Übergangswahrscheinlichkeit pro Zeiteinheit, ist dann gegeben durch

$$\Gamma_{m\to n} = \frac{2\pi}{\hbar}|V_{nm}|^2\delta(E_n - E_m) \qquad (16.6)$$

und ist zeitlich konstant. Das Delta-Funktional $\delta(E_n - E_m)$ sorgt hierbei für die Energieerhaltung: im Limes $t \longrightarrow \infty$ ist die Übergangsrate nur zwischen Zuständen gleicher Energie ungleich Null. Etwas flapsiger formuliert: die Energie eines (offenen) Quantensystems ändert sich für große t bei einer konstanten Störung nicht.

Übergänge in ein Kontinuum

In realistischen Szenarien wie Zerfällen, bei denen die Endprodukte ein kontinuierliches Energiespektrum aufweisen, interessiert nun häufig nicht die Übergangswahrscheinlichkeit für einen bestimmten Endzustand $|\psi_n\rangle$, sondern es existiert vielmehr ein Kontinuum an darüber hinaus möglicherweise entarteten Endzuständen $|\Psi_\mathrm{f}\rangle$, für das unsere obigen Betrachtungen für kontinuierliches ω_{nm} bereits vorbereitend waren. Wie bereits erwähnt, ist die Funktion $P_{m\longrightarrow n}(t)$ in (16.4) als Wahrscheinlichkeitsdichte in ω_{nm} beziehungsweise in der Endzustandsenergie E_f aufzufassen, und wir interessieren uns nun für die Wahrscheinlichkeit $P_{m\longrightarrow \mathrm{f}}(t)$, dass ein Übergang von $|\psi_m\rangle$ auf einen Zustand $|\Psi_\mathrm{f}\rangle$ mit einem Energieniveau innerhalb eines bestimmten Intervalls ΔE stattfindet. Diese lässt sich dann aus (16.4) durch Integration über E_f ableiten zu:

$$P_{m\longrightarrow \mathrm{f}}(t) = \frac{2\pi t}{\hbar}\int_{\Delta E} \mathrm{d}E_\mathrm{f}|V_{\mathrm{f}m}|^2\delta(E_\mathrm{f} - E_m)\rho(E_\mathrm{f}). \tag{16.7}$$

Hierbei ist $\rho(E_\mathrm{f})$ die **(End-)Zustandsdichte** des ungestörten Systems (englisch: *"density of final states"*), die bestimmt, wieviele Zustände in einem Energieintervall existieren. Die Anzahl $n(E_1, E_2)$ der Zustände im Energieintervall $[E_1, E_2]$ ist dann gegeben durch

$$n(E_1, E_2) = \int_{E_1}^{E_2} \rho(E)\mathrm{d}E \tag{16.8}$$

und spielt vor allem in der Vielteilchen- und der Festkörperphysik, sowie der Physik der kondensierten Materie eine große Rolle. Damit wird aus (16.7):

$$P_{m\longrightarrow \mathrm{f}}(t) \overset{t\longrightarrow\infty}{=} \frac{2\pi t}{\hbar}\overline{|V_{\mathrm{f}m}|^2\rho(E_\mathrm{f})}\bigg|_{E_\mathrm{f}=E_m}. \tag{16.9}$$

Hierbei ist $\overline{|V_{\mathrm{f}m}|^2}$ durch einen Mittelungsprozess implizit dadurch definiert, dass gilt:

$$\overline{|V_{\mathrm{f}m}|^2\rho(E_\mathrm{f})}\bigg|_{E_\mathrm{f}=E_m} = \int_{\Delta E} \mathrm{d}E_\mathrm{f}|V_{\mathrm{f}m}|^2\delta(E_\mathrm{f} - E_m)\rho(E_\mathrm{f}). \tag{16.10}$$

Die Übergangsrate ist dann gegeben durch

$$\Gamma_{m\longrightarrow \mathrm{f}} = \frac{2\pi}{\hbar}\overline{|V_{\mathrm{f}m}|^2\rho(E_\mathrm{f})}\bigg|_{E_\mathrm{f}=E_m}. \tag{16.11}$$

Die Relation (16.11) wird **Fermis Goldene Regel** genannt, hier für eine konstante Störung. Allerdings ist (16.11) gar nicht vom Namensgeber Enrico Fermi erstmalig abgeleitet worden, sondern bereits 1927 von Paul Dirac [Dir27]. Fermi selbst hat sie *"Golden Rule No. 2"* in seinen 1950 erschienen Lecture Notes *Nuclear Physics* getauft (als *"Golden Rule No. 1"* bezeichnete er die entsprechende Relation in zweiter Ordnung Störungstheorie), und seitdem hat sich die Bezeichnung festgesetzt.

Die Gültigkeit von (16.6) sowie der Goldenen Regel (16.11) ist gegeben, wenn einerseits t so groß ist, dass $\Delta E \cdot t \gg 2\pi\hbar$ gegeben ist, und andererseits klein genug, so dass die Gültigkeit des Ausdrucks (16.4) beziehungsweise (16.9) für $P_{m\to\mathrm{f}}(t)$ in der ersten Ordnung Störungstheorie (siehe (15.10)) gegeben ist, was nur bei $P_{m\to\mathrm{f}}(t) \ll 1$ der Fall ist. Denn wie man leicht sieht, können (16.4) und (16.9) rein rechnerisch durchaus größer als Eins werden, was die Grenze der Gültigkeit offen aufzeigt. Insbesondere lässt sich auf diese Weise nicht der exponentielle Zerfall des Anfangszustands $|\psi_m\rangle$ selbst, also $|c_m(t)|^2$ ableiten. Hierzu müssen wir anders vorgehen – insbesondere müssen wir mindestens bis zur zweiten Ordnung Störungstheorie gehen – und das machen wir im folgenden Abschnitt 17.

17 Konstante Störung II: Energieverschiebung und Zerfallsbreite

Aus den Übergangsamplituden $c_n(t)$ – sofern sich das System zum Zeitpunkt $t = 0$ im Zustand $|\psi_m\rangle$ befindet – haben wir in Abschnitt 16 die Übergangswahrscheinlichkeiten $P_{m\to n}(t)$ und -raten $\Gamma_{m\to n}$ berechnet. Nun sind wir am zeitlichen Verlauf von $c_m(t)$ selbst interessiert, was uns auf die Lebensdauer von Zuständen führt. Wie wir sehen werden, müssen wir hierfür gewissermaßen einen Trick verwenden, der es uns erlaubt, von einem $(1-P)$-Verhalten zu einem $\exp(-P)$-Verhalten zu extrapolieren. Weiter unten werden wir dann eine formale Betrachtung instabiler Zustände anstellen. Den Zerfall metastabiler Zustände haben Victor Weisskopf und Eugene Wigner 1930 im Rahmen der nichtrelativistischen Quantenelektrodynamik erstmalig berechnet [WW30a; WW30b] – wir werden diesen Zusammenhang in den Abschnitten IV-5 und IV-8 aufgreifen. Wir folgen an dieser Stelle der Darstellung von Sakurai.

Zunächst regularisieren wir den Potentialverlauf durch Einführung eines exponentiellen Faktors derart, dass

$$V(t) = V\mathrm{e}^{\eta t}, \tag{17.1}$$

der Grund hierfür wird während der weiteren Rechnung klar werden. Damit einhergehend lassen wir die untere Integrationsgrenze von $t = t_0$ laufen und betrachten anschließend den Grenzwert $t_0 \to -\infty$. Letzteres ersetzt gewissermaßen die Grenzwertbetrachtung $t \to +\infty$, wie wir sie oben gemacht haben. Am Ende lassen wir dann $\eta \to 0$ gehen.

Als erstes verifizieren wir, dass wir mit dieser Regularisierung wieder die bereits bekannten Ausdrücke für die Übergangsraten aus Abschnitt 16 erhalten. Aus (16.1) wird hierbei:

$$\begin{aligned} c_n^{(1)}(t) &= -\frac{\mathrm{i}}{\hbar} V_{nm} \lim_{t_0\to-\infty} \int_{t_0}^{t} \mathrm{e}^{(\eta+\mathrm{i}\omega_{nm})t'} \mathrm{d}t' \\ &= -\frac{\mathrm{i}}{\hbar} V_{nm} \frac{\mathrm{e}^{(\eta+\mathrm{i}\omega_{nm})t}}{\eta + \mathrm{i}\omega_{nm}}, \end{aligned} \tag{17.2}$$

aus (16.2) wird:

$$P_{m\to n}(t) = \frac{|V_{nm}|^2}{\hbar^2} \frac{\mathrm{e}^{2\eta t}}{\eta^2 + \omega_{nm}^2}, \tag{17.3}$$

und (16.3) wird zu:

$$\Gamma_{m\to n}(t) = \frac{2|V_{nm}|^2}{\hbar^2} \frac{\eta \mathrm{e}^{2\eta t}}{\eta^2 + \omega_{nm}^2}. \tag{17.4}$$

Wenn wir nun $\eta \to 0$ gehen lassen, beachten wir, dass wir wegen (I-15.57) schreiben können:

$$\lim_{\eta\to 0} \frac{\eta}{\eta^2 + \omega_{nm}^2} = \pi\delta(\omega_{nm}) = \pi\hbar\delta(E_n - E_m),$$

so dass

$$\Gamma_{m\to n} = \lim_{\eta\to 0} \Gamma_{m\to n}(t) = \frac{2\pi|V_{nm}|^2}{\hbar} \delta(E_n - E_m), \tag{17.5}$$

was exakt dem Ausdruck (16.6) entspricht, aus dem sich dann die Goldene Regel (16.11) für Übergänge in ein Kontinuum ableiten lässt.

Nun wollen wir $c_m(t)$ berechnen: wir erhalten zunächst mit (15.7,15.8,15.9) bis zur zweiten Ordnung:

$$
\begin{aligned}
c_m^{(0)} &= 1, \\
c_m^{(1)}(t) &= -\frac{\mathrm{i}}{\hbar} V_{mm} \lim_{t_0 \to -\infty} \int_{t_0}^{t} \mathrm{e}^{\eta t'} \mathrm{d}t', \\
&= -\frac{\mathrm{i}}{\hbar\eta} V_{mm} \mathrm{e}^{\eta t}, \\
c_m^{(2)}(t) &= \left(-\frac{\mathrm{i}}{\hbar}\right)^2 \sum_n |V_{mn}|^2 \lim_{t_0 \to -\infty} \int_{t_0}^{t} \mathrm{d}t' \int_{t_0}^{t'} \mathrm{d}t'' \mathrm{e}^{(\eta + \mathrm{i}\omega_{mn})t'} \mathrm{e}^{(\eta + \mathrm{i}\omega_{nm})t''} \\
&= \left(-\frac{\mathrm{i}}{\hbar}\right)^2 \sum_n |V_{mn}|^2 \lim_{t_0 \to -\infty} \int_{t_0}^{t} \mathrm{d}t' \mathrm{e}^{(\eta + \mathrm{i}\omega_{mn})t'} \frac{\mathrm{e}^{(\eta + \mathrm{i}\omega_{nm})t'}}{\eta + \mathrm{i}\omega_{nm}} \\
&= \left(-\frac{\mathrm{i}}{\hbar}\right)^2 \sum_n |V_{mn}|^2 \lim_{t_0 \to -\infty} \int_{t_0}^{t} \mathrm{d}t' \frac{\mathrm{e}^{2\eta t'}}{\eta + \mathrm{i}\omega_{nm}} \\
&= \left(-\frac{\mathrm{i}}{\hbar}\right)^2 \sum_n |V_{mn}|^2 \frac{\mathrm{e}^{2\eta t}}{2\eta(\eta + \mathrm{i}\omega_{nm})} \\
&= \left(-\frac{\mathrm{i}}{\hbar}\right)^2 |V_{mm}|^2 \frac{\mathrm{e}^{2\eta t}}{2\eta^2} + \left(-\frac{\mathrm{i}}{\hbar}\right) \sum_{n \neq m} \frac{|V_{nm}|^2 \mathrm{e}^{2\eta t}}{2\eta(E_m - E_n + \mathrm{i}\eta)}
\end{aligned}
$$

Somit haben wir insgesamt:

$$
c_m(t) = 1 - \frac{\mathrm{i}}{\hbar\eta} V_{mm} \mathrm{e}^{\eta t} + \left(-\frac{\mathrm{i}}{\hbar}\right)^2 |V_{mm}|^2 \frac{\mathrm{e}^{2\eta t}}{2\eta^2} + \left(-\frac{\mathrm{i}}{\hbar}\right) \sum_{n \neq m} \frac{|V_{nm}|^2 \mathrm{e}^{2\eta t}}{2\eta(E_m - E_n + \mathrm{i}\eta)}. \tag{17.6}
$$

An dieser Stelle bemerken wir, dass wir nun nicht einfach η gegen Null gehen lassen können, da die Ausdrücke für $c_m^{(1)}(t)$ und $c_m^{(2)}(t)$ dann divergieren. Wir gehen wie folgt vor: zuerst bilden wir Zeitableitung von (17.6):

$$
\dot{c}_m(t) = -\frac{\mathrm{i}}{\hbar} V_{mm} \mathrm{e}^{\eta t} + \left(-\frac{\mathrm{i}}{\hbar}\right)^2 |V_{mm}|^2 \frac{\mathrm{e}^{2\eta t}}{\eta} + \left(-\frac{\mathrm{i}}{\hbar}\right) \sum_{n \neq m} \frac{|V_{nm}|^2 \mathrm{e}^{2\eta t}}{E_m - E_n + \mathrm{i}\eta}, \tag{17.7}
$$

und bilden dann den Quotienten $\dot{c}_m(t)/c_m(t)$. Hierbei verwenden wir die Näherung

$$
\frac{1}{1+z} = 1 - z + O(z^2)
$$

der geometrischen Reihe für $|z| < 1$. Wir erhalten in zweiter Ordnung Störungstheorie:

$$
\frac{\dot{c}_m(t)}{c_m(t)} = -\frac{\mathrm{i}}{\hbar} V_{mm} \mathrm{e}^{\eta t} + \left(-\frac{\mathrm{i}}{\hbar}\right) \sum_{n \neq m} \frac{|V_{nm}|^2 \mathrm{e}^{2\eta t}}{E_m - E_n + \mathrm{i}\eta}, \tag{17.8}
$$

und nun können wir unsere Grenzwertbetrachtung $\eta \longrightarrow 0$ machen. Es ist:

$$\lim_{\eta\to 0} \frac{\dot{c}_m(t)}{c_m(t)} = -\frac{\mathrm{i}}{\hbar} \underbrace{\left(V_{mm} + \sum_{n\neq m} \frac{|V_{nm}|^2}{E_m - E_n + \mathrm{i}\eta} \right)}_{=:\Lambda_m}. \tag{17.9}$$

Der Ausdruck (17.9) ist unabhängig von t, so dass wir für $c_m(t)$ den Ansatz

$$c_m(t) = \mathrm{e}^{-\mathrm{i}\Lambda_m t/\hbar} \tag{17.10}$$

machen können, der zugleich die Randbedingung $c_m(0) = 1$ erfüllt. Das ist der eingangs erwähnte „Extrapolationstrick", der uns einen exponentiellen Zerfall liefert.

Untersuchen wir Bedeutung und Form von Λ_m etwas genauer. Die Bedeutung erschließt sich bei der Betrachtung der unitären Zeitentwicklung von $|\Psi_\mathrm{i}(t)\rangle_\mathrm{I}$ (wir erinnern uns an die Präparation des Anfangszustands $|\Psi_\mathrm{i}\rangle = |\Psi(0)\rangle_\mathrm{I} = |\psi_m\rangle$ in (15.3)). Diese ist bestimmt durch (13.11). Wechseln wir zurück ins Schrödinger-Bild, gilt (13.3). Das heißt, die unitäre Zeitentwicklung von $|\Psi(0)\rangle = |\psi_m\rangle$ ist gegeben durch

$$|\Psi(t)\rangle = \mathrm{e}^{-\mathrm{i}(E_m+\Lambda_m)t/\hbar} |\psi_m\rangle , \tag{17.11}$$

oder in anderen Worten, die Störung $\hat{V}$ führt zu einer Ersetzung

$$E_m \longrightarrow E_m + \Lambda_m. \tag{17.12}$$

Der Ausdruck Λ_m ist aber nun erkennbar eine komplexe Größe. Verwenden wir die Dispersionsformel (I-24.33), so ergibt sich zunächst

$$\frac{1}{E_m - E_n + \mathrm{i}\eta} = \mathrm{P}\frac{1}{E_m - E_n} - \mathrm{i}\pi\delta(E_m - E_n),$$

das heißt, der Real- und der Imaginärteil von Λ_m sind wie folgt:

$$\operatorname{Re}\Lambda_m = V_{mm} + \mathrm{P}\sum_{n\neq m} \frac{|V_{nm}|^2}{E_m - E_n}, \tag{17.13}$$

$$\operatorname{Im}\Lambda_m = -\pi \sum_{n\neq m} |V_{nm}|^2 \delta(E_m - E_n). \tag{17.14}$$

Der Realteil (17.13) heißt **Energieverschiebung** und entspricht exakt dem Ausdruck (1.31) für die Energiekorrektur in zweiter Ordnung Störungstheorie für den stationären Fall. Wir benennen ihn mit

$$E_m^\Delta = \operatorname{Re}\Lambda_m. \tag{17.15}$$

Im Imaginärteil (17.14) erkennen wir aber gewissermaßen die Vorstufe (17.5) von Fermis Goldener Regel wieder. Es ist also

$$\operatorname{Im}\Lambda_m = -\frac{\hbar}{2} \sum_{n\neq m} \Gamma_{m\to n}. \tag{17.16}$$

Definieren wir nun die **Zerfallsbreite**

$$\Gamma_m := -2\,\mathrm{Im}\,\Lambda_m = \hbar \sum_{n \neq m} \Gamma_{m \to n}, \tag{17.17}$$

so sehen wir, dass diese gemäß

$$|c_m(t)|^2 = \mathrm{e}^{-\Gamma_m t/\hbar} = \mathrm{e}^{-t/\tau_m} \tag{17.18}$$

ein Maß für den **exponentiellen Zerfall** des Zustands $|\Psi_\mathrm{i}(0)\rangle = |\psi_m\rangle$ darstellt. Die Größe

$$\tau_m = \frac{\hbar}{\Gamma_m} \tag{17.19}$$

heißt dann **mittlere Lebensdauer** des Zustands $|\Psi_\mathrm{i}(0)\rangle = |\psi_m\rangle$. Damit ist

$$\Lambda_m = E_m^\Delta - \frac{\mathrm{i}}{2}\Gamma_m. \tag{17.20}$$

Bis zur zweiten Ordnung Störungstheorie (in anderen Worten: bis in zweiter Potenz von $\hat{V}$) gilt

$$|c_m(t)|^2 + \sum_{n \neq m} |c_n(t)|^2 = 1 - \Gamma_m t/\hbar + \sum_{n \neq m} \Gamma_{m \to n} t = 1,$$

wie es sein soll. Die Gleichung (17.19) ist nichts anderes als eine Energie-Zeit-Unbestimmtheitsrelation

$$\Delta E_m \tau_m = \hbar, \tag{17.21}$$

wenn $\Delta E_m = \Gamma_m$, man vergleiche (I-17.13).

Man beachte jedoch, dass in der gesamten zeitabhängigen Störungstheorie der Zustand $|\psi_m\rangle$ nach wie vor ein Eigenzustand vom ungestörten Hamilton-Operator $\hat{H}_0$ zum Eigenwert E_m ist. Gleichung (17.11) mit Λ_m wie in (17.20) sagt aus, dass $c_m(t)$ aus zwei Teilen besteht: einem Phasenfaktor, der dem der unitären Zeitentwicklung des Eigenzustands des *vollen* Hamilton-Operators zum Eigenwert $E_m + E_m^\Delta$ entspricht, und einem exponentiellen Dämpfungsfaktor.

Formale Theorie instabiler Zustände

Die obigen Betrachtungen waren teilweise sehr heuristisch, und insbesondere der exponentielle Verlauf der Übergangsamplitude $c_m(t)$ wurde durch den Ansatz (17.9) doch gewissermaßen wie ein Kaninchen aus dem Zylinder gezaubert. Wir wollen nun eine formale Betrachtung instabiler Zustände mit Propagatormethoden anstellen, die auch den entarteten Fall einschließt, und folgen im Wesentlichen der Darstellung von Messiah (siehe Lehrbuchliteratur am Ende des Bandes).

Das System befinde sich zum Zeitpunkt $t = 0$ im Eigenzustand $|\psi_m\rangle$ von $\hat{H}_0$ zum Eigenwert E_m. Der Projektionsoperator auf den entsprechenden Eigenunterraum $\mathcal{H}_m$ von $\hat{H}_0$ sei $\hat{P}_m$, und es ist $\hat{Q}_m = \mathbb{1} - \hat{P}_m$. Die Vorgehensweise ist nun, die zeitliche Entwicklung von $c_m(t)$ dadurch zu erhalten, dass wir die Projektion $\hat{U}_m(t) = \hat{P}_m \hat{U}(t) \hat{P}_m$ des Zeitentwicklungsoperators $\hat{U}(t) = \exp(-\mathrm{i}\hat{H}t/\hbar)$ auf $\mathcal{H}_m$ berechnen.

Zuerst bringen wir den Hamilton-Operator $\hat{H} = \hat{H}_0 + \hat{V}$ in eine andere Form. Es ist:

$$\begin{aligned}\hat{H} &= (\hat{P}_m + \hat{Q}_m)\hat{H}(\hat{P}_m + \hat{Q}_m) \\ &=: \hat{H}_1 + \hat{H}_2,\end{aligned}$$

mit

$$\hat{H}_1 = \hat{H}_0 + \hat{P}_m\hat{V}\hat{P}_m + \hat{Q}_m\hat{V}\hat{Q}_m, \tag{17.22}$$

$$\hat{H}_2 = \hat{P}_m\hat{V}\hat{Q}_m + \hat{Q}_m\hat{V}\hat{P}_m. \tag{17.23}$$

Für die beiden Summanden $\hat{H}_1, \hat{H}_2$ gilt dann:

$$[\hat{H}_1, \hat{P}_m] = [\hat{H}_1, \hat{Q}_m] = 0, \tag{17.24a}$$

$$\hat{P}_m\hat{H}_2 = \hat{H}_2\hat{Q}_m, \tag{17.24b}$$

$$\hat{Q}_m\hat{H}_2 = \hat{H}_2\hat{P}_m. \tag{17.24c}$$

Aus der 2. Resolventenidentität (I-24.40) folgt nun:

$$\begin{aligned}\frac{1}{z-\hat{H}} &= \frac{1}{z-\hat{H}_1} + \frac{1}{z-\hat{H}_1}\hat{H}_2\frac{1}{z-\hat{H}} \\ &= \frac{1}{z-\hat{H}_1} + \frac{1}{z-\hat{H}_1}\hat{H}_2\frac{1}{z-\hat{H}_1} + \frac{1}{z-\hat{H}_1}\hat{H}_2\frac{1}{z-\hat{H}_1}\hat{H}_2\frac{1}{z-\hat{H}},\end{aligned}$$

so dass man mit Hilfe von (17.24) die Projektion $\hat{G}_m(z)$ der Resolvente $\hat{G}(z)$ auf $\mathcal{H}_m$ ableiten kann:

$$\begin{aligned}\hat{G}_m(z) := \hat{P}_m\frac{1}{z-\hat{H}}\hat{P}_m &= \frac{\hat{P}_m}{z-E_m} + \frac{1}{z-E_m}\hat{P}_m\hat{H}_2\frac{1}{z-\hat{H}_1}\hat{H}_2\frac{1}{z-\hat{H}}\hat{P}_m \\ &= \frac{\hat{P}_m}{z-E_m} + \frac{1}{z-E_m}\hat{P}_m\hat{H}_2\frac{1}{z-\hat{H}_1}\hat{H}_2\hat{P}_m\frac{1}{z-\hat{H}}\hat{P}_m.\end{aligned}$$

Der in $\hat{H}_2$ lineare Term verschwindet nach der Umklammerung mit $\hat{P}_m$ – das ist der Grund, warum wir vorausblickend auf die Näherung in zweiter Ordnung Störungstheorie die Resolventenidentität explizit bis hin zum quadratischen Term hingeschrieben haben. Im letzten Schritt wurde verwendet, dass $\mathbb{1} = \hat{P}_m + \hat{Q}_m$, und durch die Vertauschungsrelationen (17.24) verschwindet der den Projektor $\hat{Q}_m$ enthaltende Term.

Im Unterraum $\mathcal{H}_m$ können wir mit $\hat{P}_m = \mathbb{1}_m$ dann schreiben:

$$\begin{aligned}\hat{G}_m(z) &= \frac{1}{z-E_m}\left(\mathbb{1}_m + \hat{P}_m\hat{H}_2\frac{1}{z-\hat{H}_1}\hat{H}_2\hat{P}_m\hat{G}_m(z)\right) \\ &= \frac{1}{z-E_m}\left(\mathbb{1}_m + \hat{\Lambda}_m(z)\hat{G}_m(z)\right),\end{aligned} \tag{17.25}$$

mit

$$\begin{aligned}\hat{\Lambda}_m(z) &= \hat{P}_m\hat{H}_2\frac{1}{z-\hat{H}_1}\hat{H}_2\hat{P}_m \\ &= \hat{P}_m\hat{V}\hat{Q}_m\frac{1}{z-\hat{H}_1}\hat{Q}_m\hat{V}\hat{P}_m \\ &= \hat{P}_m\hat{V}\hat{Q}_m\frac{1}{z-\hat{Q}_m\hat{H}\hat{Q}_m}\hat{Q}_m\hat{V}\hat{P}_m,\end{aligned} \tag{17.26}$$

wobei wir in der letzten Zeile verwendet haben, dass $\hat{Q}_m\hat{H}\hat{Q}_m = \hat{Q}_m\hat{H}_1\hat{Q}_m$. Damit erhalten wir aus (17.25):

$$\hat{G}_m(z) = \frac{1}{z - E_m - \hat{\Lambda}_m(z)}. \tag{17.27}$$

Der durch (17.26) definierte Operator $\hat{\Lambda}_m(z)$ besitzt einen hermiteschen und einen antihermiteschen Anteil, welche wir über die Dispersionsformel (I-24.33) voneinander separieren können. Es ist dann

$$\hat{\Lambda}_m(E \pm \mathrm{i}\epsilon) = \hat{\Delta}_m(E) \mp \frac{\mathrm{i}}{2}\hat{\Gamma}_m(E), \tag{17.28}$$

wobei

$$\hat{\Delta}_m(E) = \hat{P}_m\hat{V}\hat{Q}_m\mathrm{P}\frac{1}{E-\hat{Q}_m\hat{H}\hat{Q}_m}\hat{Q}_m\hat{V}\hat{P}_m, \tag{17.29}$$

$$\hat{\Gamma}_m(E) = 2\pi\hat{P}_m\hat{V}\hat{Q}_m\delta\left(E-\hat{Q}_m\hat{H}\hat{Q}_m\right)\hat{Q}_m\hat{V}\hat{P}_m. \tag{17.30}$$

Setzen wir nun $z = E \pm \mathrm{i}\epsilon$ im Ausdruck (17.27) ein, so erhalten wir zusammen mit (17.28):

$$\hat{G}_m^{(\pm)}(E) = \frac{1}{E - E_m - \hat{\Delta}_m(E) \pm \frac{\mathrm{i}}{2}\hat{\Gamma}_m(E) \pm \mathrm{i}\epsilon}, \tag{17.31}$$

was wir nun verwenden können, um über (I-24.26) einen Ausdruck für $\hat{U}_m(t)$ zu erhalten. Umklammern wir (I-24.26) nämlich von links und rechts mit $\hat{P}_m$, so sehen wir, dass:

$$\hat{U}_m(t) = -\frac{1}{2\pi\mathrm{i}}\int_{-\infty}^{\infty}\mathrm{e}^{-\mathrm{i}Et/\hbar}\left[\hat{G}_m^{(+)}(E) - \hat{G}_m^{(-)}(E)\right]\mathrm{d}E, \tag{17.32}$$

und im Integranden berechnen wir mit Hilfe von (17.31) und elementarer Bruchrechnung, im Limes $\epsilon \to 0$

$$\hat{G}_m^{(+)}(E) - \hat{G}_m^{(-)}(E) = \frac{-\mathrm{i}\hat{\Gamma}(E)}{\left(E - E_m - \hat{\Delta}_m(E)\right)^2 + \hat{\Gamma}(E)^2/4}. \tag{17.33}$$

Im Unterraum $\mathcal{H}_m$ können die Operatoren $\hat{\Delta}(E)$ und $\hat{\Gamma}(E)$, sowie $\hat{U}_m(T)$ nun durch ihre Erwartungswerte

$$\begin{aligned} \Delta_m(E) &= \langle \psi_m | \hat{\Delta}_m(E) | \psi_m \rangle , \\ \Gamma_m(E) &= \langle \psi_m | \hat{\Gamma}_m(E) | \psi_m \rangle , \\ c_m(t) &= \langle \psi_m | \hat{U}_m(t) | \psi_m \rangle \end{aligned}$$

ersetzt werden, so dass wir als exaktes Ergebnis erhalten:

$$c_m(t) = \frac{1}{2\pi} \int_{-\infty}^{\infty} \mathrm{e}^{-\mathrm{i}Et/\hbar} \frac{\Gamma_m(E)}{(E - E_m - \Delta_m(E))^2 + \Gamma_m(E)^2/4} \mathrm{d}E. \tag{17.34}$$

Um das Integral (17.34) und damit $c_m(t)$ zu berechnen, benötigt man die expliziten Ausdrücke für $\Delta_m(E), \Gamma_m(E)$, was aber im Allgemeinen nicht möglich ist. Daher müssen wir nun nähern, und hierfür setzen wir das Potential $\hat{V}$ als schwach genug voraus, dass wir es in den Ausdrücken $\hat{Q}_m \hat{H} \hat{Q}_m$ vernachlässigen können – hier taucht also nun die Näherung in zweiter Ordnung Störungstheorie auf. Dann ist

$$\begin{aligned} \Delta_m(E) &= \langle \psi_m | \hat{V} \hat{Q}_m \mathrm{P} \frac{1}{E - \hat{H}_0} \hat{Q}_m \hat{V} | \psi_m \rangle \\ &= \sum_{n \neq m} \frac{|V_{mn}|^2}{E - E_n}, \end{aligned} \tag{17.35}$$

$$\begin{aligned} \Gamma_m(E) &= 2\pi \, \langle \psi_m | \hat{V} \hat{Q}_m \delta \left(E - \hat{H}_0 \right) \hat{Q}_m \hat{V} | \psi_m \rangle \\ &= 2\pi \sum_{n \neq m} |V_{mn}|^2 \delta(E - E_n). \end{aligned} \tag{17.36}$$

Betrachtet man den Integranden in (17.34) genauer, sieht man, dass dieser bei hinreichend kleinen Werten von $\Delta_m(E)$ und $\Gamma_m(E)$ – was bei entsprechend hinreichend schwachen Störpotential $\hat{V}$ der Fall ist – einen scharfen positiven Peak bei $E = E_m$ besitzt. Der zweite Teil unserer Näherung besteht also darin, die Ersetzung

$$\begin{aligned} \Delta_m(E) &\to \Delta_m(E_m) =: E_m^{\Delta}, \\ \Gamma_m(E) &\to \Gamma_m(E_m) =: \Gamma_m \end{aligned}$$

durchzuführen. Dann erhält (17.34) die Form

$$c_m(t) = \frac{1}{2\pi} \int_{-\infty}^{\infty} \mathrm{e}^{-\mathrm{i}Et/\hbar} \frac{\Gamma_m}{\left(E - E_m - E_m^{\Delta}\right)^2 + \Gamma_m^2/4} \mathrm{d}E, \tag{17.37}$$

was nun sehr schnell integriert werden kann zu

$$c_m(t) = \mathrm{e}^{-\left[\mathrm{i}(E_m + E_m^{\Delta}) + \frac{1}{2}\Gamma_m\right] t/\hbar}, \tag{17.38}$$

und somit

$$|c_m(t)|^2 = \mathrm{e}^{-\Gamma_m t/\hbar}. \tag{17.39}$$

Damit haben wir auf formale Weise das exponentielle Zerfallsgesetz (17.18) für ein schwaches Störpotential $\hat{V}$ erhalten.

Zur vertiefenden Betrachtung des Zerfalls instabiler Zustände siehe die weiterführende Literatur, wie auch die Monographie von Goldberger und Watson (siehe weiterführende Literatur zur Streutheorie).

18 Periodische Störung und Resonanzen

Betrachten wir nun eine **harmonische Störung**, also ein Störpotential der Form

$$\hat{V}(t) = \hat{v}e^{i\omega t} + \hat{v}^\dagger e^{-i\omega t}, \tag{18.1}$$

mit einer zeitlichen Periode ω und zwei zeitunabhängigen, aber möglicherweise orts- oder impulsabhängigen, zueinander hermitesch konjugierten Operatoren $\hat{v}, \hat{v}^\dagger$. Diese periodische Störung bewirkt dann wiederum Übergänge zwischen verschiedenen stationären Zuständen, im Unterschied zum Fall der konstanten Störung (Abschnitt 16) allerdings mit jeweils unterschiedlichen Energien, wie wir gleich sehen werden. Das Paradebeispiel hierfür ist die Wechselwirkung eines Quantensystems mit einem äußeren elektromagnetischen Feld, welches selbst allerdings nicht quantisiert wird.

Die Übergangsamplitude in erster Ordnung Störungstheorie ist

$$\begin{aligned} c_n^{(1)}(t) &= -\frac{i}{\hbar}\langle\psi_n|\hat{v}|\psi_m\rangle \int_0^t e^{i(\omega_{nm}+\omega)t'}dt' - \frac{i}{\hbar}\langle\psi_n|\hat{v}^\dagger|\psi_m\rangle \int_0^t e^{i(\omega_{nm}-\omega)t'}dt' \\ &= -\frac{1}{\hbar}\frac{\langle\psi_n|\hat{v}|\psi_m\rangle}{\omega_{nm}+\omega}\left(e^{i(\omega_{nm}+\omega)t} - 1\right) - \frac{1}{\hbar}\frac{\langle\psi_n|\hat{v}^\dagger|\psi_m\rangle}{\omega_{nm}-\omega}\left(e^{i(\omega_{nm}-\omega)t} - 1\right). \end{aligned} \tag{18.2}$$

Man beachte an dieser Stelle, dass

$$\langle\psi_n|\hat{v}^\dagger|\psi_m\rangle = \langle\psi_m|\hat{v}|\psi_n\rangle^*, \tag{18.3}$$

da $\hat{v}$ und $\hat{v}^\dagger$ zueinander hermitesch konjugiert sind.

Es ist im Vergleich mit (16.1) unschwer zu erkennen, dass beide Summanden in (18.2) von der gleichen Form wie beim konstanten Störpotential sind, mit der Ersetzung $\omega_{nm} \to \omega_{nm} \pm \omega$. Die Übergangswahrscheinlichkeit $P_{m\to n}(t)$ ist:

$$\begin{aligned} P_{m\to n}(t) &= \frac{1}{\hbar^2}\frac{|\langle\psi_n|\hat{v}|\psi_m\rangle|^2}{(\omega_{nm}+\omega)^2}\left|e^{i(\omega_{nm}+\omega)t} - 1\right|^2 + \frac{1}{\hbar^2}\frac{|\langle\psi_n|\hat{v}^\dagger|\psi_m\rangle|^2}{(\omega_{nm}-\omega)^2}\left|e^{i(\omega_{nm}-\omega)t} - 1\right|^2 \\ &\quad + P_{\text{misch}} \\ &= \frac{4}{\hbar^2}\frac{|\langle\psi_n|\hat{v}|\psi_m\rangle|^2}{(\omega_{nm}+\omega)^2}\sin^2\left(\frac{(\omega_{nm}+\omega)t}{2}\right) + \frac{4}{\hbar^2}\frac{|\langle\psi_n|\hat{v}^\dagger|\psi_m\rangle|^2}{(\omega_{nm}-\omega)^2}\sin^2\left(\frac{(\omega_{nm}-\omega)t}{2}\right) \\ &\quad + P_{\text{misch}}, \end{aligned} \tag{18.4}$$

mit dem Mischterm

$$\begin{aligned} P_{\text{misch}} &= \frac{2}{\hbar^2}\frac{\cos\omega t - \cos\omega_{nm}t}{\omega_{nm}^2 - \omega^2} \\ &\quad \times \left(e^{i\omega t}\langle\psi_n|\hat{v}|\psi_m\rangle\langle\psi_n|\hat{v}^\dagger|\psi_m\rangle^* + e^{-i\omega t}\langle\psi_n|\hat{v}|\psi_m\rangle^*\langle\psi_n|\hat{v}^\dagger|\psi_m\rangle\right). \end{aligned} \tag{18.5}$$

Für wachsendes t verhalten sich die ersten beiden Summanden in (18.4) wie im Fall der konstanten Störung und bilden zwei Extrema bei $\omega_{nm} = \pm\omega$ aus. Für $t \to \infty$ entarten sie

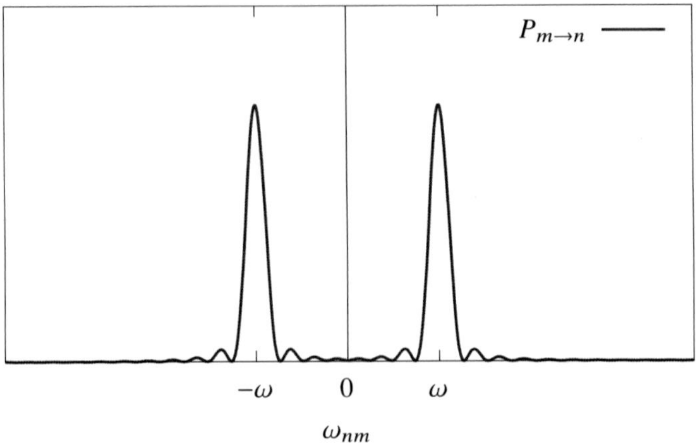

Abbildung 2.2: Die Übergangswahrscheinlichkeit $P_{m\to n}$ bei einer periodischen Störung für einen festen Zeitpunkt t. Zu erkennen sind die zwei sich für $t \longrightarrow \infty$ herausbildenden Maxima bei $\omega_{nm} = \pm\omega$.

zum Dirac-Funktional, vergleiche die Diskussion in Abschnitt 16. Der Mischterm (18.5) hingegen zeigt auch für $t \longrightarrow \infty$ ein gleichbleibend oszillatorisches Verhalten und wird daher im Vergleich zu den ersten beiden Summanden zunehmend unterdrückt. An den Stellen $\omega_{nm} = \pm\omega$ ist

$$P_{\text{misch}} = \frac{t}{\hbar^2}\left(\mathrm{e}^{\mathrm{i}\omega t}\,\langle\psi_n|\hat{v}|\psi_m\rangle\,\langle\psi_n|\hat{v}^\dagger|\psi_m\rangle^* + \mathrm{e}^{-\mathrm{i}\omega t}\,\langle\psi_n|\hat{v}|\psi_m\rangle^*\,\langle\psi_n|\hat{v}^\dagger|\psi_m\rangle\right),$$

und ist also linear in t, im Unterschied zum t^2-Verhalten der anderen beiden Summanden. Als Konsequenz kann der Mischterm für $t \longrightarrow \infty$ vollständig vernachlässigt werden, und wir erhalten für die Übergangsraten für $t \longrightarrow \infty$:

$$\begin{aligned} \Gamma^{\text{em}}_{m\to n} &= \frac{2\pi}{\hbar}|\langle\psi_n|\hat{v}|\psi_m\rangle|^2\delta(E_n - E_m + \hbar\omega), \\ \Gamma^{\text{abs}}_{m\to n} &= \frac{2\pi}{\hbar}|\langle\psi_n|\hat{v}^\dagger|\psi_m\rangle|^2\delta(E_n - E_m - \hbar\omega). \end{aligned} \tag{18.6}$$

Zusammenfassend lässt sich also sagen, dass für $t \longrightarrow \infty$ der Effekt einer periodischen Störung mit Frequenz ω auf ein Quantensystem in erster Ordnung Störungstheorie der einer Energieabfuhr oder -zufuhr ist, und zwar in quantisierten Einheiten $\hbar\omega$, wenn dies der Differenz zweier unterschiedlicher Energieeigenwerte des ungestörten Systems entspricht. Dazu in scharfem Kontrast steht der Effekt bei zeitlich konstanter Störung, in der nur Übergänge zwischen Zuständen gleicher Energie induziert werden, das System also weder Energie verliert, noch hinzugewinnt.

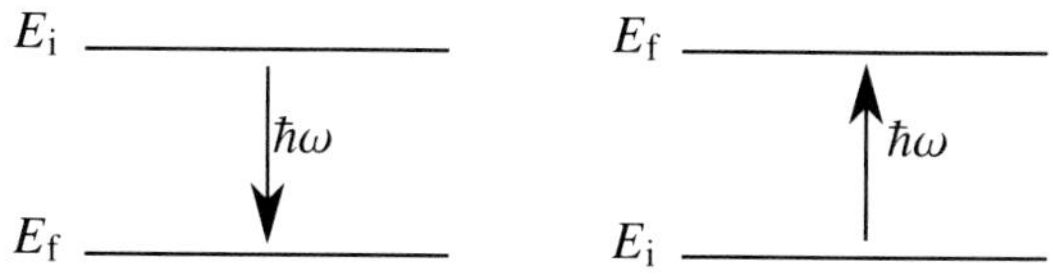

Abbildung 2.3: Eine periodische Störung führt zu stimulierter Emission (links) und Absorption (rechts).

Abbildung 2.2 zeigt die Übergangswahrscheinlichkeit als Funktion von ω_{nm} unter Vernachlässigung des Mischterms mit den beiden ausgeprägten Maxima bei $\omega_{nm} = \pm\omega$. Die Übergangswahrscheinlichkeit hat also dann ihren größten Wert, wenn die Frequenz des Störpotentials ω nahe der Übergangsfrequenz ω_{nm} ist. Man spricht hier von der **Resonanzbedingung** $\omega_{nm} = \pm\omega$. Abbildung 2.3 veranschaulicht den Vorgang: wenn $\omega_{nm} \approx -\omega$, findet ein Übergang des durch $\hat{H}_0$ bestimmten Systems von einem Zustand der Energie E zu einem Zustand der Energie $E - \hbar\omega$ statt. Dieser Vorgang wird als **stimulierte Emission** bezeichnet. Ist hingegen $\omega_{nm} \approx +\omega$, so findet ein Übergang von einem Zustand der Energie E zu einem Zustand der Energie $E + \hbar\omega$ statt, was als **stimulierte Absorption** bezeichnet wird. Diese Bezeichnungen antizipieren natürlich das Photonkonzept, das allerdings erst durch die quantenfeldtheoretische Betrachtung dieses Vorgangs begründet wird und Bestandteil der Quantenelektrodynamik ist (siehe Kapitel IV-1).

Betrachten wir im Falle der Absorption wieder ein Kontinuum an Endzuständen, so können wir wieder in völliger Analogie zum Fall der konstanten Störung die beiden Übergangsraten angeben für stimulierte Emission beziehungsweise Absorption:

$$\begin{aligned} \Gamma^{\text{em}}_{m\to\text{f}} &= \frac{2\pi}{\hbar}\overline{|\langle\Psi_\text{f}|\hat{v}|\psi_m\rangle|^2}\rho(E_\text{f})\Big|_{E_\text{f}=E_m-\hbar\omega}, \\ \Gamma^{\text{abs}}_{m\to\text{f}} &= \frac{2\pi}{\hbar}\overline{|\langle\Psi_\text{f}|\hat{v}^\dagger|\psi_m\rangle|^2}\rho(E_\text{f})\Big|_{E_\text{f}=E_m+\hbar\omega}. \end{aligned} \tag{18.7}$$

Das ist **Fermis Goldene Regel** für eine periodische Störung. Wegen (18.3) gilt:

$$\frac{\Gamma^{\text{em}}_{m\to\text{f}}}{\rho(E_\text{f})|_{E_\text{f}=E_m-\hbar\omega}} = \frac{\Gamma^{\text{abs}}_{m\to\text{f}}}{\rho(E_\text{f})|_{E_\text{f}=E_m+\hbar\omega}}. \tag{18.8}$$

Die Beziehung (18.8) wird als **detailliertes Gleichgewicht** (englisch: *''detailed balance''*) bezeichnet.

Energieverschiebung und Zerfallsbreite metastabiler Zustände

Wie in Abschnitt 17 für zeitlich konstante Störungen können wir auch bei periodischen Störungen Energieverschiebung und Zerfallsbreite metastabiler Zustände berechnen. Anstelle von (17.6) und (17.7) erhalten wir mit $v_{mn} := \langle\psi_m|\hat{v}|\psi_n\rangle$ und $\omega_{mn} = (E_m - E_n)/\hbar$ dann zunächst

$$c_m(t) = 1 - \frac{\mathrm{i}}{\hbar} v_{mm} \left(\frac{\mathrm{e}^{(\mathrm{i}\omega+\eta)t}}{\mathrm{i}\omega+\eta} + \frac{\mathrm{e}^{(-\mathrm{i}\omega+\eta)t}}{-\mathrm{i}\omega+\eta} \right) -$$
$$\left(-\frac{\mathrm{i}}{\hbar}\right)^2 \sum_n |v_{mn}|^2 \left[\frac{\mathrm{e}^{(2\mathrm{i}\omega+2\eta)t}}{(\mathrm{i}\omega_{nm}+\mathrm{i}\omega+\eta)(2\mathrm{i}\omega+2\eta)} + \frac{\mathrm{e}^{2\eta t}}{2\eta(\mathrm{i}\omega_{nm}+\mathrm{i}\omega+\eta)} \right.$$
$$\left. + \frac{\mathrm{e}^{(-2\mathrm{i}\omega+2\eta)t}}{(\mathrm{i}\omega_{nm}-\mathrm{i}\omega+\eta)(-2\mathrm{i}\omega+2\eta)} + \frac{\mathrm{e}^{2\eta t}}{2\eta(\mathrm{i}\omega_{nm}-\mathrm{i}\omega+\eta)} \right]$$

und

$$\dot{c}_m(t) = -\frac{\mathrm{i}}{\hbar} v_{mm} \left(\mathrm{e}^{(\mathrm{i}\omega+\eta)t} + \mathrm{e}^{(-\mathrm{i}\omega+\eta)t} \right) +$$
$$\left(-\frac{\mathrm{i}}{\hbar}\right)^2 \sum_n |v_{mn}|^2 \left[\frac{\mathrm{e}^{(2\mathrm{i}\omega+2\eta)t}}{\mathrm{i}\omega_{nm}+\mathrm{i}\omega+\eta} + \frac{\mathrm{e}^{2\eta t}}{\mathrm{i}\omega_{nm}+\mathrm{i}\omega+\eta} + \frac{\mathrm{e}^{(-2\mathrm{i}\omega+2\eta)t}}{\mathrm{i}\omega_{nm}-\mathrm{i}\omega+\eta} + \frac{\mathrm{e}^{2\eta t}}{\mathrm{i}\omega_{nm}-\mathrm{i}\omega+\eta} \right]$$

und somit im Limes $\eta \to 0$:

$$\frac{\dot{c}_m(t)}{c_m(t)} \approx$$
$$-\frac{\mathrm{i}}{\hbar} \underbrace{\left(v_{mm} \left(\mathrm{e}^{\mathrm{i}\omega t} + \mathrm{e}^{-\mathrm{i}\omega t} \right) + \sum_{n \neq m} |v_{mn}|^2 \left[\frac{\mathrm{e}^{2\mathrm{i}\omega t}+1}{E_m - E_n - \hbar\omega + \mathrm{i}\eta} + \frac{\mathrm{e}^{-2\mathrm{i}\omega t}+1}{E_m - E_n + \hbar\omega + \mathrm{i}\eta} \right] \right)}_{\Lambda_m(t)}, \tag{18.9}$$

wobei $\Lambda_m(t)$ eine periodische Funktion der Zeit, was nach entsprechender Mittelung ergibt:

$$\bar{\Lambda}_m = \sum_{n \neq m} |v_{mn}|^2 \left[\frac{1}{E_m - E_n - \hbar\omega + \mathrm{i}\eta} + \frac{1}{E_m - E_n + \hbar\omega + \mathrm{i}\eta} \right]. \tag{18.10}$$

Mit Hilfe der Dispersionsformel (I-24.33) erhalten wir dann wieder Energieverschiebung und Zerfallsbreite des metastabilen Zustands

$$E_m^{\Delta} = \mathrm{Re}\,\bar{\Lambda}_m = \mathrm{P} \sum_{n \neq m} |v_{mn}|^2 \left[\frac{1}{E_m - E_n - \hbar\omega} + \frac{1}{E_m - E_n + \hbar\omega} \right], \tag{18.11}$$

$$-\frac{\Gamma_m}{2} = \mathrm{Im}\,\bar{\Lambda}_m = -\pi \sum_{n \neq m} |v_{mn}|^2 \left(\delta(E_m - E_n - \hbar\omega) + \delta(E_m - E_n + \hbar\omega) \right), \tag{18.12}$$

und je nach dem, ob $E_n < E_m$ oder $E_n > E_m$ (sprich ob Emission oder Absorption stattfindet), trägt entweder nur der erste oder der zweite Term bei.

19 Semiklassische Behandlung von Strahlungsübergängen I: Absorptionsquerschnitt und Photoeffekt

Die Paradeanwendung der Ausführungen im vorangegangenen Abschnitt 18 ist die Wechselwirkung eines atomaren Elektrons mit einem äußeren elektromagnetischen Feld in semiklassischer Näherung. Semiklassisch bedeutet: das elektromagnetische Feld wird selbst keiner Quantisierung unterworfen, sondern es ist lediglich eine Funktion des quantenmechanischen Ortsoperators $\hat{\boldsymbol{r}}$. Hierzu führen wir einige Vorbetrachtungen aus der klassischen Elektrodynamik durch.

Wiederholungen aus der klassischen Elektrodynamik: die Coulomb-Eichung
Die Maxwell-Gleichungen

$$\begin{aligned}
\nabla \cdot \boldsymbol{E}(\boldsymbol{r},t) &= 4\pi\rho(\boldsymbol{r},t),\\
\nabla \times \boldsymbol{E}(\boldsymbol{r},t) &= -\frac{1}{c}\frac{\partial \boldsymbol{B}(\boldsymbol{r},t)}{\partial t},\\
\nabla \cdot \boldsymbol{B}(\boldsymbol{r},t) &= 0,\\
\nabla \times \boldsymbol{B}(\boldsymbol{r},t) &= \frac{4\pi}{c}\boldsymbol{j}(\boldsymbol{r},t) + \frac{1}{c}\frac{\partial \boldsymbol{E}(\boldsymbol{r},t)}{\partial t},
\end{aligned}$$

mit der Ladungsdichte $\rho(\boldsymbol{r},t)$ und der Stromdichte $\boldsymbol{j}(\boldsymbol{r},t)$, führen nach Einführung des skalaren Potentials $\phi(\boldsymbol{r},t)$ und des Vektorpotentials $\boldsymbol{A}(\boldsymbol{r},t)$ gemäß:

$$\boldsymbol{E}(\boldsymbol{r},t) = -\nabla\phi(\boldsymbol{r},t) - \frac{1}{c}\frac{\partial \boldsymbol{A}(\boldsymbol{r},t)}{\partial t}, \tag{19.1a}$$

$$\boldsymbol{B}(\boldsymbol{r},t) = \nabla \times \boldsymbol{A}(\boldsymbol{r},t), \tag{19.1b}$$

zu den Potentialgleichungen:

$$-\nabla^2\phi(\boldsymbol{r},t) - \frac{1}{c}\frac{\partial}{\partial t}\left[\nabla \cdot \boldsymbol{A}(\boldsymbol{r},t)\right] = 4\pi\rho(\boldsymbol{r},t), \tag{19.2a}$$

$$\left(\frac{1}{c^2}\frac{\partial^2}{\partial t^2} - \nabla^2\right)\boldsymbol{A}(\boldsymbol{r},t) + \nabla\left(\frac{1}{c}\frac{\partial\phi(\boldsymbol{r},t)}{\partial t} + \nabla \cdot \boldsymbol{A}(\boldsymbol{r},t)\right) = \frac{4\pi}{c}\boldsymbol{j}(\boldsymbol{r},t), \tag{19.2b}$$

und die homogenen Maxwell-Gleichungen sind trivialerweise erfüllt.

Wir wählen im Folgenden die **Coulomb-Eichung**

$$\nabla \cdot \boldsymbol{A}(\boldsymbol{r},t) \equiv 0, \tag{19.3}$$

auch **transversale Eichung** oder **Strahlungseichung** genannt – aus Gründen, die gleich klar werden. Die Coulomb-Eichung kann bei gegebenen Potentialen $\phi(\boldsymbol{r},t), \boldsymbol{A}(\boldsymbol{r},t)$ stets durch eine Eichtransformation

$$\begin{aligned}
\phi(\boldsymbol{r},t) \mapsto \phi'(\boldsymbol{r},t) &= \phi(\boldsymbol{r},t) - \frac{1}{c}\frac{\partial\chi(\boldsymbol{r},t)}{\partial t},\\
\boldsymbol{A}(\boldsymbol{r},t) \mapsto \boldsymbol{A}'(\boldsymbol{r},t) &= \boldsymbol{A}(\boldsymbol{r},t) + \nabla\chi(\boldsymbol{r},t),
\end{aligned}$$

erreicht werden, wobei die Eichfunktion $\chi(\boldsymbol{r},t)$ dann gegeben ist durch

$$\chi(\boldsymbol{r},t) = \int_{\mathbb{R}^3} \frac{\nabla' \cdot \boldsymbol{A}(\boldsymbol{r}',t)}{|\boldsymbol{r}-\boldsymbol{r}'|} \mathrm{d}^3\boldsymbol{r}',$$

so dass

$$\nabla \cdot \boldsymbol{A}'(\boldsymbol{r},t) = \nabla \cdot (\boldsymbol{A}(\boldsymbol{r},t) + \nabla\chi(\boldsymbol{r},t)) = 0,$$

weil $\chi(\boldsymbol{r},t)$ die Poisson-Gleichung

$$\nabla^2\chi(\boldsymbol{r},t) = -\nabla \cdot \boldsymbol{A}(\boldsymbol{r},t)$$

erfüllt. Die Coulomb-Eichung ist grundsätzlich nicht eindeutig: zur Eichfunktion kann stets noch eine Lösung der Laplace-Gleichung $\nabla^2\chi(\boldsymbol{r},t) = 0$ hinzuaddiert werden. Unter der Randbedingung, dass die Eichfunktion $\chi(\boldsymbol{r},t)$ im Unendlichen verschwindet, kommt aber als einzige Lösung $\chi(\boldsymbol{r},t) \equiv 0$ in Frage, so dass die Coulomb-Eichung dann sehr wohl eindeutig ist. Man sagt, die Coulomb-Eichung sei eine **vollständige Eichung**. Die Potentialgleichungen (19.2) lauten dann:

$$-\nabla^2\phi(\boldsymbol{r},t) = 4\pi\rho(\boldsymbol{r},t), \tag{19.4a}$$

$$\left(\frac{1}{c^2}\frac{\partial^2}{\partial t^2} - \nabla^2\right)\boldsymbol{A}(\boldsymbol{r},t) + \frac{1}{c}\frac{\partial}{\partial t}\left[\nabla\phi(\boldsymbol{r},t)\right] = \frac{4\pi}{c}\boldsymbol{j}(\boldsymbol{r},t), \tag{19.4b}$$

Insbesondere die Poisson-Gleichung (19.4a) für das skalare Potential $\phi(\boldsymbol{r},t)$ ist interessant, da sie identisch ist wie für den Fall eines statischen skalaren Potentials $\phi(\boldsymbol{r})$. Als Folge ist die Lösung von (19.4a) nichts anderes als die statische Coulomb-Lösung

$$\phi(\boldsymbol{r},t) = \int_{\mathbb{R}^3} \frac{\rho(\boldsymbol{r}',t)}{|\boldsymbol{r}-\boldsymbol{r}'|} \mathrm{d}^3\boldsymbol{r}', \tag{19.5}$$

ein bemerkenswertes, wenn auch nicht völlig überraschendes Ergebnis! Das Coulomb-Potential (19.5) heißt **instantan**, weil es von der Ladungsdichte $\rho(\boldsymbol{r},t)$ zu einem festen Zeitpunkt t abhängt und damit im Gegensatz steht zu einem retardierten Ausdruck der Form

$$\phi(\boldsymbol{r},t) = \int_{\mathbb{R}^3} \frac{\rho(\boldsymbol{r}',t-|\boldsymbol{r}-\boldsymbol{r}'|/c)}{|\boldsymbol{r}-\boldsymbol{r}'|} \mathrm{d}^3\boldsymbol{r}',$$

welcher die endliche Ausbreitungsgeschwindigkeit von Signalen berücksichtigt. Letztlich drückt sich in (19.5) lediglich die Tatsache aus, dass die Coulomb-Eichung nicht manifest kovariant ist und auch, dass Potentiale keine physikalisch messbaren Größen darstellen.

Gleichung (19.4b) stellt sicher, dass bei Festlegung der Coulomb-Eichung zu einem Zeitpunkt $t = t_0$ diese dann für alle Zeiten t gilt. Schreibt man (19.4b) wie folgt:

$$\left(\frac{1}{c^2}\frac{\partial^2}{\partial t^2} - \nabla^2\right)\boldsymbol{A}(\boldsymbol{r},t) = \frac{4\pi}{c}\boldsymbol{j}(\boldsymbol{r},t) - \frac{1}{c}\frac{\partial}{\partial t}\left[\nabla\phi(\boldsymbol{r},t)\right]$$

und nimmt auf beiden Seiten die Divergenz, erhält man

$$\begin{aligned}\left(\frac{1}{c^2}\frac{\partial^2}{\partial t^2}-\nabla^2\right)\nabla\cdot\boldsymbol{A}(\boldsymbol{r},t) &= \frac{4\pi}{c}\nabla\cdot\boldsymbol{j}(\boldsymbol{r},t)-\frac{1}{c}\frac{\partial}{\partial t}\left[\nabla^2\phi(\boldsymbol{r},t)\right]\\ &= \frac{4\pi}{c}\left[\nabla\cdot\boldsymbol{j}(\boldsymbol{r},t)+\frac{\partial}{\partial t}\rho(\boldsymbol{r},t)\right]=0,\end{aligned}$$

mit Hilfe der Kontinuitätsgleichung der klassischen Elektrodynamik. Gilt daher $\nabla\cdot\boldsymbol{A}(\boldsymbol{r},t_0)\equiv 0$, verschwindet dann auch $\nabla^2[\nabla\cdot\boldsymbol{A}(\boldsymbol{r},t)]$ und damit auch $\partial^2\boldsymbol{A}(\boldsymbol{r},t)/\partial t^2$ an der Stelle t_0. Somit gilt die Coulomb-Eichung für alle Zeiten t.

Ein expliziter Ausdruck für das zeitabhängige Vektorpotential $\boldsymbol{A}(\boldsymbol{r},t)$ in Coulomb-Eichung wurde interessanterweise erst in jüngerer Zeit ausgerechnet [Jac02]:

$$\boldsymbol{A}(\boldsymbol{r},t)=-c\nabla\times\int\mathrm{d}^3\boldsymbol{r}'\int_0^{|\boldsymbol{r}-\boldsymbol{r}'|/c}\mathrm{d}t'\,t'\,\boldsymbol{j}(\boldsymbol{r}',t-t')\times\frac{\boldsymbol{r}-\boldsymbol{r}'}{|\boldsymbol{r}-\boldsymbol{r}'|^2},\tag{19.6}$$

beziehungsweise in Form eines instantanen Ausdrucks [Ste03]:

$$\boldsymbol{A}(\boldsymbol{r},t)=\frac{1}{4\pi}\nabla\times\int\mathrm{d}^3\boldsymbol{r}'\frac{\boldsymbol{B}(\boldsymbol{r}',t)}{|\boldsymbol{r}-\boldsymbol{r}'|}.\tag{19.7}$$

Wir betrachten nun den Fall freier Felder, also die Abwesenheit von Ladungen und Strömen ($\rho\equiv 0$, $\boldsymbol{j}\equiv\boldsymbol{0}$). Die Potentialgleichungen (19.2) lauten dann:

$$\nabla^2\phi(\boldsymbol{r},t)=0,\tag{19.8a}$$

$$\left(\frac{1}{c^2}\frac{\partial^2}{\partial t^2}-\nabla^2\right)\boldsymbol{A}(\boldsymbol{r},t)+\frac{1}{c}\frac{\partial}{\partial t}\left[\nabla\phi(\boldsymbol{r},t)\right]=0.\tag{19.8b}$$

Für das skalare Potential $\phi(\boldsymbol{r},t)$ muss also die Laplace-Gleichung (19.8a) erfüllt sein, die unter der Randbedingung, dass $\phi(\boldsymbol{r},t)$ im Unendlichen verschwindet, als einzige Lösung $\phi(\boldsymbol{r},t)\equiv 0$ besitzt. Daher erfüllen die Komponenten des Vektorpotentials die einfache Wellengleichung

$$\left(\frac{1}{c^2}\frac{\partial^2}{\partial t^2}-\nabla^2\right)\boldsymbol{A}(\boldsymbol{r},t)=0.\tag{19.9}$$

Aus (19.1) für die Felder wird dann einfach:

$$\boldsymbol{E}(\boldsymbol{r},t)=-\frac{1}{c}\frac{\partial\boldsymbol{A}(\boldsymbol{r},t)}{\partial t},\tag{19.10a}$$

$$\boldsymbol{B}(\boldsymbol{r},t)=\nabla\times\boldsymbol{A}(\boldsymbol{r},t).\tag{19.10b}$$

Die einfallende Strahlung sei nun monochromatisch und linear polarisiert. Wir wählen daher als Lösung für die Wellengleichung (19.9) eine ebene Welle mit Frequenz ω, Polarisationsvektor $\boldsymbol{\epsilon}$ und Wellenvektor $\boldsymbol{k}$:

$$\boldsymbol{A}(\boldsymbol{r},t)=A_0\boldsymbol{\epsilon}\mathrm{e}^{\mathrm{i}(\boldsymbol{k}\cdot\boldsymbol{r}-\omega t)}+A_0^*\boldsymbol{\epsilon}\mathrm{e}^{-\mathrm{i}(\boldsymbol{k}\cdot\boldsymbol{r}-\omega t)},\tag{19.11}$$

und es ist aufgrund der Coulomb-Eichung

$$\boldsymbol{k} \cdot \boldsymbol{A}(\boldsymbol{r}, t) = \boldsymbol{k} \cdot \boldsymbol{\epsilon} = 0, \tag{19.12}$$

das heißt, das Feld ist **transversal**. Ferner gilt die Dispersionsrelation $|\boldsymbol{k}| = \omega/c$. Per Konstruktion ist $\boldsymbol{A}(\boldsymbol{r}, t)$ damit reell, und das elektrische und magnetische Feld ergibt sich dann mit (19.10) jeweils zu:

$$\boldsymbol{E}(\boldsymbol{r}, t) = \mathrm{i}|\boldsymbol{k}| \left(A_0 \boldsymbol{\epsilon} \mathrm{e}^{\mathrm{i}(\boldsymbol{k}\cdot\boldsymbol{r}-\omega t)} - A_0^* \boldsymbol{\epsilon} \mathrm{e}^{-\mathrm{i}(\boldsymbol{k}\cdot\boldsymbol{r}-\omega t)} \right), \tag{19.13}$$

$$\boldsymbol{B}(\boldsymbol{r}, t) = \mathrm{i}\boldsymbol{k} \times \left(A_0 \boldsymbol{\epsilon} \mathrm{e}^{\mathrm{i}(\boldsymbol{k}\cdot\boldsymbol{r}-\omega t)} - A_0^* \boldsymbol{\epsilon} \mathrm{e}^{-\mathrm{i}(\boldsymbol{k}\cdot\boldsymbol{r}-\omega t)} \right), \tag{19.14}$$

woran man sieht, dass die Felder $\boldsymbol{E}(\boldsymbol{r}, t)$, $\boldsymbol{B}(\boldsymbol{r}, t)$ und der Wellenvektor $\boldsymbol{k}$ jeweils orthogonal zueinander sind, woraus sich der Name „transversale Eichung“ erklärt. Außerdem ist $|\boldsymbol{E}(\boldsymbol{r}, t)| = |\boldsymbol{B}(\boldsymbol{r}, t)|$. Energiedichte $u(\boldsymbol{r}, t)$ und Energieflussdichte (Poynting-Vektor) $\boldsymbol{S}(\boldsymbol{r}, t)$ sind dann gegeben durch

$$\begin{aligned} u(\boldsymbol{r}, t) &= \frac{1}{8\pi} \left(|\boldsymbol{E}(\boldsymbol{r}, t)|^2 + |\boldsymbol{B}(\boldsymbol{r}, t)|^2 \right), \\ &= \frac{\omega^2}{\pi c^2} |A_0|^2 \sin^2(\boldsymbol{k} \cdot \boldsymbol{r} - \omega t), \end{aligned} \tag{19.15}$$

$$\begin{aligned} \boldsymbol{S}(\boldsymbol{r}, t) &= \frac{c}{4\pi} \left(\boldsymbol{E}(\boldsymbol{r}, t) \times \boldsymbol{B}(\boldsymbol{r}, t) \right), \\ &= \frac{ck}{\pi} |A_0|^2 \sin^2(\boldsymbol{k} \cdot \boldsymbol{r} - \omega t) \boldsymbol{k}. \end{aligned} \tag{19.16}$$

Damit ist

$$|\boldsymbol{S}(\boldsymbol{r}, t)| = \frac{\omega^2}{\pi c} |A_0|^2 \sin^2(\boldsymbol{k} \cdot \boldsymbol{r} - \omega t), \tag{19.17}$$

und die zeitlichen und räumlichen Mittelwerte über eine vollständige Periode sind

$$\overline{u}_{\mathrm{av}}(\omega) = \frac{\omega^2}{2\pi c^2} |A_0|^2, \tag{19.18}$$

$$\overline{S}_{\mathrm{av}}(\omega) = \frac{\omega^2}{2\pi c} |A_0|^2 = c\overline{u}_{\mathrm{av}}(\omega). \tag{19.19}$$

Übergangsraten und Absorptionsquerschnitt

Wir kehren nun wieder zur Quantenmechanik in erster Ordnung zeitabhängiger Störungstheorie zurück. Das Störpotential $\hat{V}(\hat{\boldsymbol{r}}, t)$ leitet sich nun aus (II-33.5) ab und ist für $q = -e$ gegeben durch

$$\hat{V}(\hat{\boldsymbol{r}}, t) = \frac{e}{m_{\mathrm{e}} c} \hat{\boldsymbol{A}}(\hat{\boldsymbol{r}}, t) \cdot \hat{\boldsymbol{p}} + \frac{e}{m_{\mathrm{e}} c} \hat{\boldsymbol{S}} \cdot \hat{\boldsymbol{B}}(\hat{\boldsymbol{r}}, t) + \frac{e^2}{2 m_{\mathrm{e}} c^2} \hat{\boldsymbol{A}}(\hat{\boldsymbol{r}}, t)^2. \tag{19.20}$$

Wie bei der Betrachtung des Zeeman-Effekts in Abschnitt 5 vernachlässigen wir den in $\hat{\boldsymbol{A}}$ quadratischen Term. Außerdem können wir mit (19.14) abschätzen, dass der spinabhängige Term in (19.20) gegenüber dem ersten Summanden unterdrückt ist gemäß:

$$\frac{\|\hat{\boldsymbol{S}} \cdot \hat{\boldsymbol{B}}\|}{\|\hat{\boldsymbol{A}} \cdot \hat{\boldsymbol{p}}\|} \sim \frac{\hbar k}{p} \approx \frac{a_0}{\lambda} \sim 10^{-3},$$

mit dem Borschen Atomradius $a_0 \approx 10^{-10}$ m und mit Wellenlängen, die im (optischen) Spektralbereich der Atomphysik im Bereich $\lambda \approx 10^{-6}$ m bis $\lambda \approx 10^{-7}$ m liegen. Damit kann man den spinabhängigen Term ebenfalls zunächst vernachlässigen, so dass sich (19.20) vereinfacht zu

$$\hat{V}(\hat{\boldsymbol{r}}, t) = \frac{e}{m_e c} \hat{\boldsymbol{A}}(\hat{\boldsymbol{r}}, t) \cdot \hat{\boldsymbol{p}} \tag{19.21}$$

und $\hat{V}(t)$ somit die Form eines harmonischen Störpotentials (18.1) besitzt:

$$\hat{V}(\hat{\boldsymbol{r}}, t) = \hat{v}(\hat{\boldsymbol{r}}) \mathrm{e}^{\mathrm{i}\omega t} + \hat{v}^\dagger(\hat{\boldsymbol{r}}) \mathrm{e}^{-\mathrm{i}\omega t}, \tag{19.22}$$

mit

$$\hat{v}(\hat{\boldsymbol{r}}) = \frac{e}{m_e c} A_0^* \mathrm{e}^{-\mathrm{i}\boldsymbol{k} \cdot \hat{\boldsymbol{r}}} \boldsymbol{\epsilon} \cdot \hat{\boldsymbol{p}}, \tag{19.23a}$$

$$\hat{v}^\dagger(\hat{\boldsymbol{r}}) = \frac{e}{m_e c} A_0 \mathrm{e}^{\mathrm{i}\boldsymbol{k} \cdot \hat{\boldsymbol{r}}} \boldsymbol{\epsilon} \cdot \hat{\boldsymbol{p}}. \tag{19.23b}$$

Gemäß (18.6) ergeben sich somit die Übergangsraten für stimulierte Emission und Absorption:

$$\begin{aligned} \Gamma^{\mathrm{em}}_{m \to n} &= \frac{2\pi e^2 |A_0|^2}{\hbar m_e^2 c^2} \left| \langle \psi_n | \mathrm{e}^{-\mathrm{i}\boldsymbol{k} \cdot \hat{\boldsymbol{r}}} \boldsymbol{\epsilon} \cdot \hat{\boldsymbol{p}} | \psi_m \rangle \right|^2 \delta(E_n - E_m + \hbar\omega), \\ \Gamma^{\mathrm{abs}}_{m \to n} &= \frac{2\pi e^2 |A_0|^2}{\hbar m_e^2 c^2} \left| \langle \psi_n | \mathrm{e}^{\mathrm{i}\boldsymbol{k} \cdot \hat{\boldsymbol{r}}} \boldsymbol{\epsilon} \cdot \hat{\boldsymbol{p}} | \psi_m \rangle \right|^2 \delta(E_n - E_m - \hbar\omega). \end{aligned} \tag{19.24}$$

Verwendet man (19.19) für die Energieflussdichte, so kann man (19.24) auch schreiben:

$$\begin{aligned} \Gamma^{\mathrm{em}}_{m \to n} &= \frac{4\pi^2 \alpha \overline{S}_{\mathrm{av}}(\omega)}{\omega^2 m_e^2} \left| \langle \psi_n | \mathrm{e}^{-\mathrm{i}\boldsymbol{k} \cdot \hat{\boldsymbol{r}}} \boldsymbol{\epsilon} \cdot \hat{\boldsymbol{p}} | \psi_m \rangle \right|^2 \delta(E_n - E_m + \hbar\omega), \\ \Gamma^{\mathrm{abs}}_{m \to n} &= \frac{4\pi^2 \alpha \overline{S}_{\mathrm{av}}(\omega)}{\omega^2 m_e^2} \left| \langle \psi_n | \mathrm{e}^{\mathrm{i}\boldsymbol{k} \cdot \hat{\boldsymbol{r}}} \boldsymbol{\epsilon} \cdot \hat{\boldsymbol{p}} | \psi_m \rangle \right|^2 \delta(E_n - E_m - \hbar\omega), \end{aligned} \tag{19.25}$$

mit der Feinstrukturkonstanten $\alpha = e^2/(\hbar c)$.

Bei verschwindendem Feld ($\hat{\boldsymbol{A}}(\hat{\boldsymbol{r}}, t) \equiv 0$) zeigen (19.24) beziehungsweise (19.25), dass es keinerlei Übergänge zwischen Eigenzuständen von $\hat{H}_0$ gibt. In anderen Worten: es gibt keine **spontane Emission**. Dies widerspricht selbstverständlich dem experimentellen Befund, und wir werden in Kapitel IV-1 zeigen, dass erst die zusätzliche Quantisierung des elektromagnetischen Feldes diese erklären kann und erst die Quantenelektrodynamik eine konsistente theoretische Beschreibung des geschlossenen Gesamtsystems aus Materie und Strahlung ermöglicht.

Der **Absorptionsquerschnitt** $\sigma_{\text{abs}}(\omega)$ wird nun implizit dadurch definiert, dass die absorbierte Energie pro Zeiteinheit gegeben ist durch

$$\frac{\mathrm{d}E}{\mathrm{d}t} = \sigma_{\text{abs}}(\omega)\overline{S}_{\text{av}}(\omega), \tag{19.26}$$

und er besitzt somit die Dimension einer Fläche. Diese Absorptionsleistung (19.26) wiederum ist ja offensichtlich gegeben durch

$$\begin{aligned}\frac{\mathrm{d}E}{\mathrm{d}t} &= \hbar\omega\Gamma^{\text{abs}}_{\text{i}\to\text{f}} \\ &= \frac{4\pi^2\hbar\alpha\overline{S}_{\text{av}}(\omega)}{\omega m_{\text{e}}^2}\left|\langle\psi_n\,|\,\mathrm{e}^{\mathrm{i}\boldsymbol{k}\cdot\hat{\boldsymbol{r}}}\boldsymbol{\epsilon}\cdot\hat{\boldsymbol{p}}\,|\,\psi_m\rangle\right|^2\delta(E_n - E_m - \hbar\omega).\end{aligned} \tag{19.27}$$

Setzt man nun (19.26) und (19.27) gleich, erhält man für den Absorptionsquerschnitt den Ausdruck

$$\sigma_{\text{abs}}(\omega) = \frac{4\pi^2\hbar\alpha}{\omega m_{\text{e}}^2}\left|\langle\psi_n\,|\,\mathrm{e}^{\mathrm{i}\boldsymbol{k}\cdot\hat{\boldsymbol{r}}}\boldsymbol{\epsilon}\cdot\hat{\boldsymbol{p}}\,|\,\psi_m\rangle\right|^2\delta(E_n - E_m - \hbar\omega), \tag{19.28}$$

so dass der über ω **integrierte Absorptionsquerschnitt** für den Übergang $|\psi_m\rangle \to |\psi_n\rangle$ gegeben ist durch:

$$\int_{-\infty}^{\infty}\sigma_{\text{abs}}(\omega)\mathrm{d}\omega = \frac{4\pi^2\alpha}{\omega m_{\text{e}}^2}\left|\langle\psi_n\,|\,\mathrm{e}^{\mathrm{i}\boldsymbol{k}\cdot\hat{\boldsymbol{r}}}\boldsymbol{\epsilon}\cdot\hat{\boldsymbol{p}}\,|\,\psi_m\rangle\right|^2\Bigg|_{\hbar\omega=E_n-E_m}. \tag{19.29}$$

Betrachten wir alle möglichen Übergänge von einem gegebenen Anfangszustand $|\psi_m\rangle$ zu beliebigem Endzustand $|\psi_n\rangle$, so ist über n zu summieren. Wir kommen in Abschnitt 20 darauf zurück.

Der Photoeffekt

Obwohl die Erklärung des Photoeffekts von Albert Einstein 1905 durch das Photonkonzept den Grundgedanken zur später ausgearbeiteten Quantenelektrodynamik und damit einer Quantenfeldtheorie in sich trug, lässt sich dieser vollkommen hinreichend in semiklassischer Näherung erklären, natürlich unter Inkaufnahme dessen, dass in diesem Formalismus der Erhaltung der Gesamtenergie – wie bereits in Abschnitt 15 eingangs erläutert – nicht Rechnung getragen wird. Gregor Wentzel, der uns namentlich bereits in den Abschnitten I-27 und I-39 begegnet ist, hat den Photoeffekt bereits 1926–1927 quantenmechanisch beschrieben [Wen26b; Wen27a], im übrigen noch vor dem Aufstellen von „Fermis Goldener Regel" von Dirac [Dir27], die Wentzel unabhängig und etwas früher als Dirac selbst im Rahmen der Berechnung des Auger-Effekts fand [Wen27b].

Gregor Wentzel wird in der Literatur ohnehin viel zu wenig Beachtung geschenkt. An dieser Stelle sei nur noch so viel erwähnt, dass sein Buch *„Einführung in die Quantentheorie* *der Wellenfelder*" von 1943 das erste und lange Zeit einzige Lehrwerk zur Quantenfeldtheorie war und vor allem für britische und US-amerikanische Physiker nach dem Zweiten Weltkrieg hauptsächlich dadurch zugänglich war, dass während der Nazizeit ins Ausland emigrierte deutsche Physiker es mit ins Exil gebracht haben. 1949 erschien dann endlich die sehnlichst ewartete englische Übersetzung. Wie viele andere ein Abgänger der berühmten Sommerfeld-Schule, hielt Wentzel nach seiner Habilitation Professuren in Leipzig und Zürich inne, bevor er 1948 in die USA auswanderte und eine Professur an der University of Chicago erhielt.

Einen gewissen ironischen Beigeschmack erhält die semiklassische Betrachtung des Photoeffekts wie auch die gesamte semiklassische Behandlung des Strahlungsfelds im Rahmen der zeitabhängigen Störungstheorie dadurch, dass 1924 – kurz vor Heisenbergs „magischer Arbeit" – ein letzter Versuch unternommen wurde, das nicht vollkommen akzeptierte Photonbild zu verwerfen und durch ein klassisches elektromagnetisches Feld zu ersetzen [BKS24a; BKS24b]. In dieser von Bohr, Kramers und Slater vorgetragenen Hypothese sollten die atomaren Elektronen nur noch als „virtuelle Oszillatoren" fungieren, die durch dieses äußere Feld angeregt wurden und die umgekehrt auch dieses Feld anregten. Insbesondere Bohr war in diesem eher halbgaren, auch als „BKS-Theorie" bezeichneten Modell gewillt, lieber auf Energie- und Impulserhaltungssatz zu verzichten, als Lichtquanten zu akzeptieren. Am Ende entsprach das Modell aber insbesondere beim Compton-Effekt nicht den experimentellen Befunden (siehe die Ausführungen zum Bothe–Geiger-Experiment am Ende von Abschnitt I-4) und verschwand nicht zuletzt dadurch in der Versenkung, dass nicht einmal ein Jahr später Heisenberg die Quantenmechanik formulierte.

Das BKS-Modell enthält einige Zutaten der semiklassischen Betrachtung, hatte aber leider eine falsche primäre Zielsetzung, nämlich die Abschaffung des Photons und damit eine Aufgabe der von Anfang an gesamtheitlichen Betrachtung von Licht und Materie vor dem Hintergrund des Welle-Teilchen-Dualismus, wie sie durch die spätere Quantenfeldtheorie inkorporiert wird. Die mathematischen Techniken, die im Modell der virtuellen Oszillatoren ansatzweise erarbeitet wurden, stellten allerdings die Grundlage dar von Heisenbergs Matrizenmechanik sowie der Entwicklung der semiklassischen Dispersionstheorie durch Kramers und Heisenberg (siehe die Anmerkungen hierzu in Abschnitt 20). Die Kramers–Heisenberg-Dispersionsformel werden wir allerdings in Abschnitt IV-8 im Rahmen der nichtrelativistischen Quantenelektrodynamik ableiten. Letztlich zeigt sich nunmal, dass es elektromagnetische Phänomene gibt, die semiklassisch hinreichend gut erklärt werden können. Man lese das schöne Review [Hen81] zur Geschichte und Rezeption der BKS-Theorie, sowie auch [Dre87, Kapitel 8].

Zurück zum Photoeffekt. Da der Endzustand $|\Psi_\mathrm{f}\rangle$ im Kontinuum liegt, ist als Ausgangspunkt Fermis Goldene Regel (18.7) für periodische Störungen zu nehmen:

$$\Gamma^{\mathrm{abs}}_{\mathrm{i}\to\mathrm{f}} = \frac{4\pi^2\alpha\overline{S}_{\mathrm{av}}(\omega)}{\omega^2 m_\mathrm{e}^2} \left|\langle\Psi_\mathrm{f}\,|\,\mathrm{e}^{\mathrm{i}\boldsymbol{k}\cdot\hat{\boldsymbol{r}}}\boldsymbol{\epsilon}\cdot\hat{\boldsymbol{p}}\,|\,\Psi_\mathrm{i}\rangle\right|^2 \rho(E_\mathrm{f})\Bigg|_{E_\mathrm{f}=E_\mathrm{i}+\hbar\omega}, \tag{19.30}$$

und es gilt zunächst, die Endzustandsdichte $\rho(E_\mathrm{f})$ zu berechnen. Hierzu treffen wir die vereinfachende Annahme, dass die emittierten Elektronen als frei angesehen werden können und für die Elektronzustände $|\Psi_\mathrm{f}\rangle = |\psi_{\boldsymbol{p}}\rangle$ gilt:

$$\langle \boldsymbol{r}|\Psi_\mathrm{f}\rangle = \frac{1}{L^{3/2}}\mathrm{e}^{\mathrm{i}\boldsymbol{p}\cdot\boldsymbol{r}/\hbar}. \tag{19.31}$$

Das ist physikalisch dann gerechtfertigt, wenn $\hbar\omega$ sehr viel größer ist als die Ionisierungsenergie des Atoms. Außerdem haben wir zunächst aus Regularisierungsgründen ein würfelförmiges endliches Volumen $V = L^3$ eingeführt und die Zustände $|\Psi_\mathrm{f}\rangle$ entsprechend normiert. Damit entspricht der Endzustand $|\Psi_\mathrm{f}\rangle$ dem eines freien Elektrons in einem dreidimensionalen endlichen Volumen, einem Würfel der Kantenlänge L. Im Unterschied zu einem unendlich hohen Kastenpotential wie in Abschnitt II-21, wo die Randbedingung lautet, dass die Wellenfunktion an und jenseits der Ränder verschwindet, wählen wir periodische Randbedingungen. Dann ist

$$p_i = n_i\frac{2\pi\hbar}{L}, \tag{19.32}$$

woraus folgt

$$E_\mathrm{f} = E_{\boldsymbol{p}} = \frac{2\pi^2\hbar^2}{m_\mathrm{e}L^2}\left(n_x^2 + n_y^2 + n_z^2\right).$$

Mit zunehmender Energie $E_{\boldsymbol{p}}$ steigt die Anzahl der Möglichkeiten, eine Summe aus drei Quadratzahlen

$$n_x^2 + n_y^2 + n_z^2 = \frac{2E_{\boldsymbol{p}}m_\mathrm{e}L^2}{\pi^2\hbar^2}$$

zu bilden, stark an. Die Anzahl der Zustände n im Phasenraumvolumen $L^3\mathrm{d}p_x\mathrm{d}p_y\mathrm{d}p_z$ ist $\mathrm{d}^3n = \mathrm{d}n_x\mathrm{d}n_y\mathrm{d}n_z$, so dass mit (19.32)

$$L^3\frac{\mathrm{d}p_x}{\mathrm{d}n_x}\frac{\mathrm{d}p_y}{\mathrm{d}n_y}\frac{\mathrm{d}p_z}{\mathrm{d}n_z} = (2\pi\hbar)^3,$$

beziehungsweise

$$\mathrm{d}^3n = \frac{L^3}{(2\pi\hbar)^3}\mathrm{d}^3\boldsymbol{p} = \frac{L^3}{(2\pi\hbar)^3}d\Omega p^2\mathrm{d}p. \tag{19.33}$$

Damit ist

$$\begin{aligned}\mathrm{d}\rho(E) = \frac{\mathrm{d}^3n}{\mathrm{d}E} &= \frac{L^3 d\Omega p^2\mathrm{d}p}{\mathrm{d}E}\\ &= \frac{L^3 m_\mathrm{e}^{3/2}\sqrt{E}}{\sqrt{2}\pi^2\hbar^3}\frac{\mathrm{d}\Omega}{4\pi}\\ &= \frac{L^3 m_\mathrm{e}p}{(2\pi\hbar)^3}\mathrm{d}\Omega.\end{aligned} \tag{19.34}$$

Wir betrachten im Folgenden der Einfachheit halber Wasserstoff-ähnliche Atome. Der Anfangszustand $|\Psi_\mathrm{i}\rangle$ sei gegeben durch die Quantenzahlen $(n, l, m) = (1, 0, 0)$, so dass

$$\langle \boldsymbol{r}|\Psi_\mathrm{i}\rangle = \frac{1}{\sqrt{\pi}}\left(\frac{Z}{a_0}\right)^{3/2}\mathrm{e}^{-Zr/a_0}, \tag{19.35}$$

mit dem Bohrschen Atomradius a_0. Damit können wir nun das Matrixelement $\langle \Psi_\mathrm{f} | \mathrm{e}^{\mathrm{i}\boldsymbol{k}\cdot\hat{\boldsymbol{r}}} \boldsymbol{\epsilon}\cdot\hat{\boldsymbol{p}} | \Psi_\mathrm{i} \rangle$ berechnen:

$$\begin{aligned}
\langle \Psi_\mathrm{f} | \mathrm{e}^{\mathrm{i}\boldsymbol{k}\cdot\hat{\boldsymbol{r}}} \boldsymbol{\epsilon}\cdot\hat{\boldsymbol{p}} | \Psi_\mathrm{i} \rangle &= -\frac{\mathrm{i}\hbar}{\sqrt{\pi}L^{3/2}}\left(\frac{Z}{a_0}\right)^{3/2} \int_{\mathbb{R}^3} \mathrm{d}^3\boldsymbol{r}\mathrm{e}^{\mathrm{i}(\boldsymbol{k}-\boldsymbol{p}/\hbar)\cdot\boldsymbol{r}} \boldsymbol{\epsilon}\cdot\nabla\mathrm{e}^{-Zr/a_0} \\
&= +\frac{\mathrm{i}\hbar}{\sqrt{\pi}L^{3/2}}\left(\frac{Z}{a_0}\right)^{3/2} \boldsymbol{\epsilon}\cdot\int_{\mathbb{R}^3} \mathrm{d}^3\boldsymbol{r}\left[\nabla\mathrm{e}^{\mathrm{i}(\boldsymbol{k}-\boldsymbol{p}/\hbar)\cdot\boldsymbol{r}}\right]\mathrm{e}^{-Zr/a_0} \\
&= +\frac{\mathrm{i}}{\sqrt{\pi}L^{3/2}}\left(\frac{Z}{a_0}\right)^{3/2} (\boldsymbol{\epsilon}\cdot\boldsymbol{p})\int_{\mathbb{R}^3} \mathrm{d}^3\boldsymbol{r}\mathrm{e}^{\mathrm{i}(\boldsymbol{k}-\boldsymbol{p}/\hbar)\cdot\boldsymbol{r}-Zr/a_0} \\
&= +\frac{\mathrm{i}}{\sqrt{\pi}L^{3/2}}\left(\frac{Z}{a_0}\right)^{3/2} (\boldsymbol{\epsilon}\cdot\boldsymbol{p})\frac{8\pi Z}{a_0}\left(\frac{Z^2}{a_0^2}+q^2\right)^{-2},
\end{aligned}$$

mit

$$\boldsymbol{q} = \boldsymbol{p}/\hbar - \boldsymbol{k}. \tag{19.36}$$

Hierbei haben wir im ersten Schritt eine partielle Integration durchgeführt und verwendet, dass die Wellenfunktionen schnellfallend sind. Im zweiten Schritt haben wir die Transversalität des elektromagnetischen Feldes ($\boldsymbol{\epsilon}\cdot\boldsymbol{k} = 0$) ausgenutzt. Also ist

$$\left|\langle \Psi_\mathrm{f} | \mathrm{e}^{\mathrm{i}\boldsymbol{k}\cdot\hat{\boldsymbol{r}}} \boldsymbol{\epsilon}\cdot\hat{\boldsymbol{p}} | \Psi_\mathrm{i} \rangle\right|^2 = \frac{64\pi}{L^3}\left(\frac{Z}{a_0}\right)^5\left(\frac{Z^2}{a_0^2}+q^2\right)^{-4}(\boldsymbol{\epsilon}\cdot\boldsymbol{p})^2, \tag{19.37}$$

und somit, wenn wir nun (19.34) und (19.37) in (19.30) einsetzen:

$$\mathrm{d}\Gamma_{\mathrm{i}\to\mathrm{f}}^{\mathrm{abs}} = \frac{32\alpha\overline{S}_{\mathrm{av}}(\omega)p(\boldsymbol{\epsilon}\cdot\boldsymbol{p})^2}{\hbar^3\omega^2 m_\mathrm{e}}\left(\frac{Z}{a_0}\right)^5\left(\frac{Z^2}{a_0^2}+q^2\right)^{-4}\mathrm{d}\Omega,$$

was mit (19.27) schlussendlich zum **differentiellen Absorptionsquerschnitt** führt:

$$\frac{\mathrm{d}\sigma_{\mathrm{abs}}(\omega)}{\mathrm{d}\Omega} = \frac{32\alpha p(\boldsymbol{\epsilon}\cdot\boldsymbol{p})^2}{\hbar^2\omega m_\mathrm{e}}\left(\frac{Z}{a_0}\right)^5\left(\frac{Z^2}{a_0^2}+q^2\right)^{-4}, \tag{19.38}$$

mit q gegeben durch (19.36). Die Formel (19.38) steht im qualitativ guten Einklang mit dem experimentellen Befund. Sie kann natürlich dahingehend verbessert werden, dass man von der Vereinfachung eines freien emittierte Elektron absieht, die ja umso schlechter wird, je mehr sich $\hbar\omega$ der Ionisierungsenergie des Atoms annähert. Idealerweise betrachtet man als Endzustand einen exakten Streuzustand für das Coulomb-Potential (siehe Abschnitt 36).

Gleichung (19.38) beschreibt den differentiellen Wirkungsquerschnitt für eine gegebene Polarisierung $\boldsymbol{\epsilon}\cdot\boldsymbol{p}$. Ist die einfallende Strahlung unpolarisiert, müssen wir über die zwei unabhängigen Polarisationsrichtungen $\boldsymbol{\epsilon}_{1,2}$ mitteln:

$$(\boldsymbol{\epsilon} \cdot \boldsymbol{p})^2 \to \frac{1}{2} \sum_\lambda (\boldsymbol{\epsilon}_\lambda \cdot \boldsymbol{p})^2 = \frac{1}{2} \sum_{\lambda, jl} \epsilon_{\lambda,j} p_j \epsilon_{\lambda,l} p_l$$
$$= \frac{1}{2} \left(p^2 - (\boldsymbol{n} \cdot \boldsymbol{p})^2 \right) = \frac{1}{2} p^2 \sin^2 \theta,$$

wobei θ der Winkel zwischen $\boldsymbol{p}$ und dem Wellenvektor $\boldsymbol{k} = k\boldsymbol{n}$ ist. Der Schritt von der ersten zur zweiten Zeile ergibt sich, weil

$$\sum_{\lambda=1}^{2} \epsilon_{\lambda,i} \epsilon_{\lambda,j} = \delta_{ij} - n_i n_j = \delta_{ij} - \frac{k_i k_j}{k^2}. \tag{19.39}$$

Das ist deswegen, weil in einem geeigneten Koordinatensystem $\epsilon_{\lambda,i} = \delta_{\lambda,i}$ gilt, und die Summe nur über $\lambda = 1, 2$ geht. Für den Impulsübertrag (19.36) gilt dann:

$$q^2 = \frac{p^2}{\hbar^2} - \frac{2}{\hbar} \boldsymbol{p} \cdot \boldsymbol{k} + k^2. \tag{19.40}$$

Nun ist

$$k^2 = \omega^2 / c^2 = \Delta E^2 / (\hbar c)^2,$$

mit dem Energieübertrag ΔE, der aber wiederum gegeben ist durch:

$$\Delta E = \frac{p^2}{2m_\mathrm{e}} + |E_0|,$$

wenn man voraussetzt, dass sich das Elektron vor der Emission im Grundzustand befindet, mit E_0 gemäß (II-29.15). Da aber nun $p^2/(2m_e) \gg |E_0|$, kann man zunächst

$$k^2 \approx \frac{p^4}{(2m_\mathrm{e}\hbar c)^2} \Longrightarrow p \approx (2m_\mathrm{e}\hbar\omega)^{1/2}$$

nähern. Da das Elektron beim Phototeffekt im Allgemeinen nichtrelativistisch ist, können wir weiter nähern: mit $p^2/(2m_\mathrm{e}) \ll m_\mathrm{e}c^2$ sind die k-abhängigen Terme in (19.40) zu vernachlässigen, und es bleibt $q^2 \approx p^2/\hbar^2$. Dann wiederum können wir aber in (19.38) in dem nunmehr vorkommenden Faktor

$$\left(\frac{Z^2}{a_0^2} + q^2 \right)$$

den Term $\sim a_0^{-2}$ vernachlässigen, da wegen $p^2/(2m_\mathrm{e}) \gg |E_n|$ auch $q^2 \approx p^2/\hbar^2 \gg a_0^{-2}$ gilt. Wir erhalten nun mit den vorgenannten Näherungen und nach einer Reihe von Ersetzungen den **unpolarisierten differentiellen Absorptionsquerschnitt**

$$
\begin{aligned}
\frac{\mathrm{d}\sigma_{\mathrm{abs,unpol}}(\omega)}{\mathrm{d}\Omega} &= \frac{16\alpha p^3 \sin^2\theta Z^5}{\hbar^2 \omega m_\mathrm{e}} a_0^{-5} q^{-8} \\
&= \frac{16\alpha \sin^2\theta Z^5 \hbar^6}{\omega m_\mathrm{e}} a_0^{-5} p^{-5} \\
&= 32\alpha \sin^2\theta Z^5 a_0^2 \left(\frac{|E_0|}{\omega}\right)^{7/2} ,
\end{aligned}
$$

und nach Integration über den Raumwinkel den **totalen unpolarisierten Absorptionsquerschnitt**

$$
\sigma_{\mathrm{abs,unpol}} = \frac{256\pi Z^5 \alpha}{3} a_0^2 \left(\frac{|E_0|}{\omega}\right)^{7/2} . \tag{19.41}
$$

20 Semiklassische Behandlung von Strahlungsübergängen II: Auswahlregeln und Summenregeln

Im Folgenden bewegen wir uns wieder im diskreten Spektrum, und die ungestörten Eigenzustände von $\hat{H}_0$ seien die bekannten Eigenzustände Wasserstoff-ähnlicher Atome $|nlm\rangle$ aus Abschnitt II-29.

Für die Übergangsraten (19.25) kann ein wichtiger Näherungsausdruck gewonnen werden, indem der Exponentialausdruck $\mathrm{e}^{\pm \mathrm{i}\boldsymbol{k}\cdot\boldsymbol{r}}$ in eine Reihe entwickelt wird:

$$\mathrm{e}^{\pm \mathrm{i}\boldsymbol{k}\cdot\hat{\boldsymbol{r}}} = 1 \pm \mathrm{i}\boldsymbol{k}\cdot\hat{\boldsymbol{r}} - \frac{1}{2}(\boldsymbol{k}\cdot\hat{\boldsymbol{r}})^2 \mp \ldots . \tag{20.1}$$

Wie schnell die Reihe konvergiert, kann anhand folgender Abschätzung gesehen werden: die in der Atomphysik üblichen Wellenlängen der Spektren liegen im Bereich des sichtbaren und ultravioletten Lichts, also größenordnungsmäßig bei etwa 10^{-6} m. Der Bohrsche Atomradius a_0 liegt in der Größenordnung 10^{-10} m; das heißt, $\boldsymbol{k}\cdot\boldsymbol{r} \leq 2\pi a_0/\lambda \approx 10^{-3}$. Im Falle nuklearer Strahlungsübergänge, mit typischen Kernradien um die 10^{-15} m und Wellenlängen in der Größenordnung 10^{-12} m, ist ebenfalls $\boldsymbol{k}\cdot\boldsymbol{r} \leq 10^{-3}$. Die Reihe konvergiert also sehr schnell, und wir gewinnen bereits sehr gute Näherungsausdrücke für die Übergangsraten, wenn wir nur bis zum führenden Term in der Reihe entwickeln, sprich: $\mathrm{e}^{\pm \mathrm{i}\boldsymbol{k}\cdot\boldsymbol{r}} \approx 1$. Diese Näherung wird **Dipolnäherung** genannt, und in dieser Näherung stellt sich das zentrale Matrixelement in (19.25) dar als:

$$\left\langle nlm \left| \mathrm{e}^{\mathrm{i}\boldsymbol{k}\cdot\hat{\boldsymbol{r}}} \boldsymbol{\epsilon}\cdot\hat{\boldsymbol{p}} \right| n'l'm' \right\rangle \approx \boldsymbol{\epsilon}\cdot\langle nlm|\hat{\boldsymbol{p}}|n'l'm'\rangle . \tag{20.2}$$

Die Übergänge, die aus diesem Term herrühren, werden **elektrische Dipol-** oder **E1-Übergänge** genannt. Um diesen Term weiter zu berechnen, verwenden wir die Relation $[\hat{\boldsymbol{r}}, \hat{H}_0] = (\mathrm{i}\hbar/m_\mathrm{e})\hat{\boldsymbol{p}}$, wobei $\hat{H}_0$ der Hamilton-Operator des ungestörten atomaren Elektrons ist. Dann ist:

$$\begin{aligned}
\boldsymbol{\epsilon}\cdot\langle nlm|\hat{\boldsymbol{p}}|n'l'm'\rangle &= -\frac{\mathrm{i}m_\mathrm{e}}{\hbar}\boldsymbol{\epsilon}\cdot\langle nlm|[\hat{\boldsymbol{r}}, \hat{H}_0]|n'l'm'\rangle \\
&= -\frac{\mathrm{i}m_\mathrm{e}}{\hbar}(E_\mathrm{i} - E_\mathrm{f})\boldsymbol{\epsilon}\cdot\langle nlm|\hat{\boldsymbol{r}}|n'l'm'\rangle \\
&= \mathrm{i}m_\mathrm{e}\omega_\mathrm{fi}\boldsymbol{\epsilon}\cdot\langle nlm|\hat{\boldsymbol{r}}|n'l'm'\rangle ,
\end{aligned} \tag{20.3}$$

mit $\omega_\mathrm{fi} = (E_\mathrm{f} - E_\mathrm{i})/\hbar$. Die Übergangsraten in Dipolnäherung sind dann gegeben durch:

$$\begin{aligned}
\Gamma^\mathrm{em}_{m\to n} &= 4\pi^2\alpha\overline{S}_\mathrm{av}(\omega)\,|\boldsymbol{\epsilon}\cdot\langle\psi_n\,|\,\hat{\boldsymbol{r}}\,|\,\psi_m\rangle|^2\,\delta(E_n - E_m + \hbar\omega), \\
\Gamma^\mathrm{abs}_{m\to n} &= 4\pi^2\alpha\overline{S}_\mathrm{av}(\omega)\,|\boldsymbol{\epsilon}\cdot\langle\psi_n\,|\,\hat{\boldsymbol{r}}\,|\,\psi_m\rangle|^2\,\delta(E_n - E_m - \hbar\omega).
\end{aligned} \tag{20.4}$$

Dem Ausdruck (20.3) für das Matrixelement kann man nun unmittelbar **Auswahlregeln** für elektrische Dipolstrahlung entnehmen. Da der Ortsoperator $\boldsymbol{r}$ ein Vektoroperator – also ein Tensoroperator vom Rang $k = 1$ – ist, gilt das entsprechende Wigner–Eckart-Theorem (II-40.5). In sphärischer Darstellung (siehe Abschnitt II-39) ist dann

$$\begin{aligned}\boldsymbol{\epsilon}\cdot \langle nlm|\hat{\boldsymbol{r}}|n'l'm'\rangle \\ &= (\epsilon_x + \mathrm{i}\epsilon_y)\,\langle nlm|\hat{r}_{-1}|n'l'm'\rangle - (\epsilon_x - \mathrm{i}\epsilon_y)\,\langle nlm|\hat{r}_1|n'l'm'\rangle + \epsilon_z\,\langle nlm|\hat{r}_0|n'l'm'\rangle \\ &= \left[(\epsilon_x + \mathrm{i}\epsilon_y)C^{l',1,l}_{m',-1,m} - (\epsilon_x - \mathrm{i}\epsilon_y)C^{l',1,l}_{m',1,m} + \epsilon_z C^{l',1,l}_{m',0,m}\right]\langle nl\|\hat{\boldsymbol{r}}\|n'l'\rangle\,. \end{aligned} \tag{20.5}$$

Gemäß der ersten Auswahlregel aus Abschnitt II-40 sieht man, dass nur dann mindestens einer der drei Summanden in (20.5) ungleich Null ist, wenn gilt: $\Delta m = 0, \pm 1$. Die Änderung der Quantenzahl m ist abhängig von der Orientierung des Polarisationsvektors $\boldsymbol{\epsilon}$. Aus der zweiten Auswahlregel folgt $\Delta l = 0, \pm 1$, und zusätzlich ist der Übergang $(l = 0) \to (l = 0)$ verboten. Allerdings sagt nun noch die (Paritäts-)Auswahlregel für ungerade Operatoren (siehe Abschnitt II-20) aus, dass sich bei einem E1-Übergang die Parität des Zustands ändern muss, was zur Folge hat, dass lediglich $\Delta l = \pm 1$ erlaubt ist – wodurch wiederum $(l = 0) \to (l = 0)$ ohnehin verboten ist. Zusammenfassend geschrieben:

$$\Delta l = \pm 1, \tag{20.6a}$$

$$\Delta m = 0, \pm 1, \tag{20.6b}$$

$$\Delta m_s = 0. \tag{20.6c}$$

Die letzte Auswahlregel $\Delta m_s = 0$ folgt aus der Tatsache, dass in (20.2) wie bereits schon in (19.21) keinerlei Spinabhängigkeit enthalten ist. Von daher ändert sich die Spinquantenzahl bei einem E1-Übergang nicht.

In Gegenwart von Spin-Bahn-Kopplung in einem Mehrelektronen-Atom, beziehungsweise unter Berücksichtigung der Feinstruktur (siehe Abschnitte II-44 und 4), sind die Eigenzustände von $\hat{H}_0$ durch die Quantenzahlen n, L, S, J, m_J gegeben. Die entsprechenden Auswahlregeln lauten dann:

$$\Delta J = 0, \pm 1 \quad \text{(aber kein } 0 \to 0\text{)}, \tag{20.7a}$$

$$\Delta m_J = 0, \pm 1, \tag{20.7b}$$

bei LS-Kopplung:

$$\Delta L = 0, \pm 1 \quad \text{(aber kein } 0 \to 0\text{)}, \tag{20.7c}$$

$$\Delta S = 0, \tag{20.7d}$$

$$\Delta m_L = 0, \pm 1, \tag{20.7e}$$

$$\Delta m_S = 0. \tag{20.7f}$$

Zusätzlich müssen Anfangs- und Endzustand unterschiedliche Parität besitzen.

Wir schreiben im Folgenden nun $|\Psi_\mathrm{i}\rangle = |n'l'm'\rangle$ und $|\Psi_\mathrm{f}\rangle = |nlm\rangle$. Unter der Voraussetzung, dass der Polarisationsvektor $\boldsymbol{\epsilon}$ entlang der x-Achse liegt, erhalten wir in elektrischer Dipolnäherung für den Absorptionsquerschnitt (19.28) den einfachen Ausdruck

$$\sigma_\mathrm{abs}(\omega) = 4\pi^2\hbar\alpha\omega|\langle\Psi_\mathrm{f}|\hat{x}|n\Psi_\mathrm{i}\rangle|^2\delta(E_\mathrm{f} - E_\mathrm{i} - \hbar\omega). \tag{20.8}$$

Setzen wir ferner voraus, dass $|\Psi_{\mathrm{i}}\rangle$ den Grundzustand darstellt, und betrachten wir alle möglichen Endzustände $|\Psi_{\mathrm{f}}\rangle$ einschließlich derer im kontinuierlichen Spektrum, so können wir den über ω **integrierten Absorptionsquerschnitt** dann schreiben als

$$\sum_{\mathrm{f}} \int_{-\infty}^{\infty} \sigma_{\mathrm{abs}}(\omega)\mathrm{d}\omega = \sum_{\mathrm{f}} 4\pi^2 \alpha \omega_{\mathrm{fi}} |\langle \Psi_{\mathrm{f}}|\hat{x}|\Psi_{\mathrm{i}}\rangle|^2, \tag{20.9}$$

und die Summe beinhaltet demnach alle möglichen Frequenzen $\omega_{\mathrm{fi}} > 0$. Definieren wir nun die dimensionslose **Oszillatorstärke**

$$f_{\mathrm{fi}} = \frac{2m_{\mathrm{e}}\omega_{\mathrm{fi}}}{\hbar} |\langle \Psi_{\mathrm{f}}|\hat{x}|\Psi_{\mathrm{i}}\rangle|^2, \tag{20.10}$$

so können wir sehr schnell die **Thomas–Reiche–Kuhn-Summenregel** ableiten:

Satz (Thomas–Reiche–Kuhn-Summenregel). *Für die Summe über alle Oszillatorstärken f_{fi} gilt:*

$$\sum_{\mathrm{f}} f_{\mathrm{fi}} = 1. \tag{20.11}$$

Beweis. Der Beweis ist elementar. Es gilt:

$$\begin{aligned}
\sum_{\mathrm{f}} (E_{\mathrm{f}} - E_{\mathrm{i}}) |\langle \Psi_{\mathrm{f}}|\hat{x}|\Psi_{\mathrm{i}}\rangle|^2 &= \sum_{\mathrm{f}} (E_{\mathrm{f}} - E_{\mathrm{i}}) \langle \Psi_{\mathrm{f}}|\hat{x}|\Psi_{\mathrm{i}}\rangle \langle \Psi_{\mathrm{i}}|\hat{x}|\Psi_{\mathrm{f}}\rangle \\
&= \frac{1}{2} \sum_{\mathrm{f}} \left(\langle \Psi_{\mathrm{i}}|\hat{x}|\Psi_{\mathrm{f}}\rangle \langle \Psi_{\mathrm{f}}|[\hat{H}_0, \hat{x}]|\Psi_{\mathrm{i}}\rangle - \langle \Psi_{\mathrm{i}}|[\hat{H}_0, \hat{x}]|\Psi_{\mathrm{f}}\rangle \langle \Psi_{\mathrm{f}}|\hat{x}|\Psi_{\mathrm{i}}\rangle \right) \\
&= \frac{1}{2} \left(\langle \Psi_{\mathrm{i}}|\hat{x}[\hat{H}_0, \hat{x}]|\Psi_{\mathrm{i}}\rangle - \langle \Psi_{\mathrm{i}}|[\hat{H}_0, \hat{x}]\hat{x}|\Psi_{\mathrm{i}}\rangle \right) \\
&= \frac{1}{2} \langle \Psi_{\mathrm{i}}|[\hat{x}, [\hat{H}_0, \hat{x}]]|\Psi_{\mathrm{i}}\rangle \\
&= -\frac{\mathrm{i}\hbar}{2m_{\mathrm{e}}} \langle \Psi_{\mathrm{i}}|[\hat{x}, \hat{p}_x]|\Psi_{\mathrm{i}}\rangle = \frac{\hbar^2}{2m_{\mathrm{e}}}.
\end{aligned}$$

Hierbei haben wir verwendet, dass $\hat{H}_0$ von der Form $\hat{H}_0 = \hat{p}^2/(2m_{\mathrm{e}}) + \hat{V}(\hat{\boldsymbol{r}})$ ist, so dass $[\hat{H}_0, \hat{x}] = -(\mathrm{i}\hbar/m_{\mathrm{e}})\hat{p}_x$. ■

Anhand des Beweises wird deutlich, dass die Thomas–Reiche–Kuhn-Summenregel nicht nur für das Coulomb-Potential gilt, sondern für alle Potentiale der Form $\hat{V}(\hat{\boldsymbol{r}})$. Der über ω integrierte Absorptionsquerschnitt schreibt sich dann als:

$$\sum_{\mathrm{f}} \int_{-\infty}^{\infty} \sigma_{\mathrm{abs}}(\omega)\mathrm{d}\omega = \frac{2\pi^2 \alpha \hbar}{m_{\mathrm{e}}} = \frac{2\pi^2 e^2}{m_e c}. \tag{20.12}$$

Man beachte, dass (20.12) kein $\hbar$ mehr enthält. Sowohl die Thomas–Reiche–Kuhn-Summenregel (20.11), als auch (20.12) sind bereits 1925, kurz vor der Erscheinung von Heisenbergs

„magischer" Arbeit, von Willy Thomas, Fritz Reiche und Werner Kuhn empirisch aufgestellt [Tho25; RT25; Kuh25] und in ebenjener magischen Arbeit Heisenbergs abgeleitet worden (siehe Abschnitt I-8). Ihr kam daher historisch eine wichtige Bedeutung zur Validierung der neuen Matrizenmechanik zu.

Aus der semiklassischen Betrachtung von Strahlungsübergängen heraus lassen sich – wie bereits in Abschnitt 19 angesprochen – in einem Oszillatormodell wie der BKS-Theorie Effekte wie Dispersion, Polarisierung und Brechung elektromagnetischer Wellen in Materie bereits hervorragend begründen, siehe die weiterführende Literatur.

Terme höherer Ordnung: magnetische Dipol- und elektrische Quadrupolterme

Wir haben weiter oben gesehen, dass in der Reihenentwicklung (20.1) der Term $(\boldsymbol{k} \cdot \hat{\boldsymbol{r}})$ bereits um den Faktor 10^{-3} gegenüber dem führenden Term unterdrückt ist. Damit liegt die Korrektur in nächster Ordnung aber in der gleichen Größenordnung wie die, die sich aus der Berücksichtigung des spinabhängigen Terms $e/(m_\mathrm{e}c)\hat{\boldsymbol{S}} \cdot \hat{\boldsymbol{B}}(\hat{\boldsymbol{r}}, t)$ in (19.20) unter der Näherung $\exp(\mathrm{i}\boldsymbol{k} \cdot \hat{\boldsymbol{r}}) \approx 1$ ergibt, so dass wir beide Korrekturen zusammen betrachten müssen.

Der spinabhängige Term trägt zu $\hat{V}(t)$ in (19.21) derart bei, dass zunächst gilt:

$$\hat{V}(\hat{\boldsymbol{r}}, t) = \hat{v}(\hat{\boldsymbol{r}})\mathrm{e}^{\mathrm{i}\omega t} + \hat{v}^\dagger(\hat{\boldsymbol{r}})\mathrm{e}^{-\mathrm{i}\omega t}, \tag{20.13}$$

mit

$$\hat{v}(\hat{\boldsymbol{r}}) = \frac{e}{m_\mathrm{e}c} A_0^* \mathrm{e}^{-\mathrm{i}\boldsymbol{k}\cdot\hat{\boldsymbol{r}}} \left[\boldsymbol{\epsilon} \cdot \hat{\boldsymbol{p}} - \mathrm{i}\hat{\boldsymbol{S}} \cdot (\boldsymbol{k} \times \boldsymbol{\epsilon})\right], \tag{20.14a}$$

$$\hat{v}^\dagger(\hat{\boldsymbol{r}}) = \frac{e}{m_\mathrm{e}c} A_0 \mathrm{e}^{\mathrm{i}\boldsymbol{k}\cdot\hat{\boldsymbol{r}}} \left[\boldsymbol{\epsilon} \cdot \hat{\boldsymbol{p}} + \mathrm{i}\hat{\boldsymbol{S}} \cdot (\boldsymbol{k} \times \boldsymbol{\epsilon})\right]. \tag{20.14b}$$

Betrachten wir nun in (20.14) nach einer Reihenentwicklung von $(\boldsymbol{k} \cdot \boldsymbol{r})$ die Korrektur erster Ordnung im spinunabhängigen Teil und den führenden Term im spinabhängigen Teil zusammen, erhalten wir somit:

$$\hat{v}^{(2)}(\hat{\boldsymbol{r}}) = -\frac{\mathrm{i}e}{m_\mathrm{e}c} A_0^* \left[(\boldsymbol{k} \cdot \hat{\boldsymbol{r}})(\boldsymbol{\epsilon} \cdot \hat{\boldsymbol{p}}) + \hat{\boldsymbol{S}} \cdot (\boldsymbol{k} \times \boldsymbol{\epsilon})\right], \tag{20.15}$$

$$[\hat{v}^{(2)}]^\dagger(\hat{\boldsymbol{r}}) = \frac{\mathrm{i}e}{m_\mathrm{e}c} A_0 \left[(\boldsymbol{k} \cdot \hat{\boldsymbol{r}})(\boldsymbol{\epsilon} \cdot \hat{\boldsymbol{p}}) + \hat{\boldsymbol{S}} \cdot (\boldsymbol{k} \times \boldsymbol{\epsilon})\right]. \tag{20.16}$$

Verwenden wir weiter

$$\hat{r}_i \hat{p}_j = \frac{1}{2}\left(\hat{r}_i \hat{p}_j - \hat{r}_j \hat{p}_i + \hat{r}_j \hat{p}_i + \hat{r}_i \hat{p}_j\right),$$

was nichts anderes als die Lagrange-Identität für Kreuzprodukte ableitet, so können wir schreiben:

$$
\begin{aligned}
(\boldsymbol{k}\cdot\hat{\boldsymbol{r}})(\boldsymbol{\epsilon}\cdot\hat{\boldsymbol{p}}) &= \sum_{ij} k_i\epsilon_j\hat{r}_i\hat{p}_j \\
&= \frac{1}{2}\sum_{ij} k_i\epsilon_j\left(\epsilon_{ijk}\hat{L}_k + \hat{r}_j\hat{p}_i + \hat{r}_i\hat{p}_j\right) \\
&= \frac{1}{2}\left[\hat{\boldsymbol{L}}\cdot(\boldsymbol{k}\times\boldsymbol{\epsilon}) + (\boldsymbol{\epsilon}\cdot\hat{\boldsymbol{r}})(\boldsymbol{k}\cdot\hat{\boldsymbol{p}}) + (\boldsymbol{k}\cdot\hat{\boldsymbol{r}})(\boldsymbol{\epsilon}\cdot\hat{\boldsymbol{p}})\right],
\end{aligned}
$$

so dass

$$
\hat{v}^{(2)}(\hat{\boldsymbol{r}}) = -\frac{\mathrm{i}e}{2m_\mathrm{e}c}A_0^*\left[(\boldsymbol{\epsilon}\cdot\hat{\boldsymbol{r}})(\boldsymbol{k}\cdot\hat{\boldsymbol{p}}) + (\boldsymbol{k}\cdot\hat{\boldsymbol{r}})(\boldsymbol{\epsilon}\cdot\hat{\boldsymbol{p}}) + (\hat{\boldsymbol{L}}+2\hat{\boldsymbol{S}})\cdot(\boldsymbol{k}\times\boldsymbol{\epsilon})\right], \quad (20.17\mathrm{a})
$$

$$
[\hat{v}^{(2)}]^\dagger(\hat{\boldsymbol{r}}) = \frac{\mathrm{i}e}{2m_\mathrm{e}c}A_0\left[(\boldsymbol{\epsilon}\cdot\hat{\boldsymbol{r}})(\boldsymbol{k}\cdot\hat{\boldsymbol{p}}) + (\boldsymbol{k}\cdot\hat{\boldsymbol{r}})(\boldsymbol{\epsilon}\cdot\hat{\boldsymbol{p}}) + (\hat{\boldsymbol{L}}+2\hat{\boldsymbol{S}})\cdot(\boldsymbol{k}\times\boldsymbol{\epsilon})\right]. \quad (20.17\mathrm{b})
$$

Der Beitrag von (20.17) zum zentralen Matrixelement (19.25) besteht nun aus zwei Teilen. Der erste Teil induziert die sogenannten **elektrischen Quadrupol-** oder **E2-Übergänge** und ist von der Form

$$
\langle nlm|\left[(\boldsymbol{\epsilon}\cdot\hat{\boldsymbol{r}})(\boldsymbol{k}\cdot\hat{\boldsymbol{p}}) + (\boldsymbol{k}\cdot\hat{\boldsymbol{r}})(\boldsymbol{\epsilon}\cdot\hat{\boldsymbol{p}})\right]|n'l'm'\rangle\,. \quad (20.18)
$$

Mit

$$
\begin{aligned}
(\boldsymbol{\epsilon}\cdot\hat{\boldsymbol{r}})(\boldsymbol{k}\cdot\hat{\boldsymbol{p}}) &= \epsilon_i k_j\hat{r}_i\hat{p}_j \\
&= -\frac{\mathrm{i}m_\mathrm{e}}{\hbar}\epsilon_i k_j\hat{r}_i[\hat{r}_j,\hat{H}_0], \\
(\boldsymbol{k}\cdot\hat{\boldsymbol{r}})(\boldsymbol{\epsilon}\cdot\hat{\boldsymbol{p}}) &= \epsilon_i k_j\hat{r}_j\hat{p}_i \\
&= \epsilon_i k_j\hat{p}_i\hat{r}_j \\
&= -\frac{\mathrm{i}m_\mathrm{e}}{\hbar}\epsilon_i k_j[\hat{r}_i,\hat{H}_0]\hat{r}_j,
\end{aligned}
$$

wobei aufgrund der Orthogonalität von $\boldsymbol{\epsilon}$ und $\boldsymbol{k}$ ein durch die Vertauschung von $\hat{r}_j$ und $\hat{p}_i$ eigentlich entstehendes $\mathrm{i}\hbar\delta_{ij}$ nach Multiplikation mit $\epsilon_i k_j$ keinen Beitrag liefert. Damit ist:

$$
(\boldsymbol{\epsilon}\cdot\hat{\boldsymbol{r}})(\boldsymbol{k}\cdot\hat{\boldsymbol{p}}) + (\boldsymbol{k}\cdot\hat{\boldsymbol{r}})(\boldsymbol{\epsilon}\cdot\hat{\boldsymbol{p}}) = -\frac{\mathrm{i}m_\mathrm{e}}{\hbar}\epsilon_i k_j[\hat{r}_i\hat{r}_j,\hat{H}_0],
$$

so dass wir für das Matrixelement (20.18) erhalten:

$$
\langle nlm|\left[(\boldsymbol{\epsilon}\cdot\hat{\boldsymbol{r}})(\boldsymbol{k}\cdot\hat{\boldsymbol{p}}) + (\boldsymbol{k}\cdot\hat{\boldsymbol{r}})(\boldsymbol{\epsilon}\cdot\hat{\boldsymbol{p}})\right]|n'l'm'\rangle = \mathrm{i}m_\mathrm{e}\omega_\mathrm{fi}\epsilon_i k_j\,\langle nlm|\hat{r}_i\hat{r}_j|n'l'm'\rangle\,. \quad (20.19)
$$

Der Tensorausdruck $\hat{r}_i\hat{r}_j$ in (20.19) besteht aus zwei irreduziblen Anteilen: dem Spuranteil $\mathrm{Tr}\,\hat{r}^2\delta_{ij}$ einerseits – also einem irreduziblen Tensor vom Rang 0 – der aber aufgrund der Orthogonalität von $\boldsymbol{\epsilon}$ und $\boldsymbol{k}$ keinen Beitrag liefert, und dem symmetrischen Anteil, einem irreduziblen Tensor vom Rang 2. Einen antisymmetrischen Anteil gibt es nicht. Gemäß den Ausführungen in Abschnitt II-39 besteht dieser irreduzible Tensor vom Rang 2 in sphärischer Darstellung aus fünf Komponenten $\hat{T}_q^{(2)}$ ($q = -2 \ldots 2$), deren Beiträge zu (20.19) jeweils proportional zum Clebsch–Gordan-Koeffizienten $C_{m',q,m}^{j',2,j}$ sind. Daher ergeben sich in Analogie zum Dipolbeitrag weiter oben die **Auswahlregeln** für **elektrische Quadrupol-** oder **E2-Übergänge**: $\Delta m = 0, \pm 1, \pm 2$ sowie $\Delta l = 0, \pm 1, \pm 2$, und die Übergänge $(l = 0) \leftrightarrow (l = 0, 1)$ sind verboten. Allerdings schlägt nun noch die Auswahlregel für gerade Operatoren (siehe Abschnitt II-20) zu, weshalb $|nlm\rangle$ und $|n'l'm'\rangle$ die gleiche Parität besitzen müssen. Daher sind Übergänge mit $\Delta l = \pm 1$ ebenfalls verboten. Zusammenfassend geschrieben:

$$\Delta l = 0, \pm 2 \quad (\text{aber kein } 0 \longrightarrow 0), \tag{20.20a}$$

$$\Delta m = 0, \pm 1, \pm 2, \tag{20.20b}$$

$$\Delta m_s = 0. \tag{20.20c}$$

In Anwesenheit von Spin-Bahn-Kopplung:

$$\Delta J = 0, \pm 1, \pm 2 \quad (\text{aber kein } 0 \leftrightarrow 0, 1, \text{ kein } \tfrac{1}{2} \leftrightarrow \tfrac{1}{2}), \tag{20.21a}$$

$$\Delta m_J = 0, \pm 1, \pm 2, \tag{20.21b}$$

bei LS-Kopplung:

$$\Delta L = 0, \pm 1, \pm 2 \quad (\text{aber kein } 0 \leftrightarrow 0, 1), \tag{20.21c}$$

$$\Delta m_L = 0, \pm 1, \pm 2, \tag{20.21d}$$

$$\Delta S = 0, \tag{20.21e}$$

$$\Delta m_S = 0. \tag{20.21f}$$

Außerdem müssen Anfangs- und Endzustand die gleiche Parität besitzen.

Betrachten wir nun noch den zweiten Beitrag von (20.17) zum zentralen Matrixelement (19.25) von der Form

$$\langle nlm|(\hat{\boldsymbol{L}} + 2\hat{\boldsymbol{S}}) \cdot (\boldsymbol{k} \times \boldsymbol{\epsilon})|n'l'm'\rangle = \epsilon_{ijk} k_j \epsilon_k \langle nlm|[\hat{L}_i + 2\hat{S}_i]|n'l'm'\rangle\,, \tag{20.22}$$

woraus wir recht schnell ebenfalls Auswahlregeln ableiten können. Je nach Orientierung von $\hat{L}_i$ erfolgt ein Übergang mit $\Delta m_l = 0, \pm 1$ (vergleiche (II-2.29)), aber stets ist $\Delta l = 0$. Der Spinoperator $\hat{S}_i$ bewirkt entsprechend $\Delta m_s = 0, \pm 1$. Außerdem bewirken weder $\hat{L}_i$ noch $\hat{S}_i$ eine Änderung der Hauptquantenzahl n, also ist $\Delta n = 0$. (Das ist nichts anderes als Ausdruck dessen, dass das reduzierte Matrixelement $\langle nl\|[\hat{L}_i + 2\hat{S}_i]\|n'l'\rangle = 0$ ist.) In der Summe führt das zu den **Auswahlregeln** für **magnetische Dipol-** oder **M1-Übergänge**:

$$\Delta n = 0, \tag{20.23a}$$

$$\Delta l = 0, \tag{20.23b}$$

$$\Delta m_l = 0, \pm 1, \tag{20.23c}$$

$$\Delta m_s = 0, \pm 1. \tag{20.23d}$$

Außerdem müssen – da $\hat{\boldsymbol{J}}, \hat{\boldsymbol{L}}, \hat{\boldsymbol{S}}$ gerade Operatoren sind – Anfangs- und Endzustand von gleicher Parität sein. Berücksichtigt man die Spin-Bahn-Kopplung, so gelten gemäß den Regeln für die Kopplung von Drehimpulsen (siehe Abschnitt II-37 für die Spin-Bahn-Kopplung $j = l \pm \frac{1}{2}$) die Auswahlregeln:

$$\Delta n = 0, \tag{20.24a}$$

$$\Delta J = 0, \pm 1 \quad \text{(aber kein } 0 \to 0\text{)}, \tag{20.24b}$$

$$\Delta m_J = 0, \pm 1, \tag{20.24c}$$

bei LS-Kopplung:

$$\Delta L = 0, \tag{20.24d}$$

$$\Delta S = 0. \tag{20.24e}$$

Anfangs- und Endzustand müssen außerdem wieder von gleicher Parität sein.

Der in Abschnitt 6 betrachtete Hyperfeinstrukturübergang, die berühmte 21cm-Linie des Wasserstoffatoms, entspricht nun genau einem magnetischen Dipolübergang mit $\Delta F = 1$ sowie $\Delta m_s = 1$.

Führt man die Reihenentwicklung in (20.1) weiter, erhält man als weitere Korrekturen Beiträge von elektrischer Oktupolstrahlung (E3), magnetischer Quadrupolstrahlung (M2) und so weiter.

21 Plötzliche und adiabatische Störungen

Wir betrachten das Szenario, dass zum Zeitpunkt $t = 0$ das System durch einen Hamilton-Operator $\hat{H} = \hat{H}_0$ beschrieben werden kann, im Zeitraum $t \in [0, \tau]$ durch $\hat{H}(t) = \hat{H}_0 + \hat{V}(t)$ und für $t > \tau$ durch $\hat{H}(t) = \hat{H}_0 + \hat{V}$, wobei $\hat{V} = \hat{V}(\tau) = \text{const.}$ Abbildung 2.4 illustriert den zeitlichen Verlauf des Störpotentials. Die Störung führt also nach einer charakteristischen Zeit τ zu einem neuen, nun wieder zeitunabhängigen System. In den beiden im Folgenden betrachteten Grenzfällen tritt die Störung entweder „plötzlich" ein, im anderen, deutlich interessanteren Fall baut sich ein Störpotential sehr langsam auf. Wir befinden uns im gesamten Abschnitt im Schrödinger-Bild.

Plötzliche Störungen

Wir betrachten hierzu den Ausdruck (15.8) für die Übergangsamplitude in erster Ordnung Störungstheorie im Wechselwirkungsbild und wandeln diesen etwas um:

$$\begin{aligned} c_n^{(1)}(\tau) &= -\frac{\mathrm{i}}{\hbar}\int_0^\tau V_{nm}(t)\mathrm{e}^{\mathrm{i}\omega_{nm}t}\,\mathrm{d}t \\ &= -\frac{1}{\hbar\omega_{nm}}\int_0^\tau V_{nm}(t)\left(\frac{\partial}{\partial t}\mathrm{e}^{\mathrm{i}\omega_{nm}t}\right)\mathrm{d}t \\ &= -\frac{1}{\hbar\omega_{nm}}V_{nm}(\tau) + \frac{1}{\hbar\omega_{nm}}\int_0^\tau \left(\frac{\partial}{\partial t}V_{nm}(t)\right)\mathrm{e}^{\mathrm{i}\omega_{nm}t}\,\mathrm{d}t, \end{aligned} \tag{21.1}$$

wobei wir im letzten Schritt eine partielle Integration ausgeführt haben und per Voraussetzung $\hat{V}(t)$ bei $t = 0$ verschwindet. Damit (21.1) definiert ist, müssen wir voraussetzen, dass keine Entartung vorhanden ist, dass also $E_n \neq E_m$ für $n \neq m$. Der Zeitpunkt $t = \tau$ bestimmt nun einen charakteristischen Zeitraum, und die durchzuführende Näherung, die im englischen als *''sudden approximation''* bezeichnet wird, besteht darin, diese charakteristische Zeit τ als so klein anzusehen, dass innerhalb dieses Zeitraums die Exponentialfunktion im Integranden von (21.1) als konstant betrachtet werden kann, was dann der Fall ist, wenn $\tau \ll \frac{1}{|\omega_{nm}|}$, beziehungsweise

$$|E_{nm}|\tau \ll \hbar. \tag{21.2}$$

Dann ist ausgehend von (21.1):

$$\begin{aligned} c_n^{(1)}(\tau) &= -\frac{1}{\hbar\omega_{nm}}V_{nm}(\tau) + \frac{1}{\hbar\omega_{nm}}\int_0^\tau \left(\frac{\partial}{\partial t}V_{nm}(t)\right)\mathrm{e}^{\mathrm{i}\omega_{nm}t}\,\mathrm{d}t \\ &= -\frac{1}{\hbar\omega_{nm}}V_{nm}(\tau) + \frac{1}{\hbar\omega_{nm}}\int_0^\tau \left(\frac{\partial}{\partial t}V_{nm}(t)\right)\mathrm{d}t \\ &= -\frac{1}{\hbar\omega_{nm}}V_{nm}(\tau) + \frac{1}{\hbar\omega_{nm}}V_{nm}(\tau) = 0, \end{aligned}$$

unter Ausnutzung von $\mathrm{e}^{\mathrm{i}\omega_{nm}\tau} \approx \mathrm{e}^{\mathrm{i}\omega_{nm}0} = 1$. Das heißt: das System befindet sich nach der plötzlichen Störung im selben Zustand! Es findet innerhalb des Zeitraums $[0, \tau]$ kein Übergang statt. Etwas bildlich gesprochen, kann man sagen: die Änderung der äußeren

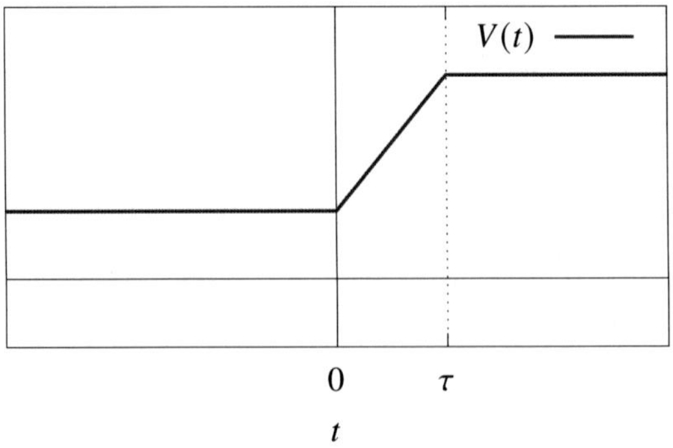

Abbildung 2.4: Ein zeitlich veränderliches Potential $\hat{V}(t)$ mit stark vereinfachtem Verlauf. Innerhalb eines Zeitraums τ findet eine Änderung des Potentials und damit der äußeren Umstände statt. Für $\tau \longrightarrow 0$ kann man die *''sudden approximation''* anwenden, für $\tau \longrightarrow \infty$ die adiabatische Näherung.

Umstände erfolgt derart schnell, dass das System keine Zeit hat, sich durch Übergänge „neu einzustellen". Erst im Anschluss, für $t > \tau$ sind nun entsprechende Übergänge zu erwarten, die mit den bislang erarbeiteten Methoden zu berechnen sind. Wir haben dieses Ergebnis zwar nur in erster Ordnung Störungstheorie abgeleitet, aber auch in sämtlichen höheren Ordnungen tauchen gleichartige Terme auf, so dass die Übergangsamplitude $c_n(\tau)$ verschwindet.

Wir werden, wenn wir die *sudden approximation* von einem anderen Ansatz heraus verwenden, zu dem gleichen Ergebnis geführt. Dieser Ansatz funktioniert auch bei entartetem Spektrum von $\hat{H}_0$. Starten wir nämlich mit der Schrödinger-Gleichung in der Form (I-17.5):

$$\mathrm{i}\hbar \frac{\mathrm{d}\hat{U}(t)}{\mathrm{d}t} = \hat{H}(t)\hat{U}(t),$$

und setzen wir $t = s\tau$, also als Produkt eines dimensionslosen Parameter s und der charakteristischen Zeitskala τ, so wird daraus:

$$\mathrm{i}\hbar \frac{\mathrm{d}\hat{U}(t(s))}{\mathrm{d}s} = \hat{H}(t(s))\tau\hat{U}(t(s)). \tag{21.3}$$

Für den Grenzfall $\tau \longrightarrow 0$ geht die rechte Seite von (21.3) ebenfalls gegen Null, und man erhält:

$$\lim_{\tau \to 0} \hat{U}(t(s)) = \mathbb{1}, \tag{21.4}$$

sofern nicht gleichzeitig $s \longrightarrow \infty$ geht! Das ist die Essenz der *sudden approximation*: bei plötzlich eintretenden Störungen verweilt das Systems während des Aufbaus der Störung im selben Zustand.

Adiabatische Störungen

Um den Fall einer sich sehr langsam aufbauenden Störung zu betrachten, gehen wir von der Schrödinger-Gleichung (I-17.1) mit einem zeitabhängigen Hamilton-Operator $\hat{H}(t)$ aus:

$$\mathrm{i}\hbar \frac{\mathrm{d}\,|\Psi(t)\rangle}{\mathrm{d}t} = \hat{H}(t)\,|\Psi(t)\rangle \tag{21.5}$$

und machen für $|\Psi(t)\rangle$ den Ansatz

$$|\Psi(t)\rangle = \sum_n c_n(t)\mathrm{e}^{\mathrm{i}\theta_n(t)}\,|\psi_n(t)\rangle\,, \tag{21.6}$$

wobei $|\psi_n(t)\rangle$ per definitionem der zeitabhängige Eigenzustand zu $\hat{H}(t)$ ist mit der Eigenwertgleichung:

$$\hat{H}(t)\,|\psi_n(t)\rangle = E_n(t)\,|\psi_n(t)\rangle \tag{21.7}$$

und die **dynamische Phase** $\theta_n(t)$ gegeben sei durch

$$\theta_n(t) := -\frac{1}{\hbar}\int_0^t E_n(t')\mathrm{d}t'. \tag{21.8}$$

Der Phasenfaktor $\exp(\mathrm{i}\theta_n(t))$ verallgemeinert zwar auf gewisse Weise den Phasenfaktor $\exp(-\mathrm{i}E_n t/\hbar)$ in der unitären Zeitentwicklung stationärer Zustände im Falle zeitunabhängiger Hamilton-Operatoren, reicht aber für den zeitabhängigen Fall nicht aus, um die Schrödinger-Gleichung (21.5) zu lösen.

Wir treffen im Folgenden die Voraussetzung, dass keine Entartung vorhanden ist, dass also $E_n \neq E_m$ für $n \neq m$. Setzen wir (21.6) in (21.5) ein, so erhalten wir unter Verwendung von (21.7) und (21.8) die Gleichung

$$\sum_n \mathrm{e}^{\mathrm{i}\theta_n(t)}\left[\dot{c}_n(t)\,|\psi_n(t)\rangle + c_n(t)\frac{\mathrm{d}}{\mathrm{d}t}\,|\psi_n(t)\rangle\right] = 0. \tag{21.9}$$

Linksseitige Multiplikation mit $\langle\psi_m(t)|$ führt dann zu:

$$\dot{c}_m(t) = -\sum_n c_n(t)\mathrm{e}^{\mathrm{i}[\theta_n(t)-\theta_m(t)]}\left\langle\psi_m(t)\left|\frac{\mathrm{d}}{\mathrm{d}t}\right|\psi_n(t)\right\rangle. \tag{21.10}$$

Um das Matrixelement auf der rechten Seite von (21.10) in eine andere Form zu bringen, machen wir eine Nebenrechnung. Bilden wir in der stationären Schrödinger-Gleichung (21.7) auf beiden die zeitliche Ableitung und multiplizieren dann mit $\langle\psi_m(t)|$, erhalten wir für $m \neq n$

$$\langle\psi_m(t)|\dot{\hat{H}}(t)|\psi_n(t)\rangle = (E_n(t) - E_m(t))\left\langle\psi_m(t)\left|\frac{\mathrm{d}}{\mathrm{d}t}\right|\psi_n(t)\right\rangle,$$

so dass wir (21.10) umschreiben können zu:

$$\dot{c}_m(t) = -c_m(t) \left\langle \psi_m(t) \middle| \frac{\mathrm{d}}{\mathrm{d}t} \middle| \psi_m(t) \right\rangle - \sum_{n \neq m} c_n(t) \mathrm{e}^{\mathrm{i}[\theta_n(t) - \theta_m(t)]} \frac{\langle \psi_m(t) | \dot{\hat{H}}(t) | \psi_n(t) \rangle}{E_n(t) - E_m(t)}. \tag{21.11}$$

Die Differentialgleichung ist noch immer vollkommen äquivalent zur Schrödinger-Gleichung (21.5), und es scheint, als hätten wir bislang nicht viel dazugewonnen, bis auf die Erkenntnis, dass (21.11) aussagt, dass der Zustand des Systems im Laufe der Zeit eine zeitlich veränderliche Linearkombination aus den Eigenzuständen $\{ \mid \psi_n(t) \rangle \}$ einnimmt, aufgrund der Anwesenheit des zweiten Summanden auf der rechten Seite.

Aber nun ist die Gelegenheit, die Ausgangsvoraussetzung einer sich zeitlich sehr langsam aufbauenden Störung einzubauen: die sogenannte **adiabatische Näherung** besteht darin, den zweiten Term auf der rechten Seite von (21.11) zu vernachlässigen, beziehungsweise vorauszusetzen, dass in (21.10) gilt:

$$\left\langle \psi_m(t) \middle| \frac{\mathrm{d}}{\mathrm{d}t} \middle| \psi_n(t) \right\rangle = 0 \quad (n \neq m). \tag{21.12}$$

Diese Näherung ist gerechtfertigt, sofern

$$\underbrace{\left| \frac{\langle \psi_m(t) | \dot{\hat{H}}(t) | \psi_n(t) \rangle}{E_n(t) - E_m(t)} \right|}_{=: \tau_{nm}^{-1}} \ll \left| \left\langle \psi_m(t) \middle| \frac{\mathrm{d}}{\mathrm{d}t} \middle| \psi_m(t) \right\rangle \right| = \underbrace{\frac{1}{\hbar} \langle \psi_m(t) \,|\, \hat{H}(t) \,|\, \psi_m(t) \rangle}_{|E_m(t)|/\hbar},$$

beziehungsweise erst recht, wenn

$$\tau^{-1} := \sum_{n \neq m} |c_n(t)| \tau_{nm}^{-1} \ll \frac{|E_m|}{\hbar}, \tag{21.13}$$

oder in anderen Worten: wenn für die charakteristische Zeit τ, innerhalb der sich $\hat{H}(t)$ um einen Wert ändert, der in der Größenordnung der Energiedifferenzen $E_n(t) - E_m(t)$ liegt, gilt:

$$|E_m| \tau \gg \hbar. \tag{21.14}$$

Man nennt die Störung dann eine **adiabatische Störung**. Wie man sieht, stellt die Bedingung (21.14) genau den entgegengesetzten Extremfall zur Bedingung (21.2) für eine plötzliche Störung dar.

Mit der adiabatischen Näherung entkoppelt (21.11) und ist trivial lösbar, man erhält:

$$c_n(t) = \mathrm{e}^{\mathrm{i}\gamma_n(t)} c_n(0), \tag{21.15}$$

mit

$$\gamma_n(t) = \mathrm{i} \int_0^t \left\langle \psi_n(t') \middle| \frac{\mathrm{d}}{\mathrm{d}t'} \middle| \psi_n(t') \right\rangle \mathrm{d}t'. \tag{21.16}$$

Man beachte, dass $\gamma_n(t)$ in (21.16) reell ist, da $\mathrm{i}(\mathrm{d}/\mathrm{d}t) = \hat{H}(t)/\hbar$ ein hermitescher Operator ist.

Die Grundaussage an dieser Stelle ist: bei einer adiabatischen Störung behält der Zustand $|\Psi(t)\rangle$ des Systems die Linearkombination $\{ c_n(0) \}$ aus Eigenzuständen $|\psi_n(t)\rangle$ bis auf die zusätzlichen Phasenverschiebungen $\exp(\mathrm{i}\gamma_n(t))$ bei. Und befindet sich das System zu $t = 0$ in einem Eigenzustand $|\psi_n(0)\rangle$ des Hamilton-Operators, so befindet es sich zu jedem Zeitpunkt im entsprechend „verschobenen" Eigenzustand $|\psi_n(t)\rangle$. Das System „geht" gewissermaßen mit der äußeren Veränderung der Parameter „mit".

Die Phase $\gamma_n(t)$ erfuhr lange Zeit keine besondere Beachtung, schließlich kann man sie ja durch eine Phasenredefinition der zeitabhängigen Basisvektoren stets eliminieren. Allerdings gilt das nur für nicht-zyklische adiabatische Prozesse. Es war erst Michael Berry, der im Jahre 1984 ihre fundamentale Bedeutung für zyklische adiabatische Prozesse erkannte. Wir werden uns im folgenden Abschnitt 22 eingehender damit befassen.

Der Adiabatensatz in der Quantenmechanik

Der oben abgeleitete Zusammenhang wird als **Adiabatensatz** bezeichnet. Insgesamt ist sowohl eine mathematisch präzise Fassung des Adiabatensatzes an sich, wie auch dessen Beweis alles andere als trivial. Eine erste Fassung des Satzes wurde innerhalb der Quantenmechanik von Born und Fock 1928 bewiesen, allerdings lediglich in erster Ordnung Störungstheorie [BF28] und für ein diskretes Spektrum ohne Entartung. Überhaupt stützen sich die meisten Beweise auf störungstheoretische Betrachtungen, und man kann zeigen, dass das dort gegebene Gültigkeitskriterium für die adiabatische Näherung dann oft nicht hinreichend ist [MS04]. Kato führte einen allgemeineren Beweis in einer operatortheoretischen Formulierung, der auch auf Hamilton-Operatoren mit kontinuierlichen Spektren anwendbar ist [Kat50a], sofern die **Spektrallückenbedingung** (englisch: *''gap condition''*) erfüllt ist – was im Wesentlichen bedeutet, dass es mindestens einen gebundenen Zustand gibt, der einen endlichen Spektralabstand zum kontinuierlichen Spektrum besitzt. Im Laufe der Zeit wurden auch Beweise in höherer Ordnung Störungstheorie oder mit diversen Verallgemeinerungen geführt, mittlerweile gibt es auch einen Beweis, der ohne die Spektrallückenbedingung auskommt [AE99].

Wir haben eine stark vereinfachte Form der Darstellung gewählt, auf die sich auch die Lehrbücher von Bransden und Joachain, Griffiths und Sakurai beziehen (in dieser Reihenfolge, siehe Lehrbuchliteratur am Ende des Buchs). Es muss an dieser Stelle darauf hingewiesen werden, dass die Gültigkeitsbedingung (21.13) zwar vollkommen korrekt ist und sich nicht einmal auf die Anwendung der Störungstheorie bezieht, aber aus Beweissicht nahezu unbrauchbar ist, weil der Nachweis für kaum einen physikalisch relevanten Hamilton-Operator geführt werden kann.

Für einen Überblick über diverse Formulierungen und Beweise des Adiabatensatzes siehe [AE99].

22 Geometrische Phasen

Der englische mathematische Physiker Michael Berry veröffentlichte 1984 eine maßgebliche Arbeit, in der er zeigte, dass bei zyklischen adiabatischen Prozessen der Phasenfaktor (21.16) nicht nur nichtverschwindende Werte annehmen kann, sondern auch zu messbaren Effekten führt [Ber84]. Dieses *"seminal paper"* ist nicht nur eine der meistzitierten Arbeiten aller Zeiten, die eine gesamte Forschungsdisziplin begründete, sondern auch noch überaus klar geschrieben und sehr leicht lesbar. Deren Originallektüre sei daher ausdrücklich empfohlen, und sowohl die Art der Darstellung als auch die Notation dieser Arbeit ist kanonisch in dem Sinne, dass sie in den meisten Lehrbüchern nahezu unverändert übernommen wurde und wird, so auch in diesem Buch.

Wir nehmen an, dass die Zeitabhängigkeit des Hamilton-Operators $\hat{H}(t)$ durch einen Vektor $\boldsymbol{R}(t)$ in einem mehrdimensionalen Parameterraum dargestellt werden kann. Es ist dann

$$\begin{aligned} E_n(t) &= E_n(\boldsymbol{R}(t)), \\ |\psi_n(t)\rangle &= |\psi_n(\boldsymbol{R}(t))\rangle, \end{aligned}$$

und damit

$$\left\langle \psi_n(\boldsymbol{R}(t)) \left| \frac{\mathrm{d}}{\mathrm{d}t} \right| \psi_n(\boldsymbol{R}(t)) \right\rangle = \langle \psi_n(\boldsymbol{R}(t)) \,|\, \nabla_{\boldsymbol{R}} \,|\, \psi_n(\boldsymbol{R}(t)) \rangle \cdot \frac{\mathrm{d}\boldsymbol{R}}{\mathrm{d}t}, \tag{22.1}$$

wobei $\nabla_{\boldsymbol{R}}$ dann einfach den Operatorgradienten im Parameterraum darstellt. Dann lässt sich die geometrische Phase (21.16) schreiben als

$$\begin{aligned} \gamma_n(t) &= \mathrm{i} \int_0^t \langle \psi_n(\boldsymbol{R}(t')) \,|\, \nabla_{\boldsymbol{R}} \,|\, \psi_n(\boldsymbol{R}(t')) \rangle \cdot \frac{\mathrm{d}\boldsymbol{R}}{\mathrm{d}t'} \mathrm{d}t' \\ &= \mathrm{i} \int_{\Gamma} \langle \psi_n(\boldsymbol{R}) \,|\, \nabla_{\boldsymbol{R}} \,|\, \psi_n(\boldsymbol{R}) \rangle \cdot \mathrm{d}\boldsymbol{R}. \end{aligned} \tag{22.2}$$

In der letzten Zeile haben wir das Integral in ein Wegintegral entlang eines Wegs Γ im Parameterraum umgeformt, mit $\Gamma(0) = \boldsymbol{R}(0)$ und $\Gamma(t) = \boldsymbol{R}(t)$.

Für **zyklische adiabatische Störungen**, also in dem Fall, dass Γ für den Zeitparameter $t = \tau$ ein geschlossener Weg ist, dass also $\Gamma(0) = \Gamma(\tau)$ ist, haben wir:

$$\gamma_n(\tau) = \gamma_n(C) = \mathrm{i} \oint_C \langle \psi_n(\boldsymbol{R}) \,|\, \nabla_{\boldsymbol{R}} \,|\, \psi_n(\boldsymbol{R}) \rangle \cdot \mathrm{d}\boldsymbol{R}, \tag{22.3}$$

wobei C hierbei die geschlossene Kurve im Parameterraum darstellt. Die Bezeichnung suggeriert Invarianz von γ_n gegenüber Reparametrisierungen des Wegs Γ, was wir im Folgenden gleich zeigen werden.

Wir führen nun die Notation

$$\boldsymbol{A}_n(\boldsymbol{R}) = \mathrm{i} \langle \psi_n(\boldsymbol{R}) \,|\, \nabla_{\boldsymbol{R}} \,|\, \psi_n(\boldsymbol{R}) \rangle \tag{22.4}$$

ein, so dass (22.3) geschrieben werden kann als

$$\gamma_n(C) = \oint_{C=\partial A} \boldsymbol{A}_n(\boldsymbol{R}) \cdot \mathrm{d}\boldsymbol{R} \tag{22.5}$$

$$= \iint_A \underbrace{[\nabla_{\boldsymbol{R}} \times \boldsymbol{A}_n(\boldsymbol{R})]}_{=:\boldsymbol{B}_n(\boldsymbol{R})} \cdot \mathrm{d}\boldsymbol{S}, \tag{22.6}$$

wobei A eine durch C berandete Fläche im Parameterraum ist. Die Notation ist etwas schlampig: ist der Parameterraum dreidimensional, können wir (22.5) über den aus der Vektoranalysis bekannten Satz von Stokes in ein Oberflächenintegral (22.6) über $\nabla_{\boldsymbol{R}} \times \boldsymbol{A}_n(\boldsymbol{R})$ umwandeln. Für den Fall beliebiger Dimension bedingt der Satz von Stokes eine Formulierung mit Hilfe von Differentialformen, wir haben uns in (22.6) allerdings mit einer vereinfachten Notation begnügt und das $\times$-Symbol schlicht weiterverwendet.

In jedem Fall zeigt (22.6) nun auf herkömmliche Weise die Invarianz der Phase $\gamma(C)$ gegenüber Reparametrisierungen des Weges und deren rein geometrische Natur. Insbesondere ist sie vollkommen unabhängig von der exakten Zeitabhängigkeit der Störung beziehungsweise ihrer Parameter $\boldsymbol{R}(t)$. Aus diesem Grund heißt $\gamma_n(C)$ auch **geometrische Phase**. In Anerkennung an die Arbeiten Berrys wird sie auch **Berry-Phase** genannt. Die Größe

$$\boldsymbol{B}_n(\boldsymbol{R}) = \nabla_{\boldsymbol{R}} \times \boldsymbol{A}_n(\boldsymbol{R}) \tag{22.7}$$

erinnert an ein „Magnetfeld“ im Parameterraum, das aus dem „Vektorpotential“ $\boldsymbol{A}_n(\boldsymbol{R})$ gebildet werden kann. Darüber hinaus gilt folgendes: führen wir eine „Eichtransformation“

$$|\psi_n(\boldsymbol{R})\rangle \mapsto \mathrm{e}^{\mathrm{i}\delta(\boldsymbol{R})}\,|\psi_n(\boldsymbol{R})\rangle \tag{22.8}$$

durch, liefert (22.4):

$$\boldsymbol{A}_n(\boldsymbol{R}) \mapsto \boldsymbol{A}_n(\boldsymbol{R}) - \nabla_{\boldsymbol{R}}\delta(\boldsymbol{R}), \tag{22.9}$$

was wiederum $\gamma_n(C)$ gemäß (22.5,22.6) invariant lässt. Man vergleiche (22.9) mit (II-30.8) – der Vorzeichenunterschied erklärt sich durch die Definition (22.4), die auch durch ein entgegengesetztes Vorzeichen hätte erfolgen können.

Es lässt nun alles die geometrische Struktur einer Eichtheorie im Parameterraum erkennen, und Gleichung (22.6) zeigt, dass die Berry-Phase den „magnetischen Fluss“ durch die durch C umrandete Fläche darstellt. Es war Barry Simon, der die geometrische Bedeutung der Berry-Phase als Element der **Holonomie-Gruppe** einer Eichtheorie im Parameterraum erkannte [Sim83], worauf Berry in seiner Arbeit auch ausdrücklich hinweist. Man vergleiche die Ausdrücke (22.5,22.6) mit den Ausdrücken (II-35.1,II-35.2) im Zusammenhang mit dem Aharonov–Bohm-Effekt in Abschnitt II-35, auf den wir weiter unten nochmals zurückkommen werden.

In Bündelsprache (vergleiche Abschnitt II-31) ist der Parameterraum M die Basismannigfaltigkeit eines U(1)-Bündels über M. Das assoziierte Bündel $(M \times \mathbb{C})/\mathrm{U}(1)$, das sich durch Anheftung des eichabhängigen Zustands $|\psi_n(\boldsymbol{R})\rangle$ an jeden Punkt $\boldsymbol{R} \in M$ ergibt, stellt daher ein komplexes Geradenbündel dar. Die durch (22.4) definierte Größe

$$\boldsymbol{A}_n(\boldsymbol{R}) = \langle\psi_n(\boldsymbol{R})\,|\,\mathrm{i}\nabla_{\boldsymbol{R}}\,|\,\psi_n(\boldsymbol{R})\rangle \tag{22.10}$$

ist dann nichts anderes als das durch einen lokalen Schnitt aus einem Ehresmann-Zusammenhang (auch **Berry-Zusammenhang** genannt) hervorgehende definierte lokale Eichpotential, und die Größe

$$\boldsymbol{B}_n(\boldsymbol{R}) = \nabla_{\boldsymbol{R}} \times \boldsymbol{A}_n(\boldsymbol{R}) \tag{22.11}$$

die aus einer globalen Krümmungsform (der **Berry-Krümmung**) hervorgehende lokale Feldstärke.

Vor diesem Hintergrund lässt sich die in Abschnitt 21 betrachtete adiabatische Näherung ebenfalls geometrisch interpretieren. Diese besteht ja gemäß (21.12) in der Voraussetzung, dass

$$\left\langle\psi_m(t)\,\middle|\,\frac{\mathrm{d}}{\mathrm{d}t}\,\middle|\,\psi_n(t)\right\rangle = 0 \quad (n \neq m),$$

was aber gleichbedeutend ist mit:

$$\langle\psi_m(\boldsymbol{R}(t))\,|\,\nabla_{\boldsymbol{R}}\,|\,\psi_n(\boldsymbol{R}(t))\rangle = 0 \quad (n \neq m), \tag{22.12}$$

man vergleiche (22.1). Im differentialgeometrischen Bild fordert die adiabatische Näherung also, dass die Zustandsvektoren $|\psi_n(\boldsymbol{R}(t))\rangle$ im Parameterraum paralleltransportiert werden. Berry selbst hat einen sehr gut lesbaren Review-Artikel zur differentialgeometrischen Interpretation der geometrischen Phase geschrieben [Ber89]. Für weitergehende Ausführungen in diesem Zusammenhang siehe die weiterführende Literatur.

Zuguterletzt notieren wir, dass (22.7) geschrieben werden kann als

$$\begin{aligned}\boldsymbol{B}_n(\boldsymbol{R}) &= \mathrm{i}\,[\nabla_{\boldsymbol{R}}\,\langle\psi_n(\boldsymbol{R})|] \times [\nabla_{\boldsymbol{R}}\,|\psi_n(\boldsymbol{R})\rangle] \\ &= \mathrm{i}\sum_{m\neq n}\,[\nabla_{\boldsymbol{R}}\,\langle\psi_n(\boldsymbol{R})|]\,|\psi_m(\boldsymbol{R})\rangle \times \langle\psi_m(\boldsymbol{R})|\nabla_{\boldsymbol{R}}|\psi_n(\boldsymbol{R})\rangle\,,\end{aligned} \tag{22.13}$$

wobei wir in der zweiten Zeile eine „Eins" in Form von $\sum_m |\psi_m(\boldsymbol{R})\rangle\,\langle\psi_m(\boldsymbol{R})|$ eingeschoben haben. Der Beitrag für $m = n$ verschwindet, da aus $\langle\psi_n(\boldsymbol{R})|\psi_n(\boldsymbol{R})\rangle = 1$ folgt, dass $[\nabla_{\boldsymbol{R}}\,\langle\psi_n(\boldsymbol{R})|]\,|\psi_n(\boldsymbol{R})\rangle = -\,\langle\psi_n(\boldsymbol{R})|\nabla_{\boldsymbol{R}}|\psi_n(\boldsymbol{R})\rangle$ und daher das Kreuzprodukt aus beiden Faktoren Null ergibt.

Bilden wir nun den $\boldsymbol{R}$-Gradienten von (21.7) und multiplizieren auf beiden Seiten mit $\langle\psi_m(\boldsymbol{R})|$, erhalten wir für $m \neq n$:

$$\langle\psi_m(\boldsymbol{R})|\nabla_{\boldsymbol{R}}|\psi_n(\boldsymbol{R})\rangle = \frac{\langle\psi_m(\boldsymbol{R})|\nabla_{\boldsymbol{R}}\hat{H}|\psi_n(\boldsymbol{R})\rangle}{E_n(\boldsymbol{R}) - E_m(\boldsymbol{R})}, \tag{22.14}$$

so dass wir für (22.13) zuguterletzt schreiben können:

$$\boldsymbol{B}_n(\boldsymbol{R}) = \mathrm{i}\sum_{m\neq n}\frac{\langle\psi_n(\boldsymbol{R})|\nabla_{\boldsymbol{R}}\hat{H}|\psi_m(\boldsymbol{R})\rangle \times \langle\psi_m(\boldsymbol{R})|\nabla_{\boldsymbol{R}}\hat{H}|\psi_n(\boldsymbol{R})\rangle}{(E_m(\boldsymbol{R}) - E_n(\boldsymbol{R}))^2}. \tag{22.15}$$

Beispiel: Spin-$\frac{1}{2}$-Teilchen in einem langsam veränderlichen Magnetfeld
Ein einfaches Beispiel, das Berry selbst in seiner Arbeit [Ber84] zur Illustration der geometrischen Phase heranzog, ist das eines Spin-$\frac{1}{2}$-Teilchens mit magnetischem Moment μ in einem zeitlich veränderlichen Magnetfeld. Die Darstellung folgt im Wesentlichen den beiden Reviews [Hol89; Hol95].

Für die Berechnung der Berry-Phase ist nur der zeitabhängige, beziehungsweise vom Parameter $\boldsymbol{R}(t)$ abhängige, Wechselwirkungsterm von Interesse, nämlich

$$\hat{H}_R = -\frac{2}{\hbar}\mu\hat{\boldsymbol{S}} \cdot \boldsymbol{B}_R(t). \tag{22.16}$$

Dabei sei $\boldsymbol{B}_R(t)$ das äußere Magnetfeld, das den Index R trägt, um Verwechslungen mit dem oben eingeführten „Berry-Magnetfeld" $\boldsymbol{B}_n(\boldsymbol{R})$ zu vermeiden. Letzteres berechnen wir nun gemäß (22.15), um daraus mit (22.6) die Berry-Phase zu erhalten.

Wir berechnen (22.15) zunächst mit Fixierung des Magnetfelds $\boldsymbol{B}_R(t)$ entlang der z-Achse ($\boldsymbol{B}_R(t) = B_R(t)\boldsymbol{e}_z$), so dass die beiden Eigenzustände des Spin-$\frac{1}{2}$-Systems durch $|\pm\rangle$ gegeben sind mit den Energie-Eigenwerten

$$E_\pm(t) = \mp\mu B_R(t). \tag{22.17}$$

Da nun letztlich $\boldsymbol{R}(t) = \boldsymbol{B}_R(t)$ der zu betrachtende zeitabhängige Parameter ist, erhalten wir mit

$$\nabla_{\boldsymbol{R}}\hat{H} = -\frac{2\mu}{\hbar}\hat{\boldsymbol{S}}$$

und

$$(E_\pm - E_\mp)^2 = 4\mu^2 B_R^2$$

für (22.15) den Ausdruck

$$\boldsymbol{B}_\pm(\boldsymbol{R} = B_R\boldsymbol{e}_z) = \frac{\mathrm{i}}{\hbar^2 B_R^2}\,\langle\pm|\hat{\boldsymbol{S}}|\mp\rangle \times \langle\mp|\hat{\boldsymbol{S}}|\pm\rangle\,, \tag{22.18}$$

der mit Hilfe von (II-4.18) leicht berechnet werden kann. Mit

$$\langle\pm|\hat{\boldsymbol{S}}|\mp\rangle = \frac{\hbar}{2}\begin{pmatrix}1\\ \mp\mathrm{i}\\ 0\end{pmatrix}$$

folgt:

$$\boldsymbol{B}_\pm(\boldsymbol{R} = B_R\boldsymbol{e}_z) = \mp\frac{1}{2B_R^2}\boldsymbol{e}_z,$$

und allgemein

$$\boldsymbol{B}_\pm(\boldsymbol{R} = B_R\boldsymbol{e}_R) = \mp\frac{1}{2B_R^2}\boldsymbol{e}_R, \tag{22.19}$$

mit dem radialen Einheitsvektor $\boldsymbol{e}_R$ im Parameterraum. Damit erhalten wir die Berry-Phase

$$\begin{aligned}\gamma_\pm(C) &= \mp\frac{1}{2}\int_A \frac{\boldsymbol{e}_R\cdot \mathrm{d}\boldsymbol{S}}{B_R^2}\\ &= \mp\frac{1}{2}\int_A \frac{B_R^2\mathrm{d}\Omega}{B_R^2} = \mp\frac{1}{2}\Omega. \end{aligned}\tag{22.20}$$

Hierbei ist Ω der Raumwinkel, der durch die durch die geschlossene Kurve C auf der Einheitskugel im Parameterraum umrandete Fläche A ausgeschnitten wird.

Man erkennt, dass (22.19) das Feld eines „magnetischen Monopols" mit Ladung $\mp\frac{1}{2}$ im Parameterraum beschreibt – und man beachte, dass dies nichts mit einem magnetischen Dirac-Monopol als hypothetisches Teilchen zu tun hat! Dieser Monopol hier existiert im Parameterraum. Die Geometrie ist in diesem Beispiel wie folgt: wenn wir das extern angelegte Magnetfeld vom Betrag her fixieren und nur die Richtungsänderung zulassen, besitzt der Parameterraum die Topologie einer 2-Sphäre S^2. Daher besitzt die Eichtheorie die geometrische Struktur eines U(1)-Bündels über S^2, welches wir bereits aus Abschnitt II-32 kennen. Wir werden gleich sehen, dass für magnetische Monopole im Parameterraum ebenfalls eine „Dirac-Quantisierungsbedingung" existiert.

Über die verschiedenen experimentellen Bestätigungen von (22.20), unter anderem für Neutronen, siehe die weiterführende Literatur.

Der Aharonov–Bohm-Effekt im Lichte der Berry-Phase

Auf den Zusammenhang zwischen der Berry-Phase und dem Aharonov–Bohm-Effekt (siehe Abschnitt II-35) haben wir weiter oben bereits hingewiesen. Tatsächlich kann der Phasenfaktor (II-35.1) als Berry-Phase interpretiert werden, wenn man die Bewegung eines geladenen Teilchens entlang eines geschlossenen Wegs, welcher einen magnetischen Fluss umschließt, als adiabatische Zustandsänderung betrachten [Ber84; Hol95]. Der Parameter $\boldsymbol{R}$ ist dann nichts anderes als die Position des geladenen Teilchens selbst.

Wir betrachten ein geladenes Teilchen der Ladung q in einer Box im Abstand $\boldsymbol{R}$ zur magnetischen Flusslinie, siehe Abbildung 2.5. Durch das endliche Volumen der Box besitzt das Teilchen nur gebundene Zustände. In Abwesenheit von magnetischem Fluss, also wenn $\boldsymbol{A}(\boldsymbol{r}) \equiv 0$, besitzt der Hamilton-Operator die Form $\hat{H}(\hat{\boldsymbol{p}}, \hat{\boldsymbol{r}} - \boldsymbol{R})$, und die Energieeigenwerte E_n sind unabhängig von $\boldsymbol{R}$. Es gilt:

$$\hat{H}(\hat{\boldsymbol{p}}, \hat{\boldsymbol{r}} - \boldsymbol{R})\, |\psi_n(\boldsymbol{R})\rangle = E_n\, |\psi_n(\boldsymbol{R})\rangle\,, \tag{22.21}$$

$$\psi_n(\boldsymbol{r} - \boldsymbol{R}) = \langle \boldsymbol{r}|\psi_n(\boldsymbol{R})\rangle\,. \tag{22.22}$$

Ist nun magnetischer Fluss vorhanden, gilt gemäß dem Prinzip der minmalen Kopplung:

$$\hat{H}(\hat{\boldsymbol{p}} - \tfrac{q}{c}\hat{\boldsymbol{A}}(\hat{\boldsymbol{r}}), \hat{\boldsymbol{r}} - \boldsymbol{R})\, |\psi_n^A(\boldsymbol{R})\rangle = E_n\, |\psi_n^A(\boldsymbol{R})\rangle\,, \tag{22.23}$$

und diese Gleichung kann exakt dadurch gelöst werden, dass $\psi_n(\boldsymbol{r} - \boldsymbol{R}) = \langle \boldsymbol{r}|\psi_n(\boldsymbol{R})\rangle$ mit einem Phasenfaktor versehen wird wie folgt:

$$\psi_n^A(\boldsymbol{r} - \boldsymbol{R}) = \langle \boldsymbol{r}|\psi_n^A(\boldsymbol{R})\rangle = \exp\left(\frac{\mathrm{i}q}{\hbar c}\int_{\boldsymbol{R}}^{\boldsymbol{r}} \boldsymbol{A}(\boldsymbol{r}')\cdot \mathrm{d}\boldsymbol{r}'\right)\psi_n(\boldsymbol{r} - \boldsymbol{R}). \tag{22.24}$$

Dies folgt direkt aus der Eichkovarianz der Schrödinger-Gleichung, siehe (II-30.25) mit $\boldsymbol{A}(\boldsymbol{r}) = \nabla\chi(\boldsymbol{r})$.

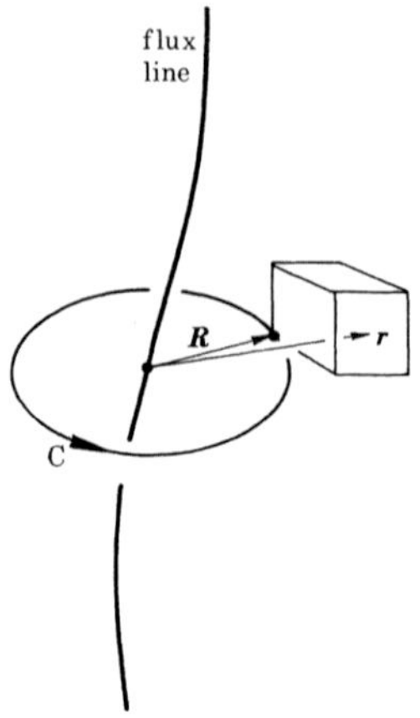

Abbildung 2.5: Der Aharanov–Bohm-Effekt kann als Auftauchen einer geometrischen Phase beim Umlauf eines Elektrons um eine magnetische Flusslinie verstanden werden [Ber84].

Es ist:

$$\begin{aligned}\langle\psi_n^A(\boldsymbol{R})|\nabla_{\boldsymbol{R}}|\psi_n^A(\boldsymbol{R})\rangle &= \int \mathrm{d}^3\boldsymbol{r}\,\langle\psi_n^A(\boldsymbol{R})|\boldsymbol{r}\rangle\,\langle\boldsymbol{r}|\nabla_{\boldsymbol{R}}|\psi_n^A(\boldsymbol{R})\rangle \\ &= \int \mathrm{d}^3\boldsymbol{r}[\psi_n^A(\boldsymbol{r}-\boldsymbol{R})]^*\left(-\frac{\mathrm{i}q}{\hbar c}\boldsymbol{A}(\boldsymbol{R})\psi_n^A(\boldsymbol{r}-\boldsymbol{R})\right) \qquad (22.25)\\ &\quad+\int \mathrm{d}^3\boldsymbol{r}\psi_n^*(\boldsymbol{r}-\boldsymbol{R})\nabla_{\boldsymbol{R}}\psi_n(\boldsymbol{r}-\boldsymbol{R}) \\ &= -\frac{\mathrm{i}q}{\hbar c}\boldsymbol{A}(\boldsymbol{R}). \qquad (22.26)\end{aligned}$$

Man beachte, dass der zweite, den Nabla-Operator enthaltenden Term aus Normierungsgründen verschwindet, da im Integral $\nabla_{\boldsymbol{R}} = -\nabla_{\boldsymbol{r}}$, und das Integral damit proportional ist zum Erwartungswert des Impulsoperators $\langle\boldsymbol{p}\rangle$ in der Box, welcher aber verschwindet (siehe Abschnitt I-32).

Nun beschreibe $\boldsymbol{R}$ eine geschlossene Kurve C um die Flusslinie. Dann ist die Berry-Phase gemäß (22.5,22.6) gegeben durch:

$$\begin{aligned}\gamma_n(C) &= \frac{q}{\hbar c}\oint_C \boldsymbol{A}(\boldsymbol{R})\cdot\mathrm{d}\boldsymbol{R} \\ &= \frac{q}{\hbar c}\iint_A \boldsymbol{B}(\boldsymbol{R})\cdot\mathrm{d}\boldsymbol{S} = \frac{q}{\hbar c}\Phi, \qquad (22.27)\end{aligned}$$

in völliger Übereinstimmung mit der Aharonov–Bohm-Phase aus Abschnitt II-35. In diesem Fall ist die Berry-Phase sogar unabhängig von n. Und aufgrund der Tatsache, dass per Konstruktion die Berry-Phase auch invariant gegenüber stetigen Deformationen von C ist, ist sie nicht nur eine geometrische Phase, sondern sogar eine **topologische Phase** – was wir aber bereits in Abschnitt II-35 festgestellt haben.

Dirac-Quantisierungsbedingung

Zuguterletzt wollen wir folgende Feststellung machen [Hol89]: die Berry-Phase ist selbstverständlich stets nur modulo 2π bestimmt, das heißt $\gamma_n(C)$ und $\gamma_n(C) + 2N\pi$ mit $N \in \mathbb{Z}$ ergeben dieselbe Physik.

Es sei nun die Kurve C Randkurve zu zwei verschiedenen Flächen A_1 und A_2, beispielsweise die jeweiligen Hälften einer 2-Sphäre, so dass C einen großen Halbkreis darstellt. Die Beziehung (22.6) sagt dann aus, dass

$$\iint_{A_1} \boldsymbol{B}_n(\boldsymbol{R}) \cdot \mathrm{d}\boldsymbol{S} = \iint_{A_2} \boldsymbol{B}_n(\boldsymbol{R}) \cdot \mathrm{d}\boldsymbol{S} + 2N\pi. \tag{22.28}$$

Betrachten wir nun die Vereinigung von A_1 und A_2 als eine geschlossene Oberfläche – man beachte hierbei die umgekehrte Orientierung von $\mathrm{d}\boldsymbol{S}$ – so erhalten wir eine Quantisierungsbedingung für den „Berry-Fluss"

$$\oint\!\!\oint \boldsymbol{B}_n(\boldsymbol{R}) \cdot \mathrm{d}\boldsymbol{S} = 4\pi q_m = 2N\pi, \tag{22.29}$$

woraus sich eine Quantisierungsbedingung für die „magnetische Berry-Ladung" q_m ableiten lässt: diese kann demnach die Werte

$$q_m = \frac{N}{2} \quad (N \in \mathbb{Z}) \tag{22.30}$$

annehmen. In dem Falle, in dem wie im vorigen Beispiel des Aharonov–Bohm-Effekts bis auf einen Vorfaktor das „Berry-Magnetfeld" $\boldsymbol{B}_n(\boldsymbol{R})$ mit dem tatsächlichen Magnetfeld übereinstimmt ($\boldsymbol{B}_n(\boldsymbol{R}) = \frac{q}{\hbar c}\boldsymbol{B}(\boldsymbol{R})$), folgt daraus:

$$\oint\!\!\oint \boldsymbol{B}(\boldsymbol{R}) \cdot \mathrm{d}\boldsymbol{S} = \frac{2N\pi\hbar c}{q}$$

oder:

$$4\pi q_m = \frac{2N\pi\hbar c}{q}$$

und damit nichts anderes als die Dirac-Quantisierungsbedingung für magnetische Monopole (II-32.7):

$$q q_m = \frac{N\hbar c}{2} \quad (N \in \mathbb{Z}). \tag{22.31}$$

Zusammenfassung und Ausblick

Zyklische adiabatische Prozesse in der Quantenmechanik führen zu zwei Dingen: einer geometrischen Phase in der Zeitentwicklung der Energie-Eigenzustände, die unabhängig ist vom zeitlichen Verlauf der adiabatischen Störung, sowie zu der geometrischen Struktur einer Eichtheorie. Diese Struktur ist ein Beispiel für eine **emergente** Struktur in der Theoretischen Physik: eine Grenzfallbetrachtung (in diesem Fall die adiabatische Näherung) führt zu einem Zuwachs an Symmetrie oder Strukturfülle. Allgemeiner entstehen durch Trennung sogenannter „langsamer" Freiheitsgrade von „schnellen" in Quantensystemen Eichtheorien. Das Beispiel *par excellence* hierfür ist die Born–Oppenheimer-Näherung für die quantenmechanische Behandlung von Molekülen und Festkörpern, die wir in Abschnitt 10 betrachtet haben.

Geometrische Phasen gibt es auch in der klassischen Mechanik: das Paradebeispiel ist ein Foucault-Pendel, das durch die Erdrotation eine Verschiebung der Pendelebene erfährt, mit einer Periode, die in Abhängigkeit vom Breitengrad ist. Im Rahmen der klassischen Mechanik ist das Problem zwar leicht in einem beschleunigten Bezugssystem zu lösen. Man kann die Ebenendrehung aber auch als geometrische Phase verstehen [Ber89]. Eine systematische Behandlung geometrischer Phasen in der klassischen Mechanik begann mit John Hannay [Han85] und Michael Berry [Ber85], beide Bürokollegen voneinander an der University of Bristol, und diese werden auch **Hannay-Winkel** genannt. (Nebenbei sei erwähnt, dass auch Aharonov und Bohm zur Zeit ihrer berühmten gemeinsamen Arbeit in Bristol waren.)

Zu Vorläuferexperimenten und entsprechenden theoretischen Arbeiten siehe die weiterführende Literatur sowie einen entsprechenden Review-Artikel von Michael Berry in *Physics Today* aus dem Jahre 1990 [Ber90].

Geometrische Phasen sowie ihre zugrundeliegenden mathematischen Strukturen wie auch die Experimentalphysik dazu stellen einen eigenständigen Forschungszweig dar, und sie finden Verallgemeinerungen hin zu nicht-adiabatischen Prozessen, nicht-zyklischen Prozessen sowie zu nicht-abelschen geometrischen Phasen und zahlreiche Anwendungen in der Theorie der kondensierten Materie oder der Beschreibung von Anomalien in nicht-abelschen Eichtheorien. Der interessierte Leser sei hierzu auf die weiterführende Literatur verwiesen.

23 Exakt lösbare Zwei-Zustands-Systeme: Rabi-Oszillationen

Exakt lösbare Systeme mit zeitabhängigem Potential sind sehr selten. Umso interessanter ist eines, das durch seine Einfachheit besticht und von enormer praktischer Bedeutung ist: ein Zwei-Zustands-System mit einem harmonischen Störpotential [Rab37].

Das quantenmechanische System wird durch einen Hamilton-Operator $\hat{H}(t) = \hat{H}_0 + \hat{V}(t)$ beschrieben, wobei:

$$\hat{H}_0 = E_1 \left|1\right\rangle \left\langle 1\right| + E_2 \left|2\right\rangle \left\langle 2\right|, \tag{23.1}$$

$$\hat{V}(t) = \gamma \left(\mathrm{e}^{\mathrm{i}\omega t} \left|1\right\rangle \left\langle 2\right| + \mathrm{e}^{-\mathrm{i}\omega t} \left|2\right\rangle \left\langle 1\right| \right), \tag{23.2}$$

wobei $E_2 > E_1$ gelte, sowie $\gamma, \omega > 0$. Wir schließen nun direkt an die Differentialgleichung für die Übergangsamplituden im Wechselwirkungsbild (13.13) an, welche für das vorliegende Modellsystem lautet:

$$\mathrm{i}\hbar \dot{c}_1(t) = \gamma \mathrm{e}^{-\mathrm{i}(\omega_{21}-\omega)t} c_2(t), \tag{23.3a}$$

$$\mathrm{i}\hbar \dot{c}_2(t) = \gamma \mathrm{e}^{\mathrm{i}(\omega_{21}-\omega)t} c_1(t). \tag{23.3b}$$

Substituieren wir

$$c_1(t) = a_1(t)\mathrm{e}^{-\mathrm{i}(\omega_{21}-\omega)t},$$

$$c_2(t) = a_2(t)\mathrm{e}^{\mathrm{i}(\omega_{21}-\omega)t},$$

so wird aus (23.3):

$$\mathrm{i}\hbar \dot{a}_1(t) = -\frac{\hbar(\omega_{21}-\omega)}{2} a_1(t) + \gamma a_2(t), \tag{23.4a}$$

$$\mathrm{i}\hbar \dot{a}_2(t) = \frac{\hbar(\omega_{21}-\omega)}{2} a_2(t) + \gamma a_1(t). \tag{23.4b}$$

Wir machen nun den Ansatz

$$a_{1,2}(t) = a_{1,2}^0 \mathrm{e}^{\mathrm{i}\Omega t},$$

mit konstanten Koeffizienten $a_{1,2}^0$. Dieser in (23.4) eingesetzt, führt auf das lineare Gleichungssystem

$$\hbar \left(\Omega - \frac{\omega_{21}-\omega}{2} \right) a_1^0 + \gamma a_2^0 = 0, \tag{23.5a}$$

$$\gamma a_1^0 + \hbar \left(\Omega + \frac{\omega_{21}-\omega}{2} \right) a_2^0 = 0, \tag{23.5b}$$

für dessen Lösung notwendigerweise die Determinante der Koeffizientenmatrix verschwinden muss:

$$\hbar^2 \left(\Omega^2 - \frac{(\omega_{21}-\omega)^2}{4} \right) - \gamma^2 \stackrel{!}{=} 0,$$

so dass

$$\Omega = \pm\sqrt{\frac{\gamma^2}{\hbar^2} + \frac{(\omega_{21}-\omega)^2}{4}}. \tag{23.6}$$

Wir setzen $\Omega > 0$ und schreiben die allgemeine Lösung für $a_{1,2}(t)$ dann wie folgt:

$$\begin{aligned} a_1(t) &= \alpha \mathrm{e}^{\mathrm{i}\Omega t} + \beta \mathrm{e}^{-\mathrm{i}\Omega t}, \\ a_2(t) &= -\frac{\hbar}{\gamma}\left(\Omega - \frac{\omega_{21}-\omega}{2}\right)\alpha \mathrm{e}^{\mathrm{i}\Omega t} + \frac{\hbar}{\gamma}\left(\Omega + \frac{\omega_{21}-\omega}{2}\right)\beta \mathrm{e}^{-\mathrm{i}\Omega t}. \end{aligned}$$

Die Vorfaktoren für $a_2(t)$ ergeben sich aus dem linearen Gleichungssystem (23.5), mit der Ersetzung $\Omega \mapsto -\Omega$ für den zweiten Summanden.

Das System befinde sich nun zum Zeitpunkt $t = 0$ im Zustand $|1\rangle$, das heißt: $c_1(0) = a_1(0) = 1, c_2(0) = a_2(0) = 0$. Dann folgt

$$\begin{aligned} \alpha + \beta &= 1, \\ -\frac{\hbar}{\gamma}\left(\Omega - \frac{\omega_{21}-\omega}{2}\right)\alpha + \frac{\hbar}{\gamma}\left(\Omega + \frac{\omega_{21}-\omega}{2}\right)\beta &= 0, \end{aligned}$$

also:

$$\begin{aligned} \alpha &= \frac{1}{2} + \frac{\omega_{21}-\omega}{4\Omega}, \\ \beta &= \frac{1}{2} - \frac{\omega_{21}-\omega}{4\Omega}, \end{aligned}$$

und es ist nach elementarer Rechnung

$$\begin{aligned} a_1(t) &= \frac{1}{2}\left(\mathrm{e}^{\mathrm{i}\Omega t} + \mathrm{e}^{-\mathrm{i}\Omega t}\right) + \frac{\omega_{21}-\omega}{4\Omega}\left(\mathrm{e}^{\mathrm{i}\Omega t} - \mathrm{e}^{-\mathrm{i}\Omega t}\right) \\ &= \cos(\Omega t) + \frac{\mathrm{i}(\omega_{21}-\omega)}{2\Omega}\sin(\Omega t), \\ a_2(t) &= \frac{\hbar}{\gamma}\left(\frac{\Omega}{2} - \frac{(\omega_{21}-\omega)^2}{8\Omega}\right)\left(-\mathrm{e}^{\mathrm{i}\Omega t} + \mathrm{e}^{-\mathrm{i}\Omega t}\right) \\ &= -\frac{\mathrm{i}\gamma}{\hbar\Omega}\sin(\Omega t). \end{aligned}$$

Somit ergeben sich die exakten Ausdrücke für die Übergangsamplituden:

$$c_1(t) = \left(\cos(\Omega t) + \frac{\mathrm{i}(\omega_{21}-\omega)}{2\Omega}\sin(\Omega t)\right)\mathrm{e}^{-\mathrm{i}(\omega_{21}-\omega)t}, \tag{23.7}$$

$$c_2(t) = -\frac{\mathrm{i}\gamma}{\hbar\Omega}\sin(\Omega t)\mathrm{e}^{\mathrm{i}(\omega_{21}-\omega)t}. \tag{23.8}$$

Daraus erhalten wir nun die **Rabi-Formel** für die Übergangswahrscheinlichkeit $P_{1\to 2}$ ab:

$$P_{1\to 2}(t) = |c_2(t)|^2 = \frac{\gamma^2/\hbar^2}{\Omega^2}\sin^2(\Omega t), \tag{23.9}$$

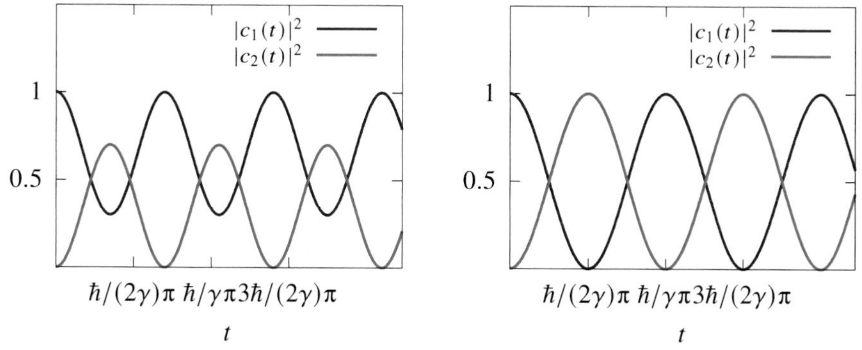

Abbildung 2.6: Rabi-Oszillation eines Zwei-Zustands-Systems mit periodischer Störung. Links: außerhalb der Resonanz, rechts: der Resonanzfall.

mit Ω gemäß (23.6), bennant nach dem US-amerikanischen Physiker Isidor Isaac Rabi, der 1944 den Nobelpreis für Physik für die Entdeckung der magnetischen Kernresonanz erhielt. Julian Schwinger war einer seiner berühmtesten Doktoranden – dies am Rande.

Der Rabi-Formel (23.9) können wir entnehmen, dass die Wahrscheinlichkeit, dass das System das angeregte Niveau $|2\rangle$ besetzt, ein oszillatorisches Verhalten mit der **Rabi-Frequenz** 2Ω zeigt. Das System „pendelt" gewissermaßen zwischen den Zuständen $|1\rangle$ und $|2\rangle$ hin und her und absorbiert beziehungsweise emittiert dabei die Energie $E = \hbar\omega_{21}$. Dieser **Absorptions-Emissions-Zyklus** wird auch **Rabi-Oszillation** genannt, siehe Abbildung 2.6. Die Amplitude dieser Oszillation ist dann am größten, wenn Ω am kleinsten ist. Das führt zur **Resonanzbedingung** $\omega_{21} = \omega$. Dann ist

$$|c_1(t)|^2 = \cos^2(\Omega t), \tag{23.10}$$

$$|c_2(t)|^2 = \sin^2(\Omega t), \tag{23.11}$$

mit $\Omega = \gamma/\hbar$, und die Besetzungswahrscheinlichkeiten $|c_1(t)|^2$, $|c_2(t)|^2$ nehmen periodisch abwechselnd sämtliche Werte zwischen 0 und 1 an.

Beispiel: Elektronenspinresonanz

Dieses exakt lösbare Zwei-Zustands-System dient zahlreichen physikalischen Anwendungen als Modell. Ein wichtiges Beispiel ist die **Elektronenspinresonanz**, englisch: *"electron magnetic resonance" (EMR)*. Ein (atomar gebundenes) Elektron ist hierbei einem homogenen, statischen Magnetfeld entlang der z-Achse und zusätzlich einem zeitabhängigen, in der xy-Ebene rotierenden Magnetfeld ausgesetzt. Ersteres dient dazu, über den Zeeman-Effekt zwei energetisch unterschiedliche stationäre Zustände zu erzeugen (Abschnitt 5), letzteres stellt die periodische Störung dar. Das gesamte Magnetfeld ist dann $\boldsymbol{B}(t) = B_0\boldsymbol{e}_z + B_1(\boldsymbol{e}_x \cos\omega t + \boldsymbol{e}_y \sin\omega t)$ mit Konstanten B_0, B_1.

Setzt man nun in der Notation von oben:

$$\begin{aligned}
|1\rangle\,,|2\rangle &\mapsto |-\rangle\,,|+\rangle\,,\\
\hat{H}_0 &= -g_j\frac{e\hbar B_0}{2m_\mathrm{e}c}\left(|+\rangle\langle+| - |-\rangle\langle-|\right),\\
\hat{V}(t) &= \underbrace{-g_j\frac{e\hbar B_1}{2m_\mathrm{e}c}}_{\gamma}\left(\mathrm{e}^{-\mathrm{i}\omega t}\,|+\rangle\langle-| + \mathrm{e}^{\mathrm{i}\omega t}\,|-\rangle\langle+|\right),
\end{aligned}$$

mit dem Landé-Faktor g_j (siehe (5.3)), so ist die Energiedifferenz $E_\mathrm{Z} = E_+ - E_- = \hbar\omega_\mathrm{Z} = (g_j e\hbar B_0)/(m_\mathrm{e}c)$. Damit $|+\rangle$ das höhere Energieniveau besitzt, muss $B_0 < 0$ sein.

Das mit der Frequenz ω periodisch rotierende Magnetfeld in der xy-Ebene bewirkt nun genau wie oben beschrieben Übergänge zwischen den Zuständen $|+\rangle \leftrightarrow |-\rangle$, sogenannte **Spin-Flips**. Im Resonanzfall ($\omega = \omega_\mathrm{Z} = (g_j e B_0)/(m_\mathrm{e}c)$) nehmen die Übergangswahrscheinlichkeiten ihr Maximum ein, und die Rabi-Frequenz beträgt $2\Omega = g_j e B_1/(m_\mathrm{e}c) = (B_1/B_0)\omega_\mathrm{Z}$.

In vollständiger Analogie lässt sich das Phänomen der Kernspinresonanz – englisch: *''nuclear magnetic resonance'' (NMR)* – verstehen. Das hier betrachtete Zwei-Zustands-System ist ebenfalls die Grundlage zum Verständnis von Masern und Lasern, bei denen insbesondere die sogenannte **Besetzungsinversion**, also die Präparation des angeregten Zustands als Anfangszustand, eine fundamentale Rolle spielt. Für weitergehende Betrachtungen siehe die weiterführende Literatur.

Weiterführende Literatur

Für die weitere Lektüre zu zeitabhängigen Systemen sei an dieser Stelle auch auf die Lehrbücher von Messiah, Cohen-Tannoudji et al., Arno Bohm sowie Bransden und Joachain verwiesen (siehe die allgemeine Literatur zur Quantenmechanik am Ende des Buchs).

Eine vertiefende und sehr formale Darstellung ist:

A. Bohm, M. Gadella: *Dirac Kets, Gamow Vectors and Gel'fand Triplets – The Rigged Hilbert Space Formulation of Quantum Mechanics*, Springer-Verlag, 1989.

Zur Vertiefung von Strahlungsübergängen siehe die weiterführende Literatur zur Theoretischen Atomphysik am Ende des Kapitel 1. Es sei auch hier wieder auf die nützliche Online-Sammlung von Formeln in der Atomspektroskopie [MW19] verwiesen.

Geometrische Phase

A. Bohm, A. Mostafazadeh, H. Koizumi, Q. Niu, J. Zwanziger: *The Geometric Phase in Quantum Systems – Foundations, Mathematical Concepts, and Applications in Molecular and Condensed Matter Physics*, Springer-Verlag, 2003.
Die maßgebliche Monographie zum Thema mit umfangreichen und gründlichen Betrachtungen aus mathematischer, theoretischer und experimenteller Sicht.

Jonas Larson, Erik Sjöqvist, Patrik Öhberg: *Conical Intersections in Physics – An Introduction to Synthetic Gauge Theories*, Springer-Verlag, 2020.
Eine ebenfalls exzellente Vertiefung des Themas.

Dariusz Chruściński, Andrzej Jamiołkowski: *Geometric Phases in Classical and Quantum Mechanics*, Birkhäuser-Verlag, 2004.

Alfred Shapere, Frank Wilczek: *Geometric Phases in Physics*, World Scientific, 1989.
Eine umfangreiche Sammlung wichtiger Originalarbeiten inklusive kurzer Überblicksartikel zu den einzelnen Rubriken.

Teil 3

Streutheorie

Unser Verständnis für die Struktur der Materie ist in großen Teilen begründet im Analysieren von Streuexperimenten. Das grundlegende Verständnis über den Aufbau eines Atoms ist maßgeblich über die Rutherfordschen Streuversuche zustande gekommen, und im Rahmen der modernen Elementarteilchenphysik gibt es im Prinzip überhaupt kein anderes experimentelles Szenario als die Herbeiführung von Teilchenkollisionen und die Untersuchung der entsprechenden Resultate. Selbst der Zerfall eines instabilen Teilchens ist in diesem Rahmen als Streuproblem zu behandeln.

Der effektiv zeitunabhängige Formalismus der Streutheorie, der sich durch die asymptotische Betrachtung der Streuzustände ergibt, ist so universell, dass er leicht verallgemeinert werden kann auf nicht-elastische Kollisionen und relativistische Systeme, so dass er die Grundlage für nahezu die gesamte Aufgabenstellung der relativistischen Quantenfeldtheorie darstellt und dort einen weitaus größeren Platz in der Lehrbuchliteratur einnimmt als die Untersuchung gebundener Zustände.

Ein grundlegendes systematisches Verständnis des zugrundeliegenden Formalismus ist daher unerlässlich, um die zentrale Aufgabenstellung und den zentralen Ansatz der Quantenfeldtheorie im Rahmen der Störungstheorie zu verstehen.

O. Tennert, *Quantenmechanik III*, https://doi.org/10.1007/978-3-662-68589-1_3

24 Grundbegriffe der formalen Streutheorie I: die S-Matrix

Wir betrachten im Folgenden zeitunabhängige Hamilton-Operatoren der Form

$$\hat{H} = \hat{H}_0 + \hat{V}(\hat{\boldsymbol{r}}), \tag{24.1}$$

mit

$$\hat{H}_0 = \frac{\hat{\boldsymbol{p}}^2}{2m},$$

also mit einem konservativen Potentialterm $\hat{V}(\hat{\boldsymbol{r}})$. Das Potential wird in diesem Zusammenhang auch **Streupotential** genannt. Die zeitabhängige Schrödinger-Gleichung lautet

$$\mathrm{i}\hbar \frac{\mathrm{d}\,|\Psi(t)\rangle}{\mathrm{d}t} = \hat{H}\,|\Psi(t)\rangle\,, \tag{24.2}$$

deren Lösungen $|\Psi(t)\rangle$ für $E > 0$ die möglichen Streuzustände sind. Der Zeitentwicklungsoperator ist dann gegeben durch $\hat{U}(t) = \exp(-\mathrm{i}\hat{H}t/\hbar)$.

Wichtig für das gesamte Verständnis des Formalismus der Streutheorie ist nun, dass der zu verfolgende Ansatz im Allgemeinen *nicht* die Lösung der zeitabhängigen Schrödinger-Gleichung (24.2) ist. Das ist nicht dadurch begründet, dass in den meisten Fällen eine exakte Lösung nicht möglich ist – man könnte ja wie in den Abschnitten zuvor auf entsprechende Näherungsverfahren zurückgreifen. Vielmehr ist der Ausgangspunkt des Formalismus die Prämisse, dass es bei einem Streuvorgang die asymptotischen Zustände im Limes $t \longrightarrow \pm\infty$ sind, die einen interessieren. In gewisser Weise lässt man sich bei der quantenmechanischen Modellierung des Streuproblems von Anfang an von dem in Abschnitt II-43 betrachteten Separabilitätsprinzip leiten: sowohl vor dem Zeitpunkt der eigentlichen Streuung, beispielsweise bei der Präparation des Experiments, als auch bei der Messung des Ergebnisses kann man das zu streuende beziehungsweise gestreute Teilchen als frei und noch nicht, beziehungsweise nicht mehr, mit dem Streupotential $\hat{V}(\hat{\boldsymbol{r}})$ wechselwirkend betrachten. Wie wir sehen werden, stellt sich die Untersuchung von Streuphänomenen im Rahmen der Streutheorie aufgrunddessen effektiv als zeit*un*abhängiges Problem dar, was eine starke Vereinfachung darstellt.

Der gesamte Streuvorgang stellt sich nun in kurzen, einführenden Worten wie folgt dar – eine Mathematisierung des Ganzen erfolgt in Kürze: für ein Streuexperiment präparieren wir zum asymptotischen Zeitpunkt $t \longrightarrow -\infty$ den **In-Zustand** $|\Phi_{\mathrm{in}}(-\infty)\rangle$ mit den üblichen Quantenzahlen wie Impuls oder Spin – wir setzen voraus, dass die bestimmenden Observablen miteinander kommutieren und so gleichzeitig gemessen (und präpariert) werden können. Dessen unitäre Zeitentwicklung ist bestimmt durch den vollen Zeitentwicklungsoperator $\hat{U}(t)$, so dass er zum Zustand $|\Psi^{(+)}(t)\rangle$ wird und daher eine exakte Lösung der vollen Schrödinger-Gleichung (24.2) darstellt. Die „Streuung" findet nun gewissermaßen zu keinem fixen Zeitpunkt statt, sondern ist implizit in der unitären Zeitentwicklung von $|\Psi^{(+)}(t)\rangle$ enthalten. Die weitere Entwicklung hin zu $t \longrightarrow \infty$ führt dann zu einem asymptotischen Zustand $|\Psi^{(+)}(+\infty)\rangle$, der häufig als „Out-Zustand" bezeichnet wird, was aber durchaus zu Verwirrung führen kann, denn sowohl „In-“ als auch „Out-Zustand“ sind überladene Begriffe, und wir müssen sehr präzise formulieren, ansonsten wird der asymptotische Formalismus nicht hinreichend verständlich.

Es ist nun nämlich so, dass zum asymptotischen Zeitpunkt $t \longrightarrow +\infty$ die eigentliche Messung stattfindet, und zwar gemäß dem Projektionspostulat auf einen Zustand, der durch dieselbe Menge an Quantenzahlen bestimmt ist – die aber im Allgemeinen andere Werte annehmen. Dieser Zustand heißt **Out-Zustand** $|\Phi_{\text{out}}(+\infty)\rangle$, und diesen Zustand besitzt das Quantensystem unmittelbar nach der Messung. Würden wir die Zeit nun rückwärts drehen, könnte man diesem Out-Zustand mit einer unitären Zeitentwicklung versehen, bestimmt durch den vollen Zeitentwicklungsoperator $\hat{U}^\dagger(t)$, so dass er zum Zustand $|\Psi^{(-)}(t)\rangle$ wird und daher ebenfalls eine exakte Lösung der vollen Schrödinger-Gleichung (24.2) darstellt und in der weiteren Entwicklung hin zu $t \longrightarrow -\infty$ dann zu einem asymptotischen Zustand $|\Psi^{(-)}(-\infty)\rangle$ wird, der häufig ebenfalls als „In-Zustand“ bezeichnet wird, was wir jedoch nicht machen werden. (Einer der wenigen Texte, die an dieser Stelle ebenfalls sehr auf Klarheit achten, ist die Monographie von Arno Bohm – siehe die Lehrbuchliteratur am Ende des Bandes. Aber auch das am Ende dieses Kapitels ausgewiesene weiterführende Werk von Taylor weist auf diesen Umstand hin, wenn auch dort gerade die anderslautende Bezeichnungsweise verwendet wird.)

Der In- und der Out-Zustand $|\Phi_{\text{in}}(-\infty)\rangle$ und $|\Phi_{\text{out}}(+\infty)\rangle$ spielen im asymptotischen Formalismus der Streutheorie deshalb eine wichtige Rolle, weil sie *kontrollierbar* sind. $|\Phi_{\text{in}}(-\infty)\rangle$ können wir präparieren, $|\Phi_{\text{out}}(+\infty)\rangle$ können wir messen, und der Streuvorgang selbst vermittelt gewissermaßen eine Art Übergang zwischen beiden. Die gesamte Zeitabhängigkeit dazwischen interessiert uns eigentlich nicht. Das erinnert an die zeitabhängige Störungstheorie in Kapitel 2, deren Anwendung darin besteht, dass eine (durchaus auch konstante) äußere Störung Übergänge zwischen Eigenzuständen des ungestörten Hamilton-Operators induziert. In der Tat werden wir in Abschnitt 26 auf den Zusammenhang zurückkommen.

Die exakten Zustände $|\Psi^{(\pm)}(t)\rangle$ hingegen sind nicht kontrollierbar, sondern allenfalls das gesuchte Ziel der Berechnungen. Andererseits ist das Ziel der Streutheorie gerade nicht die Berechnung der exakten Zeitentwicklung der Streuzustände, obwohl es prinzipiell selbstverständlich möglich ist. Gegenstand der Streutheorie ist vielmehr, einen vereinfachenden, abstrakten und zeit*un*abhängigen Formalismus zu entwickeln, der universell genug ist, um so unterschiedliche Phänomene wie Streuung am Zentralpotential oder relativistische Teilchenkollisionen und -zerfälle hinreichend korrekt zu beschreiben.

Diesen Vorgang bilden wir nun mathematisch ab. Es seien $|\Phi_{\text{in/out}}(t)\rangle$ jeweils die In- und Out-Zustände, und zwar unitär zeitentwickelt durch den freien Zeitentwicklungsoperator $\hat{U}_0(t)$. Wir gehen also davon aus, dass sich für $t \longrightarrow \mp\infty$ der Zustand $|\Psi^{(\pm)}(t)\rangle$ asymptotisch jeweils einem freien Zustand $|\Phi_{\text{in/out}}(t)\rangle$ nähert, was sich über den starken Konvergenzbegriff ausdrücken lässt (siehe Abschnitt I-12):

$$\lim_{t\longrightarrow -\infty} \left\| |\Psi^{(+)}(t)\rangle - |\Phi_{\text{in}}(t)\rangle \right\| = 0, \tag{24.3a}$$

$$\lim_{t\longrightarrow +\infty} \left\| |\Psi^{(-)}(t)\rangle - |\Phi_{\text{out}}(t)\rangle \right\| = 0, \tag{24.3b}$$

und bezeichnen diese beiden asymptotischen Anfangs- und End-Zustände als **In-Zustand** $|\Phi_{\text{in}}(t)\rangle$ und **Out-Zustand** $|\Phi_{\text{out}}(t)\rangle$. Sie sind Lösungen der freien Schrödinger-Gleichung:

$$\mathrm{i}\hbar \frac{\mathrm{d}\,|\Phi(t)\rangle}{\mathrm{d}t} = \hat{H}_0\,|\Phi(t)\rangle\,, \tag{24.4}$$

so dass mit $|\Phi_{\text{in/out}}(0)\rangle =: |\Phi_{\text{in/out}}\rangle$:

$$|\Phi_{\text{in/out}}(t)\rangle = \hat{U}_0(t)\,|\Phi_{\text{in/out}}\rangle\,. \tag{24.5}$$

Wir bemerken an dieser Stelle, dass der In- beziehungsweise Out-Zustand im Wechselwirkungsbild konstant ist, sprich: keinerlei unitäre Zeitentwicklung erfährt, wie man an der Transformationsvorschrift (13.4) erkennt: mit $t_0 = 0$ ist dann

$$|\Phi_{\text{in/out}}(t)\rangle_{\text{I}} = |\Phi_{\text{in/out}}\rangle\,. \tag{24.6}$$

Die Menge aller In- beziehungsweise Out-Zustände bilden den Hilbert-Raum der freien Zustände $\mathcal{H}_0$, und die Menge aller Streuzustände des vollen Hamilton-Operators $\hat{H}$ bilden den Hilbert-Raum $\mathcal{H}_{\text{scatt}}$, einen Unter-Hilbertraum aller Zustände des Systems. Wie wir weiter unten sehen werden, sind $\mathcal{H}_0$ und $\mathcal{H}_{\text{scatt}}$ isomorph.

Die Relationen (24.3) lassen sich auch wie folgt schreiben:

$$\lim_{t\to-\infty} \left\| |\Psi^{(+)}\rangle - \hat{U}^\dagger(t)\hat{U}_0(t)\,|\Phi_{\text{in}}\rangle \right\| = 0, \tag{24.7a}$$

$$\lim_{t\to+\infty} \left\| |\Psi^{(-)}\rangle - \hat{U}^\dagger(t)\hat{U}_0(t)\,|\Phi_{\text{out}}\rangle \right\| = 0, \tag{24.7b}$$

mit $|\Psi^{(\pm)}(0)\rangle = |\Psi^{(\pm)}\rangle$.

Wir definieren die **Møller-Operatoren** $\hat{\Omega}^{(\pm)}$ wie folgt:

$$\hat{\Omega}^{(\pm)} : \mathcal{H}_0 \to \mathcal{H}_{\text{scatt}} \tag{24.8}$$

$$|\Psi^{(+)}(t)\rangle = \hat{\Omega}^{(+)}\,|\Phi_{\text{in}}(t)\rangle\,, \tag{24.9}$$

$$|\Psi^{(-)}(t)\rangle = \hat{\Omega}^{(-)}\,|\Phi_{\text{out}}(t)\rangle\,. \tag{24.10}$$

Sie sind benannt nach dem dänischen Physiker Christian Møller [Møl45; Møl46], wie viele ein Zeitzeuge der Gründungsphase der Quantenmechanik, der sich zunächst einen Namen auf den Gebieten der Relativitätstheorie und der Quantenchemie machte, bevor er sich ab Mitte der 1940er-Jahre intensiv für die analytische Struktur der S-Matrix interessierte. Die beiden Møller-Operatoren vermitteln also gewissermaßen den Wechsel von der freien zur exakten Zeitentwicklung beziehungsweise umgekehrt. Die Frage lautet: besitzen die $\hat{\Omega}^{(\pm)}$ keine Zeitabhängigkeit? Und die Antwort lautet: nein. Dafür sorgt nämlich die asymptotische Betrachtung!

Satz (Zeitliche Konstanz der Møller-Operatoren). *Die in (24.9,24.10) definierten Møller-Operatoren $\hat{\Omega}^{(\pm)}$ sind zeitunabhängig.*

Beweis. Wir beginnen mit $\hat{\Omega}^{(+)}$. Aus (24.5) erhalten wir:

$$\begin{aligned}|\Phi_{\text{in}}\rangle &= \lim_{t\to-\infty} \hat{U}(t-t_0)\,|\Psi^{(+)}(t_0)\rangle \\ &= \lim_{t\to-\infty} \hat{U}_0(t-t_0)\,|\Phi_{\text{in}}(t_0)\rangle\,.\end{aligned}$$

Also gilt:

$$|\Psi^{(+)}(t_0)\rangle = \lim_{t\to-\infty} \hat{U}^\dagger(t-t_0)\hat{U}_0(t-t_0)\,|\Phi_{\text{in}}(t_0)\rangle\,.$$

Da der Zeitentwicklungoperator $\hat{U}(t-t_0)$ nur von der Zeitdifferenz $(t-t_0)$ abhängt, gilt aber für alle Zeitpunkte $t' \neq t_0$ ebenfalls:

$$\begin{aligned}|\Psi^{(+)}(t')\rangle &= \lim_{t\to-\infty} \hat{U}^\dagger([t+t'-t_0]-t')\hat{U}_0([t+t'-t_0]-t')\,|\Phi_{\text{in}}(t')\rangle \\ &= \lim_{t\to-\infty} \hat{U}^\dagger(t-t')\hat{U}_0(t-t')\,|\Phi_{\text{in}}(t')\rangle\,.\end{aligned}$$

wobei wir in der letzten Zeile die entscheidende Tatsache ausgenutzt haben, dass wir den Limes $t \to \infty$ nehmen und die Zeittranslation im Argument des Zeitentwicklungsoperators daher irrelevant ist. Daher können ohne Beschränkung der Allgemeinheit $t' = 0$ setzen und einfach schreiben:

$$\hat{\Omega}^{(+)} = \lim_{t\to-\infty} \hat{U}^\dagger(t)\hat{U}_0(t).$$

Eine analoge Argumentation ergibt sich für $\hat{\Omega}^{(-)}$, und wir erhalten

$$\hat{\Omega}^{(-)} = \lim_{t\to+\infty} \hat{U}^\dagger(t)\hat{U}_0(t).$$ ■

Insgesamt erhalten wir also:

$$\hat{\Omega}^{(\pm)} = \lim_{t\to\mp\infty} \hat{U}^\dagger(t)\hat{U}_0(t), \tag{24.11}$$

ganz im Einklang mit (24.7).

Erinnert man sich auch hier wieder an die Transformationsvorschriften vom Schrödinger- in das Wechselwirkungsbild (13.5), so erkennt man anhand (24.11), dass die die beiden Møller-Operatoren $\hat{\Omega}^{(\pm)}$ nichts anderes sind als die folgenden Zeitentwicklungsoperatoren im Wechselwirkungsbild:

$$\hat{\Omega}^{(+)} = \hat{U}_{\text{I}}(0,-\infty), \tag{24.12a}$$

$$\hat{\Omega}^{(-)} = \hat{U}_{\text{I}}(+\infty,0). \tag{24.12b}$$

Das sieht man schnell, denn beispielsweise gilt:

$$\hat{U}_{\text{I}}(t,t_0) = \hat{U}_0^\dagger(t)\hat{U}(t,t_0)\hat{U}_0(t_0),$$

und wenn man $t_0 = 0$ wählt und $t \to \infty$ geht, folgt (24.12b). Um das Ganze etwas zu illustrieren, betrachten wir Abbildung 3.1, die auch die einzelnen asymptotischen Zustände zeigt. Bilder sprechen mehr als tausend Worte.

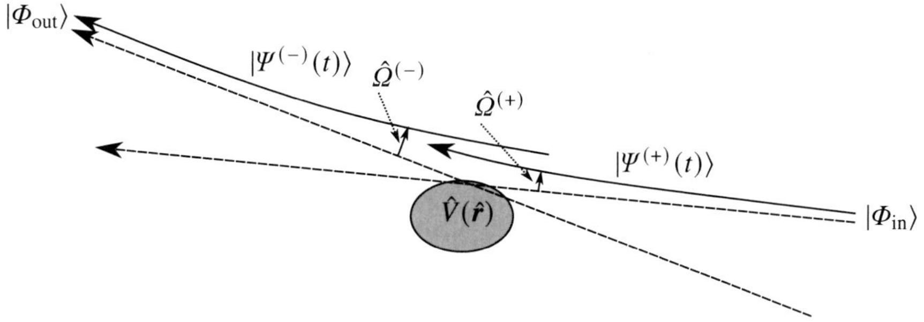

Abbildung 3.1: Grundbegriffe der Streutheorie schematisch dargestellt. Die beiden asymptotischen Zustände $|\Phi_{\text{in}}\rangle$ und $|\Phi_{\text{out}}\rangle$ gehen aus Grenzwertbildungen zweier verschiedener unitärer Zeitentwickungen hervor, zwischen denen die Møller-Operatoren $\hat{\Omega}^{(\pm)}$ gewissermaßen vermitteln.

Die Wirkung des Møller-Operators $\hat{\Omega}^{(+)}$ ist also die, dass der gewissermaßen zum Zeitpunkt $t = -\infty$ präparierte In-Zustand $|\Phi_{\text{in}}(-\infty)\rangle$ sich mittels $\hat{U}(t-\infty)$ zum exakten Zustand $|\Psi^{(+)}(t)\rangle$ entwickelt. Der Møller-Operator $\hat{\Omega}^{(-)}$ liefert den gleichen Zusammenhang zwischen einem gegebenen Out-Zustand $|\Phi_{\text{out}}(+\infty)\rangle$ und dem Zustand $|\Psi^{(-)}(t)\rangle$, allerdings ist dieser Zusammenhang rein formal und unphysikalisch. Der Zustand $|\Psi^{(-)}(t)\rangle$ stellt vielmehr rein formal denjenigen Zustand dar, der durch die unitäre Zeitentwicklung zum (gemessenen!) Out-Zustand wird. Die Relation (24.10) ist also nichts anderes als die zeitumgekehrte Version von (24.9) und als solches Ausdruck der Mikroreversibilität in der Quantenmechanik. Es ist daher nicht verwunderlich, dass es nicht $\hat{\Omega}^{(-)}$, sondern vielmehr $\hat{\Omega}^{(-)\dagger}$ ist, der bei der Definition der S-Matrix (siehe weiter unten) eine Rolle spielt.

Eine nützliche Relation ist die **Verschlingungsrelation**, auf englisch als *''intertwining relation''* bekannt:

$$\hat{H}\hat{\Omega}^{(\pm)} = \hat{\Omega}^{(\pm)}\hat{H}_0. \tag{24.13}$$

Beweis. Aus der Schrödinger-Gleichung (24.2) folgt wegen der Zeitunabhängigkeit von $\hat{\Omega}^{(\pm)}$:

$$\mathrm{i}\hbar\hat{\Omega}^{(+)}\frac{\mathrm{d}\,|\Phi_{\text{in}}(t)\rangle}{\mathrm{d}t} = \hat{H}\hat{\Omega}^{(+)}\,|\Phi_{\text{in}}(t)\rangle\,,$$

und mit der freien Schrödinger-Gleichung (24.4) folgt dann:

$$\hat{\Omega}^{(+)}\hat{H}_0\,|\Phi_{\text{in}}(t)\rangle = \hat{H}\hat{\Omega}^{(+)}\,|\Phi_{\text{in}}(t)\rangle\,.$$

Wegen der Vollständigkeit der $\{\ |\ \Phi_{\text{in}}(t)\rangle\ \}$ in $\mathcal{H}_0$ folgt damit die genannte Operator-Relation. Analog verfährt man mit $|\Phi_{\text{out}}(t)\rangle$ für $\hat{\Omega}^{(-)}$. ■

Gleichsam gelten die adjungierten Verschlingungsrelationen:

$$\hat{H}_0\hat{\Omega}^{(\pm)\dagger} = \hat{\Omega}^{(\pm)\dagger}\hat{H}. \tag{24.14}$$

Grenzwertbildung oszillatorischer Operatoren für $t \longrightarrow \pm\infty$
Wir betrachten in Ausdrücken wie (24.11) Grenzwertbildungen von Operatoren hin zu unendlichen Zeiten $t \longrightarrow \pm\infty$, was im Allgemeinen ein funktionalanalytisch nichttrivialer Prozess ist, angesichts des oszillatorischen Charakters von Zeitentwicklungsoperatoren. Hierzu ist zunächst vor allem nochmals zu beachten, dass Ausdrücke wie (24.11) stets nur im Distributionensinne gelten. Angewandt auf „ordentliche" Wellenpakete zeigen sie – außer in pathologischen Fällen – wohldefiniertes Grenzwertverhalten, und die oszillatorischen Beiträge eliminieren sich gegenseitig, siehe die weiterführende Literatur, insbesondere die Monographie von Goldberger und Watson.

Verzichtet man hingegen auf die Behandlung von Wellenpaketen, muss man Ausdrücke wie (24.11) zunächst regularisieren und die Grenzwertbildung präzise definieren. Von den beiden US-Amerikanern Murray Gell-Mann – einem der Mitbegründer der Quantenchromodynamik als fundamentale Theorie der starken Wechselwirkung, der die Bezeichnung *''quark''* prägte, und Nobelpreisträger des Jahres 1969 für die seine Beiträge zur Entdeckung und Klassifizierung von Elementarteilchen – und Marvin Goldberger stammt die im Folgenden vorgestellte Regularisierungsmethode. Sie entstammt einem Review [GG53], das übrigens gewissermaßen die Vorlage sehr vieler Lehrbuchdarstellungen der formalen Streutheorie darstellte.

Es sei $F(t)$ eine auf $\mathbb{R}$ beschränkte Funktion. Wir betrachten den Ausdruck

$$\lim_{\epsilon \to 0^+} \epsilon \int_{-\infty}^{0} e^{\epsilon t'} F(t') dt'. \tag{24.15}$$

Die Logik ist nun die: sofern die Funktion $F(t)$ den Grenzwert $F_{-\infty} = \lim_{t \to -\infty} F(t)$ besitzt, kann man (24.15) weiter umformen:

$$\begin{aligned}\lim_{\epsilon \to 0^+} \epsilon \int_{-\infty}^{0} e^{\epsilon t'} F(t') dt' &= \lim_{\epsilon \to 0^+} \left\{ \left[F(t') e^{\epsilon t'} \right]_{-\infty}^{0} - \int_{-\infty}^{0} \frac{dF(t)}{dt} e^{\epsilon t'} dt' \right\}, \\ &= F(0) - \lim_{\epsilon \to 0^+} \int_{-\infty}^{0} \frac{dF(t)}{dt} e^{\epsilon t'} dt'.\end{aligned}$$

Die Exponentialfunktion $\exp(\epsilon t')$ erzeugt im Integral aufgrund der gewählten Integrationsgrenzen eine gleichmäßig konvergente Funktionenfolge, also kann man die Grenzwertbildung $\epsilon \longrightarrow 0^+$ vor der Integration ausführen, und es ist:

$$F_{-\infty} = \lim_{t \to -\infty} F(t) = \lim_{\epsilon \to 0^+} \epsilon \int_{-\infty}^{0} e^{\epsilon t'} F(t') dt'. \tag{24.16}$$

Existiert hingegen der Grenzwert $\lim_{t \to -\infty} F(t)$ nicht, so kann man (24.15) dennoch dazu benutzen, Distributionslimites zu definieren. Nehmen wir als Beispiel die Funktion $F(t) = \exp(-i\omega t)$, die keinen Grenzwert für $t \longrightarrow -\infty$ besitzt. Dennoch erhalten wir:

$$\lim_{\epsilon \to 0^+} \epsilon \int_{-\infty}^{0} e^{(\epsilon - i\omega)t'} dt' = \lim_{\epsilon \to 0^+} \frac{\epsilon}{\epsilon - i\omega} = \begin{cases} 1 & (\omega = 0) \\ 0 & (\omega \neq 0) \end{cases},$$

und wir können somit in jedem Falle schreiben:

$$\lim_{t\to-\infty} F(t) = \lim_{\epsilon\to 0^+} \epsilon \int_{-\infty}^{0} \mathrm{e}^{\epsilon t'} F(t')\mathrm{d}t'. \tag{24.17}$$

Analog geht eine Vorgehensweise für die Grenzwertbildung

$$\lim_{t\to+\infty} F(t) = \lim_{\epsilon\to 0^+} \epsilon \int_{0}^{\infty} \mathrm{e}^{-\epsilon t'} F(t')\mathrm{d}t'. \tag{24.18}$$

Die obigen Ausführungen bedeuten nun, dass die Møller-Operatoren (24.11) formal über die Grenzwertbildung

$$\hat{\Omega}^{(+)} = \lim_{\epsilon\to 0+} \epsilon \int_{-\infty}^{0} \mathrm{d}t \mathrm{e}^{\epsilon t} \hat{U}^\dagger(t)\hat{U}_0(t), \tag{24.19}$$

$$\hat{\Omega}^{(-)} = \lim_{\epsilon\to 0+} \epsilon \int_{0}^{\infty} \mathrm{d}t \mathrm{e}^{-\epsilon t} \hat{U}^\dagger(t)\hat{U}_0(t) \tag{24.20}$$

definiert werden müssen.

Zusammenhang zwischen kausalen Zeitentwicklungsoperatoren und Møller-Operatoren

Wir betrachten die beiden jeweils retardierten (kausalen) und avancierten Zeitentwicklungsoperatoren $\hat{U}_0^{(\pm)}(t)$ (siehe (I-24.9,I-24.10)) für den freien Hamilton-Operator $\hat{H}_0$ und $\hat{U}^{(\pm)}(t)$ für den vollen Hamilton-Operator $\hat{H}$. Es gelte wieder die Relation (24.1):

$$\hat{H} = \hat{H}_0 + \hat{V}(\hat{\boldsymbol{r}}).$$

Offensichtlich gilt (siehe (I-24.13)):

$$\left(\mathrm{i}\hbar\frac{\mathrm{d}}{\mathrm{d}t} - \hat{H}_0\right) \hat{U}_0^{(\pm)}(t) = \pm\mathrm{i}\hbar\delta(t)\mathbb{1},$$

$$\left(\mathrm{i}\hbar\frac{\mathrm{d}}{\mathrm{d}t} - \hat{H}\right) \hat{U}^{(\pm)}(t) = \pm\mathrm{i}\hbar\delta(t)\mathbb{1},$$

daraus folgt:

$$\left(\mathrm{i}\hbar\frac{\mathrm{d}}{\mathrm{d}t} - \hat{H}\right) \hat{U}_0^{(\pm)}(t) = \pm\mathrm{i}\hbar\delta(t)\mathbb{1} - \hat{V}\hat{U}_0^{(\pm)}(t), \tag{24.21}$$

$$\left(\mathrm{i}\hbar\frac{\mathrm{d}}{\mathrm{d}t} - \hat{H}_0\right) \hat{U}^{(\pm)}(t) = \pm\mathrm{i}\hbar\delta(t)\mathbb{1} + \hat{V}\hat{U}^{(\pm)}(t), \tag{24.22}$$

woraus wir formal zwei Integralgleichungen erhalten:

$$\hat{U}^{(\pm)}(t) = \hat{U}_0^{(\pm)}(t) \pm \frac{\mathrm{i}}{\hbar}\int_{-\infty}^{\infty} \mathrm{d}t' \hat{U}^{(\pm)}(t-t')\hat{V}\hat{U}_0^{(\pm)}(t'), \tag{24.23}$$

$$= \hat{U}_0^{(\pm)}(t) \pm \frac{\mathrm{i}}{\hbar}\int_{-\infty}^{\infty} \mathrm{d}t' \hat{U}_0^{(\pm)}(t-t')\hat{V}\hat{U}^{(\pm)}(t'). \tag{24.24}$$

Wegen der implizit vorhandenen Heaviside-Funktionen ist der Integrationsbereich jeweils tatsächlich endlich.

Beweis. Zunächst zu (24.23). Wir haben aus (24.21):

$$\left(\mathrm{i}\hbar\frac{\mathrm{d}}{\mathrm{d}t'} - \hat{H}\right)\hat{U}_0^{(\pm)}(t') = \pm\mathrm{i}\hbar\delta(t')\mathbb{1} - \hat{V}\hat{U}_0^{(\pm)}(t').$$

Linksseitiges Multiplizieren mit $\hat{U}^{(\pm)}(t-t')$ und anschließende Integration über t' ergibt dann:

$$\begin{aligned}\pm\mathrm{i}\hbar\delta(t-t')\hat{U}_0^{(\pm)}(t') &= \pm\mathrm{i}\hbar\delta(t')\hat{U}^{(\pm)}(t-t') - \hat{U}^{(\pm)}(t-t')\hat{V}\hat{U}_0^{(\pm)}(t')\\ \Longrightarrow \hat{U}_0^{(\pm)}(t) &= \hat{U}^{(\pm)}(t) \pm \frac{\mathrm{i}}{\hbar}\int_{-\infty}^{\infty}\mathrm{d}t'\hat{U}^{(\pm)}(t-t')\hat{V}\hat{U}_0^{(\pm)}(t').\end{aligned}$$

Beachte, dass sich auf der linken Seite zwei Minuszeichen gegenseitig kompensieren: eines, weil der Differentialoperator durch partielle Integration gewissermaßen von rechts auf $\hat{U}^{(\pm)}(t-t')$ wirkt und eines, weil die Ableitung nach t' geht, welches mit negativem Vorzeichen auftaucht.

(24.24) ist analog zu beweisen. Linksseitiges Multiplizieren von (24.22) mit $\hat{U}_0^{(\pm)}(t-t')$ und anschließende Integration über t' ergibt:

$$\begin{aligned}\pm\mathrm{i}\hbar\delta(t-t')\hat{U}^{(\pm)}(t') &= \pm\mathrm{i}\hbar\delta(t')\hat{U}_0^{(\pm)}(t-t') + \hat{U}_0^{(\pm)}(t-t')\hat{V}\hat{U}^{(\pm)}(t')\\ \Longrightarrow \hat{U}^{(\pm)}(t) &= \hat{U}_0^{(\pm)}(t) \mp \frac{\mathrm{i}}{\hbar}\int_{-\infty}^{\infty}\mathrm{d}t'\hat{U}_0^{(\pm)}(t-t')\hat{V}\hat{U}^{(\pm)}(t').\end{aligned}$$ ■

Aus (24.23) und (24.24) können wir direkt ein weiteres Ergebnis ableiten, nämlich einen Zusammenhang zwischen den Møller-Operatoren $\hat{\Omega}^{(\pm)}$ und den retardierten beziehungsweise avancierten Zeitentwicklungsoperatoren $\hat{U}_0^{(\pm)}(t)$ und $\hat{U}^{(\pm)}(t)$:

$$\hat{\Omega}^{(\pm)} = \mathbb{1} \mp \frac{\mathrm{i}}{\hbar}\int_{-\infty}^{\infty}\mathrm{d}t'\hat{U}^{(\pm)}(-t')\hat{V}\hat{U}_0^{(\mp)}(t'), \tag{24.25}$$

$$\hat{\Omega}^{(\pm)\dagger} = \mathbb{1} \pm \frac{\mathrm{i}}{\hbar}\int_{-\infty}^{\infty}\mathrm{d}t'\hat{U}_0^{(\pm)}(-t')\hat{V}\hat{U}^{(\mp)}(t') \tag{24.26}$$

Beweis. Wir zeigen (24.25) für den (+)-Fall aus (24.23) und beachten hierbei, dass dann der Voraussetzung entsprechend gilt: $t>0$, $t'>0$, $t-t'>0$. Linksseitiges Multiplizieren von (24.23) mit $\hat{U}^{(+)\dagger}(t)$ ergibt zunächst:

$$\mathbb{1} = \hat{U}^{(+)\dagger}(t)\hat{U}_0^{(+)}(t) + \frac{\mathrm{i}}{\hbar}\int_{-\infty}^{\infty}\mathrm{d}t'\hat{U}^{(+)\dagger}(t)\hat{U}^{(+)}(t-t')\hat{V}\hat{U}_0^{(+)}(t').$$

Nun beachten wir, dass für $t>0$ gilt:

$$\begin{aligned}\hat{U}^{\dagger}(t) &= \hat{U}(-t)\\ \Longrightarrow \hat{U}^{(+)\dagger}(t) &= \hat{U}^{(-)}(-t),\end{aligned}$$

so dass wir weiter schreiben können:

$$\mathbb{1} = \hat{U}^{(+)\dagger}(t)\hat{U}_0^{(+)}(t) + \frac{\mathrm{i}}{\hbar}\int_{-\infty}^{\infty} \mathrm{d}t' \underbrace{\hat{U}^{(-)}(-t)\hat{U}^{(+)}(t-t')}_{\hat{U}^{(-)}(-t')} \hat{V}\hat{U}_0^{(+)}(t').$$

In dieser Relation hängen weder die linke Seite, noch der zweite Term auf der rechten Seite von t ab, und im Limes $t \longrightarrow +\infty$ erhalten wir damit:

$$\mathbb{1} = \hat{\Omega}^{(-)} + \frac{\mathrm{i}}{\hbar}\int_{-\infty}^{\infty} \mathrm{d}t' \hat{U}^{(-)}(-t')\hat{V}\hat{U}_0^{(+)}(t').$$

Auf dem gleichen Wege erhalten wir für den (−)-Fall in (24.23):

$$\mathbb{1} = \hat{\Omega}^{(+)} - \frac{\mathrm{i}}{\hbar}\int_{-\infty}^{\infty} \mathrm{d}t' \hat{U}^{(+)}(-t')\hat{V}\hat{U}_0^{(-)}(t'),$$

wobei nun $t' < 0$. Relation (24.26) ist analog zu zeigen. ∎

Aus diesen Relationen können wir nun wiederum eine Integralgleichung ableiten, die den Zusammenhang zwischen den asymptotischen Zuständen $|\Psi^{(\pm)}(t)\rangle$ und $|\Phi_{\mathrm{in/out}}(t)\rangle$ vermittelt:

$$|\Psi^{(\pm)}(t)\rangle = |\Phi_{\mathrm{in/out}}(t)\rangle \mp \frac{\mathrm{i}}{\hbar}\int_{-\infty}^{\infty} \mathrm{d}t' \hat{U}^{(\pm)}(t-t')\hat{V}\,|\Phi_{\mathrm{in/out}}(t')\rangle \tag{24.27}$$

$$= |\Phi_{\mathrm{in/out}}(t)\rangle \mp \frac{\mathrm{i}}{\hbar}\int_{-\infty}^{\infty} \mathrm{d}t' \hat{U}_0^{(\pm)}(t-t')\hat{V}\,|\Psi^{(\pm)}(t')\rangle\,. \tag{24.28}$$

In der Quantenfeldtheorie wird eine zu (24.28) ähnliche Relation auch **Källén–Yang–Feldman-Gleichung** genannt. Sie ist der Ausgangspunkt für die zeitunabhängige Lippmann–Schwinger-Gleichung in Abschnitt 25.

Beweis. Wir zeigen den Zusammenhang (24.27) für $|\Phi_{\mathrm{in}}(t)\rangle$. Dazu multiplizieren wir den (+)-Fall von (24.25) rechtsseitig mit $|\Phi_{\mathrm{in}}(t)\rangle$ und erhalten zunächst:

$$|\Psi^{(+)}(t)\rangle = |\Phi_{\mathrm{in}}(t)\rangle - \frac{\mathrm{i}}{\hbar}\int_{-\infty}^{\infty} \mathrm{d}t' \hat{U}^{(+)}(-t')\hat{V}\hat{U}_0^{(-)}(t')\,|\Phi_{\mathrm{in}}(t)\rangle\,.$$

Wir beachten, dass ja $t' < 0$ ist und führen die Variablensubstitution $s = t + t'$ durch. Dann ist $-t' = t - s$, und wir erhalten:

$$|\Psi^{(+)}(t)\rangle = |\Phi_{\mathrm{in}}(t)\rangle - \frac{\mathrm{i}}{\hbar}\int_{-\infty}^{\infty} \mathrm{d}s \hat{U}^{(+)}(t-s)\hat{V}\,|\Phi_{\mathrm{in}}(s)\rangle\,,$$

nun mit $s, t > 0$ und $t - s > 0$. Setzen wir nun wieder $s = t'$ zurück (diesmal als einfache Variablenumbenennung), so erhalten wir das behauptete Resultat. Auf gleiche Weise erhalten wir die entsprechende Relation für $|\Phi_{\mathrm{out}}(t)\rangle$, sowie (24.28). ∎

Nicht-Unitarität der Møller-Operatoren und asymptotische Vollständigkeit
Im Beweis der Verschlingungsrelation (24.13) haben wir die Vollständigkeit der asymptotischen Zustände $\{\ |\Phi_{\text{in/out}}(t)\rangle\ \}$ in $\mathcal{H}_0$ verwendet. Das führt uns zu einer subtilen Eigenschaft der Møller-Operatoren: sie sind normerhaltend oder **isometrisch**, aber nicht unitär. Was bedeutet das? Ganz einfach: gemäß ihrer Definition (24.9,24.10) bilden sie freie Zustände auf exakte Zustände des quantenmechanischen Systems ab. Der Definitionsbereich ist dabei der gesamte Hilbert-Raum $\mathcal{H}_0$ der freien Zustände, welche (uneigentliche) Eigenzustände zu $\hat{H}_0$ sind. Der Bildraum hingegen ist nicht der vollständige Hilbert-Raum $\mathcal{H}$, sondern wie eingangs bereits erwähnt nur der Unterraum $\mathcal{H}_{\text{scatt}}$ der Streuzustände mit $E > 0$, siehe (24.8). Da es im allgemeinen Fall aber auch gebundene Zustände des vollen Hamilton-Operators $\hat{H}$ mit $E < 0$ gibt, ist die Menge der Streuzustände in $\mathcal{H}_{\text{scatt}}$ nicht vollständig.

Genauer: wir können zwar schreiben:

$$\hat{\Omega}^{(+)\dagger}\hat{\Omega}^{(+)}\,|\Phi_{\text{in}}(t)\rangle = |\Phi_{\text{in}}(t)\rangle\,,$$
$$\hat{\Omega}^{(-)\dagger}\hat{\Omega}^{(-)}\,|\Phi_{\text{out}}(t)\rangle = |\Phi_{\text{out}}(t)\rangle\,,$$

so dass wegen der Vollständigkeit von $\{\ |\Phi_{\text{in/out}}(t)\rangle\ \}$ tatsächlich folgt:

$$\hat{\Omega}^{(\pm)\dagger}\hat{\Omega}^{(\pm)} = \mathbb{1}\,. \tag{24.29}$$

Wir können daraus aber *nicht* folgern, dass

$$\hat{\Omega}^{(\pm)\dagger} = \hat{\Omega}^{(\pm)-1},$$

da die Umkehrung $\hat{\Omega}^{(\pm)-1}$ einen Kern besitzt, nämlich die Menge der gebundenen Zustände von $\hat{H}$ mit $E < 0$. Daher gilt auch nicht $\hat{\Omega}^{(\pm)}\hat{\Omega}^{(\pm)\dagger} = \mathbb{1}$, und deswegen auch nicht $\hat{\Omega}^{(\pm)\dagger} = \hat{\Omega}^{(\pm)-1}$!

Vielmehr gilt:

Satz. *Ist $|\phi_E\rangle$ jeweils ein Eigenzustand zu $\hat{H}_0$ zum Energie-Eigenwert E, dann ist $|\psi_E^{(\pm)}\rangle = \hat{\Omega}^{(\pm)}\,|\phi_E\rangle$ ein Eigenzustand zu $\hat{H}$ zum selben Energie-Eigenwert.*

Beweis. Aus (24.13) folgt schnell:

$$\begin{aligned} \hat{H}\hat{\Omega}^{(+)}\,|\phi_E\rangle &= \hat{\Omega}^{(+)}\hat{H}_0\,|\phi_E\rangle \\ &= E\hat{\Omega}^{(+)}\,|\phi_E\rangle \\ \Longrightarrow \hat{H}\,|\psi_E^{(\pm)}\rangle &= E\,|\psi_E^{(\pm)}\rangle\,. \end{aligned}$$

Entsprechend verläuft die Rechnung für $\hat{\Omega}^{(-)}$. ■

Mit dieser Erkenntnis können wir dann eine Spektraldarstellung für die Møller-Operatoren hinschreiben: aus

$$|\psi_E^{(\pm)}\rangle = \hat{\Omega}^{(\pm)}\,|\phi_E\rangle$$

folgt, wieder wegen der Vollständigkeit von $\{ \mid \phi_E\rangle \}$ in $\mathcal{H}_0$,

$$\hat{\Omega}^{(\pm)} = \int_0^\infty \mathrm{d}E \, |\psi_E^{(\pm)}\rangle \langle \phi_E| \,. \tag{24.30}$$

Gleichsam ist:

$$\begin{aligned} \hat{\Omega}^{(\pm)}\hat{\Omega}^{(\pm)\dagger} &= \int_0^\infty \mathrm{d}E \hat{\Omega}^{(\pm)} |\phi_E\rangle \langle \phi_E| \, \hat{\Omega}^{(\pm)\dagger} \\ &= \int_0^\infty \mathrm{d}E \, |\psi_E^{(\pm)}\rangle \langle \psi_E^{(\pm)}| \\ &= \hat{P}_{\mathrm{scatt}} = \mathbb{1} - \hat{P}_{\mathrm{bound}}, \end{aligned} \tag{24.31}$$

wobei $\hat{P}_{\mathrm{scatt}}$ beziehungsweise $\hat{P}_{\mathrm{bound}}$ jeweils die Projektoren auf den Unterraum der Streu- beziehungsweise der gebundenen Zustände sind. Nur für den Fall, dass es keine gebundenen Zustände von $\hat{H}$ gibt, kann man die Integrationsgrenzen von $-\infty$ bis $+\infty$ gehen lassen, und wir hätten eine Vollständigkeit der exakten Streuzustände.

Aus diesem Grund sind im Allgemeinen die Møller-Operatoren $\hat{\Omega}^{(\pm)}$ nicht unitär, und der Projektor $\hat{P}_{\mathrm{bound}}$ auf den Unterraum der gebundenen Zustände wird auch als **Unitaritätsdefizit** bezeichnet. Die Tatsache, dass der Hilbert-Raum $\mathcal{H}_{\mathrm{scatt}}$ der Streuzustände mit dem Hilbert-Raum der asymptotischen In- und Out-Zustände $\mathcal{H}_0$ übereinstimmt:

$$\mathcal{H}_{\mathrm{scatt}} = \mathcal{H}_0, \tag{24.32}$$

wird als **asymptotische Vollständigkeit** bezeichnet und kann für Potentiale $\hat{V}(\hat{\boldsymbol{r}})$, die schnell genug mit $r \longrightarrow \infty$ abfallen, sowie für das Coulomb-Potential, streng bewiesen werden [Sim84]. Hierzu eine anekdotische Anmerkung: die Fragestellung, welche Art von Streupotentialen asymptotische Vollständigkeit aufweisen, ist eines der sogenannten **Simon-Probleme**, nach dem mathematischen Physiker Barry Simon, der 1984 eine Liste von 15 Problemen der Mathematischen Physik zusammenstellte – es handelt sich hierbei um die Probleme 9A und 9B, die er auch gleich bewies – und diese im Jahre 2000 aktualisierte [Sim00].

Wir wollen zum Abschluss noch zeigen, dass wie bereits erwähnt der Unterraum der gebundenen Zustände von $\hat{H}$ den Kern von $\hat{\Omega}^{(\pm)}$ darstellt:

Satz. *Der Unterraum $\mathcal{H}_{\mathrm{bound}}$ der gebundenen Zustände von $\hat{H}$ bilden den Kern von $\hat{\Omega}^{(\pm)\dagger}$:*

$$\ker \hat{\Omega}^{(\pm)\dagger} = \mathcal{H}_{\mathrm{bound}}. \tag{24.33}$$

Beweis. Mit der adjungierten Verschlingungsrelation (24.14) erhalten wir:

$$\hat{H}_0\hat{\Omega}^{(\pm)\dagger} |\psi_E^{(\pm)}\rangle = E\hat{\Omega}^{(\pm)\dagger} |\psi_E^{(\pm)}\rangle, \tag{24.34}$$

denn wir haben ja oben nachgewiesen, dass $|\psi_E^{(\pm)}\rangle$ jeweils Eigenzustand von $\hat{H}$ zum Eigenwert E ist. Ist aber nun $E < 0$, weil $|\psi_E^{(\pm)}\rangle$ ein gebundener Zustand ist, dann kann (24.34) nur dann gelten, wenn gilt:

$$\hat{\Omega}^{(\pm)\dagger}\,|\psi_E^{(\pm)}\rangle = 0, \tag{24.35}$$

denn $\hat{H}_0$ besitzt als freier Hamilton-Operator ja nur positive Eigenwerte $E > 0$. ■

Streuoperator und S-Matrix

In der formalen Betrachtung der Streutheorie spielen die Møller-Operatoren eine wichtige Rolle, da sie zwischen den Eigenzuständen des freien und denen des exakten Hamilton-Operators vermitteln. In der Anwendung und im Lösen realer physikalischer Aufgabenstellungen sind sie jedoch von untergeordneter Bedeutung. Dennoch kann aus ihnen recht einfach eine der wichtigsten Größen der Quantentheorie, speziell der Quantenfeldtheorie, überhaupt konstruiert werden, der **Streuoperator** $\hat{S}$. Er ist definiert durch

$$\hat{S}\colon \mathcal{H}_0 \mapsto \mathcal{H}_0 \tag{24.36}$$

$$\hat{S} := \hat{\Omega}^{(-)\dagger}\hat{\Omega}^{(+)}. \tag{24.37}$$

Aufgrund der zeitlichen Konstanz der Møller-Operatoren gilt auch, dass der Streuoperator zeitunabhängig ist. Wegen (24.9,24.10) gilt:

$$\langle\Phi_{\text{out}}|\hat{S}|\Phi_{\text{in}}\rangle = \langle\Psi^{(-)}|\Psi^{(+)}\rangle\,. \tag{24.38}$$

Häufig notiert man auch $|\Phi_{\text{i}}\rangle$ anstelle von $|\Phi_{\text{in}}\rangle$ und $|\Phi_{\text{f}}\rangle$ anstelle von $|\Phi_{\text{out}}\rangle$, so dass man schreibt:

$$S_{\text{fi}} = \langle\Phi_{\text{f}}|\hat{S}|\Phi_{\text{i}}\rangle\,. \tag{24.39}$$

Man beachte hierbei aber wieder, dass weder $|\Phi_{\text{in}}\rangle$ noch $|\Phi_{\text{out}}\rangle$ notwendigerweise (uneigentliche) Eigenzustände von $\hat{H}_0$ sein müssen, sondern lediglich Lösungen der freien Schrödinger-Gleichung, die sich im Allgemeinen als Wellenpakete im Ortsraum mit nicht scharf definierter Energie darstellen lassen. Im Allgemeinen jedoch betrachtet man sowohl für $|\Phi_{\text{in}}\rangle$ als auch für $|\Phi_{\text{out}}\rangle$ uneigentliche Eigenzustände zu festem Impuls $\boldsymbol{p}$ (in Ortsdarstellung: ebene Wellen), aus denen sich dann allgemeine Zustände durch Superposition ergeben: die Matrixelemente des Streuoperators $\hat{S}$ in der $\hat{H}_0$-Basis,

$$S_{mn} = \langle\phi_m|\hat{S}|\phi_n\rangle = \langle\psi_m^{(-)}|\psi_n^{(+)}\rangle\,, \tag{24.40}$$

wobei also

$$|\psi_n^{(\pm)}\rangle := \hat{\Omega}^{(\pm)}\,|\phi_n\rangle\,, \tag{24.41}$$

bilden die sogenannte **Streumatrix** oder auch **S-Matrix**. Wir beachten an dieser Stelle, dass E_m Teil des kontinuierlichen Spektrums von $\hat{H}_0$ ist. Eine weitere, häufige Notation für die S-Matrix ist daher auch:

$$S(\boldsymbol{k},\boldsymbol{k}') = \langle\phi_{\boldsymbol{k}}|\hat{S}|\phi_{\boldsymbol{k}'}\rangle = \langle\psi_{\boldsymbol{k}}^{(-)}|\psi_{\boldsymbol{k}'}^{(+)}\rangle\,. \tag{24.42}$$

Wir werden in den folgenden Kapiteln teilweise die eher mnemonische Notation $|\psi_n^{(+)}\rangle$ verwenden, aber häufiger die für den Kontinuumsfall angebrachtere Notation $|\psi_{\boldsymbol{k}}^{(+)}\rangle$, insbesondere wenn wir (uneigentliche) Impulseigenzustände betrachten.

Der Streuoperator beziehungsweise die S-Matrix enthält die vollständige physikalisch relevante Information über den Streuvorgang – die Betonung liegt hierbei auf „relevant", denn durch die Betrachtung der zeitlichen Asymptotik gehen selbstverständlich Informationen verloren, aber eben nur die als „irrelevant" erachteten, und das ist die unitäre Zeitentwicklung. Aus dem Streuoperator beziehungsweise aus dem aus diesem abgeleiteten Übergangsoperator (Abschnitt 26) lassen sich insbesondere Wirkungsquerschnitte berechnen, mehr dazu in Abschnitt 27.

Mit den Verschlingungsrelationen (24.13) und (24.14) kann man schnell zeigen, dass der Streuoperator mit dem freien Hamilton-Operator vertauscht:

$$[\hat{S}, \hat{H}_0] = 0. \tag{24.43}$$

Obwohl die Møller-Operatoren nicht unitär, sondern nur isometrisch sind, gilt:

Satz. *Der Streuoperator $\hat{S}$ ist unitär:*

$$\hat{S}^{-1} = \hat{S}^\dagger. \tag{24.44}$$

Beweis. Es ist mit (24.31)

$$\begin{aligned}
\hat{S}\hat{S}^\dagger &= \hat{\Omega}^{(-)\dagger}\hat{\Omega}^{(+)}\hat{\Omega}^{(+)\dagger}\hat{\Omega}^{(-)} \\
&= \hat{\Omega}^{(-)\dagger}\left(\mathbb{1} - \hat{P}_{\text{bound}}\right)\hat{\Omega}^{(-)} = \mathbb{1}, \\
\hat{S}^\dagger\hat{S} &= \hat{\Omega}^{(+)\dagger}\hat{\Omega}^{(-)}\hat{\Omega}^{(-)\dagger}\hat{\Omega}^{(+)} \\
&= \hat{\Omega}^{(+)\dagger}\left(\mathbb{1} - \hat{P}_{\text{bound}}\right)\hat{\Omega}^{(+)} = \mathbb{1}.
\end{aligned}$$

■

Wir bemerken zuguterletzt, dass für die Zustände $|\psi_n^{(\pm)}\rangle = \hat{\Omega}^{(\pm)}|\phi_n\rangle$ gilt:

$$\langle\psi_n^{(\pm)}|\psi_m^{(\pm)}\rangle = \langle\phi_n|\hat{\Omega}^{(\pm)\dagger}\hat{\Omega}^{(\pm)}|\phi_m\rangle = \langle\phi_n|\phi_m\rangle\,. \tag{24.45}$$

Eine nützliche Darstellung des Streuoperators ergibt sich, wenn wir den Zeitentwicklungsoperator im Wechselwirkungs- oder Dirac-Bild verwenden (siehe Abschnitt 13). Aufgrund der Definition (24.37) des Streuoperators ergibt sich mit (24.11):

$$\begin{aligned}
\hat{S} &= \hat{\Omega}^{(-)\dagger}\hat{\Omega}^{(+)} \\
&= \lim_{t\to+\infty}\lim_{t'\to-\infty} \hat{U}_0^\dagger(t)\hat{U}(t)\hat{U}^\dagger(t')\hat{U}_0(t') \\
&= \lim_{t\to+\infty}\lim_{t'\to-\infty} \hat{U}_0^\dagger(t)\hat{U}(t,t')\hat{U}_0(t').
\end{aligned}$$

Mit (13.4) und (13.5) ergibt sich dann eine weitere mögliche Definition des Streuoperators:

$$\hat{S} = \lim_{t\to+\infty}\lim_{t'\to-\infty} \hat{U}_{\text{I}}(t,t'). \tag{24.46}$$

Man beachte, dass aufgrund der asymptotischen Betrachtung und der damit fehlenden Zeitabhängigkeit der In- und Out-Zustände $|\Phi_{\text{in/out}}\rangle$ wie bei den Eigenzuständen $|\phi_n\rangle$ von $\hat{H}_0$ auf das Subskript für das Dirac-Bild verzichtet werden kann.

Eine warnende Anmerkung noch: in vielen Lehrbuchdarstellungen findet man eine Formel, die da heißt:

$$|\Phi_{\text{out}}\rangle = \hat{S}\,|\Phi_{\text{in}}\rangle \qquad \text{Obacht! Warnung!}$$

Diese Formel setzt eine andere Definition des Out-Zustands $|\Phi_{\text{out}}\rangle$ voraus, als wir sie verwendet haben. Wir haben bereits eingangs dieses Abschnitts angemerkt, dass hier der Out-Zustand dadurch definiert ist, dass er durch eine Messung erzeugt wird und gewissermaßen durch Rückwärts-Zeitentwicklung zum Zustand $|\Psi^{(-)}(t)\rangle$ wird. Er ist *nicht* der asymptotische Zustand $|\Psi^{(+)}(+\infty)\rangle$, der sich nach dem Streuprozess durch unitäre Zeitentwicklung aus $|\Psi^{(+)}(t)\rangle$ ergibt. Würden wir jedoch diesen als Out-Zustand $|\Phi_{\text{out}}\rangle$ bezeichnen, würde die Formel stimmen. Vielmehr gilt in unserer Notation:

$$|\Psi^{(+)}(+\infty)\rangle = \hat{S}\,|\Phi_{\text{in}}\rangle\,. \tag{24.47}$$

Man beachte die Anmerkungen eingangs dieses Abschnitts.

Die S-Matrix im Laufe der Geschichte

Die S-Matrix wurde 1937 vom US-amerikanischen theoretischen Physiker John Archibald Wheeler in die damals topaktuelle theoretische Kernphysik eingeführt [Whe37] als *''a unitary matrix [...] whose elements describe the asymptotic behavior of the particular solutions [...] of the wave equation''*. Vor dem Hintergrund der zunehmend von divergenten Termen geplagte Quantenfeldtheorie mit damals noch begrenzter Vorhersagekraft nahm Heisenberg die „charakteristische Matrix *S*", wie er sie nannte, kurze Zeit später als Ausgangspunkt seines Ansatzes, einen Formalismus zu schaffen, in dem die beobachtbaren Eigenschaften einer Theorie die maßgeblichen Bestandteile darstellen und auch unveränderlich bleiben, wenn sich die Theorie als solches weiterentwickelt [Hei43a; Hei43b; Hei44; Hei46]. Als solche stellte sie eine Alternativtheorie zur Quantenfeldtheorie dar, die aber letztlich durch die Lösung des Divergenzproblems und die Renormierungstheorie durch Feynman, Schwinger, Tomonaga und Dyson wenige Jahre später in den Hintergrund trat.

Gewissermaßen ein Comeback erlebte dann die **(analytische) S-Matrix-Theorie** in den 1960er-Jahren, als wieder ein vermeintlich unlösbares Problem, nämlich die vollkommen unverstandene starke Wechselwirkung samt ihrem eigentümlichen Verhalten bei hohen Energien, einen weiteren Fortschritt der Quantenfeldtheorie regelrecht blockierte. Namhafte Theoretiker jener Zeit wie Geoffrey Chew, Steven Frautschi, Stanley Mandelstam, Vladimir Gribov oder Tullio Regge entwickelten hierbei eine gesamte Axiomatik, die auch nun wieder als Gegenvorschlag zur Quantenfeldtheorie dienen sollte und weder das Konzept der Lokalität noch das der Mikrokausalität benötigte, allerdings auch zu recht fruchtlosen Auswüchsen wie der **Bootstrap-Theorie** führte. Mit der Formulierung der Quantenchromodynamik durch Harald Fritzsch, Heinrich Leutwyler und Murray Gell-Mann Anfang der 1970er-Jahre jedoch wurden auch dieses Mal wieder die Quantenfeldtheorie als das über alle Maßen erfolgreiche Paradigma der Hochenergiephysik reetabliert und sämtliche Alternativansätze mehr oder weniger überflüssig gemacht.

Zur tiefergehenden historischen Betrachtung sei auf die weiterführende Literatur verwiesen.

25 Grundbegriffe der formalen Streutheorie II: Die Lippmann–Schwinger-Gleichung

Wir haben im Abschnitt 24 gesehen, dass aufgrund der Beschränkung auf das asymptotische Geschehen ein Streuvorgang, der ja an sich zwar eine zeitliche Entwicklung besitzt, effektiv auf ein stationäres Problem reduziert wird. Der Streuoperator (24.37) ist daher zeitlich konstant, und wir werden im Folgenden den zeitunabhängigen Formalismus mittels Propagatormethoden weiterentwickeln.

Ausgangspunkt der weiteren Betrachtungen ist daher die stationäre Schrödinger-Gleichung

$$\hat{H} \left|\psi\right\rangle = E \left|\psi\right\rangle , \tag{25.1}$$

mit $\hat{H}$ gemäß (24.1). Wir betrachten also nur konservative (impulsunabhängige) Potentiale.

Es sei nun $\left|\psi_n\right\rangle$ der (unbekannte!) Eigenzustand des vollen Hamilton-Operators $\hat{H}$ zum Energie-Eigenwert E_n. (Wir verwenden die am Ende des Abschnitts 24 eingeführte mnemonische Notation.) Es sei ferner $\left|\phi_n\right\rangle$ ein Eigenzustand des freien Hamilton-Operators $\hat{H}_0$ zum selben Energie-Eigenwert E_n:

$$\hat{H}_0 \left|\phi_n\right\rangle = E_n \left|\phi_n\right\rangle , \tag{25.2}$$

Dann folgt aus (25.1) und (25.2) unmittelbar:

$$(E - \hat{H}_0) \left|\psi_n\right\rangle = \hat{V} \left|\psi_n\right\rangle , \tag{25.3}$$

$$(E - \hat{H}_0) \left|\phi_n\right\rangle = 0. \tag{25.4}$$

Durch linksseitiges Multiplizieren von (25.3) mit dem Inversen der linken Seite erhalten wir zunächst naiv eine „integrierte Form“ von (25.3):

$$\left|\psi_n\right\rangle = \frac{1}{E_n - \hat{H}_0} \hat{V} \left|\psi_n\right\rangle + \left|\phi_n\right\rangle .$$

Der Term $\left|\phi_n\right\rangle$ auf der rechten Seite rührt daher, dass $\left|\phi_n\right\rangle$ ja nach Voraussetzung (25.4) erfüllt und damit zum Kern von $(E_n - \hat{H}_0)$ gehört, und trägt Sorge für die Randbedingung, dass bei verschwindendem Potential $\left|\psi_n\right\rangle = \left|\phi_n\right\rangle$ gilt.

Allerdings ist die Inversenbildung auf diese Weise so nicht einfach möglich: da E_n selbst zum kontinuierlichen Spektrum von $\hat{H}_0$ gehört, ist $(E_n - \hat{H}_0)^{-1}$ nicht definiert. Wir haben aber bereits in Abschnitt I-24 die Resolvente (I-24.35) eines Operators eingeführt, mit dem sich eine saubere mathematische Formulierung nach dem Übergang ins Komplexe erhalten lässt. Wir werden also im Folgenden von der Resolvente

$$\hat{G}_0(z) = \frac{1}{z - \hat{H}_0} \tag{25.5}$$

Gebrauch machen, einem Ausdruck, der für $\operatorname{Im} z \neq 0$ wohldefiniert ist. Wir tun dies aber, indem wir zunächst eine weitere Kurve schlagen von den zeitabhängigen Relationen

(24.27,24.28) hin zu einer zeitunabhängigen Relation, die die gerade erhaltene Integralgleichung in sauberer Form ausdrückt.

Wir betrachten zunächst den uneigentlichen In-Zustand

$$|\Phi_{\text{in}}(t)\rangle = \mathrm{e}^{-\mathrm{i}E_n t}\,|\phi_n\rangle\,, \tag{25.6}$$

der ein Eigenzustand zum freien Hamilton-Operator $\hat{H}_0$ mit dem Energie-Eigenwert E_n ist, sowie

$$|\Psi_n^{(+)}(t)\rangle = \mathrm{e}^{-\mathrm{i}E_n t}\,|\psi_n^{(+)}\rangle\,, \tag{25.7}$$

welcher ein Eigenzustand zum vollen Hamilton-Operator $\hat{H}$ zum selben Energie-Eigenwert E_n ist. Wir behalten natürlich im Hinterkopf, dass für $E > 0$ stets nur Wellenpakete physikalische Zustände sein können, so dass die im Folgenden abgeleiteten Formeln meist im Distributionensinne zu verstehen sind. Setzen wir (25.6) in (24.27) ein, so erhalten wir:

$$\begin{aligned}
|\Psi_n^{(+)}(t)\rangle &= \mathrm{e}^{-\mathrm{i}E_n t}\,|\phi_n\rangle - \frac{\mathrm{i}}{\hbar}\int_{-\infty}^{\infty}\mathrm{d}t'\,\hat{U}^{(+)}(t-t')\hat{V}\mathrm{e}^{-\mathrm{i}E_n t'}\,|\phi_n\rangle \\
\Longrightarrow |\psi_n^{(+)}\rangle &= |\phi_n\rangle - \frac{\mathrm{i}}{\hbar}\int_{-\infty}^{\infty}\mathrm{d}t'\,\hat{U}^{(+)}(-t')\hat{V}\mathrm{e}^{-\mathrm{i}E_n t'}\,|\phi_n\rangle \\
&= |\phi_n\rangle - \frac{\mathrm{i}}{\hbar}\int_{0}^{\infty}\mathrm{d}t\,\hat{U}^{(+)}(t)\hat{V}\mathrm{e}^{\mathrm{i}E_n t}\,|\phi_n\rangle\,,
\end{aligned}$$

wobei wir zum einen berücksichtigt haben, dass ja $t' < 0$ ist, die Variablensubstitution $t = -t'$ durchgeführt haben und außerdem die Integrationsgrenzen vertauscht haben.

Verwenden wir nun (I-24.24), so können wir schreiben:

$$\begin{aligned}
|\psi_n^{(+)}\rangle &= \left[\mathbb{1} - \frac{\mathrm{i}}{\hbar}\int_0^{\infty}\mathrm{d}t\,\hat{U}^{(+)}(t)\mathrm{e}^{\mathrm{i}E_n t}\hat{V}\right]|\phi_n\rangle \\
&= \lim_{\epsilon\to 0^+}\left[\mathbb{1} - \frac{\mathrm{i}}{\hbar}\int_0^{\infty}\mathrm{d}t\,\hat{U}^{(+)}(t)\mathrm{e}^{\mathrm{i}(E_n+\mathrm{i}\epsilon)t}\hat{V}\right]|\phi_n\rangle \\
&= \lim_{\epsilon\to 0^+}\left(\mathbb{1} + \hat{G}^{(+)}(E_n)\hat{V}\right)|\phi_n\rangle\,.
\end{aligned} \tag{25.8}$$

Entsprechend erhalten wir mit Hilfe von (I-24.25):

$$|\psi_n^{(-)}\rangle = \lim_{\epsilon\to 0^+}\left(\mathbb{1} + \hat{G}^{(-)}(E_n)\hat{V}\right)|\phi_n\rangle\,. \tag{25.9}$$

Es ist im Allgemeinen üblich, das Limes-Symbol wegzulassen. Implizit ist klar, dass durch die „iϵ"-Notation am Ende aller Rechnungen der Limes $\epsilon \to 0^+$ zu nehmen ist. Wir fassen zusammen:

$$|\psi_n^{(\pm)}\rangle = \left(\mathbb{1} + \hat{G}^{(\pm)}(E_n)\hat{V}\right)|\phi_n\rangle\,. \tag{25.10}$$

Dieser Zusammenhang hilft noch nicht viel, da auf der rechten Seite die unbekannte Resolvente $\hat{G}(z)$ steht. Wünschenswert mit Blick auf eine spätere Störungstheorie wäre eine Gleichung, auf der rechts die bekannte Resolvente $\hat{G}_0(z)$ steht. Diese erhalten wir dadurch, dass wir (24.28) als Ausgangsgleichung nehmen und die gleichen Schritte wie oben durchführen. Dann erhalten wir:

$$|\phi_n\rangle = \left(\mathbb{1} - \hat{G}_0^{(\pm)}(E_n)\hat{V}\right)|\psi_n^{(\pm)}\rangle,$$

beziehungsweise:

$$|\psi_n^{(\pm)}\rangle = |\phi_n\rangle + \hat{G}_0^{(\pm)}(E_n)\hat{V}\,|\psi_n^{(\pm)}\rangle. \tag{25.11}$$

Diese Gleichung heißt **Lippmann–Schwinger-Gleichung**, benannt nach den beiden US-amerikanischen theoretischen Physikern Bernard Lippmann und dessen Doktorvater Julian Schwinger [LS50]. Die Ableitung dieser Gleichung und ihre Anwendung auf spezielle Streuprobleme [Lip50] war Gegenstand von Lippmanns Doktorarbeit bei Schwinger. Die Lippmann–Schwinger-Gleichung stellt den zentralen Ausgangspunkt für alle Problemlösungen in der Streutheorie dar und ist in der Ortsdarstellung eine Integralgleichung, wie wir weiter unten sehen werden.

An (25.10) können wir auch sofort die Darstellung der Møller-Operatoren ablesen, wenn sie auf einen uneigentlichen Eigenzustand $|\phi_E\rangle$ von $\hat{H}_0$ zum Energieeigenwert E wirken:

$$\hat{\Omega}^{(\pm)} = \mathbb{1} + \hat{G}^{(\pm)}(E)\hat{V}, \tag{25.12}$$

$$\hat{\Omega}^{(\pm)\dagger} = \mathbb{1} + \hat{V}\hat{G}^{(\mp)}(E). \tag{25.13}$$

Aus den beiden 2. Resolventenidentitäten (I-24.39) beziehungsweise (I-24.40) können wir natürlich sofort ableiten:

$$\hat{G}^{(\pm)}(E) = \hat{G}_0^{(\pm)}(E) + \hat{G}^{(\pm)}(E)\hat{V}\hat{G}_0^{(\pm)}(E) \tag{25.14}$$

$$= \hat{G}_0^{(\pm)}(E) + \hat{G}_0^{(\pm)}(E)\hat{V}\hat{G}^{(\pm)}(E). \tag{25.15}$$

Gleichung (25.15) stellt eine geeignete Ausgangsgleichung für eine Störungstheorie dar:

$$\hat{G}^{(\pm)}(E) = \hat{G}_0^{(\pm)}(E)\sum_{k=0}^{\infty}\left[\hat{V}\hat{G}_0^{(\pm)}(E)\right]^k. \tag{25.16}$$

Außerdem folgt formal aus (25.14,25.15).

$$\hat{G}^{(\pm)}(E) = \hat{\Omega}^{(\pm)}\hat{G}_0^{(\pm)}(E) \tag{25.17}$$

$$= \hat{G}_0^{(\pm)}(E)\hat{\Omega}^{(\mp)\dagger}. \tag{25.18}$$

Lippmann–Schwinger-Gleichung in Orts- und Impulsdarstellung

Wir betrachten (25.11) und wechseln von der mnemonischen Darstellung zu $|\phi_n\rangle \longrightarrow |\phi_{\boldsymbol{k}}\rangle = |\boldsymbol{p}\rangle$. Dann ist

$$\phi_{\boldsymbol{k}}(\boldsymbol{r}) = \langle\boldsymbol{r}|\boldsymbol{p}\rangle = \frac{1}{(2\pi\hbar)^{3/2}}\mathrm{e}^{\mathrm{i}\boldsymbol{p}\cdot\boldsymbol{r}/\hbar}, \tag{25.19}$$

mit der Randbedingung $p^2 = 2mE$. Linksseitiges Multiplizieren von (25.11) mit $\langle \boldsymbol{r}|$ ergibt nun:

$$\psi_{\boldsymbol{k}}^{(\pm)}(\boldsymbol{r}) = \phi_{\boldsymbol{k}}(\boldsymbol{r}) + \int_{\mathbb{R}^3} \mathrm{d}^3\boldsymbol{r}\, \langle \boldsymbol{r}|\hat{G}_0^{(\pm)}(E)|\boldsymbol{r}'\rangle\, V(\boldsymbol{r}')\psi_{\boldsymbol{k}}^{(\pm)}(\boldsymbol{r}'),$$

und mit (I-25.16) erhalten wir die Lippmann–Schwinger-Gleichung in Ortsdarstellung:

$$\psi_{\boldsymbol{k}}^{(\pm)}(\boldsymbol{r}) = \frac{1}{(2\pi\hbar)^{3/2}}\mathrm{e}^{\mathrm{i}\boldsymbol{p}\cdot\boldsymbol{r}/\hbar} - \frac{2m}{\hbar^2}\int_{\mathbb{R}^3} \mathrm{d}^3\boldsymbol{r}'\, \frac{\mathrm{e}^{\pm\mathrm{i}p|\boldsymbol{r}-\boldsymbol{r}'|/\hbar}}{4\pi|\boldsymbol{r}-\boldsymbol{r}'|}V(\boldsymbol{r}')\psi_{\boldsymbol{k}}^{(\pm)}(\boldsymbol{r}'). \tag{25.20}$$

Der (+)-Fall stellt den Zusammenhang her zwischen dem In-Zustand, einer *einlaufenden ebenen Welle* $\phi_{\boldsymbol{k}}(\boldsymbol{r})$, und dem Zustand $\psi_{\boldsymbol{k}}^{(+)}(\boldsymbol{r})$, welcher eine *auslaufende Kugelwelle* enthält. Der (−)-Fall vermittelt entsprechend den Zusammenhang zwischen dem Out-Zustand, einer *auslaufenden ebenen Welle* $\phi_{\boldsymbol{k}}(\boldsymbol{r})$, und dem Zustand $\psi_{\boldsymbol{k}}^{(-)}(\boldsymbol{r})$, der eine *einlaufende Kugelwelle* enthält. Eine allgemeine Eigenwertlösung der vollen Schrödinger-Gleichung enthält stets beide Komponenten $\psi_{\boldsymbol{k}}^{(\pm)}(\boldsymbol{r})$, aber die Lösung der Lippmann–Schwinger-Gleichung (25.20) erfüllt jeweils die Randbedingung $\psi_{\boldsymbol{k}}^{(\pm)}(\boldsymbol{r}) = \phi_{\boldsymbol{k}}(\boldsymbol{r})$ für $V(\boldsymbol{r}) \equiv 0$.

Nun zur Impulsdarstellung von (25.11). Es sei $\{\ |\boldsymbol{q}\rangle\ \}$ die Eigenwertbasis des Impulsoperators $\hat{\boldsymbol{p}}$. Wir benötigen wir den Ausdruck

$$\begin{aligned}\langle \boldsymbol{q}|\hat{V}(\hat{\boldsymbol{r}})|\boldsymbol{q}'\rangle &= \int_{\mathbb{R}^3} \mathrm{d}^3\boldsymbol{r}\, \langle \boldsymbol{q}|\boldsymbol{r}\rangle\, \langle \boldsymbol{r}|\hat{V}(\hat{\boldsymbol{r}})|\boldsymbol{q}'\rangle \\ &= \frac{1}{(2\pi\hbar)^3}\int_{\mathbb{R}^3} \mathrm{d}^3\boldsymbol{r}\mathrm{e}^{-\mathrm{i}\boldsymbol{r}\cdot(\boldsymbol{q}-\boldsymbol{q}')/\hbar}V(\boldsymbol{r}) =: \tilde{V}(\boldsymbol{q}-\boldsymbol{q}').\end{aligned} \tag{25.21}$$

Mit (I-25.14) und (25.21) können wir nun die Impulsdarstellung von (25.11) gewinnen:

$$\begin{aligned}\langle \boldsymbol{q}|\psi_{\boldsymbol{k}}^{(\pm)}\rangle &= \langle \boldsymbol{q}|\boldsymbol{p}\rangle + \langle \boldsymbol{q}|\hat{G}_0^{(\pm)}(E)\hat{V}|\psi_{\boldsymbol{k}}^{(\pm)}\rangle \\ \Longrightarrow \tilde{\psi}_{\boldsymbol{k}}^{(\pm)}(\boldsymbol{q}) &= \delta(\boldsymbol{q}-\boldsymbol{p}) + \int_{\mathbb{R}^3} \mathrm{d}^3\boldsymbol{q}'\, \langle \boldsymbol{q}|\hat{G}_0^{(\pm)}(E)|\boldsymbol{q}'\rangle\, \langle \boldsymbol{q}'|\hat{V}|\psi_{\boldsymbol{k}}^{(\pm)}\rangle \\ &= \delta(\boldsymbol{q}-\boldsymbol{p}) + \frac{2m}{p^2-q^2\pm\mathrm{i}\epsilon}\, \langle \boldsymbol{q}|\hat{V}|\psi_{\boldsymbol{k}}^{(\pm)}\rangle \\ &= \delta(\boldsymbol{q}-\boldsymbol{p}) + \frac{2m}{p^2-q^2\pm\mathrm{i}\epsilon}\int_{\mathbb{R}^3} \mathrm{d}^3\boldsymbol{q}'\, \langle \boldsymbol{q}|\hat{V}|\boldsymbol{q}'\rangle\, \tilde{\psi}_{\boldsymbol{k}}^{(\pm)}(\boldsymbol{q}'),\end{aligned}$$

und damit zuguterletzt:

$$\tilde{\psi}_{\boldsymbol{k}}^{(\pm)}(\boldsymbol{q}) = \delta(\boldsymbol{q}-\boldsymbol{p}) + \frac{2m}{p^2-q^2\pm\mathrm{i}\epsilon}\int_{\mathbb{R}^3} \mathrm{d}^3\boldsymbol{q}'\tilde{V}(\boldsymbol{q}-\boldsymbol{q}')\tilde{\psi}_{\boldsymbol{k}}^{(\pm)}(\boldsymbol{q}'), \tag{25.22}$$

mit $\tilde{V}(\boldsymbol{q}-\boldsymbol{q}')$ wie in (25.21). Man beachte hier wieder, dass wir wie in Abschnitt I-25 einen „freilaufenden" Impuls mit dem Buchstaben $\boldsymbol{q}$ bezeichnen, um Verwechslungen zu vermeiden.

26 Grundbegriffe der formalen Streutheorie III: Der Übergangsoperator

Für eine störungstheoretische Behandlung der Lippmann–Schwinger-Gleichung bietet es sich an, den **Übergangsoperator** $\hat{T}$ einzuführen. Er ist implizit definiert durch:

$$\hat{V}\,|\psi_n^{(+)}\rangle = \hat{T}\,|\phi_n\rangle\,, \tag{26.1}$$

so dass also

$$\hat{T} := \hat{V}\hat{\Omega}^{(+)}. \tag{26.2}$$

Aus dem (+)-Fall von (25.10) folgt dann nach linksseitiger Multiplikation mit $\hat{V}$:

$$\hat{T}\,|\phi_n\rangle = \hat{V}\left(\mathbb{1} + \hat{G}^{(+)}(E_n)\hat{V}\right)|\phi_n\rangle\,,$$

und somit auf Operatorebene auf $\mathcal{H}_0$:

$$\hat{T} = \hat{V} + \hat{V}\hat{G}^{(+)}(E)\hat{V}, \tag{26.3}$$

eine Relation von begrenztem praktischen Nutzen allerdings, da auf der rechten Seite die unbekannte Resolvente $\hat{G}^{(+)}(E)$ steht.

Analog kann die Lippmann–Schwinger-Gleichung (25.11) kann für den (+)-Fall mit Hilfe von $\hat{T}$ zunächst geschrieben werden als:

$$|\psi_n^{(+)}\rangle = \left(\mathbb{1} + \hat{G}_0^{(+)}(E_n)\hat{T}\right)|\phi_n\rangle\,, \tag{26.4}$$

und nach linksseitiger Multiplikation mit $\hat{V}$ folgt

$$\hat{T}\,|\phi_n\rangle = \hat{V}\,|\phi_n\rangle + \hat{V}\hat{G}_0^{(+)}(E_n)\hat{T}\,|\phi_n\rangle\,,$$

woraus in $\mathcal{H}_0$ auf Operatorebene folgt:

$$\hat{T} = \hat{V} + \hat{V}\hat{G}_0^{(+)}(E)\hat{T}. \tag{26.5}$$

Formal gilt damit für den Übergangsoperator:

$$\hat{T} = \left[\mathbb{1} - \hat{V}\hat{G}_0^{(+)}(E)\right]^{-1}\hat{V}, \tag{26.6}$$

was eine weitere im praktischem Gebrauch limitierte Relation darstellt. Vielmehr lässt sich aus (26.5) eine Störungsreihe ableiten, die **Bornsche Reihe**

$$\hat{T} = \sum_{k=0}^{\infty}\hat{V}\left[\hat{G}_0^{(+)}(E)\hat{V}\right]^k, \tag{26.7}$$

die wir in Abschnitt 27 aufgreifen werden.

An (26.4) kann man eine weitere Relation für den Møller-Operator $\hat{\Omega}^{(+)}$ ablesen:

$$\hat{\Omega}^{(+)} = \mathbb{1} + \hat{G}_0^{(+)}(E)\hat{T}, \tag{26.8}$$

$$\hat{\Omega}^{(+)\dagger} = \mathbb{1} + \hat{T}^\dagger \hat{G}_0^{(-)}(E). \tag{26.9}$$

Eine sehr wichtige Relation verknüpft den Übergangsoperator mit dem Streuoperator $\hat{S}$. In $\hat{H}_0$-Darstellung gilt:

$$S_{mn} = \delta_{mn} - 2\pi\mathrm{i}\delta(E_n - E_m)T_{mn}. \tag{26.10}$$

Beweis. Es ist mit (24.40)

$$\begin{aligned}
S_{mn} &= \langle\psi_m^{(-)}|\psi_n^{(+)}\rangle \\
&\overset{(25.10)}{=} \langle\phi_m|\psi_n^{(+)}\rangle + \langle\phi_m|\hat{V}\hat{G}^{(+)}(E_m)|\psi_n^{(+)}\rangle \\
&= \langle\phi_m|\psi_n^{(+)}\rangle + \frac{1}{E_m - E_n + \mathrm{i}\epsilon}\langle\phi_m|\hat{V}|\psi_n^{(+)}\rangle \\
&\overset{(25.11)}{=} \langle\phi_m|\phi_n\rangle + \langle\phi_m|\hat{G}_0^{(+)}(E_n)\hat{V}|\psi_n^{(+)}\rangle + \frac{1}{E_m - E_n + \mathrm{i}\epsilon}\langle\phi_m|\hat{V}|\psi_n^{(+)}\rangle \\
&= \langle\phi_m|\phi_n\rangle + \left(\frac{1}{E_n - E_m + \mathrm{i}\epsilon} + \frac{1}{E_m - E_n + \mathrm{i}\epsilon}\right)\underbrace{\langle\phi_m|\hat{V}|\psi_n^{(+)}\rangle}_{T_{mn}} \\
&= \delta_{mn} + \left(\frac{1}{E_n - E_m + \mathrm{i}\epsilon} - \frac{1}{E_n - E_m - \mathrm{i}\epsilon}\right)T_{mn}.
\end{aligned}$$

Mit Hilfe der Dispersionsrelation (I-24.33) erhalten wir

$$\left(\frac{1}{E_n - E_m + \mathrm{i}\epsilon} - \frac{1}{E_n - E_m - \mathrm{i}\epsilon}\right) = -2\pi\mathrm{i}\delta(E_n - E_m).$$

Damit ist:

$$S_{mn} = \delta_{mn} - 2\pi\mathrm{i}\delta(E_n - E_m)T_{mn}.$$ ■

Der Übergangsoperator $\hat{T}$ bietet gewissermaßen einen Brückenschlag zur in Kapitel 2 betrachteten zeitabhängigen Störungstheorie in erster Ordnung. Wir erinnern uns, dass im Wechselwirkungsbild die Übergangsamplitude $c_n(t)$ gegeben ist durch (15.4) und dass für konstante Störungen in erster Ordnung Störungstheorie gilt:

$$c_n(t) = \delta_{nm} - \frac{\mathrm{i}}{\hbar}V_{nm}\int_{t_0}^{t} \mathrm{e}^{\mathrm{i}\omega_{nm}t'}\mathrm{d}t'.$$

Nach Einführung eines notwendigen Regularisierungsparameters $\eta > 0$ – der aufgrund der im Folgenden betrachteten Grenzübergänge $t_0 \longrightarrow -\infty, t \longrightarrow \infty$ notwendig ist – gilt dann mit (17.2):

$$\begin{aligned}\lim_{t_0 \to -\infty} c_n(t) &= \delta_{nm} - \frac{\mathrm{i}}{\hbar} V_{nm} \int_{-\infty}^{t} \mathrm{e}^{(\eta + \mathrm{i}\omega_{nm})t'} \mathrm{d}t' \\ &= \delta_{nm} - \frac{\mathrm{i}}{\hbar} V_{nm} \frac{\mathrm{e}^{(\eta + \mathrm{i}\omega_{nm})t}}{\eta + \mathrm{i}\omega_{nm}}.\end{aligned}$$

Die korrekte Grenzwertbetrachtung für $t \longrightarrow \infty$ muss nun nach dem Grenzübergang $\eta \longrightarrow 0$ erfolgen, denn nur so ist sichergestellt, dass $\eta t \longrightarrow 0$ gilt und das Integral (im Distributionensinne) existiert. Dann ist aber:

$$\begin{aligned}\lim_{t \to \infty} \lim_{\eta \to 0^+} \frac{\mathrm{e}^{(\eta + \mathrm{i}\omega_{nm})t}}{\eta + \mathrm{i}\omega_{nm}} &= \lim_{t \to \infty} \frac{\mathrm{e}^{\mathrm{i}\omega_{nm}t}}{\mathrm{i}\omega_{nm}} = \lim_{t \to \infty} \int_{-\infty}^{t} \mathrm{e}^{\mathrm{i}\omega_{nm}t'} \mathrm{d}t' \\ &= \int_{-\infty}^{\infty} \mathrm{e}^{\mathrm{i}\omega_{nm}t'} \mathrm{d}t' = 2\pi\delta(\omega_{nm}),\end{aligned} \tag{26.11}$$

man vergleiche mit (I-15.57). Damit ist

$$S_{mn} = \delta_{mn} - 2\pi \mathrm{i} \delta(E_n - E_m) V_{mn}. \tag{26.12}$$

Ein Vergleich von (26.12) mit (26.10) führt also zu der Erkenntnis, dass in nullter Ordnung Störungstheorie die T-Matrix T_{mn} gleich der Matrix V_{mn} entspricht. Nichts anderes sagt aber auch die Bornsche Reihe (26.7) auf Operatorebene aus. Von demher dient die Herleitung von (26.12) direkt über die zeitabhängige Störungstheorie gewissermaßen als Konsistenzcheck des bislang erarbeiteten Formalismus.

Viel wichtiger jedoch ist die Erkenntnis, dass sowohl (26.12) als auch (26.10) zu identischen Formeln für Übergangsraten und Streuquerschnitten führen. Der Unterschied ist lediglich, dass (26.12) die erste Ordnung Störungstheorie darstellt, während (26.10) exakt im Rahmen des asymptotischen Formalismus ist. Das bedeutet also, dass die störungstheoretische Behandlung eines Streuproblems lediglich die entsprechende störungstheoretische Berechnung des Übergangsoperators erfordert und dass die bereits bekannten Zusammenhänge wie Fermis Goldene Regel oder für Streuquerschnitte nach wie vor weiterhin gelten. Ein immenser formalistischer Vorteil!

Wir wollen an dieser Stelle die möglichen Variationen zur Grenzwertbildung wie in

(26.11) aufzeigen, angefangen mit (26.11) selbst, aber nach Multiplikation mit i:

$$\lim_{t\to\infty}\lim_{\eta\to0^+}\frac{\mathrm{e}^{(\eta+\mathrm{i}\omega_{nm})t}}{\omega_{nm}-\mathrm{i}\eta}=2\pi\mathrm{i}\delta(\omega_{nm}), \tag{26.13a}$$

$$\lim_{t\to\infty}\lim_{\eta\to0^+}\frac{\mathrm{e}^{(\eta+\mathrm{i}\omega_{nm})t}}{\omega_{nm}+\mathrm{i}\eta}=0, \tag{26.13b}$$

$$\lim_{t\to-\infty}\lim_{\eta\to0^+}\frac{\mathrm{e}^{(\eta+\mathrm{i}\omega_{nm})t}}{\omega_{nm}-\mathrm{i}\eta}=0, \tag{26.13c}$$

$$\lim_{t\to-\infty}\lim_{\eta\to0^+}\frac{\mathrm{e}^{(\eta+\mathrm{i}\omega_{nm})t}}{\omega_{nm}+\mathrm{i}\eta}=-2\pi\mathrm{i}\delta(\omega_{nm}), \tag{26.13d}$$

welche man durch komplexe Linienintegration recht einfach nachrechnen kann. Man behalte stets im Hinterkopf, dass alle diese Relationen im Distributionensinne gelten.

Verallgemeinertes optisches Theorem

Eine wichtige Eigenschaft des Übergangsoperators $\hat{T}$ folgt direkt aus der Unitarität des Streuoperators $\hat{S}$ (siehe (24.44)). Aus $\hat{S}\hat{S}^\dagger = \mathbb{1}$ folgt mit (26.10):

$$-\sum_k(-2\pi\mathrm{i})(2\pi\mathrm{i})\delta(E_m-E_k)\delta(E_k-E_n)T_{mk}[T^\dagger]_{kn}=2\pi\mathrm{i}\delta(E_n-E_m)([T^\dagger]_{mn}-T_{mn}),$$

wobei wir auf der linken Seite eine vollständige Eins in Form von $\sum_k |\phi_k\rangle\langle\phi_k|$ eingeschoben haben. Das ist aber im Distributionensinne äquivalent zu

$$-\sum_k(-2\pi\mathrm{i})(2\pi\mathrm{i})\delta(E_m-E_k)\delta(E_m-E_n)T_{mk}[T^\dagger]_{kn}=2\pi\mathrm{i}\delta(E_n-E_m)([T^\dagger]_{mn}-T_{mn}),$$

so dass wir nun neben einem Faktor $2\pi\mathrm{i}$ den Ausdruck $\delta(E_n - E_m)$ auf beiden Seiten herauskürzen können. Dies hat zur Folge, dass die entstehende Gleichung

$$2\pi\mathrm{i}\sum_k\delta(E_m-E_k)T_{mk}[T^\dagger]_{kn}=[T^\dagger]_{mn}-T_{mn}$$

nun nur noch „auf der Masseschale“ oder „auf der Energieschale“ gilt, wie man sagt, das heißt: nur dann, wenn für die In- und Out-Zustände $E_m = E_n$ gilt. Wir erhalten so mit $[T^\dagger]_{mn} = T^*_{nm}$ das sogenannte **verallgemeinerte optische Theorem**:

$$2\pi\mathrm{i}\sum_k\delta(E_m-E_k)T_{mk}T^*_{nk}=T^*_{nm}-T_{mn}. \tag{26.14}$$

Nimmt man allerdings als Ausgangspunkt nicht die Beziehung $\hat{S}\hat{S}^\dagger = \mathbb{1}$, sondern $\hat{S}^\dagger\hat{S} = \mathbb{1}$, so wird man zunächst auf

$$2\pi\mathrm{i}\sum_k\delta(E_m-E_k)[T^\dagger]_{mk}T_{kn}=[T^\dagger]_{mn}-T_{mn}$$

geführt, und man erhält anstelle von (26.14) die Relation

$$2\pi i \sum_k \delta(E_m - E_k) T^*_{km} T_{kn} = T^*_{nm} - T_{mn}. \tag{26.15}$$

27 Asymptotisches Verhalten der Wellenfunktion: Streuamplituden und Streuquerschnitte

Die meisten physikalisch interessanten Potentiale $V(\boldsymbol{r})$ besitzen eine endliche Reichweite derart, dass nicht nur gilt:

$$V(\boldsymbol{r}) \to 0 \quad \text{für } r \to \infty, \tag{27.1}$$

sondern vielmehr $V(\boldsymbol{r})$ derart schnell im Unendlichen abfällt, dass sogar gilt:

$$\int_{\mathbb{R}^3} \mathrm{d}^3\boldsymbol{r} \frac{V(\boldsymbol{r})}{r} < \infty \quad \text{für } r \to \infty, \tag{27.2}$$

so dass in der Lippmann–Schwinger-Gleichung in Ortsdarstellung (25.20) die Existenz des Raumintegrals über $\mathbb{R}^3$ überhaupt gegeben ist. Eine einfache Betrachtung des jeweils asymptotischen Verhaltens zeigt, dass Potentiale der Form

$$V(\boldsymbol{r}) \to \frac{1}{r^p} \quad (p \geq 2),$$

oder

$$V(\boldsymbol{r}) \to \frac{\mathrm{e}^{-ar}}{r} \quad (a > 0)$$

diese angenehme Eigenschaft besitzen. Es gibt allerdings ein sehr wichtiges Potential, das die Eigenschaft (27.2) leider nicht besitzt: das Coulomb-Potential. Dieses werden wir in Abschnitt 36 daher eingehender betrachten.

Im Folgenden gehen wir aber zunächst davon aus, dass $V(\boldsymbol{r})$ die Bedingung (27.2) erfüllt. Unter dieser Voraussetzung trägt im Integral der Lippmann–Schwinger-Gleichung (25.20) nur ein Bereich mit $r \gg r'$ bei, und wir können folgende Näherung durchführen:

$$|\boldsymbol{r} - \boldsymbol{r}'| = \left(r^2 - 2\boldsymbol{r}\cdot\boldsymbol{r}' + r'^2\right)^{\frac{1}{2}} \approx \left(r^2 - 2\boldsymbol{r}\cdot\boldsymbol{r}'\right)^{\frac{1}{2}} \approx r - \frac{\boldsymbol{r}\cdot\boldsymbol{r}'}{r},$$

sowie

$$\frac{1}{|\boldsymbol{r} - \boldsymbol{r}'|} \approx \frac{1}{r}.$$

Mit $\boldsymbol{p} = \hbar\boldsymbol{k}$ sowie $\boldsymbol{k}' = k\boldsymbol{e}_r$, $\boldsymbol{p}' = \hbar\boldsymbol{k}'$ ergibt sich aus dem (+)-Fall von (25.20) dann zunächst:

$$\psi_{\boldsymbol{k}}^{(+)}(\boldsymbol{r}) = \frac{1}{(2\pi\hbar)^{3/2}}\mathrm{e}^{\mathrm{i}\boldsymbol{k}\cdot\boldsymbol{r}} - \frac{2m}{4\pi\hbar^2}\frac{e^{\mathrm{i}kr}}{r}\int_{\mathbb{R}^3} \mathrm{d}^3\boldsymbol{r}'\mathrm{e}^{-\mathrm{i}\boldsymbol{k}'\cdot\boldsymbol{r}'}V(\boldsymbol{r}')\psi_{\boldsymbol{k}}^{(+)}(\boldsymbol{r}'). \tag{27.3}$$

Definieren wir nun die sogenannte **Streuamplitude**

$$f(\boldsymbol{k},\boldsymbol{k}') := -4\pi^2\hbar m \, \langle \boldsymbol{p}'|\hat{V}(\hat{\boldsymbol{r}})|\psi_{\boldsymbol{k}}^{(+)}\rangle \tag{27.4}$$

$$= -\frac{1}{4\pi}(2\pi\hbar)^3\frac{2m}{\hbar^2}\int_{\mathbb{R}^3} \mathrm{d}^3\boldsymbol{r} \, \langle \boldsymbol{p}'|\boldsymbol{r}\rangle \, \langle \boldsymbol{r}|\hat{V}(\hat{\boldsymbol{r}})|\psi_{\boldsymbol{k}}^{(+)}\rangle$$

$$= -(2\pi\hbar)^{3/2}\frac{2m}{4\pi\hbar^2}\int_{\mathbb{R}^3} \mathrm{d}^3\boldsymbol{r}\mathrm{e}^{-\mathrm{i}\boldsymbol{k}'\cdot\boldsymbol{r}}V(\boldsymbol{r})\psi_{\boldsymbol{k}}^{(+)}(\boldsymbol{r}), \tag{27.5}$$

so nimmt die Lippmann–Schwinger-Gleichung (27.3) die Form an:

$$\psi_{\boldsymbol{k}}^{(+)}(\boldsymbol{r}) = \frac{1}{(2\pi\hbar)^{3/2}}\left(\mathrm{e}^{\mathrm{i}\boldsymbol{k}\cdot\boldsymbol{r}} + f(\boldsymbol{k},\boldsymbol{k}')\frac{\mathrm{e}^{\mathrm{i}kr}}{r}\right). \tag{27.6}$$

Hierbei ist $k^2 = k'^2 = 2mE/\hbar^2$, da wir ja elastische Streuungen betrachten.

Mit dem durch (26.1) definierten Übergangsoperator $\hat{T}$ lässt sich die Streuamplitude als dessen Matrixelemente schreiben:

$$f(\boldsymbol{k},\boldsymbol{k}') = -4\pi^2\hbar m \,\langle \boldsymbol{p}'|\hat{T}|\boldsymbol{p}\rangle \tag{27.7}$$

$$= -\frac{4\pi^2 m}{\hbar^2}\langle \boldsymbol{k}'|\hat{T}|\boldsymbol{k}\rangle . \tag{27.8}$$

(Bezüglich der unterschiedlichen Vorfaktoren in (27.7) und (27.8) erinnere man sich an die Dimensionsbetrachtungen uneigentlicher Eigenvektoren am Ende von Abschnitt I-15.) Wie man schnell sieht, besitzt die Streuamplitude $f(\boldsymbol{k},\boldsymbol{k}')$ die Dimension einer Länge L.

Von der Streuamplitude zum Streuquerschnitt

Bei einer elastischen Streuung werden Teilchen, die durch den In-Zustand $|\boldsymbol{p}\rangle$ beschrieben werden, unterschiedlich stark gestreut, das heißt entlang eines Raumwinkels um das Streuzentrum herum abgelenkt. Ein Maß um vorherzusagen, wie groß die Wahrscheinlichkeit ist, ein gestreutes Teilchen innerhalb eines Raumwinkelelements $\mathrm{d}\Omega$ zu messen, ist der **differentielle Streuquerschnitt**

$$\frac{\mathrm{d}\sigma}{\mathrm{d}\Omega} := \frac{|\boldsymbol{e}_r\cdot \boldsymbol{j}_{\mathrm{out}}|r^2}{|\boldsymbol{j}_{\mathrm{in}}|}, \tag{27.9}$$

der nichts anderes darstellt als die dreidimensionale Verallgemeinerung der aus der Betrachtung von eindimensionalen Problemen her bekannten Reflektions- und Transmissionskoeffizienten (Abschnitt I-30). Der **totale Streuquerschnitt** σ ist dann einfach

$$\sigma = \int_{S^2} \frac{\mathrm{d}\sigma}{\mathrm{d}\Omega}\mathrm{d}\Omega, \tag{27.10}$$

mit

$$\mathrm{d}\Omega = \sin\theta\mathrm{d}\theta\mathrm{d}\phi. \tag{27.11}$$

Eine äquivalente Bezeichung für Streuquerschnitt ist **Wirkungsquerschnitt**.

Der jeweils ein- und auslaufende Anteil der Wellenfunktion $\psi_{\boldsymbol{k}}^{(+)}(\boldsymbol{r})$ wird nun durch die beiden Anteile in der Lippmann–Schwinger-Gleichung (27.6) beschrieben:

$$\psi_{\boldsymbol{k}}^{(+)}(\boldsymbol{r}) = \frac{1}{(2\pi\hbar)^{3/2}}\Bigg(\underbrace{\mathrm{e}^{\mathrm{i}\boldsymbol{k}\cdot\boldsymbol{r}}}_{\text{einlaufend}} + \underbrace{f(\boldsymbol{k},\boldsymbol{k}')\frac{\mathrm{e}^{\mathrm{i}kr}}{r}}_{\text{auslaufend}}\Bigg), \tag{27.12}$$

und man sieht hier sehr schön die asymptotische Zerlegung von $\psi_{\boldsymbol{k}}^{(+)}(\boldsymbol{r})$ in eine einlaufende ebene und eine auslaufende Kugelwelle. Man beachte, dass (27.12) eine implizite Gleichung der nach wie vor unbekannten Wellenfunktion $\psi_{\boldsymbol{k}}^{(+)}(\boldsymbol{r})$ ist.

Mit dem Nabla-Operator in Kugelkoordinaten

$$\nabla = \boldsymbol{e}_r \frac{\partial}{\partial r} + \boldsymbol{e}_\theta \frac{1}{r}\frac{\partial}{\partial \theta} + \boldsymbol{e}_\phi \frac{1}{r \sin\theta}\frac{\partial}{\partial \phi}$$

ergibt sich nun weiter mit (I-19.7) beziehungsweise (I-19.8):

$$\begin{aligned}
|\boldsymbol{e}_r \cdot \boldsymbol{j}_{\text{out}}| &= \frac{1}{(2\pi\hbar)^3}\frac{\hbar}{m}\operatorname{Im}\left(f^*(\boldsymbol{k},\boldsymbol{k}')\frac{\mathrm{e}^{-\mathrm{i}kr}}{r}\frac{\partial}{\partial r}f(\boldsymbol{k},\boldsymbol{k}')\frac{\mathrm{e}^{\mathrm{i}kr}}{r}\right)\\
&= \frac{1}{(2\pi\hbar)^3}\frac{\hbar}{m}\operatorname{Im}\left(|f(\boldsymbol{k},\boldsymbol{k}')|^2\frac{\mathrm{i}kr-1}{r^3}\right)\\
&= \frac{1}{(2\pi\hbar)^3}\frac{\hbar k}{mr^2}|f(\boldsymbol{k},\boldsymbol{k}')|^2,\\
|\boldsymbol{j}_{\text{in}}| &= \frac{1}{(2\pi\hbar)^3}\frac{\hbar k}{m}.
\end{aligned}$$

Somit erhalten wir den einfachen Zusammenhang zwischen Streuamplitude $f(\boldsymbol{k},\boldsymbol{k}')$ und differentiellem Wirkungsquerschnitt:

$$\frac{\mathrm{d}\sigma}{\mathrm{d}\Omega} = |f(\boldsymbol{k},\boldsymbol{k}')|^2. \tag{27.13}$$

Diskrete Symmetrien der Streuamplitude

Es ist unmittelbar einsichtig, dass Symmetrien des Gesamtsystems – sprich Symmetrien des Hamilton-Operators $\hat{H} = \hat{H}_0 + \hat{V}$ – sich widerspiegeln müssen in Symmetrieeigenschaften der Streuamplitude.

Für unitäre Symmetrie-Operatoren $\hat{U}$ folgt aus

$$\begin{aligned}
\hat{U}\hat{H}_0\hat{U}^\dagger &= \hat{H}_0,\\
\hat{U}\hat{V}\hat{U}^\dagger &= \hat{V},
\end{aligned}$$

dass mit (26.3) auch

$$\hat{U}\hat{T}\hat{U}^\dagger = \hat{T} \tag{27.14}$$

folgt. Wenn dann

$$\begin{aligned}
|\tilde{\boldsymbol{k}}\rangle &:= \hat{U}\,|\boldsymbol{k}\rangle\,,\\
|\tilde{\boldsymbol{k}}'\rangle &:= \hat{U}\,|\boldsymbol{k}'\rangle\,,
\end{aligned}$$

folgt daraus

$$\begin{aligned}
\langle\tilde{\boldsymbol{k}}'|\hat{T}|\tilde{\boldsymbol{k}}\rangle &= \langle\boldsymbol{k}'|\hat{U}^\dagger\hat{U}\hat{T}\hat{U}^\dagger\hat{U}|\boldsymbol{k}\rangle\\
&= \langle\boldsymbol{k}'|\hat{T}|\boldsymbol{k}\rangle\,,
\end{aligned}$$

und somit

$$f(\tilde{\boldsymbol{k}},\tilde{\boldsymbol{k}}') = f(\boldsymbol{k},\boldsymbol{k}'). \tag{27.15}$$

Für paritätsinvariante Potentiale – wenn also $\hat{U} = \hat{\mathcal{P}}$ – folgt aus

$$\hat{\mathcal{P}}\hat{T}\hat{\mathcal{P}} = \hat{T} \tag{27.16}$$

dann:

$$f(-\boldsymbol{k},-\boldsymbol{k}') = f(\boldsymbol{k},\boldsymbol{k}'). \tag{27.17}$$

Bei Symmetrie unter Zeitumkehr müssen wir die Antiunitarität des Zeitumkehr-Operators beachten, so dass wegen

$$\hat{\mathcal{T}}\hat{G}^{\pm}(E)\hat{\mathcal{T}}^{-1} = \hat{G}^{\mp}(E) \tag{27.18}$$

aus (26.3) folgt:

$$\hat{\mathcal{T}}\hat{T}\hat{\mathcal{T}}^{-1} = \hat{T}^{\dagger}. \tag{27.19}$$

Daher gilt wegen (II-20.36) bei Zeitumkehrinvarianz das **Reziprozitätstheorem**:

$$f(-\boldsymbol{k},-\boldsymbol{k}') = f(\boldsymbol{k}',\boldsymbol{k}). \tag{27.20}$$

Wenn sowohl Paritäts- als auch Zeitumkehrsymmetrie vorliegt, kann man (27.17) und (27.20) kombinieren und erhält:

$$f(\boldsymbol{k},\boldsymbol{k}') = f(\boldsymbol{k}',\boldsymbol{k}), \tag{27.21}$$

woraus unmittelbar das **Prinzip des detaillierten Gleichgewichts**

$$\frac{\mathrm{d}\sigma}{\mathrm{d}\Omega}(\boldsymbol{k}\rightarrow\boldsymbol{k}') = \frac{\mathrm{d}\sigma}{\mathrm{d}\Omega}(\boldsymbol{k}'\rightarrow\boldsymbol{k}) \tag{27.22}$$

folgt – man vergleiche auch (18.8).

Streuamplitude und optisches Theorem

Es existiert ein interessanter Zusammenhang zwischen dem Imaginärteil der Vorwärts-Streuamplitude (wenn $\boldsymbol{k} = \boldsymbol{k}'$) und dem totalen Streuquerschnitt σ_{tot}, der als **optisches Theorem** bezeichnet wird, manchmal auch als **Bohr–Peierls–Placzek-Relation**:

$$\operatorname{Im} f(\boldsymbol{k},\boldsymbol{k}) = |\boldsymbol{k}|\cdot\frac{\sigma_{\mathrm{tot}}}{4\pi}. \tag{27.23}$$

Namensgeber ist neben Niels Bohr der deutschstämmige Physiker Rudolf Peierls, wie viele Zeitgenossen ein Abgänger der Sommerfeld-Schule, der zum Zeitpunkt der Machtergreifung Hitlers 1933 während eines Forschungsaufenthalts in Cambridge den Entschluss fasste, nicht mehr nach Deutschland zurückzukehren, und ab 1937 einen Lehrstuhl an der University of Birmingham innehatte und dort eine eigene Schule der Theoretischen Physik aufbaute. Zu seinen Doktoranden zählten unter anderem Fred Hoyle, Edwin Salpeter, John S. Bell und Stanley Mandelstam. Der tschechoslowakische Physiker Georg Placzek arbeitete zunächst viel mit Bohr und Peierls auf dem Gebiet der Theoretischen Kernphysik zusammen und bekleidete später eine führende Rolle im Manhattan-Projekt, infolgedessen er nach dem Zweiten Weltkrieg die Position Hans Bethes als Leiter der Theoriegruppe in Los Alamos übernahm.

Bevor wir an die Interpretation dieses Sachverhalts gehen, führen wir erst einmal den Beweis.

Beweis. Es ist mit (27.7):

$$f(\boldsymbol{k},\boldsymbol{k}) = -4\pi^2\hbar m\,\langle \boldsymbol{p}|\hat{T}|\boldsymbol{p}\rangle\,,$$

und wir betrachten weiter:

$$\begin{aligned}\langle \boldsymbol{p}|\hat{T}|\boldsymbol{p}\rangle &= \langle \boldsymbol{p}|\hat{V}|\psi_{\boldsymbol{k}}^{(+)}\rangle\\ &= \langle \psi_{\boldsymbol{k}}^{(+)}|\hat{V}|\psi_{\boldsymbol{k}}^{(+)}\rangle - \langle \psi_{\boldsymbol{k}}^{(+)}|\hat{V}\hat{G}_0^{(-)}(E)\hat{V}|\psi_{\boldsymbol{k}}^{(+)}\rangle\,,\end{aligned}$$

mit Hilfe der Lippmann–Schwinger-Gleichung (25.11), und unter Berücksichtigung, dass $\hat{G}_0^{(+)\dagger} = \hat{G}_0^{(-)}$, sowie mit $E = p^2/(2m)$. Bilden wir nun den Imaginärteil, verschwindet der erste Term auf der rechten Seite, da $\hat{V}$ ein hermitescher Operator ist. Es bleibt:

$$\operatorname{Im}\langle \boldsymbol{p}|\hat{T}|\boldsymbol{p}\rangle = -\operatorname{Im}\langle \psi_{\boldsymbol{k}}^{(+)}|\hat{V}\hat{G}_0^{(-)}(E)\hat{V}|\psi_{\boldsymbol{k}}^{(+)}\rangle\,.$$

Es ist nun weiter:

$$\begin{aligned}\langle \psi_{\boldsymbol{k}}^{(+)}|\hat{V}\hat{G}_0^{(-)}(E)\hat{V}|\psi_{\boldsymbol{k}}^{(+)}\rangle &= \langle \boldsymbol{p}|\hat{T}^\dagger\hat{G}_0^{(-)}(E)\hat{T}|\boldsymbol{p}\rangle\\ &= \int \mathrm{d}^3\boldsymbol{q}\int \mathrm{d}^3\boldsymbol{q}'\,\langle \boldsymbol{p}|\hat{T}^\dagger|\boldsymbol{q}\rangle\,\langle \boldsymbol{q}|\hat{G}_0^{(-)}(E)|\boldsymbol{q}'\rangle\,\langle \boldsymbol{q}'|\hat{T}|\boldsymbol{p}\rangle\\ &= \int \mathrm{d}^3\boldsymbol{q}\int \mathrm{d}^3\boldsymbol{q}'\,\langle \boldsymbol{p}|\hat{T}^\dagger|\boldsymbol{q}\rangle\,\delta(\boldsymbol{q}-\boldsymbol{q}')\frac{2m}{p^2-q^2-\mathrm{i}\epsilon}\,\langle \boldsymbol{q}'|\hat{T}|\boldsymbol{p}\rangle\\ &= \int \mathrm{d}^3\boldsymbol{q}\,\langle \boldsymbol{p}|\hat{T}^\dagger|\boldsymbol{q}\rangle\,\frac{1}{E-q^2/(2m)-\mathrm{i}\epsilon}\,\langle \boldsymbol{q}|\hat{T}|\boldsymbol{p}\rangle\,.\end{aligned}$$

Nun verwenden wir wieder die Dispersionformel (I-24.33), und weil wir ja am Imaginärteil des Ausdrucks interessiert sind, trägt nur der zweite Summand zur gesuchten Relation bei. Wir erhalten:

$$\begin{aligned}\operatorname{Im}\langle \boldsymbol{p}|\hat{T}|\boldsymbol{p}\rangle &= -\operatorname{Im}\int \mathrm{d}\Omega\int \mathrm{d}q q^2\,\langle \boldsymbol{p}|\hat{T}^\dagger|\boldsymbol{q}\rangle\,\frac{1}{E-q^2/(2m)-\mathrm{i}\epsilon}\,\langle \boldsymbol{q}|\hat{T}|\boldsymbol{p}\rangle\\ &= -\pi\int \mathrm{d}\Omega\int \mathrm{d}q q^2|\langle \boldsymbol{q}|\hat{T}|\boldsymbol{p}\rangle|^2\delta(E-q^2/(2m))\\ &= -\frac{2\pi m^2}{\sqrt{2m}}\int \mathrm{d}\Omega\int \mathrm{d}E'\sqrt{E'}|\langle \boldsymbol{q}|\hat{T}|\boldsymbol{p}\rangle|^2\delta(E-E')\\ &= -\pi m p\int \mathrm{d}\Omega|\langle \boldsymbol{q}|\hat{T}|\boldsymbol{p}\rangle|^2\end{aligned}$$

$$\Longrightarrow \operatorname{Im} f(\boldsymbol{k},\boldsymbol{k}) = 4\pi^3 m^2 p\hbar\int \mathrm{d}\Omega|\langle \boldsymbol{q}|\hat{T}|\boldsymbol{p}\rangle|^2,$$

unter Verwendung von $E' = q^2/(2m)$ und $\mathrm{d}E' = (q/m)\mathrm{d}q$.

Auf der anderen Seite ist:

$$|f(\boldsymbol{k},\boldsymbol{k}')|^2 = 16\pi^4\hbar^2 m^2 |\langle \boldsymbol{p}'|\hat{T}|\boldsymbol{p}\rangle|^2,$$

woraus folgt:

$$\operatorname{Im} f(\boldsymbol{k},\boldsymbol{k}) = \frac{p}{4\pi\hbar}\int \mathrm{d}\Omega |f(\boldsymbol{k},\boldsymbol{k}')|^2 = \frac{k}{4\pi}\sigma_{\text{tot}}.$$ ■

Schreiben wir (27.23) in der Form

$$\sigma_{\text{tot}} = 4\pi \operatorname{Im}\frac{f(\boldsymbol{k},\boldsymbol{k})}{k}, \tag{27.24}$$

drängt sich die Interpretation geradezu auf: Das optische Theorem bringt zum Ausdruck, dass der totale Streuquerschnitt proportional ist zum Imaginärteil der Vorwarts-Streuamplitude. Der Vorfaktor 4π steht einfach für den totalen Raumwinkel und die Division durch k ist aus Dimensionsgründen notwendig. Es ist letztlich Konsequenz der Normerhaltung und gewissermaßen eine Umformulierung der Relation (I-19.8), die wir ja bereits auch schon weiter oben zur Ableitung des differentiellen Streuqerschnitts verwendet haben.

Das optische Theorem (27.23) lässt sich auch direkt aus dem verallgemeinerten optischen Theorem (26.14) ableiten. In korrekter „Kontinuumsschreibweise" wird aus (26.14) erst einmal

$$2\pi\mathrm{i}\int_{\mathbb{R}^3} \mathrm{d}^3 p''\delta(E'-E'')\langle \boldsymbol{p}'|\hat{T}|\boldsymbol{p}''\rangle\langle \boldsymbol{p}''|\hat{T}^\dagger|\boldsymbol{p}\rangle = \langle \boldsymbol{p}'|\hat{T}^\dagger|\boldsymbol{p}\rangle - \langle \boldsymbol{p}'|\hat{T}|\boldsymbol{p}\rangle,$$

mit $E' = (p')^2/(2m)$ und $E'' = (p'')^2/(2m)$. Ist nun $\boldsymbol{p}' = \boldsymbol{p}$ und verwenden wir (27.7), erhalten wir weiter:

$$\frac{1}{4\pi}\int \mathrm{d}\Omega''\int_0^\infty \mathrm{d}k'' k\delta(k-k'')f(\boldsymbol{k}'',\boldsymbol{k})f^*(\boldsymbol{k}'',\boldsymbol{k}) = \operatorname{Im} f(\boldsymbol{k},\boldsymbol{k}),$$

und somit:

$$\frac{k}{4\pi}\int \mathrm{d}\Omega |f(\boldsymbol{k}',\boldsymbol{k})|^2 = \operatorname{Im} f(\boldsymbol{k},\boldsymbol{k}),$$

wobei also $|\boldsymbol{k}'| = |\boldsymbol{k}|$ gilt. Beginnt man hingegen mit (26.15), so erhält man stattdessen

$$\frac{k}{4\pi}\int \mathrm{d}\Omega |f(\boldsymbol{k},\boldsymbol{k}')|^2 = \operatorname{Im} f(\boldsymbol{k},\boldsymbol{k}),$$

Auf diese Weise erhalten wir also wieder (27.23).

Die mehr als 100-jährige Geschichte des optischen Theorems von den Anfängen in der Optik bis zur Mehrkanalstreuung in der Quantentheorie wird übrigens sehr lesbar und interessant in einem kurzen Review von Roger Newton erzählt [New76].

Die Bornsche Reihe für die Streuamplitude

Wie bereits in Abschnitt 26 erörtert, erlaubt die Einführung des Übergangsoperators $\hat{T}$ einen störungstheoretischen Ansatz, um die Lippmann–Schwinger-Gleichung approximativ zu lösen. Aus der Bornschen Reihe (26.7) ergibt sich direkt auch eine Störungsreihe für die Streuamplitude (27.8):

$$f(\boldsymbol{k},\boldsymbol{k}') = \sum_{n=0}^{\infty} f^{(n)}(\boldsymbol{k},\boldsymbol{k}'), \tag{27.25}$$

mit

$$f^{(n)}(\boldsymbol{k},\boldsymbol{k}') = -4\pi^2\hbar m \left\langle \boldsymbol{p}' \middle| \hat{V}\left[\hat{G}_0^{(+)}(E)\hat{V}\right]^n \middle| \boldsymbol{p} \right\rangle. \tag{27.26}$$

Wie die Reihe (26.7) wird (27.25) ebenfalls üblicherweise **Bornsche Reihe** genannt, und es ist vor allem die nullte Näherung, häufig auch die erste Näherung von Relevanz. Desweiteren gelten auch für die Bornsche Reihe die Ausführungen zum Konvergenzverhalten wie in Abschnitt 1. Die Näherung für $n = 0$ wird auch einfach nur **Bornsche Näherung** genannt.

Für die Streuamplitude $f(\boldsymbol{k},\boldsymbol{k}')$ gilt in Bornscher Näherung:

$$f(\boldsymbol{k}-\boldsymbol{k}') = f^{(0)}(\boldsymbol{k},\boldsymbol{k}') = -\frac{4\pi^2 m}{\hbar^2}\langle \boldsymbol{k}'|\hat{V}|\boldsymbol{k}\rangle \tag{27.27}$$

$$= -\frac{m}{2\pi\hbar^2}\int_{\mathbb{R}^3} \mathrm{d}^3\boldsymbol{r}\, V(\boldsymbol{r})\mathrm{e}^{\mathrm{i}(\boldsymbol{k}-\boldsymbol{k}')\cdot\boldsymbol{r}} \tag{27.28}$$

$$= -4\pi^2\hbar m\tilde{V}(\boldsymbol{p}-\boldsymbol{p}'). \tag{27.29}$$

In Bornscher Näherung ist also die Streuamplitude $f(\boldsymbol{k}-\boldsymbol{k}')$ bis auf einen Vorfaktor die Fourier-Transformierte des Streupotentials $V(\boldsymbol{r})$ (vergleiche (25.21)). Sie ergibt sich einfach durch Ersetzen des exakten Zustands $|\psi_{\boldsymbol{k}}^{(+)}\rangle$ in (27.4,27.5) durch den In-Zustand $|\boldsymbol{p}\rangle$.

Für den Korrekturterm der zweiten Bornschen Näherung gilt dann:

$$\begin{aligned}
f^{(1)}(\boldsymbol{k},\boldsymbol{k}') &= -4\pi^2\hbar m\,\langle \boldsymbol{p}'|\hat{V}\hat{G}_0^{(+)}(E)\hat{V}|\boldsymbol{p}\rangle \\
&= -4\pi^2\hbar m \int_{\mathbb{R}^3} \mathrm{d}^3\boldsymbol{q}'' \int_{\mathbb{R}^3} \mathrm{d}^3\boldsymbol{q}'''\, \underbrace{\langle \boldsymbol{p}'|\hat{V}|\boldsymbol{q}''\rangle}_{\tilde{V}(\boldsymbol{p}'-\boldsymbol{q}'')} \underbrace{\langle \boldsymbol{q}''|\hat{G}_0^{(+)}(E)|\boldsymbol{q}'''\rangle}_{\text{siehe (I-25.14)}} \underbrace{\langle \boldsymbol{q}'''|\hat{V}|\boldsymbol{p}\rangle}_{\tilde{V}(\boldsymbol{q}'''-\boldsymbol{p})} \\
&= -4\pi^2\hbar m \int_{\mathbb{R}^3} \mathrm{d}^3\boldsymbol{q}'' \int_{\mathbb{R}^3} \mathrm{d}^3\boldsymbol{q}''' \\
&\qquad \times \tilde{V}(\boldsymbol{p}'-\boldsymbol{q}'')\delta(\boldsymbol{q}''-\boldsymbol{q}''')\frac{2m}{p^2-(q'')^2+\mathrm{i}\epsilon}\tilde{V}(\boldsymbol{q}'''-\boldsymbol{p}) \\
&= -4\pi^2\hbar m \int_{\mathbb{R}^3} \mathrm{d}^3\boldsymbol{q}''\,\tilde{V}(\boldsymbol{p}'-\boldsymbol{q}'')\frac{2m}{p^2-(q'')^2+\mathrm{i}\epsilon}\tilde{V}(\boldsymbol{q}''-\boldsymbol{p}).
\end{aligned}$$

Die Bornsche Näherung (27.28) ist sicher dann anwendbar, wenn sich der exakte Zustand $|\psi_{\boldsymbol{k}}\rangle$ nur sehr wenig vom In-Zustand $|\boldsymbol{p}\rangle$ unterscheidet, wenn also in der Lippmann–Schwinger-Gleichung (27.6) gilt:

$$\left| f^{(0)}(\boldsymbol{k}, \boldsymbol{k}') \frac{\mathrm{e}^{\mathrm{i}kr}}{r} \right| = \frac{|f^{(0)}(\boldsymbol{k}, \boldsymbol{k}')|}{r} \ll |\mathrm{e}^{\mathrm{i}\boldsymbol{k}\cdot\boldsymbol{r}}| = 1, \tag{27.30}$$

und damit nach Ersetzung von $|\psi_{\boldsymbol{k}}^{(+)}\rangle$ durch $|\boldsymbol{p}\rangle$:

$$\frac{m}{2\pi\hbar^2 r} \left| \int_{\mathbb{R}^3} \mathrm{d}^3\boldsymbol{r} V(\boldsymbol{r}) \mathrm{e}^{\mathrm{i}(\boldsymbol{k}-\boldsymbol{k}')\cdot\boldsymbol{r}} \right| \ll 1. \tag{27.31}$$

Daraus aber eine verlässliche Abschätzung des Genauigkeit der Bornschen Näherung aus dem gegebenen Potential $\hat{V}(\boldsymbol{r})$ abzuleiten, ist sehr schwer. Als Faustregel können wir hierbei ableiten: je schwächer das Streupotential, desto kleiner das Integral in (27.31) und desto besser die Bornsche Näherung (und nebenbei: desto weniger gebundene Zustände kann $\hat{V}$ ausbilden). Für eine tiefergehende Diskussion über die Güteabschätzung der Bornschen Näherung wie auch über das Konvergenzverhalten der Bornschen Reihe (zwei unterschiedliche Dinge!) siehe die weiterführende Literatur, aber auch die Reviews von Res Jost und Abraham Pais [JP51] sowie von Walter Kohn [Koh54b; Koh54a].

28 Streuung am Zentralpotential

Wir verwenden in diesem Abschnitt die Ortsdarstellung und betrachten die Streuung an einem Zentralpotential $V(r)$ in Bornscher Näherung. Insbesondere untersuchen wir als wichtige Beispiele das Yukawa-Potential und das Coulomb-Potential. Letzteres verdient wegen der unendlichen Reichweite allerdings eine eingehendere Betrachtung, die wir in Abschnitt 36 durchführen.

Wir betrachten weiterhin stets Potentialstreuung. Wir haben allerdings in Abschnitt II-25 gezeigt, wie für Zentralpotentiale $V(r)$ ein Zweikörperproblem auf ein Einteilchenproblem mit Zentralpotential zurückgeführt werden kann, indem die Schwerpunktsbewegung von der Relativbewegung der beiden beteiligten Teilchen separiert werden kann. Sind $m_{(1)}, m_{(2)}$ die Massen der beiden Teilchen, so entsteht letztlich ein Einteilchenproblem mit dem selben Zentralpotential $V(r)$, aber reduzierter Masse μ (II-25.10):

$$\mu = \frac{m_{(1)} m_{(2)}}{m_{(1)} + m_{(2)}},$$

die wir im Folgenden verwenden werden.

Hiermit einher geht häufig die Frage nach dem Zusammenhang des differentiellen Wirkungsquerschnitts bei Zweiteilchenstreuung im Laborsystems einerseits und im Schwerpunktsystem andererseits. Es ist im Wesentlichen eine einfache Rechenaufgabe im Rahmen der klassischen Kinematik, dass folgender Zusammenhang gilt:

$$\left[\frac{\mathrm{d}\sigma}{\mathrm{d}\Omega}\right]_{\text{Lab}} = \frac{\left(1 + x^2 + 2x\cos\theta\right)^{3/2}}{1 + x\cos\theta} \left[\frac{\mathrm{d}\sigma}{\mathrm{d}\Omega}\right]_{\text{C.M.}}, \tag{28.1}$$

mit

$$x = \frac{m_{(1)}}{m_{(2)}},$$

wobei der Zusammenhang zwischen dem Streuwinkel im Schwerpunktssystem θ und dem Streuwinkel im Laborsystem θ' gegeben ist durch:

$$\cos\theta' = \frac{\cos\theta + x}{\sqrt{1 + x^2 + 2x\cos\theta}}. \tag{28.2}$$

Dabei gibt es zwei interessante Grenzfälle:

1. $m_2 \gg m_1$ oder $m_1 \gg m_2$: Dann ist:
$$\left[\frac{\mathrm{d}\sigma}{\mathrm{d}\Omega}\right]_{\text{Lab}} \approx \left[\frac{\mathrm{d}\sigma}{\mathrm{d}\Omega}\right]_{\text{C.M.}}.$$
2. $m_1 = m_2$: Dann gilt:
$$\left[\frac{\mathrm{d}\sigma}{\mathrm{d}\Omega}\right]_{\text{Lab}} = 4\cos\frac{\theta}{2} \cdot \left[\frac{\mathrm{d}\sigma}{\mathrm{d}\Omega}\right]_{\text{C.M.}}.$$

Wir kehren nun zurück zur (elastischen) Streuung am Zentralpotential und weisen zunächst auf einen übliche, aber leider überladene Notation hin: mit $\boldsymbol{q} = \boldsymbol{k} - \boldsymbol{k}'$ wird in der Literatur häufig der durch $\hbar$ dividierte Impulsübertrag bezeichnet und mit $q = |\boldsymbol{q}|$ dessen Betrag. Dieser Notation folgen wir hier auch, damit die entstehenden Formeln einen Wiedererkennungswert mit anderen Darstellungen erhalten. Also Achtung: $\boldsymbol{q}$ ist hier *nicht* wie sonst ein freilaufender Impuls!

Es stellt sich nun heraus, dass wir die Formel (27.28) für die Streuamplitude in Bornscher Näherung weiter vereinfachen können. Betrachten wir nämlich

$$f(\boldsymbol{k} - \boldsymbol{k}') = f^{(0)}(\boldsymbol{k}, \boldsymbol{k}') = -\frac{\mu}{2\pi\hbar^2} \int_{\mathbb{R}^3} \mathrm{d}^3\boldsymbol{r} V(r) \mathrm{e}^{\mathrm{i}(\boldsymbol{k}-\boldsymbol{k}')\cdot\boldsymbol{r}}$$

und legen ohne Beschränkung der Allgemeinheit den Vektor $\boldsymbol{q} = \boldsymbol{k} - \boldsymbol{k}'$ entlang der z-Achse, dann ist in Kugelkoordinaten:

$$\boldsymbol{q} \cdot \boldsymbol{r} = qr\cos\theta$$

und weiter

$$f(\theta) = -\frac{\mu}{2\pi\hbar^2} \int_0^\infty \mathrm{d}r r^2 V(r) \int_0^\pi \mathrm{d}\theta \sin\theta \mathrm{e}^{\mathrm{i}qr\cos\theta} \int_0^{2\pi} \mathrm{d}\phi,$$

so dass wir erhalten:

$$f(\theta) = -\frac{2\mu}{\hbar^2 q} \int_0^\infty rV(r)\sin(qr)\mathrm{d}r. \tag{28.3}$$

Warum schreiben wir $f(\theta)$ und nicht $f(q)$? Weil für q selbst gilt:

$$\begin{aligned} q = |\boldsymbol{k} - \boldsymbol{k}'| &= \sqrt{2k^2 - 2k^2\cos\theta} \\ &= k\sqrt{2(1-\cos\theta)} = 2k\sin\frac{\theta}{2}. \end{aligned} \tag{28.4}$$

Wir können dem Ausdruck (28.3) für die Streuamplitude entnehmen, dass $f(\theta)$ für Zentralpotentiale stets reellwertig ist.

Streuung am kugelsymmetrischen Potentialtopf
Wir betrachten den aus Abschnitt II-26 bekannten kugelsymmetrischen Potentialtopf:

$$V(r) = \begin{cases} -V_0 & (\text{für } r < a) \\ 0 & (\text{für } r > a) \end{cases}, \tag{28.5}$$

mit $V_0 > 0$. Die Streuamplitude $f(\theta)$ ist elementar berechnet, denn aus (28.3) erhalten wir schnell:

$$\begin{aligned} f(\theta) &= \frac{2\mu}{\hbar^2}\frac{V_0 a^3}{(qa)^2}\left[\frac{\sin qa}{qa} - \cos qa\right] \\ &= \frac{2\mu}{\hbar^2}\frac{V_0 a^2}{q}\mathrm{j}_1(qa), \end{aligned} \tag{28.6}$$

mit der sphärischen Bessel-Funktion $j_1(qa)$ (siehe Abschnitt II-24). Die Streuamplitude stellt also eine oszillatorische Funktion in qa dar. Insbesondere lässt sich durch die Nullstellen von $f(\theta)$ der Radius a des Potentialtopfs bestimmen. Diese wiederum ergeben sich numerisch zu $qa \approx 4{,}4934, 7{,}725, \ldots$, und aus der Messung von $f(\theta)$ im Experiment lässt sich a berechnen.

Streuung am Yukawa-Potential
Das **Yukawa-Potential**

$$V(r) = V_0 \frac{\mathrm{e}^{-\lambda r}}{r} \quad (\lambda > 0), \tag{28.7}$$

ist eines der wichtigsten kurzreichweitigen Modellpotentiale überhaupt. Je nach Vorzeichen von V_0 ist das Yukawa-Potential attraktiv ($V_0 < 0$) oder repulsiv ($V_0 > 0$). Für die Streuamplitude (28.3) gilt in Bornscher Näherung:

$$\begin{aligned} f(\theta) &= -\frac{2\mu V_0}{\hbar^2 q} \int_0^\infty \mathrm{e}^{-\lambda r} \sin(qr) \mathrm{d}r \\ &= -\frac{2\mu V_0}{\hbar^2 q} \operatorname{Im} \int_0^\infty \mathrm{e}^{(-\lambda + \mathrm{i}q)r} \mathrm{d}r \\ &= -\frac{2\mu V_0}{\hbar^2 q} \operatorname{Im} \frac{1}{\lambda - \mathrm{i}q} \\ &= -\frac{2\mu V_0}{\hbar^2} \frac{1}{\lambda^2 + q^2}. \end{aligned} \tag{28.8}$$

Und für den differentiellen Wirkungsquerschnitt erhalten wir so:

$$\frac{\mathrm{d}\sigma}{\mathrm{d}\Omega} = \left(\frac{2\mu V_0}{\hbar^2}\right)^2 \left(\frac{1}{\lambda^2 + q^2}\right)^2, \tag{28.9}$$

mit $q = 2k \sin(\theta/2)$. Daraus berechnen wir den totalen Wirkungsquerschnitt

$$\begin{aligned} \sigma &= \int \frac{\mathrm{d}\sigma}{\mathrm{d}\Omega} \mathrm{d}\Omega \\ &= \left(\frac{2\mu V_0}{\hbar^2}\right)^2 \int_0^{2\pi} \mathrm{d}\phi \int_0^\pi \mathrm{d}\theta \sin\theta \left(\frac{1}{\lambda^2 + q^2}\right)^2. \end{aligned}$$

Verwenden wir, dass

$$q^2 = 4k^2 \sin^2 \frac{\theta}{2} = 2k^2(1 - \cos\theta),$$

so können wir nach elementarer Rechnung das Integral schreiben als:

$$\begin{aligned} \int_0^{2\pi} \mathrm{d}\phi \int_0^\pi \mathrm{d}\theta \sin\theta \left(\frac{1}{\lambda^2 + q^2}\right)^2 &= 2\pi \int_{-1}^1 \mathrm{d}(\cos\theta) \left(\frac{1}{\lambda^2 + 2k^2(1 - \cos\theta)}\right)^2 \\ &= 2\pi \frac{1}{\lambda^2(\lambda^2 + 2k^2)}, \end{aligned}$$

und somit ergibt sich:

$$\sigma = \left(\frac{2\mu V_0}{\hbar^2}\right)^2 \frac{4\pi}{\lambda^2(\lambda^2 + 4k^2)}. \tag{28.10}$$

Als Grenzfall für $\lambda \to 0$ ergibt sich aus dem Yukawa-Potential das Coulomb-Potential mit

$$f(\theta) = -\frac{2\mu V_0}{\hbar^2} \frac{1}{4k^2 \sin^2(\theta/2)}. \tag{28.11}$$

Für den differentiellen Wirkungsquerschnitt in Bornscher Näherung erhalten wir damit:

$$\frac{d\sigma}{d\Omega} = \left(\frac{2\mu V_0}{\hbar^2}\right)^2 \frac{1}{16k^4 \sin^4(\theta/2)}, \tag{28.12}$$

was nach Ersetzung von

$$E = \frac{\hbar^2 k^2}{2\mu}$$

auch geschrieben werden kann als

$$\frac{d\sigma}{d\Omega} = \left(\frac{V_0}{4E}\right)^2 \frac{1}{\sin^4(\theta/2)} \tag{28.13}$$

und nichts anderes darstellt als die klassische **Rutherford-Formel** für den differentiellen Wirkungsquerschnitt am Coulomb-Potential. Bei Zweiteilchenstreuung ist dann üblicherweise $V_0 = Z_1 Z_2 e^2$ mit der Elementarladung e. Allerdings sehen wir anhand des Ausdrucks (28.10), dass der totale Streuquerschnitt σ für $\lambda \to 0$ divergiert – eine Konsequenz der Langreichweitigkeit des Coulomb-Potentials.

Wir werden in Abschnitt 36 nochmals auf das Coulomb-Potential zurückkommen, wo wir einen exakten Ausdruck für den differentiellen Wirkungsquerschnitt herleiten werden und das überraschende Ergebnis erhalten werden, dass (28.13) nicht nur die Bornsche Näherung und gleichzeitig das klassische Ergebnis darstellt, sondern vielmehr bereits das exakte quantenmechanische Ergebnis ist!

Formfaktoren

In vielen Fällen setzt sich das Streupotential aus zwei Termen zusammen: einem Zentralpotential $V(r)$ und einem Abschirmpotential, das sich aufgrund von Screening-Effekten ergibt. Die physikalische Situation ist die, dass das Zentralpotential durch geladene Teilchen teilweise abgeschirmt wird, was unter anderem zur Folge hat, dass echte Coulomb-Streuung an einem geladenen Teilchen wie einem Ion nicht stattfindet, da die verbleibenden Hüllenelektronen einen ortsabhängigen Beitrag zum Coulomb-Potential leisten. In diesem Fall können wir das effektive Potential $V_{\text{eff}}(\boldsymbol{r})$ wie folgt modellieren:

$$V_{\text{eff}}(\boldsymbol{r}) = V(r) - \int d^3\boldsymbol{r}' V(|\boldsymbol{r} - \boldsymbol{r}'|)\rho_{\text{screen}}(\boldsymbol{r}'), \tag{28.14}$$

wobei $\rho_{\text{screen}}(\boldsymbol{r})$ die räumliche Wahrscheinlichkeitsdichte der abschirmenden Teilchen darstellt. Die Normierung ist:

$$\int \mathrm{d}^3\boldsymbol{r}\,\rho_{\text{screen}}(\boldsymbol{r}) = 1, \tag{28.15}$$

und wir gehen davon aus, dass es einen endlichen Abstand $a > 0$ gibt, so dass

$$\rho_{\text{screen}}(\boldsymbol{r}) = 0 \quad (r > a).$$

Das relative Minuszeichen in (28.14) ergibt sich durch den Vorzeichenunterschied in der Ladung zwischen dem punktförmigen Atomkern und den Hüllenelektronen.

Wir können (28.14) auch schreiben als

$$V_{\text{eff}}(\boldsymbol{r}) = \int \mathrm{d}^3\boldsymbol{r}'\,V(|\boldsymbol{r} - \boldsymbol{r}'|)\rho_{\text{tot}}(\boldsymbol{r}'), \tag{28.16}$$

mit

$$\rho_{\text{tot}}(\boldsymbol{r}') = \delta(\boldsymbol{r}') - \rho_{\text{screen}}(\boldsymbol{r}'). \tag{28.17}$$

Das gesamte Streupotential $V_{\text{eff}}(\boldsymbol{r})$ ist demnach die Faltung des Zentralpotentials $V(r)$ mit der Wahrscheinlichkeitsdichte $\rho_{\text{tot}}(\boldsymbol{r})$. Für die Berechnung der Streuamplitude in Bornscher Näherung (27.28) bedeutet das: die Fourier-Transformierte eines Faltungsintegrals ist gleich das Produkt der Fourier-Transformierten der gefalteten Funktionen. Das heißt:

$$f(\boldsymbol{q}) = f_0(\theta)\left[1 - \int \mathrm{d}^3\boldsymbol{r}\,\rho_{\text{screen}}(\boldsymbol{r})\mathrm{e}^{\mathrm{i}\boldsymbol{q}\cdot\boldsymbol{r}}\right] \tag{28.18}$$

$$=: f_0(\theta)\left[F_{\text{point}} - F_{\text{screen}}(\boldsymbol{q})\right], \tag{28.19}$$

wobei wieder $\boldsymbol{q} = \boldsymbol{k} - \boldsymbol{k}'$. Die Streuamplitude besteht also aus zwei Faktoren: der erste ist die Streuamplitude $f_0(\theta)$ des „nackten" Streupotentials (sprich am Punktteilchen) ohne Berücksichtigung einer Abschirmung, der zweite Faktor besteht aus zwei Termen. Der zweite Term

$$F_{\text{screen}}(\boldsymbol{q}) := \int \mathrm{d}^3\boldsymbol{r}\,\rho_{\text{screen}}(\boldsymbol{r})\mathrm{e}^{\mathrm{i}\boldsymbol{q}\cdot\boldsymbol{r}} \tag{28.20}$$

stellt den Beitrag einer ausgedehnten, abschirmenden Ladungsverteilung dar und wird **Formfaktor** der abschirmenden Ladungsverteilung genannt. Der erste Term $F_{\text{point}} = 1$ ist dann gewissermaßen der Formfaktor der Punktladung.

Für allgemeine ausgedehnte Ladungsverteilungen $\rho(\boldsymbol{r})$ ist der Formfaktor $F(\boldsymbol{q})$ gegeben durch

$$F(\boldsymbol{q}) = \int \mathrm{d}^3\boldsymbol{r}\,\rho(\boldsymbol{r})\mathrm{e}^{\mathrm{i}\boldsymbol{q}\cdot\boldsymbol{r}}, \tag{28.21}$$

und die Streuamplitude $f(\boldsymbol{q})$ ist dann gegeben durch

$$f(\boldsymbol{q}) = f_0(\theta)F(\boldsymbol{q}). \tag{28.22}$$

Für den differentiellen Wirkungsquerschnitt gilt dann

$$\frac{\mathrm{d}\sigma}{\mathrm{d}\Omega} = \left[\frac{\mathrm{d}\sigma}{\mathrm{d}\Omega}\right]_0 \cdot |F(\boldsymbol{q})|^2. \tag{28.23}$$

Streuung am Wasserstoffatom

Als einfaches Beispiel betrachten wir die Coulomb-Streuung an einem Wasserstoffatom. Das Elektron sei im Grundzustand, das heißt, die Wellenfunktion des Elektrons ist gegeben durch:

$$\psi_{100}(\boldsymbol{r}) = \frac{a_0^{-3/2}}{\sqrt{\pi}} \mathrm{e}^{-r/a_0},$$

mit dem Bohrschen Radius (II-29.11) und der reduzierten Masse (II-25.10). Damit ist:

$$\rho(\boldsymbol{r}) = \frac{1}{\pi a_0^3} \mathrm{e}^{-2r/a_0}, \tag{28.24}$$

und den Formfaktor $F(\boldsymbol{q})$ berechnen wir zu:

$$\begin{aligned}
F(\boldsymbol{q}) &= \frac{1}{\pi a_0^3} \int \mathrm{d}^3\boldsymbol{r} \mathrm{e}^{-2r/a_0} \mathrm{e}^{\mathrm{i}\boldsymbol{q}\cdot\boldsymbol{r}} \\
&= \frac{2}{a_0^3} \int_0^\infty \mathrm{d}r r^2 \mathrm{e}^{-2r/a_0} \int_{-1}^{1} \mathrm{d}(\cos\theta) \mathrm{e}^{\mathrm{i}qr\cos\theta} \\
&= \frac{4}{a_0^3 q} \int_0^\infty \mathrm{d}r r \mathrm{e}^{-2r/a_0} \sin(qr) \\
&= \frac{4}{a_0^3 q} \operatorname{Im} \int_0^\infty \mathrm{d}r r \mathrm{e}^{-2r/a_0 + \mathrm{i}qr} \\
&= \frac{4}{a_0^3 q} \frac{4a_0^3 q}{16 + 8q^2a_0^2 + q^4a_0^4} = \left(\frac{4}{4 + q^2a_0^2}\right)^2 = \left(1 + \left(\frac{qa_0}{2}\right)^2\right)^{-2},
\end{aligned}$$

wobei wir im vorletzten Schritt eine partielle Integration durchgeführt haben.

Für die Streuamplitude erhalten wir dann mit (28.11) und (28.19) (und $V_0 = e^2$):

$$\begin{aligned}
f_{\text{tot}}(\boldsymbol{q}) = f_{\text{tot}}(q^2) &= -\frac{2}{a_0} \frac{1}{q^2} \left[1 - \left(\frac{4}{4 + q^2a_0^2}\right)^2\right] \\
&= -2a_0 \frac{8 + q^2a_0^2}{\left(4 + q^2a_0^2\right)^2}.
\end{aligned} \tag{28.25}$$

Damit ergibt sich für den differentiellen Wirkungsquerschnitt

$$\frac{\mathrm{d}\sigma}{\mathrm{d}\Omega} = 4a_0^2 \frac{\left(8 + q^2a_0^2\right)^2}{\left(4 + q^2a_0^2\right)^4}. \tag{28.26}$$

Um den totalen Wirkungsquerschnitt auszurechnen, verwenden wir, dass

$$q^2 = 2k^2(1 - \cos\theta) \Longrightarrow \frac{\mathrm{d}q^2}{\mathrm{d}(\cos\theta)} = -2k^2.$$

Dann können wir rechnen:

$$\begin{aligned}\sigma_{\text{tot}} &= 4a_0^2 \cdot 2\pi \int_{-1}^{1} \mathrm{d}(\cos\theta) \frac{\left(8+q^2a_0^2\right)^2}{\left(4+q^2a_0^2\right)^4} \\ &= 8\pi a_0^2 \frac{1}{2k^2} \int_0^{4k^2} \mathrm{d}x \frac{\left(8+xa_0^2\right)^2}{\left(4+xa_0^2\right)^4},\end{aligned}$$

wobei wir der einfacheren Notation halber $x := q^2$ gesetzt haben. Die Berechnung des Integrals ist elementar, aber etwas mühselig. Das Ergebnis lautet jedenfalls:

$$\int_0^{4k^2} \mathrm{d}x \frac{\left(8+xa_0^2\right)^2}{\left(4+xa_0^2\right)^4} = \frac{k^2(7a_0^4k^4 + 18a_0^2k^2 + 12)}{12(a_0^2k^2+1)^3},$$

so dass wir für den totalen Wirkungsquerschnitt erhalten:

$$\sigma_{\text{tot}} = \pi a_0^2 \frac{7a_0^4k^4 + 18a_0^2k^2 + 12}{3(a_0^2k^2+1)^3}. \tag{28.27}$$

Man sieht, dass durch das Screening des Hüllenelektrons der totale Streuquerschnitt nun endlich ist, im Unterschied zum Fall des nackten Coulomb-Potentials. Ein weiteres interessantes Ergebnis erkennen wir im Grenzfall der extremen Niedrigenergie-Streuung $k \longrightarrow 0$. In diesem Fall strebt σ_{tot} gegen $4\pi a_0^2$, was dem Vierfachen des klassischen Streuquerschnitts entspricht. Wir werden in Abschnitt 32 und vor allem in Abschnitt 33 auf diesen Sachverhalt zurückkommen, der typisch ist für Niedrigenergie-Streuung an Potentialen endlicher Reichweite.

29 Streuung von Wellenpaketen

Obwohl wir eigentlich in diesem gesamten Kapitel keine explizite Zeitabhängigkeit betrachten wollen und die Relevanz des asymptotischen Formalismus betont haben, wollen wir dennoch einen kurzen Abstecher zurück machen und das zeitliche Verhalten von Wellenpaketen betrachten, die an einem Potential gestreut werden. Die folgende Untersuchung stammt von Francis E. Low [Low64].

Wir betrachten ein Streupotential $V(\boldsymbol{r})$, dessen einzige Voraussetzung die ist, eine echt endliche Reichweite a zu besitzen, das heißt: $V(\boldsymbol{r}) \equiv 0$ für $|\boldsymbol{r}| > a$. Zum Zeitpunkt $t = 0$ sei ein Teilchen der Masse m dargestellt durch ein Wellenpaket der allgemeinen Form

$$\Psi(\boldsymbol{r}, 0) = \frac{1}{(2\pi)^{3/2}} \int \phi(\boldsymbol{k}) \mathrm{e}^{\mathrm{i}\boldsymbol{k}\cdot(\boldsymbol{r}-\boldsymbol{r}_0)} \mathrm{d}^3\boldsymbol{k}. \tag{29.1}$$

Dabei sei die Spektralfunktion $\phi(\boldsymbol{k})$ eine glatte Funktion und um einen mittleren Wert $\boldsymbol{k}_0$ gepeakt, zum Beispiel von der Gaußschen Form in Abschnitt I-26. Der Zustand zu $t = 0$ ist dann repräsentiert durch ein bei $\boldsymbol{r}_0$ lokalisiertes Wellenpaket mit einem entsprechend scharfen Impuls $\boldsymbol{k}_0$. Ohne Beschränkung der Allgemeinheit nehmen wir außerdem an, dass $\boldsymbol{k}_0$ und $\boldsymbol{r}_0$ antiparallel sind, dass das Wellenpaket sich also – wäre das Streupotential nicht – frei in Richtung Koordinatenursprung bewegen würde (und entsprechend zerfließen würde, siehe Abschnitt I-26). Der Ortsvektor $\boldsymbol{r}_0$ liege weit außerhalb der Kugel um den Ursprung mit Radius a, also weit außerhalb des Streupotentials.

Wir suchen nun die Zeitentwicklung des Wellenpakets (29.1) und müssen hierbei aber berücksichtigen, dass die Funktionen $\sim \exp(\mathrm{i}\boldsymbol{k} \cdot (\boldsymbol{r} - \boldsymbol{r}_0))$ uneigentliche Eigenfunktionen des freien Hamilton-Operators sind und die unitäre Zeitentwicklung daher nicht einfach durch Modulation von (29.1) mit $\mathrm{e}^{-\mathrm{i}Et}$ gegeben ist. Verwenden wir aber die Lippmann–Schwinger-Gleichung in Ortsdarstellung (25.20):

$$\psi_{\boldsymbol{k}}^{(+)}(\boldsymbol{r}) = \frac{1}{(2\pi)^{3/2}} \mathrm{e}^{\mathrm{i}\boldsymbol{k}\cdot\boldsymbol{r}} - \frac{2m}{\hbar^2} \int_{\mathbb{R}^3} \mathrm{d}^3\boldsymbol{r}' \frac{e^{\mathrm{i}k|\boldsymbol{r}-\boldsymbol{r}'|}}{4\pi|\boldsymbol{r}-\boldsymbol{r}'|} V(\boldsymbol{r}')\psi_{\boldsymbol{k}}^{(+)}(\boldsymbol{r}')$$

und ersetzen mit ihrer Hilfe den Ausdruck $\mathrm{e}^{\mathrm{i}\boldsymbol{k}\cdot\boldsymbol{r}}$ in (29.1), erhalten wir zunächst:

$$\Psi(\boldsymbol{r}, 0) = \int \phi(\boldsymbol{k}) \mathrm{e}^{-\mathrm{i}\boldsymbol{k}\cdot\boldsymbol{r}_0} \left[\psi_{\boldsymbol{k}}^{(+)}(\boldsymbol{r}) + \frac{2m}{\hbar^2} \int_{\mathbb{R}^3} \mathrm{d}^3\boldsymbol{r}' \frac{\mathrm{e}^{\mathrm{i}k|\boldsymbol{r}-\boldsymbol{r}'|}}{4\pi|\boldsymbol{r}-\boldsymbol{r}'|} V(\boldsymbol{r}')\psi_{\boldsymbol{k}}^{(+)}(\boldsymbol{r}') \right] \mathrm{d}^3\boldsymbol{k}. \tag{29.2}$$

Wir zeigen nun, dass auf der rechten Seite von (29.2) der zweite Term verschwindet, dass also

$$\int \mathrm{d}^3\boldsymbol{k}\phi(\boldsymbol{k}) \mathrm{e}^{-\mathrm{i}\boldsymbol{k}\cdot\boldsymbol{r}_0} \int \mathrm{d}^3\boldsymbol{r}' \frac{\mathrm{e}^{\mathrm{i}k|\boldsymbol{r}-\boldsymbol{r}'|}}{4\pi|\boldsymbol{r}-\boldsymbol{r}'|} V(\boldsymbol{r}')\psi_{\boldsymbol{k}}^{(+)}(\boldsymbol{r}') = 0,$$

was für $|\boldsymbol{r}'| > a$ aufgrund der endlichen Reichweite des Potentials trivialerweise erfüllt ist. Es genügt also zu zeigen, dass für $|\boldsymbol{r}'| < a$ gilt:

$$\int \mathrm{d}^3\boldsymbol{k}\phi(\boldsymbol{k}) \mathrm{e}^{-\mathrm{i}\boldsymbol{k}\cdot\boldsymbol{r}_0 + k|\boldsymbol{r}-\boldsymbol{r}'|} V(\boldsymbol{r}')\psi_{\boldsymbol{k}}^{(+)}(\boldsymbol{r}') = 0. \tag{29.3}$$

Im ersten Schritt erkennen wir, dass wir $\psi_{\boldsymbol{k}}^{(+)}(\boldsymbol{r}')$ in (29.3) außerhalb des Integrals ziehen können, unter der Voraussetzung, dass die Variation von $\psi_{\boldsymbol{k}}^{(+)}(\boldsymbol{r}')$ in $\boldsymbol{k}$ vernachlässigt werden kann. Das ist dann der Fall, wenn $\phi(\boldsymbol{k})$ entsprechend der Eingangsvoraussetzung scharf gepeakt ist um den Wert $\boldsymbol{k}_0$, beziehungsweise wenn die Breite des Wellenpakets im Ortsraum $\Delta r \gg a$ ist, und unter der Voraussetzung, dass wir fern von Resonanzen sind (siehe Abschnitt 34). Wir erhalten:

$$\begin{aligned}\int \mathrm{d}^3\boldsymbol{k}\phi(\boldsymbol{k})\mathrm{e}^{-\mathrm{i}\boldsymbol{k}\cdot\boldsymbol{r}_0+k|\boldsymbol{r}-\boldsymbol{r}'|}V(\boldsymbol{r}')\psi_{\boldsymbol{k}}^{(+)}(\boldsymbol{r}') &\approx \psi_{\boldsymbol{k}_0}^{(+)}(\boldsymbol{r}')\int \mathrm{d}^3\boldsymbol{k}\phi(\boldsymbol{k})\mathrm{e}^{-\mathrm{i}\boldsymbol{k}\cdot\boldsymbol{r}_0+k|\boldsymbol{r}-\boldsymbol{r}'|}V(\boldsymbol{r}')\\ &\approx \psi_{\boldsymbol{k}_0}^{(+)}(\boldsymbol{r}')\int \mathrm{d}^3\boldsymbol{k}\phi(\boldsymbol{k})\mathrm{e}^{\mathrm{i}\boldsymbol{k}\cdot(\boldsymbol{k}_0|\boldsymbol{r}-\boldsymbol{r}'|/k_0-\boldsymbol{r}_0)}V(\boldsymbol{r}')\\ &= (2\pi)^{3/2}\Psi(\boldsymbol{k}_0|\boldsymbol{r}-\boldsymbol{r}'|/k_0,0)\psi_{\boldsymbol{k}_0}^{(+)}(\boldsymbol{r}'),\end{aligned}$$

wobei wir im zweiten Schritt $k|\boldsymbol{r}-\boldsymbol{r}'| \approx \boldsymbol{k}_0\cdot\boldsymbol{k}|\boldsymbol{r}-\boldsymbol{r}'|/k_0$ genähert haben. Da aber per Voraussetzung $\boldsymbol{r}_0$ und $\boldsymbol{k}_0$ antiparallel sind, gilt

$$\boldsymbol{k}_0|\boldsymbol{r}-\boldsymbol{r}'|/k_0 = -\boldsymbol{r}_0|\boldsymbol{r}-\boldsymbol{r}'|/r_0,$$

das heißt, der Vektor $\boldsymbol{k}_0|\boldsymbol{r}-\boldsymbol{r}'|/k_0$ verweist auf einen Punkt „jenseits“ des Streuzentrums, an dem die Wellenfunktion $\Psi(\boldsymbol{r},0)$ per Voraussetzung verschwindet. Damit gilt aber auch (29.3), und somit trägt die ausgehende Kugelwelle in (29.2) nichts zum Wellenpaket zum Zeitpunkt $t=0$ bei.

Das bedeutet nun, dass wir anstelle von (29.1) schreiben können:

$$\Psi(\boldsymbol{r},0) = \int \phi(\boldsymbol{k})\mathrm{e}^{-\mathrm{i}\boldsymbol{k}\cdot\boldsymbol{r}_0}\psi_{\boldsymbol{k}}^{(+)}(\boldsymbol{r})\mathrm{d}^3\boldsymbol{k}. \tag{29.4}$$

Es ist also asymptotisch äquivalent, ob wir das Wellenpaket mit der jeweils selben Spektralfunktion $\phi(\boldsymbol{k})$ in den uneigentlichen Eigenzuständen des freien Hamilton-Operators (ebene Wellen) entwickeln oder nach den uneigentlichen Eigenzuständen $\psi_{\boldsymbol{k}}^{(+)}(\boldsymbol{r})$ des vollen Hamilton-Operators, aber *diese* besitzen nun eine Zeitentwicklung, die wir sofort hinschreiben können:

$$\Psi(\boldsymbol{r},t) = \int \phi(\boldsymbol{k})\mathrm{e}^{-\mathrm{i}\boldsymbol{k}\cdot\boldsymbol{r}_0-\mathrm{i}\omega t}\psi_{\boldsymbol{k}}^{(+)}(\boldsymbol{r})\mathrm{d}^3\boldsymbol{k}, \tag{29.5}$$

mit $\omega = E/\hbar$ beziehungsweise $E = \hbar\omega = \hbar^2k^2/(2m)$.

Mit dem Ausdruck (29.5) können wir aber immer noch nicht viel anfangen, da in der Dispersionsrelation $\omega(k)$ noch das Streupotential $V(\boldsymbol{r})$ eingeht. Da wir jedoch ohnehin nur an asymptotischen Relationen interessiert sind (ansonsten könnten wir ja einfach versuchen, die volle Schrödinger-Gleichung zu lösen und bräuchten den gesamten asymptotischen Formalismus nicht), werden wir weitere vereinfachende Annahmen treffen. Zum einen nehmen wir an, dass die Messung des Out-Zustandes in einem Abstand in derselben makroskopischen Größenordnung $\approx |\boldsymbol{r}_0|$ vom Streuzentrum erfolgt wie die Präparation des anfänglichen Wellenpakets. Das bedeutet zum einen, dass diese Messung etwa nach einer

Zeitspanne $T = 2m|\boldsymbol{r}_0|/(\hbar k_0)$ nach ebendieser Präparation erfolgt, zum anderen, dass die Wellenfunktion $\psi_{\boldsymbol{k}}^{(+)}(\boldsymbol{r})$ wieder ihre asymptotische Form (27.6) annimt, wobei der Anteil der Kugelwelle nun, nach der Streuung, nicht mehr vernachlässigt werden darf:

$$\Psi(\boldsymbol{r},t) = \frac{1}{(2\pi\hbar)^{3/2}} \int \phi(\boldsymbol{k}) \mathrm{e}^{-\mathrm{i}\boldsymbol{k}\cdot\boldsymbol{r}_0 - \mathrm{i}\omega t} \left(\mathrm{e}^{\mathrm{i}\boldsymbol{k}\cdot\boldsymbol{r}} + f(\boldsymbol{k},\boldsymbol{k}')\frac{\mathrm{e}^{\mathrm{i}kr}}{r} \right) \mathrm{d}^3\boldsymbol{k}. \tag{29.6}$$

Betrachten wir nun $\omega(k)$ wie folgt:

$$\omega(k) = \frac{\hbar k^2}{2m} = \frac{\hbar}{2m}\left(k_0^2 + 2(\boldsymbol{k}-\boldsymbol{k}_0)\cdot\boldsymbol{k}_0 + (\boldsymbol{k}-\boldsymbol{k}_0)^2\right), \tag{29.7}$$

so stellen wir fest, dass wir den Term $\sim (\boldsymbol{k}-\boldsymbol{k}_0)^2$ genau dann im in (29.6) stehenden Ausdruck ωt für $t \approx T$ vernachlässigen können, wenn

$$\frac{\hbar}{2m}(\boldsymbol{k}-\boldsymbol{k}_0)^2 T = \frac{(\Delta k)^2|\boldsymbol{r}_0|}{k_0} \ll 1.$$

Entsprechend den Ausführungen in Abschnitt I-26 entspricht das der Bedingung, dass das Wellenpaket nach einer Zeit T nach der Präparation nicht signifikant zerflossen ist. Ist diese Bedingung erfüllt, dann wird aus (29.7)

$$\omega t \approx -\omega_0 t + 2\boldsymbol{k}\cdot\boldsymbol{k}_0 t,$$

und wir können (29.6) für $t \approx T$ zunächst schreiben als

$$\Psi(\boldsymbol{r},t) = \frac{1}{(2\pi\hbar)^{3/2}} \int \phi(\boldsymbol{k}) \mathrm{e}^{-\mathrm{i}\boldsymbol{k}\cdot(\boldsymbol{r}_0+\boldsymbol{v}_0 t)+\mathrm{i}\omega_0 t} \left(\mathrm{e}^{\mathrm{i}\boldsymbol{k}\cdot\boldsymbol{r}} + f(\boldsymbol{k},\boldsymbol{k}')\frac{\mathrm{e}^{\mathrm{i}kr}}{r} \right) \mathrm{d}^3\boldsymbol{k}, \tag{29.8}$$

mit

$$\boldsymbol{v}_0 := \frac{\hbar\boldsymbol{k}_0}{m}, \tag{29.9}$$

$$\omega_0 := \frac{\hbar k_0^2}{2m} \Longleftrightarrow \hbar\omega_0 = \frac{1}{2}mv_0^2, \tag{29.10}$$

und damit, unter Verwendung von (29.1):

$$\Psi(\boldsymbol{r},t) = \Psi(\boldsymbol{r}-\boldsymbol{v}_0 t, 0)\mathrm{e}^{\mathrm{i}\omega_0 t} + \frac{1}{(2\pi\hbar)^{3/2}} f(\boldsymbol{k}_0,\boldsymbol{k}')\frac{\mathrm{e}^{\mathrm{i}\omega_0 t}}{r} \int \phi(\boldsymbol{k})\mathrm{e}^{\mathrm{i}[kr-\boldsymbol{k}\cdot(\boldsymbol{r}_0+\boldsymbol{v}_0 t)]}\mathrm{d}^3\boldsymbol{k},$$

und damit

$$\boldsymbol{\Psi(r,t) = \Psi(r-v_0 t, 0)\mathrm{e}^{\mathrm{i}\omega_0 t} + \frac{f(k_0,k')}{r}\Psi([r-v_0 t]e_{k_0}, 0)\mathrm{e}^{\mathrm{i}\omega_0 t}}. \tag{29.11}$$

Hierbei haben wir wieder wie oben vorausgesetzt, dass $\phi(\boldsymbol{k})$ einen scharfen Peak bei $\boldsymbol{k}_0$ besitzt, so dass wir zuerst die Streuamplitude $f(\boldsymbol{k},\boldsymbol{k}')$ vor das Integral gezogen haben, sofern diese selbst langsam veränderlich in $\boldsymbol{k}$ ist – dies ist fernab von Resonanzen der Fall (siehe Abschnitt 34). Im zweiten Schritt haben wir aus demselben Grund $kr \approx \boldsymbol{k} \cdot \boldsymbol{e}_{k_0} r$ genähert.

Der Ausdruck (29.11) ist unser Endergebnis für die asymptotische Form des gestreuten Wellenpakets. Bis auf den Phasenfaktor $\mathrm{e}^{\mathrm{i}\omega_0 t}$ stellt der erste Term den Beitrag des in der Form unveränderten *einfallenden* Wellenpakets dar, nur um die Position $\boldsymbol{v}_0 t$ verschoben. Der zweite Term stellt eine *auslaufende Kugelwelle* dar, deren Amplitude durch den Faktor $1/r$ reduziert und die durch die Streuphase $f(\boldsymbol{k}_0, \boldsymbol{k}')$ moduliert wird.

Die zentrale Voraussetzung, die wir in diesem Abschnitt gemacht haben, ist die schwache Veränderlichkeit der Streuphase $f(\boldsymbol{k}_0, \boldsymbol{k}')$ sowie von $\psi_{\boldsymbol{k}}^{(+)}(\boldsymbol{r})$ in k, was gleichbedeutend damit ist, fern von Resonanzen zu sein, die wir in Abschnitt 34 im Rahmen der Partialwellenmethode untersuchen. Nur dann weist das Wellenpaket eine schwache Dispersion auf und behält weitestgehend seine Form bei, während eine starke Abhängigkeit beider Funktionen von k zur Folge hätte, dass das initiale Wellenpaket sehr starke Dispersion aufweist und durch den Streuvorgang vollkommen verzerrt wird.

30 Partialwellenmethode I: Phasenverschiebungen und Partialwellenamplituden

Wenn wir bislang den differentiellen Wirkungsquerschnitt einiger Modellbeispiele in Bornscher Näherung berechnet haben, haben wir dabei vorausgesetzt, dass das Streupotential $V(\boldsymbol{r})$ klein in Relation zur Energie E des gestreuten Teilchens ist. Im Folgenden werden wir eine Methode vorstellen, die diese Einschränkung bezüglich der Stärke von $V(\boldsymbol{r})$ nicht besitzt, dafür setzen wir aber Kugelsymmetrie voraus, das heißt, wie betrachten ein Zentralpotential $V(r)$. Das hat zur Folge, dass der Drehimpuls eine Erhaltungsgröße darstellt, sprich $[\hat{\boldsymbol{L}}^2, \hat{H}] = [\hat{L}_i, \hat{H}] = 0$ (siehe Abschnitt II-23). Wegen (26.3) vertauscht auch der Übergangsoperator $\hat{T}$ mit dem Hamilton-Operator: $[\hat{T}, \hat{H}] = 0$. Es bietet sich daher die Verwendung der (klm)-Darstellung aus Abschnitt II-23 für die Streuzustände an (man erinnere sich auch an die Hinweise zur Notation in Abschnitt II-24).

Legen wir ferner ohne Beschränkung der Allgemeinheit die z-Achse entlang der einlaufenden ebenen Welle (vergleiche (25.19)), also $\boldsymbol{k} = k\boldsymbol{e}_z$, $|\phi_{\boldsymbol{k}}\rangle = |p_z\rangle$, so ist nach Einführung von Kugelkoordinaten:

$$\phi_k(\boldsymbol{r}) := \langle \boldsymbol{r}|p_z\rangle = \frac{1}{(2\pi\hbar)^{3/2}}\mathrm{e}^{\mathrm{i}k\boldsymbol{e}_z\cdot\boldsymbol{r}} = \frac{1}{(2\pi\hbar)^{3/2}}\mathrm{e}^{\mathrm{i}kr\cos\theta}.$$

Wir haben nun in Abschnitt II-24 die Entwicklung einer ebenen Welle nach Kugelwellen betrachtet. Insbesondere haben wir (II-24.20) beziehungsweise (II-24.19) abgeleitet:

$$\mathrm{e}^{\mathrm{i}kr\cos\theta} = \sum_{l=0}^{\infty}(2l+1)\mathrm{i}^l \mathrm{j}_l(kr)\mathrm{P}_l(\cos\theta).$$

Diese Entwicklung in die Lippmann–Schwinger-Gleichung (27.12) eingesetzt, ergibt:

$$\psi_k^{(+)}(\boldsymbol{r}) = \frac{1}{(2\pi\hbar)^{3/2}}\left(\sum_{l=0}^{\infty}(2l+1)\mathrm{i}^l \mathrm{j}_l(kr)\mathrm{P}_l(\cos\theta) + f(\theta)\frac{\mathrm{e}^{\mathrm{i}kr}}{r}\right). \tag{30.1}$$

Hierbei hängt die Streuamplitude $f(\theta)$ immer noch von k ab, obwohl diese Abhängigkeit unterdrückt wird, da wir elastische Streuung betrachten und k fixiert ist. Die Beiträge in (30.1) zur Wellenfunktion $\psi_k^{(+)}(\boldsymbol{r})$ zu den einzelnen Werten von l heißen **Partialwellen**.

Auf der anderen Seite wissen wir aus der allgemeinen Betrachtung stationärer Zustände des Zentralpotentials in Abschnitt II-23, dass $\psi_k^{(+)}(\boldsymbol{r})$ von der Form

$$\psi_k^{(+)}(\boldsymbol{r}) = \frac{1}{(2\pi\hbar)^{3/2}}\sum_{lm} c_{lm}R_{kl}(r)\mathrm{Y}_{lm}(\theta,\phi) \tag{30.2}$$

ist, wobei $R_{kl}(r)$ die Radialgleichung (II-23.8) erfüllt. Der Vorfaktor sorgt dafür, dass (30.2) kompatibel ist mit der üblichen Normierung der ebenen Welle im Falle des freien Teilchens.

Weil wir nun ein Zentralpotential betrachten, gilt Drehimpulserhaltung, und da nach Voraussetzung $\boldsymbol{k}$ entlang der z-Achse liegt, ist $m = 0$, denn

$$\hat{L}_z \, |p_z\rangle = \left(\hat{x}\hat{p}_y - \hat{y}\hat{p}_x\right) |p_z\rangle = 0,$$

und wegen $[\hat{L}_z, \hat{H}] = 0$ (siehe Abschnitt II-23) folgt daher aus (25.10) ebenfalls

$$\hat{L}_z \, |\psi_k^{(+)}\rangle = 0.$$

Das heißt: sowohl $|p_z\rangle$ als auch $|\psi_k^{(+)}\rangle$ sind Eigenvektoren zu $\hat{L}_z$ zum Eigenwert 0. Damit vereinfacht sich der allgemeine Ansatz (30.2) für $\psi_k^{(+)}(\boldsymbol{r})$ zu:

$$\psi_k^{(+)}(\boldsymbol{r}) = \frac{1}{(2\pi\hbar)^{3/2}} \sum_l a_l R_{kl}(r) \mathrm{P}_l(\cos\theta). \tag{30.3}$$

Somit haben wir zwei Reihenentwicklungen für die gestreute Welle $\psi_k^{(+)}(\boldsymbol{r})$: (30.1) einerseits und (30.3) andererseits. Allerdings sind wir ja im Rahmen der Streutheorie an der asymptotischen Entwicklung für $r \longrightarrow \infty$ interessiert.

Für die sphärischen Bessel- und Neumann-Funktionen gilt (siehe Abschnitt II-24):

$$\mathrm{j}_l(kr) \xrightarrow{r\to\infty} \frac{\sin(kr - l\pi/2)}{kr},$$
$$\mathrm{y}_l(kr) \xrightarrow{r\to\infty} -\frac{\cos(kr - l\pi/2)}{kr},$$

so dass wir die asymptotische Entwicklung von (30.1) zunächst schreiben können als:

$$\psi_k^{(+)}(\boldsymbol{r}) \xrightarrow{r\to\infty} \frac{1}{(2\pi\hbar)^{3/2}} \left(\sum_{l=0}^{\infty} (2l+1)\mathrm{i}^l \mathrm{P}_l(\cos\theta) \frac{\sin(kr - l\pi/2)}{kr} + f(\theta)\frac{\mathrm{e}^{\mathrm{i}kr}}{r} \right),$$

was wir mit:

$$\sin(kr - l\pi/2) = \frac{(-\mathrm{i})^l \mathrm{e}^{\mathrm{i}kr} - \mathrm{i}^l \mathrm{e}^{-\mathrm{i}kr}}{2\mathrm{i}},$$
$$\cos(kr - l\pi/2) = \frac{(-\mathrm{i})^l \mathrm{e}^{\mathrm{i}kr} + \mathrm{i}^l \mathrm{e}^{-\mathrm{i}kr}}{2},$$

umschreiben können zu:

$$\psi_k^{(+)}(\boldsymbol{r}) \xrightarrow{r\to\infty} \frac{1}{(2\pi\hbar)^{3/2}} \left\{ -\frac{\mathrm{e}^{-\mathrm{i}kr}}{2\mathrm{i}kr} \sum_{l=0}^{\infty} \mathrm{i}^{2l}(2l+1)\mathrm{P}_l(\cos\theta) + \frac{\mathrm{e}^{\mathrm{i}kr}}{r}\left[f(\theta) + \frac{1}{2\mathrm{i}k} \sum_{l=0}^{\infty} \mathrm{i}^l(-\mathrm{i})^l (2l+1)\mathrm{P}_l(\cos\theta) \right] \right\}. \tag{30.4}$$

Nun betrachten wir die Asymptotik von (30.3). Da $V(r)$ per Voraussetzung ein kurzreichweitiges Potential darstellt, muss sich im Limes großer Werte für r die Radialgleichung für ein freies Teilchen ergeben, die wir in Abschnitt II-24 genauer betrachtet haben. Die allgemeine Lösung für $R_{kl}(r)$ ist also (siehe (II-24.4)):

$$R_{kl}(r) = A_l \mathrm{j}_l(kr) + B_l \mathrm{y}_l(kr), \tag{30.5}$$

und damit asymptotisch für große r:

$$R_{kl}(r) \xrightarrow{r\to\infty} A_l \frac{\sin(kr - l\pi/2)}{kr} - B_l \frac{\cos(kr - l\pi/2)}{kr}. \tag{30.6}$$

Da wir in (30.3) eine l-abhängige Normierungskonstante verwenden, ist nur das Verhältnis A_l/B_l interessant, und wir können die beiden Konstanten zugunsten einer einzigen, dritten, eliminieren. Wir setzen

$$A_l = \cos\delta_l,$$
$$B_l = -\sin\delta_l,$$

woraus nun elementar folgt:

$$A_l^2 + B_l^2 = 1$$

und

$$\tan\delta_l = -\frac{B_l}{A_l} \tag{30.7}$$

$$\Longrightarrow \delta_l = -\arctan\frac{B_l}{A_l}. \tag{30.8}$$

Für die Radialfunktion (30.5) gilt dann:

$$R_{kl}(r) = \cos\delta_l \mathrm{j}_l(kr) - \sin\delta_l \mathrm{y}_l(kr), \tag{30.9}$$

und deren asymptotische Form (30.6) können wir dann mit Hilfe der Relation

$$\sin(\alpha + \beta) = \sin\alpha\cos\beta + \cos\alpha\sin\beta$$

umschreiben zu:

$$R_{kl}(r) \xrightarrow{r\to\infty} \frac{\sin(kr - l\pi/2 + \delta_l)}{kr}. \tag{30.10}$$

Bevor wir weiterrechnen, halten wir kurz inne und fragen uns nach der Bedeutung des Phasenwinkels δ_l, der als **Streuphase** oder auch **Phasenverschiebung** bezeichnet wird: Wenn alle $\delta_l = 0$ sind, sind auch die Koeffizienten $B_l = 0$, und in der asymptotischen Entwicklung der Radialfunktion $R_{kl}(r)$ tragen nur die sphärischen Bessel-Funktionen $\mathrm{j}_l(kr)$ bei, nicht die Neumann-Funktionen $\mathrm{y}_l(kr)$. Das muss so sein, denn wir wissen ja aus Abschnitt II-24, dass für ein freies Teilchen die Wellenfunktion aus Gründen der

Regularität am Ursprung ($r = 0$) nur aus den $\mathrm{j}_l(kr)$ zusammengesetzt sein kann. Je größer die Phasenverschiebung δ_l, desto größer der Anteil der Neumann-Funktionen $\mathrm{y}_l(kr)$ an der Reihenentwicklung, und desto weniger „frei" ist das Teilchen. Die natürliche Abhängigkeit der Streuphase $\delta_l(k)$ von der Wellenzahl k wird im Allgemeinen in der Notation unterdrückt, ist aber in der weiteren Partialwellenanalyse von großer Bedeutung.

Die Koeffizienten A_l, B_l selbst und damit die Phasenverschiebung δ_l können nur über das Lösen der Radialgleichung (II-23.8) unter Berücksichtigung der Anschlussbedingungen erhalten werden, wie wir es beispielsweise für das kugelsymmetrische Kastenpotential in Abschnitt II-26 getan haben – wir kommen in Abschnitt 33 darauf zurück. Oft hat man hingegen auch das sogenannte **inverse Problem** vor sich: aus der Analyse der experimentell vorhandenen Streudaten, insbesondere der Streuphasen δ_l, versucht man, das Streupotential $V(r)$ zu rekonstruieren.

Wir können nun (30.3) asymptotisch schreiben als:

$$\begin{aligned}\psi_k^{(+)}(\boldsymbol{r}) &\xrightarrow{r\to\infty} \frac{1}{(2\pi\hbar)^{3/2}}\sum_l a_l \mathrm{P}_l(\cos\theta)\frac{\sin(kr - l\pi/2 + \delta_l)}{kr}\\ &= \frac{1}{(2\pi\hbar)^{3/2}}\left\{-\frac{\mathrm{e}^{-\mathrm{i}kr}}{2\mathrm{i}kr}\sum_{l=0}^{\infty} a_l \mathrm{i}^l \mathrm{e}^{-\mathrm{i}\delta_l}\mathrm{P}_l(\cos\theta) + \frac{\mathrm{e}^{\mathrm{i}kr}}{2\mathrm{i}kr}\sum_{l=0}^{\infty} a_l(-\mathrm{i})^l \mathrm{e}^{\mathrm{i}\delta_l}\mathrm{P}_l(\cos\theta)\right\}.\end{aligned} \tag{30.11}$$

Ein Koeffizientenvergleich des Terms in $\mathrm{e}^{-\mathrm{i}kr}/r$ von (30.4) und (30.11) ergibt nun:

$$a_l = (2l+1)\mathrm{i}^l \mathrm{e}^{\mathrm{i}\delta_l}, \tag{30.12}$$

was wir wiederum für den Koeffizientenvergleich für den Term in $\mathrm{e}^{\mathrm{i}kr}/r$ verwenden können. Wir erhalten zuerst

$$f(\theta) + \frac{1}{2\mathrm{i}k}\sum_{l=0}^{\infty}\mathrm{i}^l(-\mathrm{i})^l(2l+1)\mathrm{P}_l(\cos\theta) = \frac{1}{2\mathrm{i}k}\sum_{l=0}^{\infty}(2l+1)\mathrm{i}^l(-\mathrm{i})^l \mathrm{e}^{2\mathrm{i}\delta_l}\mathrm{P}_l(\cos\theta),$$

was wir mit Hilfe von

$$\frac{\mathrm{e}^{2\mathrm{i}\delta_l} - 1}{2\mathrm{i}} = \mathrm{e}^{\mathrm{i}\delta_l}\sin\delta_l \tag{30.13}$$

umformen in:

$$f(\theta) = \sum_{l=0}^{\infty}(2l+1)\mathrm{P}_l(\cos\theta) f_l(k), \tag{30.14a}$$

$$\text{mit}\quad f_l(k) = \frac{1}{k}\mathrm{e}^{\mathrm{i}\delta_l}\sin\delta_l = \frac{1}{k\cot\delta_l - \mathrm{i}k}. \tag{30.14b}$$

Die Funktion $f_l(k)$ heißt **Partialwellenamplitude**.

Die Formel (30.14) ist außerordentlich wichtig, weil sie einen Zusammenhang herstellt zwischen den einzelnen Phasenverschiebungen δ_l und der jeweiligen Partialwellenamplitude

$f_l(k)$. Die Zerlegung der Streuamplitude $f(\theta)$ in die einzelnen Partialwellenamplituden zu unterschiedlichen Werten von l heißt **Partialwellenzerlegung**, und sie lässt sich physikalisch wie folgt interpretieren: für ein im Unendlichen abfallendes Zentralpotential $V(r)$ ist zu erwarten, dass die Partialwellen in (30.14) für kleine Werte von l (niedriger Drehimpuls) – welche also für kleinen Stoßparameter, sprich Streuung nahe am Ursprung stehen – stärker gestreut werden als die Beiträge für große l.

Kann man dem Potential $V(r)$ eine effektive endliche Reichweite a zumessen, so kann man semiklassisch argumentieren: sofern der Stoßparameter $b = L/p = l/k$ größer ist als a, oder äquivalent, wenn $l > ka$, findet effektiv keine Streuung statt und die Phasenverschiebungen δ_l sind für $l > ka$ vernachlässigbar – im folgenden Abschnitt 31 werden wir aufgrund einer tiefergehenden Analyse auf die selbe Schlussfolgerung geführt werden. Im Grenzfall sehr großer Stoßparameter (sehr niedriger Energien) ist $ka \ll 1$, und es wird überhaupt nur die Partialwelle zu $l = 0$ gestreut, was als **S-Wellen-Streuung** bezeichnet wird. Die entsprechende Partialwellenamplitude $f_0(\theta)$ ist dann aber unabhängig von θ, da $\mathrm{P}_0(\cos\theta) \equiv 1$, so dass

$$f(\theta) = f_0(k) = \frac{1}{k}\mathrm{e}^{\mathrm{i}\delta_0}\sin\delta_0. \tag{30.15}$$

Die Streuung ist also isotrop, was die Namensgebung erklärt – in Anlehnung an die Bezeichnung für das Orbital wasserstoffähnlicher Atome für $L = 0$. Entsprechend heißen die Beiträge zu $l = 1, 2, \ldots$ dann **P-Wellen-Streuung**, **D-Wellen-Streuung** und so weiter.

Die asymptotische Form der Wellenfunktion $\psi_k^{(+)}(\boldsymbol{r})$ in (30.4) beziehungsweise (30.11) können wir dann schreiben:

$$\psi_k^{(+)}(\boldsymbol{r}) = \frac{1}{(2\pi\hbar)^{3/2}}\sum_{l=0}^{\infty}(2l+1)\frac{\mathrm{P}_l(\cos\theta)}{2\mathrm{i}k}\left[(1+2\mathrm{i}kf_l(k))\frac{\mathrm{e}^{\mathrm{i}kr}}{r} - \frac{\mathrm{e}^{-\mathrm{i}(kr-l\pi)}}{r}\right]. \tag{30.16}$$

Häufig bezeichnet man die Wellenfunktion $\psi_k^{(+)}(\boldsymbol{r})$ ihrer Form nach auch als **gestörte ebene Welle**, wobei der englische Begriff *"distorted plane wave"* deutlich üblicher ist. Der Name wird klar, wenn wir die asymptotische Entwicklung einer ebenen Welle betrachten. Aus (II-24.20) beziehungsweise (II-24.19) erhalten wir

$$\frac{1}{(2\pi\hbar)^{3/2}}\mathrm{e}^{\mathrm{i}\boldsymbol{k}\cdot\boldsymbol{r}} \xrightarrow{r\to\infty} \frac{1}{(2\pi\hbar)^{3/2}}\sum_{l=0}^{\infty}(2l+1)\frac{\mathrm{P}_l(\cos\theta)}{2\mathrm{i}k}\left[\frac{\mathrm{e}^{\mathrm{i}kr}}{r} - \frac{\mathrm{e}^{-\mathrm{i}(kr-l\pi)}}{r}\right]. \tag{30.17}$$

Ein Vergleich von (30.17) mit (30.16) zeigt, dass das Streupotential zu einer Ersetzung

$$1 \longrightarrow 1 + 2\mathrm{i}kf_l(k)$$

im auslaufenden Teil der l-ten Partialwelle führt. Der einlaufende Teil hingegen bleibt unverändert.

Erinnern wir uns nochmals an die Hilfsrelation (30.13), so können wir die Partialwellenamplitude $f_l(k)$ (30.14b) auch schreiben als:

$$f_l(k) = \frac{1}{2\mathrm{i}k}(S_l(k) - 1), \tag{30.18}$$

mit

$$S_l(k) := \mathrm{e}^{2\mathrm{i}\delta_l} = 1 + 2\mathrm{i}k f_l(k), \tag{30.19}$$

was durch Definition von

$$T_l(k) := -\frac{k}{\pi} f_l(k) \tag{30.20}$$

geschrieben werden kann als:

$$S_l(k) = 1 - 2\pi\mathrm{i}T_l(k). \tag{30.21}$$

Man vergleiche (30.21) mit (26.10). Der Ausdruck $S_l(k)$ ist in der Tat nichts anderes als das reduzierte Matrixelement des Streuoperators $\hat{S}$ in (klm)-Darstellung, für $m = 0$ und fester Wellenzahl k (der ja für Streuzustände gewissermaßen die Hauptquantenzahl n ersetzt). Entsprechendes gilt für $T_l(k)$ als reduziertes Matrixelement des Übergangsoperators $\hat{T}$, denn mit (II-24.16) ist

$$\begin{aligned} f(\theta) = f(\boldsymbol{k}', \boldsymbol{k}) &= -\frac{4\pi^2 M}{\hbar^2} \langle \boldsymbol{k}'|\hat{T}|\boldsymbol{k}\rangle \\ &= -\frac{4\pi^2 M}{\hbar^2} \sum_{l,m,l',m'} \int \mathrm{d}E \int \mathrm{d}E' \, \langle \boldsymbol{k}'|E'l'm'\rangle \underbrace{\langle E'l'm'|\hat{T}|Elm\rangle}_{\langle E'\|\hat{T}\|E\rangle \delta_{l'l}\delta_{m'm}} \langle Elm|\boldsymbol{k}\rangle \\ &= -\frac{4\pi^2}{k} \sum_{l,m} \langle E\|\hat{T}\|E\rangle\big|_{E=\hbar^2k^2/(2M)} \mathrm{Y}_{lm}(\boldsymbol{e}_{k'})\mathrm{Y}^*_{lm}(\boldsymbol{e}_k), \end{aligned}$$

unter Ausnutzung des Wigner–Eckart-Theorems für skalare Operatoren (II-40.4) im zweiten Schritt und der Tatsache, dass wir elastische Streuung betrachten im dritten Schritt. Legen wir wie üblich $\boldsymbol{k}$ auf die z-Achse, so trägt in der Summe nur der Anteil zu $m = 0$ bei, und es ist weiter mit (II-3.59) und (II-3.64)

$$f(\theta) = -\frac{\pi}{k} \sum_l (2l+1)\mathrm{P}_l(\cos\theta)T_l(E), \tag{30.22}$$

mit

$$T_l(E) = \langle E\|\hat{T}\|E\rangle\big|_{E=\hbar^2k^2/(2M)}, \tag{30.23}$$

in völliger Übereinstimmung mit (30.20) und (30.14a).

Gleichung (30.16) kann dann auch wie folgt geschrieben werden:

$$\psi_k^{(+)}(\boldsymbol{r}) = \frac{1}{(2\pi\hbar)^{3/2}} \sum_{l=0}^{\infty} (2l+1)\frac{\mathrm{P}_l(\cos\theta)}{2\mathrm{i}k} \left[S_l(k)\frac{\mathrm{e}^{\mathrm{i}kr}}{r} - \frac{\mathrm{e}^{-\mathrm{i}(kr-l\pi)}}{r} \right]. \tag{30.24}$$

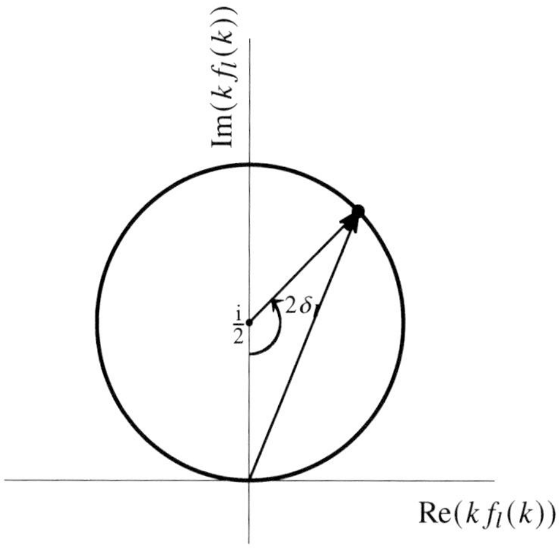

Abbildung 3.2: Argand-Diagramm für $k f_l(k)$. Der Wert von $k f_l(k)$ kann nur Werte auf dem Unitaritätskreis annehmen.

Wegen (30.19) gilt die **Unitaritätsrelation** für die l-te Partialwelle:

$$|S_l(k)| = 1, \tag{30.25}$$

die eine graphische Veranschaulichung des Zusammenhangs zwischen der Streuphase δ_l und der Partialwellenamplitude $f_l(k)$ beziehungsweise dem Ausdruck $k f_l(k)$ in Form eines Argand-Diagramms erlaubt. Gleichung (30.19) kann nämlich auch geschrieben werden als

$$k f_l(k) = \frac{\mathrm{i}}{2} + \frac{1}{2} \mathrm{e}^{\mathrm{i}(-\pi/2+2\delta_l)}, \tag{30.26}$$

das heißt, der Ausdruck $k f_l(k)$ nimmt Werte auf einen Kreis in der komplexen Zahlenebene mit dem Radius $\frac{1}{2}$ um den Mittelpunkt $z = \mathrm{i}/2$, dem sogenannten **Unitaritätskreis**, an, siehe Abbildung 3.2.

Bei kleinen Streuphasen δ_l befindet sich $k f_l(k)$ und damit $f_l(k)$ im unteren Bereich des Kreises, ist also näherungsweise reellwertig: es ist $f_l(k) \approx \delta_l/k$. Ist hingegen $\delta_l \approx \pi/2$, dann ist $k f_l(k)$ nahezu imaginär und besitzt den maximalen Betrag. Damit besitzt auch der partielle Streuquerschnitt sein Maximum, und wir haben eine sogenannte **Resonanz** vor uns. Wir kommen in den nachfolgenden Abschnitten darauf zurück.

Aus (30.14) können wir einen Ausdruck für den differentiellen Wirkungsquerschnitt ableiten:

$$\frac{\mathrm{d}\sigma}{\mathrm{d}\Omega} = |f(\theta)|^2 = \frac{1}{k^2}\sum_l \sum_{l'} (2l+1)(2l'+1)\mathrm{e}^{\mathrm{i}(\delta_l - \delta_{l'})} \sin\delta_l \sin\delta_{l'} \mathrm{P}_l(\cos\theta)\mathrm{P}_{l'}(\cos\theta), \tag{30.27}$$

der allerdings im Allgemeinen nicht weiter vereinfacht werden kann. Für den totalen Wirkungsquerschnitt hingegen ergibt sich:

$$\begin{aligned}\sigma_{\text{tot}} = \int \frac{\mathrm{d}\sigma}{\mathrm{d}\Omega}\mathrm{d}\Omega &= 2\pi \int_0^\pi |f(\theta)|^2 \sin\theta \mathrm{d}\theta \\ &= \frac{2\pi}{k^2}\sum_l \sum_{l'} (2l+1)(2l'+1)\mathrm{e}^{\mathrm{i}(\delta_l - \delta_{l'})} \sin\delta_l \sin\delta_{l'} \\ &\quad \times \underbrace{\int_0^\pi \mathrm{P}_l(\cos\theta)\mathrm{P}_{l'}(\cos\theta)\sin\theta\mathrm{d}\theta,}_{=\frac{2}{2l+1}\delta_{l,l'}}\end{aligned}$$

unter Verwendung von (II-3.37) in der letzten Zeile. Wir erhalten schließlich:

$$\sigma_{\text{tot}}(k) = \sum_{l=0}^{\infty} \sigma_l(k), \tag{30.28}$$

mit

$$\sigma_l(k) = 4\pi(2l+1)|f_l(k)|^2 \tag{30.29}$$

$$= \frac{4\pi}{k^2}(2l+1)\sin^2\delta_l(k). \tag{30.30}$$

Die $\sigma_l(k)$ heißen **partielle Wirkungsquerschnitte** zur Drehimpulsquantenzahl l. Wie die Streuphasen und die Streuamplituden sind sie Funktionen von k.

Wir wollen noch kurz zeigen, wie sich das optische Theorem (27.23) in der Partialwellenmethode darstellt. Die Vorwärts-Streuamplitude ist dann durch $f(\theta = 0)$ gegeben, und wir erhalten aus (30.14) mit $\mathrm{P}_l(1) = 1$:

$$f(0) = \frac{1}{k}\sum_{l=0}^{\infty}(2l+1)\mathrm{e}^{\mathrm{i}\delta_l}\sin\delta_l$$

$$\Longrightarrow \operatorname{Im} f(0) = \frac{1}{k}\sum_{l=0}^{\infty}(2l+1)\sin^2\delta_l = \frac{k}{4\pi}\sigma_{\text{tot}},$$

wie zu beweisen war!

31 Partialwellenmethode II: Streuphasen und Greensche Funktionen

Wie in Abschnitt 24 bereits angedeutet, kann man die Streuphase $\delta_l(k)$ zumindest in einfachen Fällen, beispielsweise bei einem stückweise konstanten Potential mit entsprechend stückweise bekannten Lösungen, grundsätzlich über die Anschlussbedingungen bestimmen. Im Allgemeinen ist das allerdings nicht mehr möglich, und gesucht ist ein expliziter Zusammenhang zwischen $\delta_l(k)$ und dem Streupotential $V(r)$. Wir werden in diesem Abschnitt sehen, dass dieser gesuchte explizite Zusammenhang in einem störungstheoretischen Verfahren erhalten werden kann.

Zunächst beweisen wir eine bisweilen nützliche Relation zwischen der Streuphase $\delta_l(k)$, der Radialfunktion $R_{kl}(r)$ und des Streupotentials $V(r)$.

Satz. *Es ist:*

$$\sin\delta_l(k) = -\frac{2Mk}{\hbar^2}\int_0^\infty \mathrm{j}_l(kr)V(r)R_{kl}(r)r^2\mathrm{d}r. \tag{31.1}$$

Beweis. Einerseits erfüllt die sphärische Bessel-Funktion $\mathrm{j}_l(kr)$ die Radialgleichung für das freie Teilchen (II-24.2):

$$[r\mathrm{j}_l(kr)]'' + \left[k^2 - \frac{l(l+1)}{r^2}\right][r\mathrm{j}_l(kr)] = 0. \tag{31.2}$$

Andererseits lautet die allgemeine Radialgleichung (II-23.10):

$$[rR_{kl}(r)]'' + \left[k^2 - \frac{2MV(r)}{\hbar^2} - \frac{l(l+1)}{r^2}\right][rR_{kl}(r)] = 0. \tag{31.3}$$

Multiplikation von (31.2) mit $[rR_{kl}(r)]$ und von (31.3) mit $[r\mathrm{j}_l(kr)]$ sowie Subtraktion beider Gleichungen ergibt:

$$\frac{\mathrm{d}}{\mathrm{d}r}\left([r\mathrm{j}_l(kr)]'[rR_{kl}(r)] - [r\mathrm{j}_l(kr)][rR_{kl}(r)]'\right) = -\frac{2M}{\hbar^2}[r\mathrm{j}_l(kr)]V(r)[rR_{kl}(r)],$$

was wir nun beiderseits über r von 0 nach ∞ integrieren. Für $r = 0$ ergibt die linke Seite dann Null. Für $r \longrightarrow \infty$ liefert die linke Seite dann aber $\sin\delta_l(k)$, wie man über die asymptotischen Entwicklungen (30.10) und Anwendungen der Additionstheoreme für die Sinus- und Kosinus-Funktionen leicht nachrechnet. Es folgt (31.1). ∎

Relation (31.1) ist nun genau ein wie eingangs erwähnter impliziter Zusammenhang, aber nicht ohne weiteres verwendbar. Links steht die gesuchte Streuphase, rechts das Potential, aber eben auch die unbekannte Radialfunktion $R_{kl}(r)$. Der obige Beweis von (31.1) ist zwar enorm einfach, liefert aber leider keinen Anhaltspunkt, wie man daraus ein iteratives Verfahren ableiten könnte. Hierzu benötigen wir eine andere Vorgehensweise, nämlich die direkte Verwendung von Kugelkoordinaten in der Lippmann–Schwinger-Gleichung in Ortsdarstellung (25.20). Dort taucht die Greensche Funktion

$$G_0^{(\pm)}(\boldsymbol{r},\boldsymbol{r}';E) = -\frac{2M}{\hbar^2}\frac{\mathrm{e}^{\pm\mathrm{i}p|\boldsymbol{r}-\boldsymbol{r}'|/\hbar}}{4\pi|\boldsymbol{r}-\boldsymbol{r}'|}$$

mit $p^2 = 2ME$ auf, und die Aufgabe besteht nun zunächst darin, diese nach sphärischen Bessel-Funktionen zu entwickeln. Hierzu zeigen wir:

Satz. *Es gilt für* $|\boldsymbol{r}| \neq |\boldsymbol{r}'|$:

$$\frac{e^{\pm ik|\boldsymbol{r}-\boldsymbol{r}'|}}{|\boldsymbol{r}-\boldsymbol{r}'|} = \pm ik \sum_{l=0}^{\infty} (2l+1) P_l(\cos\theta) j_l(kr_<) h_l^{(1,2)}(kr_>), \tag{31.4}$$

wobei $\cos\theta = \boldsymbol{e}_r \cdot \boldsymbol{e}_{r'}$ *und* $r_< = \min(r, r'), r_> = \max(r, r')$.

Beweis. Wir beginnen mit der Feststellung, dass $G_0^{(\pm)}(\boldsymbol{r}, \boldsymbol{r}'; E)$ eine Greensche Funktion der freien stationären Schrödinger-Gleichung ist:

$$\left(\nabla^2 + k^2\right) G_0^{(\pm)}(\boldsymbol{r}, \boldsymbol{r}'; E) = 0,$$
$$\left([\nabla']^2 + k^2\right) G_0^{(\pm)}(\boldsymbol{r}, \boldsymbol{r}'; E) = 0,$$

für $\boldsymbol{r} \neq \boldsymbol{r}'$ (siehe (I-24.16)). Es bietet sich ein Ansatz der Art

$$\frac{e^{\pm ik|\boldsymbol{r}-\boldsymbol{r}'|}}{|\boldsymbol{r}-\boldsymbol{r}'|} = \sum_{l=0}^{\infty} q_l^{(\pm)}(k) j_l(kr_<) h_l^{(1,2)}(kr_>) P_l(\cos\theta)$$

an, der mit der Wahl der sphärischen Bessel-Funktionen $j_l(kr_<)$ das korrekte reguläre Verhalten für $r_< = 0$ und mit $h_l^{(1,2)}(kr_>)$ die korrekte Asymptotik $\sim \pm e^{\pm ikr_>}/r_>$ für $r_> \longrightarrow \infty$ widerspiegelt. Die unbekannten Koeffizientenfunktionen $q_l^{(\pm)}(k)$ erhält man durch Setzen von $r \longrightarrow 0, r' \longrightarrow 0$. Durch Verwendung von (II-24.5) erhält man dann

$$\frac{\pm e^{ik|\boldsymbol{r}-\boldsymbol{r}'|}}{|\boldsymbol{r}-\boldsymbol{r}'|} \xrightarrow{r,r'\to 0} \sum_{l=0}^{\infty} \frac{\mp i q_l^{(\pm)}(k)}{(2l+1)k} \frac{(r_<)^l}{r_>^{l+1}} P_l(\cos\theta),$$

ein Ausdruck, der wiederum wegen $e^{\pm ik|\boldsymbol{r}-\boldsymbol{r}'|} \longrightarrow 1$ gegen die aus der klassischen Elektrodynamik bekannte Entwicklung

$$\frac{1}{|\boldsymbol{r}-\boldsymbol{r}'|} = \sum_{l=0}^{\infty} \frac{(r_<)^l}{r_>^{l+1}} P_l(\cos\theta)$$

streben muss. Durch Vergleich der Koeffizientenfunktionen erhalten wir so $q_l^{(\pm)}(k) = \pm i(2l+1)k$ und damit (31.4). ■

Setzen wir nun (31.4), (30.3) mit (30.12) und auch (II-24.19) in die Lippmann–Schwinger-

Gleichung (25.20) ein, so erhalten wir zunächst

$$\sum_l (2l+1)\mathrm{i}^l \mathrm{e}^{\mathrm{i}\delta_l} R_{kl}(r) \mathrm{P}_l(\cos\theta) = \sum_l (2l+1)\mathrm{i}^l \mathrm{j}_l(kr) \mathrm{P}_l(\cos\theta)$$
$$- \frac{2M\mathrm{i}k}{4\pi\hbar^2} \sum_{l,l'} \mathrm{i}^l (2l+1)(2l'+1)\mathrm{e}^{\mathrm{i}\delta_l} \int_0^{2\pi} \mathrm{d}\phi' \int_0^{\pi} \mathrm{P}_l(\cos\theta)\mathrm{P}_{l'}(\cos\theta')\mathrm{d}\theta'$$
$$\times \left\{ \mathrm{h}_l^{(1)}(kr) \int_0^r \mathrm{j}_l(kr')V(r')R_{kl}(r')(r')^2\mathrm{d}r' + \mathrm{j}_l(kr) \int_r^\infty \mathrm{h}_l^{(1)}(kr')V(r')R_{kl}(r')(r')^2\mathrm{d}r' \right\},$$

wobei die Aufspaltung des r-Integrals in zwei Teilintegrale der $\gtrless$-Unterscheidung in (31.4) geschuldet ist. Das θ-Integral über das Produkt der zwei Legendre-Polynome ist nichts anderes als (II-3.37), so dass sich die Doppelsumme über l in eine Einfachsumme vereinfacht:

$$\sum_l (2l+1)\mathrm{i}^l \mathrm{e}^{\mathrm{i}\delta_l} R_{kl}(r) \mathrm{P}_l(\cos\theta) = \sum_l (2l+1)\mathrm{i}^l \mathrm{j}_l(kr) \mathrm{P}_l(\cos\theta) - \frac{2M\mathrm{i}k}{\hbar^2} \sum_l \mathrm{i}^l (2l+1)\mathrm{e}^{\mathrm{i}\delta_l}$$
$$\times \left\{ \mathrm{h}_l^{(1)}(kr) \int_0^r \mathrm{j}_l(kr')V(r')R_{kl}(r')(r')^2\mathrm{d}r' + \mathrm{j}_l(kr) \int_r^\infty \mathrm{h}_l^{(1)}(kr')V(r')R_{kl}(r')(r')^2\mathrm{d}r' \right\},$$

was aufgrund der Vollständigkeit der Legendre-Polynome nun l-weise zur Relation

$$\mathrm{e}^{\mathrm{i}\delta_l} R_{kl}(r) = \mathrm{j}_l(kr) - \frac{2M\mathrm{i}k}{\hbar^2} \mathrm{e}^{\mathrm{i}\delta_l} \left\{ \mathrm{h}_l^{(1)}(kr) \int_0^r \mathrm{j}_l(kr')V(r')R_{kl}(r')(r')^2\mathrm{d}r' \right.$$
$$\left. + \mathrm{j}_l(kr) \int_r^\infty \mathrm{h}_l^{(1)}(kr')V(r')R_{kl}(r')(r')^2\mathrm{d}r' \right\} \quad (31.5)$$

führt. Nach Division durch $\mathrm{e}^{\mathrm{i}\delta_l}$ auf beiden Seiten von (31.5) und mit der Definition (II-24.42) für die sphärischen Hankel-Funktionen 1. Art und anschließender Trennung von Real- und Imaginärteil erhalten wir so zwei gekoppelte Integralgleichungen, nämlich einerseits die bereits andersweitig erhaltene Relation (31.1), und andererseits

$$R_{kl}(r) = \cos\delta_l(k)\mathrm{j}_l(kr) + \frac{2Mk}{\hbar^2}$$
$$\times \left\{ \mathrm{y}_l(kr) \int_0^r \mathrm{j}_l(kr')V(r')R_{kl}(r')(r')^2\mathrm{d}r' \right.$$
$$\left. + \mathrm{j}_l(kr) \int_r^\infty \mathrm{y}_l(kr')V(r')R_{kl}(r')(r')^2\mathrm{d}r' \right\}. \quad (31.6)$$

Die Integralgleichung (31.6) ist das eigentliche Ergebnis dieses Abschnitts: sie erlaubt die störungstheoretische Bestimmung der Streuphase $\delta_l(k)$ (und damit der Streuamplitude $f_l(k)$) und der Radialfunktion $R_{kl}(r)$.

Die nullte Näherung ist dann im Wesentlichen äquivalent zur Bornschen Näherung, wie wir sie allgemein in Abschnitt 27 eingeführt haben, nur eben in (klm)-Darstellung: wir setzen

$$R_{kl}^{(0)}(r) = \cos\delta_l(k)\mathrm{j}_l(kr), \quad (31.7)$$

und verwenden dieses dann zunächst in (31.1), um einen Ausdruck für $\delta_l(k)$ zu erhalten:

$$\tan\delta_l^{(0)}(k) = -\frac{2Mk}{\hbar^2}\int_0^\infty [\mathrm{j}_l(kr)]^2 V(r) r^2 \mathrm{d}r. \tag{31.8}$$

Diese beiden nullten Näherungen (31.7) und (31.8) setzt man dann wieder in (31.6) ein, erhält die ersten Näherungen $R_{kl}^{(1)}(r), \tan\delta_l^{(1)}(k)$ und so weiter. Sofern das Streupotential schwach genug ist, liefert diese Störungsreihe bereits recht schnell gute Ergebnisse. Man erinnere sich an die Diskussion in Abschnitt 27 zur Konvergenz der Bornschen Reihe.

Für kleine Werte von k und wenn $l > ka$, wobei a eine wie auch immer definierte endliche Reichweite des Potentials darstellt (vergleiche die Diskussion im Abschnitt 30), kann $\mathrm{j}_l(kr)$ gemäß (II-24.5) approximiert werden durch

$$\mathrm{j}_l(kr) \approx \frac{(kr)^l}{(2l+1)!!} = \frac{2^l l!}{(2l+1)!}(kr)^l, \tag{31.9}$$

so dass sich (31.8) vereinfacht zu

$$\tan\delta_l^{(0)}(k) \approx -\frac{2^{2l+1} M k^{2l+1}}{\hbar^2[(2l+1)!]^2}\int_0^\infty V(r) r^{2l+2} \mathrm{d}r. \tag{31.10}$$

Für ein schnellfallendes Streupotential wie dem Yukawa-Potential verhält sich der Integralausdruck in (31.10) wie

$$\int_0^\infty \mathrm{e}^{-\lambda r} r^{2l+2} \mathrm{d}r \sim (2l+2)!,$$

so dass

$$\tan\delta_l^{(0)}(k) \sim \frac{1}{(2l+1)!} k^{2l+1}. \tag{31.11}$$

Das heißt: die Phasenverschiebung $\delta_l(k)$ ist für höhere Werte von l vernachlässigbar und ihr Beitrag zur Streuamplitude in (30.14) ebenfalls. Also ist es gerechtfertigt, bei Niedrigenergie-Streuung nur diejenigen Partialwellen zu berücksichtigen, für die $l \leq ka$ gilt. Dies bestätigt unsere semiklassische Betrachtung aus Abschnitt 30, die zum gleichen Schluss geführt hat. Aus Relation (31.11) kann man außerdem als Faustregel ableiten, dass für $k \longrightarrow 0$ ebenfalls $\delta_l(k) \longrightarrow 0$ geht. Im Falle von Resonanzen verlieren allerdings die bislang durchgeführten Näherungen ihre Gültigkeit – wir kommen in Abschnitt 34 darauf zurück.

Zusammenfassend kann man also sagen, dass die Partialwellenmethode sich besonders für den Bereich der Niedrigenergie-Streuung eignet, im Gegensatz zur Bornschen Näherung, die vorrangig für hohe Streuenergien (und schwache Potentiale) gültig ist. Beide Verfahren ergänzen also gewissermaßen einander.

32 Partialwellenmethode III: Niedrigenergie-Streuung und gebundene Zustände

In den zurückliegenden Abschnitten sind wir zur Erkenntnis gelangt, dass die Partialwellenmethode insbesondere zur Untersuchung von Streuvorgängen mit niedriger Energie geeignet ist. Diese wollen wir nun vertiefen. Die folgenden Betrachtungen gelten ferner nur in Abwesenheit sogenannter Resonanzen, mehr dazu in Abschnitt 34.

Bei der Analyse von Streuexperimenten ist es oft hilfreich, einige bestimmte Parameter zu identifizieren, die der Beobachtung leicht zugänglich sind und die charakteristisch sind für das jeweilige Streupotential $V(r)$. Einer dieser Parameter ist die sogenannte **Streulänge** α, die definiert ist als

$$\alpha := -\lim_{k\to 0} \frac{\delta_0(k)}{k}. \tag{32.1}$$

Dieser Grenzwert existiert, da mit $k \to 0$ auch $\delta_0(k) \to 0$ geht (siehe die Diskussion am Ende von Abschnitt 31). Alternativ kann man den Kehrwert von α in einer äquivalenten Grenzwertbetrachtung definieren:

$$-\frac{1}{\alpha} := \lim_{k\to 0} k \cot \delta_0(k), \tag{32.2}$$

der einen direkten Zusammenhang mit der Partialwellenamplitude $f_0(k)$ erkennen lässt (siehe (30.14b) für $l = 0$). Da dann $\mathrm{e}^{\mathrm{i}\delta_0} \approx 1$ und $\sin\delta_0 \approx \delta_0$, gilt für die S-Wellen-Amplitude

$$f_0(k) = \frac{1}{k}\mathrm{e}^{\mathrm{i}\delta_0(k)} \sin\delta_0(k) \xrightarrow{k\to 0} \frac{\delta_0(k)}{k} = -\alpha, \tag{32.3}$$

woraus für den S-Wellen-Streuquerschnitt folgt:

$$\lim_{k\to 0} \sigma_0(k) = 4\pi\alpha^2. \tag{32.4}$$

Diese Formel besitzt eine sehr anschauliche physikalische Deutung, auf die wir bei der Betrachtung der Streuung an der harten Kugel in Abschnitt 33 zurückkommen werden.

Es stellt sich als überaus nützlich heraus, die Beziehung zwischen der Streulänge α und der Partialwellenfunktion $R_{k0}(r)$ im Limes $k \to 0$ zu untersuchen, und man erlangt Einblick in die Natur von Streuprozessen bei niedrigen Energien. Die Radialgleichung in der Form (II-23.10) lautet für $l = 0$ und für $r \to \infty$ (so dass $V(r) \to 0$):

$$u''_{k0}(r) + k^2 u_{k0}(r) = 0.$$

Im Limes $k \to 0$ lässt sich schnell erkennen, dass die Lösung $u_{k0}(r) = rR_{k0}(r)$ dann von der Form

$$u_{k0}(r) = Br + C \tag{32.5}$$

sein muss. Es ist elementar anschaulich, dass der Schnittpunkt der durch (32.5) definierten Geraden mit der r-Achse gegeben ist durch $r = -C/B$, was in Abbildung 3.3 dargestellt ist.

Auf der anderen Seite nimmt für $r \longrightarrow \infty$ die Radialfunktion $R_{k0}(r)$ gemäß (30.10) die Form

$$u_{k0}(r) = rR_{k0}(r) = \frac{\sin(kr + \delta_l)}{k}$$

an, so dass im Falle sehr niedriger Streuenergien, also für $k \longrightarrow 0$ und für $\sin \delta_0 \approx \delta_0, \cos \delta_0 \approx 1$, gilt:

$$u_{k0}(r) \xrightarrow{kr \to 0} r + \frac{\delta_0}{k}, \tag{32.6}$$

was im Koeffizientenvergleich mit (32.5) zur Erkenntnis führt, dass die Streulänge α also gleich dem Schnittpunkt der asymptotischen Radialfunktion $u_{k0}(r)$ mit der r-Achse ist, siehe Abbildung 3.3.

Auch wenn Kenntnis über diesen Sachverhalt nicht direkt dazu beiträgt, die Streulänge α zu bestimmen, so vermittelt er doch ansatzweise ein Verständnis über den Zusammenhang zwischen Streulänge und Potentialstärken beziehungsweise gebundenen Zuständen. Wie Abbildung 3.3 zeigt, ist die Streulänge für repulsive Potentiale und niedrige Energien stets positiv, während für den Fall attraktiver Potentiale zwei Möglichkeiten existieren: ist das Potential schwach, ist die Streulänge negativ. Mit wachsender (negativer) Stärke jedoch ist das Streupotential irgendwann in der Lage, gebundene Zustände auszubilden, und die Streulänge durchläuft zunächst eine Singularität und ändert anschließend ihr Vorzeichen. In der grafischen Veranschaulichung 3.3 stellt sich dieser Zusammenhang dadurch dar, dass die radiale Wellenfunktion – die ja gemäß Abschnitt I-29 konvex sein muss – so stark zur r-Achse hingekrümmt ist, dass sie diese schneidet.

Die obige Analyse zeigt strenggenommen zwar nur, dass das Vorzeichen der Streulänge das Vorhandensein eines gebundenen Zustand mit $l = 0$ bestimmt. Allerdings kann für Zentralpotentiale recht einfach gezeigt werden, dass dies auch gleichbedeutend damit ist, dass überhaupt ein gebundener Zustand existiert, denn der Grundzustand in einem Zentralpotential besitzt stets die Quantenzahl $l = 0$ [Dow63].

Eine quantitative Abschätzung für die Bindungsenergie ergibt sich, wenn man von der Erkenntnis ausgeht, dass die asymptotische Form (32.6) der Radialfunktion auch die typische asymptotische Form der Wellenfunktion eines gebundenen Zustands mit niedriger Bindungsenergie (also nahe am kontinuierlichen Spektrum) darstellt:

$$\mathrm{h}_0^{(1)}(\mathrm{i}\kappa r) \sim \frac{\mathrm{e}^{-\kappa r}}{\kappa} \xrightarrow{\kappa r \to 0} \frac{1}{\kappa} - r, \tag{32.7}$$

sofern also die Gleichsetzung

$$\kappa = -k/\delta_0(k) = \alpha^{-1} \tag{32.8}$$

erfolgt. Dieser asymptotische Fall ist also gleichermaßen für sehr große Streulängen α beziehungsweise sehr kleine Werte für κ gegeben, welches aber definiert ist durch

$$\kappa^2 = \frac{2M|E|}{\hbar^2}, \tag{32.9}$$

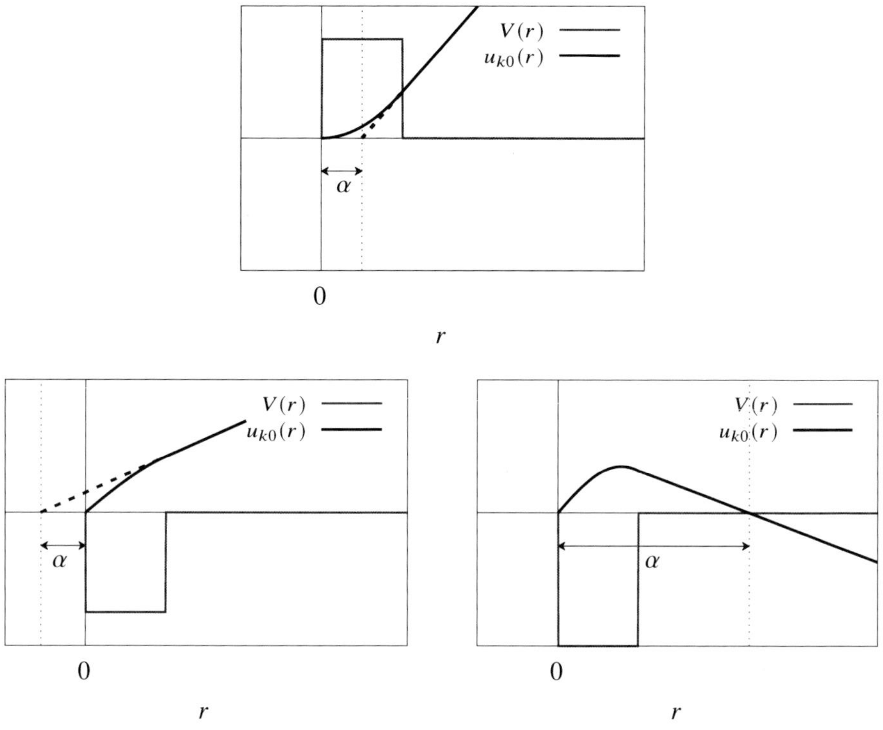

Abbildung 3.3: Grafische Veranschaulichung der Streulänge α. Das Bild oben zeigt schematisch ein repulsives Potential: die Radialfunktion $u_{k0}(r)$ ist im Potentialbereich konvex, und die asymptotische Gerade schneidet die r-Achse bei positivem r, so dass die Streulänge α positiv ist. Unten links ist ein schwach attraktives Potential mit negativer Streulänge, rechts ein stark attraktives Potential mit positiver Streulänge verdeutlicht. Die Existenz eines gebundenen Zustands äußert sich durch eine konkave Krümmung der Radialfunktion, die stark genug ist, so dass die Wellenfunktion einen Knoten ausbildet.

wobei $E < 0$. Etwas flapsig formuliert entspricht also die Wellenfunktion des gebundenen Zustands im ($E = 0^-$)-Fall der Wellenfunktion des Streuzustands im ($E = 0^+$)-Fall. Durch die Gleichsetzung (32.8) kann so eine Abschätzung der Bindungsenergie $E_{\text{bind}} = |E|$ erfolgen gemäß

$$E_{\text{bind}} \approx \frac{\hbar^2}{2M\alpha^2}. \tag{32.10}$$

Der Zusammenhang (32.10) zwischen der Streulänge und der Bindungsenergie des am schwächsten gebundenen Zustands – der für schwache Potentiale ja oft auch der einzige ist – ist ein bemerkenswertes Resultat, da er dessen Bindungsenergie durch Streuexperimente zugänglich macht, sofern die Streulänge α nur groß genug im Vergleich zu einer wie auch immer definierten Reichweite des Potentials ist.

Allerdings sind auch die Grenzen dieses Ansatzes schnell aufgezeigt: man kann (32.10) zum Ausgangspunkt nehmen, um die Bindungsenergie des Deuterons über Neutron-Proton-Streuexperimente zu bestimmen, was erstmalig von Wigner vorgeschlagen wurde, allerdings zu einem eher unbefriedigenden Ergebnis führt: experimentell ergibt sich für den $^3\text{S}_1$-Zustand des Deuterons eine Bindungsenergie von etwa 2,22 MeV, oder $\kappa \approx 2{,}3 \cdot 10^{-12}$ cm. Die gemessene Streulänge beträgt aber etwa $\alpha \approx 5{,}4 \cdot 10^{-13}$ cm, was zu einer Vorhersage für die Bindungsenergie von

$$E_{\text{bind,deut}} \approx \frac{\hbar^2}{2\mu\alpha^2} \approx \frac{\hbar^2}{m_\text{p}\alpha^2} \approx 1{,}4\,\text{MeV}$$

führt, wenn man die reduzierte Masse $\mu \approx m_\text{p}/2$ zugrundelegt und eine Protonmasse von $m_\text{p} \approx 938$ MeV verwendet. Außerdem führt die Rechnung zu einem völlig falschen Wert für den Streuquerschnitt. Die offensichtliche Diskrepanz rührt zum einen daher, dass die Streulänge α von derselben Größenordnung ist wie die Reichweite des Wechselwirkungspotentials beziehungsweise die Radien des Neutrons, des Protons und des Deuterons und damit die obige notwendige Bedingung nicht erfüllt ist. Zum anderen spielen spinabhängige Wechselwirkungsterme im effektiven Potential eine große Rolle, die im vorliegenden, viel zu groben, Ansatz eines skalaren Zentralpotentials keinerlei Berücksichtigung finden, zumal der betrachtete gebundene Zustand ein Triplett-Zustand ist. Wir kommen weiter unten nochmals darauf zurück.

Aufgrund der Definition der Streulänge α mit Hilfe der Streuphase $\delta_0(k)$ in (32.1) beziehungsweise (32.2) bestimmt das Vorzeichen von α auch das Vorzeichen von $\delta_0(k)$. Wir werden in einem anderen Licht den Zusammenhang zwischen der Existenz gebundener Zustände und dem Vorzeichen von Streuphasen bei der Untersuchung des kugelsymmetrischen Kastenpotentials in Abschnitt 33 konkret behandeln. Außerdem sie noch angemerkt, dass es natürlich sein kann, dass das Potential gerade eine derart kritische Stärke besitzt, so dass die Streulänge α und damit auch der S-Wellen-Streuquerschnitt (32.4) gegen Unendlich geht. Dann liegt eine sogenannte **Resonanz** vor, auf die wir in Abschnitt 34 zurückkommen werden.

Für tiefergehende allgemeine Betrachtungen der Niedrigenergiestreuung im Rahmen der Partialwellenmethode siehe die weiterführende Literatur und auch den äußerst gut lesbaren Review-Artikel von Gregory Breit [Bre51] – auf den wir in Abschnitt 34 nochmals zurückkommen werden.

Die effektive Reichweite

Wir betrachten im Folgenden weiterhin S-Wellen-Streuung ($l = 0$). Ausgangspunkt für eine formalere Betrachtung ist wieder die Radialgleichung (II-23.10) beziehungsweise (31.3). Es seien $R_{k_{1,2}0}(r)$ je eine Lösung von (31.3) zu zwei beliebigen, nicht notwendigerweise niedrigen Werten von k_1, k_2, und wir setzen vorübergehend wieder $u_{kl}(r) = rR_{kl}(r)$, sowie $u_{1,2}(r) := u_{k_{1,2}0}(r)$. Man kann dann durch eine Rechnung analog zu der, die zu (31.1) führt, zur Gleichung

$$\frac{\mathrm{d}}{\mathrm{d}r}\left[u_1(r)u_2'(r) - u_1'(r)u_2(r)\right] = (k_1^2 - k_2^2)u_1(r)u_2(r) \tag{32.11}$$

gelangen. Für die weitere Betrachtung ist es von praktischem Nutzen, die umskalierte Lösungsfunktion $\bar{u}_k(r) = (k/\sin\delta_0)u_k(r)$ einzuführen, für die ebenfalls gilt:

$$\frac{\mathrm{d}}{\mathrm{d}r}\left[\bar{u}_1(r)\bar{u}_2'(r) - \bar{u}_1'(r)\bar{u}_2(r)\right] = (k_1^2 - k_2^2)\bar{u}_1(r)\bar{u}_2(r). \tag{32.12}$$

Es sei ferner $\bar{v}_k(r) = (k/\sin\delta_0)v_k(r)$ eine Lösung zu (31.3) für $V(r) \equiv 0$ (sowie weiterhin $l = 0$) und beliebigem k. Die Funktion $\bar{v}_k(r)$ spielt im Folgenden die Rolle einer mathematischen Hilfsgröße, es gilt allerdings für schnellfallende Potentiale oder für Potentiale mit endlicher Reichweite

$$u_k(r) \xrightarrow{r\to\infty} v_k(r), \tag{32.13}$$

beziehungsweise

$$\bar{u}_k(r) \xrightarrow{r\to\infty} \bar{v}_k(r). \tag{32.14}$$

Für $l = 0$ und $V(r) \equiv 0$ besitzt die Radialgleichung (31.3) die Form einer einfachen eindimensionalen Wellengleichung:

$$v_k''(r) + k^2 v_k(r) = 0, \tag{32.15}$$

mit der allgemeinen Lösung

$$v_k(r) = A\frac{\sin(kr)}{k} + B\frac{\cos(kr)}{k},$$

beziehungsweise

$$\bar{v}_k(r) = A'\sin(kr) + B'\cos(kr).$$

Da es wieder nur auf das Verhältnis $A/B = A'/B'$ ankommt, setzen wir

$$A = \cos\delta_0,$$
$$B = \sin\delta_0,$$

beziehungsweise

$$A' = \cot\delta_0,$$
$$B' = 1,$$

so dass

$$\bar{v}_k(r) = \frac{\sin(kr + \delta_0(k))}{\sin\delta_0(k)}, \tag{32.16}$$

man vergleiche dies mit der Betrachtung von (30.5) und der Rechnung hinführend zu (30.10).

Für die freien Lösungen $\bar{v}_{1,2}(r)$ kann man nun leicht eine zu (32.12) analoge Gleichung

$$\frac{\mathrm{d}}{\mathrm{d}r}\left[\bar{v}_1(r)\bar{v}_2'(r) - \bar{v}_1'(r)\bar{v}_2(r)\right] = \left(k_1^2 - k_2^2\right)\bar{v}_1(r)\bar{v}_2(r) \tag{32.17}$$

ableiten. Subtrahiert man (32.17) von (32.12) und integriert über $r' = [0, r]$, so erhält man

$$\left[\bar{u}_1(r')\bar{u}_2'(r') - \bar{u}_1'(r')\bar{u}_2(r') - \bar{v}_1(r')\bar{v}_2'(r') + \bar{v}_1'(r')\bar{v}_2(r')\right]_0^r = \left(k_1^2 - k_2^2\right)\int_0^r \left[\bar{u}_1(r')\bar{u}_2(r') - \bar{v}_1(r')\bar{v}_2(r')\right]\mathrm{d}r'. \tag{32.18}$$

Für $r \to \infty$ existiert das Integral auf der rechten Seite von (32.18) wegen (32.14), aber die linke Seite verschwindet aus demselben Grund. Daneben gilt aus Gründen der Normierbarkeit für die Radialfunktion $\bar{u}_{1,2}(0) = 0$ (vergleiche Abschnitt II-23), wohingegen wegen (32.16) $\bar{v}_{1,2}(0) = 1$ sowie $\bar{v}_{1,2}'(0) = k_{1,2}\cot\delta_0(k_{1,2})$ ist. Wir erhalten so:

$$k_1\cot\delta_0(k_1) - k_2\cot\delta_0(k_2) = \left(k_1^2 - k_2^2\right)\int_0^\infty \left[\bar{v}_1(r)\bar{v}_2(r) - \bar{u}_1(r)\bar{u}_2(r)\right]\mathrm{d}r. \tag{32.19}$$

Lassen wir nun $k_2 \to 0$ gehen und setzen $k_1 = k$, so dass $\bar{v}_1 = \bar{v}_k, u_1 = u_k$, sowie

$$\bar{u}_0(r) := \lim_{k\to 0}\bar{u}_k(r) = -\frac{1}{\alpha}u_0(r),$$
$$\bar{v}_0(r) := \lim_{k\to 0}\bar{v}_k(r) = -\frac{1}{\alpha}v_0(r),$$

unter Verwendung von (32.1), so ist zunächst wegen (32.2)

$$\lim_{k\to 0} k\cot\delta_0(k) = -\frac{1}{\alpha},$$

und wir erhalten wir aus (32.19):

$$k\cot\delta_0(k) + \frac{1}{\alpha} = k^2\int_0^\infty \left[\bar{v}_k(r)\bar{v}_0(r) - \bar{u}_k(r)\bar{u}_0(r)\right]\mathrm{d}r,$$

beziehungsweise:

$$k\cot\delta_0(k) = -\frac{1}{\alpha} + \frac{1}{2}k^2 r_{\mathrm{eff}}(k), \tag{32.20}$$

mit der **effektiven Reichweite**

$$r_{\text{eff}}(k) := \frac{2k}{\alpha \sin\delta_0(k)} \int_0^\infty [u_k(r)u_0(r) - v_k(r)v_0(r)]\,\mathrm{d}r, \tag{32.21}$$

die wieder eine Funktion von k ist.

Aus (30.14b) erhalten wir so mit (32.20) für die S-Wellen-Amplitude den Ausdruck

$$f_0(k) = \frac{1}{\frac{1}{2}k^2 r_{\text{eff}}(k) - \frac{1}{\alpha} - \mathrm{i}k}$$

und für den S-Wellen-Streuquerschnitt

$$\sigma_0(k) = \frac{4\pi}{k^2 + \left[\frac{1}{2}k^2 r_{\text{eff}}(k) - \frac{1}{\alpha}\right]^2}. \tag{32.22}$$

Die Gleichungen (32.20) und (32.21) sind für beliebige k exakt gültig und können grundsätzlich mit Hilfe eines iterativen Verfahrens zur Berechnung der S-Wellen-Streuphase $\delta_0(k)$ herangezogen werden. Die bekannten Größen sind hierbei $v_k(r)$ und $v_0(r)$ und können – in Abwesenheit von Resonanzen, so dass $\lim_{k\to 0}\delta_0(k) = 0$ – über (32.16) im Limes $k \longrightarrow 0$ durch

$$\begin{aligned} \bar{v}_0(r) &= \lim_{k\to 0} \frac{\sin(kr + \delta_0(k))}{\sin\delta_0(k)} \\ &= \lim_{k\to 0} \frac{kr + \delta_0(k)}{\sin\delta_0(k)}, \\ \Longrightarrow v_0(r) &\approx r - \alpha \end{aligned}$$

genähert werden. Die Funktion $u_0(r)$ hingegen kann man durch Lösen von (31.3) mit $l = 0$ und $k = 0$ zumindest näherungsweise erhalten. Die Funktionen $u_k(r), v_k(r)$ können darüber hinaus für $r < a$, wobei a eine wie auch immer definierte endliche Reichweite des Potentials darstellt, durch $u_k(r) \approx u_0(r)$ approximiert werden – Grund: sofern die Gültigkeit der Beschränkung auf S-Wellen-Streuung gemäß den Ausführungen in den Abschnitten 30 und 31 gegeben ist (also für $l < ka$, und wenn $k \longrightarrow 0$ für $ka \ll 1$), kann man $l = 0$ setzen. In diesem Fall besitzen $u_k(r), u_0(r)$ einerseits dieselben Randbedingungen $u_k(0) = u_0(0) = 0$, sowie andererseits $v_k(r), v_0(r)$ dieselben Randbedingungen $v_k(0) \approx -\alpha, v_0(0) = -\alpha$. Außerdem sind die Krümmungen ungefähr gleich: $u_k''(r)/u_k(r) \approx u_0''(r)/u_k(r) \approx 2MV(r)/\hbar^2$, sowie $v_k''(r)/v_k(r) \approx v_0''(r)/v_0(r) \approx 0$. Also kann man (32.21) mit α wie in (32.1) nähern:

$$r_{\text{eff}}(k) \xrightarrow{k\to 0} r_{\text{eff},0} = \frac{2}{\alpha^2} \int_0^\infty \left[v_0(r)^2 - u_0(r)^2\right] \mathrm{d}r. \tag{32.23}$$

Der weiter oben erkannte Zusammenhang zwischen der Streulänge α und der Bindungsenergie des am schwächsten gebundenen Zustands lässt sich mit Hilfe der effektiven Reichweite nun etwas präzisieren. Wir setzen für diesen nun wieder $\kappa^2 = -k_2^2 = 2M|E|/\hbar^2$, und es sei wie oben $\bar{v}_k(r)$ eine Lösung zu (31.3) für $V(r) \equiv 0$ und $l = 0$ sowie beliebigem k. Für den schwach gebundenen Zustand kann dann (im Innenraum) der Ansatz

$$\bar{v}_2(r) = \mathrm{e}^{-\kappa r} \tag{32.24}$$

gemacht werden. Dann ergibt sich mit $k_1^2 = k^2$ durch die gleiche Rechnung wie oben anstelle von (32.19) die Gleichung

$$k \cot \delta_0(k) + \kappa = \left(k^2 + \kappa^2\right) \int_0^\infty [\bar{v}_1(r)\bar{v}_2(r) - \bar{u}_1(r)\bar{u}_2(r)]\, \mathrm{d}r. \tag{32.25}$$

Da die Bindungsenergie nach Voraussetzung klein ist, können wir entsprechend der Logik weiter $\bar{v}_2 \approx \bar{v}_0$ nähern, sowie $\bar{u}_2 \approx \bar{u}_0$. Wir erhalten aus (32.25) dann

$$k \cot \delta_0(k) + \kappa = \left(k^2 + \kappa^2\right) \int_0^\infty [\bar{v}_1(r)\bar{v}_0(r) - \bar{u}_1(r)\bar{u}_0(r)]\, \mathrm{d}r,$$

beziehungsweise

$$k \cot \delta_0(k) + \kappa = \frac{1}{2}(k^2 + \kappa^2) r_{\text{eff}}(k), \tag{32.26}$$

mit der effektiven Reichweite $r_{\text{eff}}(k)$ wie in (32.21). Gleichung (32.26) ist zunächst für alle Werte von k gültig, im Grenzfall $k \longrightarrow 0$ ergibt sich dann aber mit (32.2):

$$-\frac{1}{\alpha} = -\kappa + \frac{1}{2}\kappa^2 r_{\text{eff},0}, \tag{32.27}$$

mit $r_{\text{eff},0}$ wie in der Näherung (32.23).

Gleichung (32.27) stellt gewissermaßen eine Präzisierung von (32.8) dar und kann verwendet werden, um aus messbaren Streuparametern wie der Streuphase letzten Endes die Bindungsenergie schwach gebundener Zustände abzuschätzen, beziehungsweise umgekehrt aus der bekannten Bindungsenergie entsprechende Streuparameter vorherzusagen. Allerdings, um bei dem vorherigen Beispiel einer bekannten Bindungsenergie des Deuterons zu bleiben, versagt auch diese etwas bessere Näherung, wenn die Eingangsvoraussetzungen nicht erfüllt sind (siehe die obige Disukssion hierzu). Bei einer effektiven Reichweite von $r_{\text{eff}} \approx 1{,}7 \cdot 10^{-13}$ cm ergibt sich noch immer ein Streuquerschnitt, der um etwa einen Faktor 20 zu groß ist. Für die weitere Diskussion hierzu sei wieder auf den Review-Artikel [Bre51] verwiesen.

Gebundene Zustände als Pole der S-Matrix

Wir haben bereits bei der Betrachtung des eindimensionalen Potentialtopfs in Abschnitt I-32 die Feststellung gemacht, dass sich gebundene Zustände als Pole der S-Matrix zeigen. Zur gleichen Erkenntnis werden wir auch im dreidimensionalen Fall geführt. Wir beschränken uns an dieser Stelle auf die Betrachtung der Partialwelle zu $l = 0$ und nehmen als Ausgangspunkt die asymptotische Lippmann–Schwinger-Gleichung in der Form (30.24), anhand der wir sehen, dass sich die radiale Wellenfunktion für $r \longrightarrow \infty$ asymptotisch (für $k > 0$) wie folgt verhält:

$$\psi^{(+)}_{k,0}(\boldsymbol{r}) \sim S_0(k)\frac{\mathrm{e}^{\mathrm{i}kr}}{r} - \frac{\mathrm{e}^{-\mathrm{i}kr}}{r}. \tag{32.28}$$

Der erste Term stellt wie in Abschnitt 30 erläutert den Anteil der auslaufenden Kugelwelle dar, der zweite Term den Anteil der einlaufenden Kugelwelle.

Weiter oben haben wir andererseits an die asymptotische Form der Wellenfunktion eines gebundenen Zustands der Art

$$\phi_\kappa(\boldsymbol{r}) \sim \frac{\mathrm{e}^{-\kappa r}}{r} \tag{32.29}$$

erinnert, die gewissermaßen als auslaufende Welle zu rein imaginärem Impuls $k = \mathrm{i}\kappa$ interpretiert werden kann. Der entscheidende Unterschied ist dann aber, dass für diese kein „einlaufender" Anteil existiert. Im Verhältnis der Koeffizienten des auslaufenden zum einlaufenden Teil erhalten wir im „echten" Streufall gerade das reduzierte S-Matrix-Element $S_0(k)$, im Falle des gebundenen Zustands aber eine Division durch Null. Als Funktion auf der komplexen Zahlenebene betrachtet ($k \in \mathbb{C}$) muss $S_0(k)$ daher einen Pol bei $k = \mathrm{i}\kappa$ besitzen.

Um einen formal allgemeinen Ausdruck für $S_0(k)$ zu erhalten, der die gewünschten analytischen Eigenschaften aufweist, ruft man sich noch das Verhalten für reelle $k \longrightarrow 0$ in Erinnerung. Dann gilt (32.2), und es muss daher für reelle k $S_0(k) = \mathrm{e}^{2\mathrm{i}\delta_0} \longrightarrow 1$ sein, beziehungsweise $\delta_0 \longrightarrow 0, \pm\pi, \ldots$ (Beziehung (32.1) ist hierbei zu restriktiv, da die Näherung der Sinus-Funktion durch (32.3) in der Nähe von $\delta_0 = \pi$ nicht gilt). Damit haben wir für $S_0(k)$ die folgenden Randbedingungen:

- Pole bei $k = \mathrm{i}\kappa$,
- $|S_0(k)| = 1$ für reelle $k > 0$ aufgrund der Unitarität des Streuoperators,
- $S_0(k) = 1$ bei $k = 0$.

Ein einfacher Ansatz, um diese drei Bedingungen zu erfüllen, ist

$$S_0(k) = -\frac{k + \mathrm{i}\kappa}{k - \mathrm{i}\kappa}, \tag{32.30}$$

der für realistische Potentiale allerdings viel zu einfach ist und beispielsweise nicht abbildet, dass im Allgemeinen für $k \longrightarrow \infty$ die Streuphase δ_0 gegen Null geht, und damit $S_0(k)$ gegen 1 strebt und nicht gegen -1. Der Ansatz (32.30) stellt also bestenfalls im Bereich kleiner Werte von $\mathrm{Re}\, k$ die Funktion $S_0(k)$ gut dar.

Verwendet man den Ansatz (32.30) trotzdem in (30.18), so erhält man die S-Wellen-Amplitude

$$f_0(k) = -\frac{1}{\kappa + \mathrm{i}k},$$

und vergleichen wir diesen Ausdruck mit (30.14b), so erhalten wir

$$-\frac{1}{\kappa + \mathrm{i}k} \stackrel{!}{=} \frac{1}{k \cot \delta_l - \mathrm{i}k},$$

was im Limes $k \to 0$ zur Relation

$$-\frac{1}{\kappa} = \alpha$$

führt, mit der in (32.2) definierten Streulänge α. Der Ansatz (32.30) ergibt also immerhin die Relation (32.8) zwischen der Streulänge und dem am schwächsten gebundenen Zustand.

Die gesamte Betrachtung zu gebundenen Zuständen ist bislang sehr oberflächlich und wenig systematisch. Wir werden in Abschnitt 33 bei der Untersuchung des kugelsymmetrischen Kastenpotentials ein erstes konkretes Beispiel rechnen, das genau diesen Zusammenhang quantitativ belegt und in Abschnitt 38 die analytische Struktur der S-Matrix als Funktion auf $\mathbb{C}$ systematisch untersuchen und in diesem Zusammenhang nochmals auf das obige Beispiel zurückkommen.

33 Partialwellenmethode IV: Potentiale endlicher Reichweite

Potentiale mit echt endlicher Reichweite sind eine Idealisierung reeller Potentiale, deren Stärke ab einem oft unscharf definierten Wert von r als vernachlässigbar angesehen werden kann. In Abschnitt II-26 haben wir das kugelsymmetrische Kastenpotential (Potentialtopf und Potentialwall) als einfachstes dreidimensionales Zentralpotential, welches eine echt endliche Länge besitzt, einführend betrachtet und auf Anschlussbedingungen hin mit Blick auf gebundene und ungebundene Zustände untersucht. Nun wollen wir dessen niederenergetische Streuzustände mit Hilfe der Partialwellenmethode genauer betrachten. Wir beginnen mit dem einfachen Fall der harten Kugel.

Niedrigenergie-Streuung an der harten Kugel
Das Beispiel der harten Kugel ist gegeben durch

$$V(r) = \begin{cases} +\infty & (\text{für } r \leq a) \\ 0 & (\text{für } r > a) \end{cases}. \tag{33.1}$$

Bereits in Abschnitt II-26 haben wir für die Phasenverschiebung δ_l den Ausdruck (II-26.22) erhalten:

$$\tan \delta_l(k) = \frac{\mathrm{j}_l(ka)}{\mathrm{y}_l(ka)}, \tag{33.2}$$

aus dem wir mit Hilfe der Relation

$$\mathrm{e}^{2\mathrm{i}\delta_l} = \frac{1 + \mathrm{i} \tan \delta_l}{1 - \mathrm{i} \tan \delta_l} \tag{33.3}$$

einen Ausdruck für das S-Matrix-Element S_l erhalten:

$$\begin{aligned} S_l(k) &= -\frac{\mathrm{j}_l(ka) - \mathrm{i}\mathrm{y}_l(ka)}{\mathrm{j}_l(ka) + \mathrm{i}\mathrm{y}_l(ka)} \\ &= -\frac{\mathrm{h}_l^{(2)}(ka)}{\mathrm{h}_l^{(1)}(ka)}. \end{aligned} \tag{33.4}$$

Niedrige Streuenergien entsprechen nun, wie bereits in Abschnitt 30 erwähnt, dem Fall $ka \ll 1$, so dass wir das Verhalten der sphärischen Bessel- und Neumann-Funktionen für kleine Argumente verwenden (siehe Abschnitt II-24):

$$\begin{aligned} \mathrm{j}_l(kr) &\xrightarrow{kr \to 0} \frac{(kr)^l}{(2l+1)!!}, \\ \mathrm{y}_l(kr) &\xrightarrow{kr \to 0} -\frac{(2l-1)!!}{(kr)^{l+1}}. \end{aligned}$$

Also gilt asymptotisch:

$$\tan \delta_l(k) = -\frac{(ka)^{2l+1}}{(2l+1)[(2l-1)!!]^2}. \tag{33.5}$$

Wir sehen auch hier wieder, dass es für $ka \ll 1$ vollkommen gerechtfertigt ist, nur Partialwellen mit $l = 0$ zu berücksichtigen und höhere Beiträge zu vernachlässigen, sprich: wir betrachten reine S-Wellen-Streuung. Dann ist

$$\tan\delta_0(k) = -\tan(ka), \tag{33.6}$$

beziehungsweise $\delta_0(k) = -ka$, also negativ, wie es für repulsive Potentiale typisch ist (siehe weiter unten). Für die Radialfunktion $R_{k0}(r)$ gilt:

$$R_{k0}(r) = \frac{\sin(kr)}{kr}\cos\delta_0(k) + \frac{\cos(kr)}{kr}\sin\delta_0(k) = \frac{\sin(kr+\delta_0(k))}{kr}. \tag{33.7}$$

Man beachte, dass der Ausdruck (33.6) für $l = 0$ exakt ist.

Für den differentiellen Wirkungsquerschnitt ergibt sich dann gemäß (30.27):

$$\begin{aligned}\frac{\mathrm{d}\sigma_0}{\mathrm{d}\Omega} &= \frac{1}{k^2}\sin^2\delta_0(k)\\ &= \frac{\sin^2(ka)}{k^2} \xrightarrow{ka\ll 1} a^2,\end{aligned} \tag{33.8}$$

woraus sich dann für $k \longrightarrow 0$ der S-Wellen-Streuquerschnitt

$$\sigma_0 = 4\pi a^2 \tag{33.9}$$

ergibt – ein Ausdruck, der exakt dem Vierfachen des klassischen Wirkungsquerschnitt der harten Kugel entspricht. Die physikalische Interpretation ist hierbei die, dass bei Niedrigenergie-Streuung gewissermaßen die gesamte harte Kugeloberfläche zum Streuquerschnitt beiträgt – während beispielsweise bei der Hochenergiestreuung in Eikonalnäherung das Streuzentrum wie eine kreisförmige optische Blende wirkt (siehe Abschnitt 35).

Niedrigenergie-Streuung am kugelsymmetrischen Potentialwall

Wie in Abschnitt II-26 bereits beschrieben ist die harte Kugel der Grenzfall des kugelsymmetrischen Potentialwalls für $V_0 \longrightarrow \infty$. Für endliches $V_0 > 0$ hingegen gilt für die Streuphase $\delta_l(k)$ die Relation (II-26.19):

$$\tan\delta_l(k) = \frac{\beta_l(k)\mathrm{j}_l(ka) - ka\mathrm{j}_l'(ka)}{\beta_l(k)\mathrm{y}_l(ka) - ka\mathrm{y}_l'(ka)}, \tag{33.10}$$

mit

$$\beta_l(k) = k'a\frac{\mathrm{j}_l'(k'a)}{\mathrm{j}_l(k'a)} \tag{33.11}$$

und

$$(k')^2 = \frac{2M(E-V_0)}{\hbar^2} = k^2 - \underbrace{\frac{2MV_0}{\hbar^2}}_{=:\kappa_0^2}, \tag{33.12}$$

siehe (II-26.20). Für das S-Matrix-Element $S_l(k)$ erhalten wir dann wieder mit Hilfe von Relation (33.3) und nach elementarer Umformung:

$$S_l(k) = -\frac{\mathrm{h}_l^{(2)}(ka)}{\mathrm{h}_l^{(1)}(ka)} \frac{\beta_l(k) - ka\dfrac{\mathrm{h}_l^{(2)\prime}(ka)}{\mathrm{h}_l^{(2)}(ka)}}{\beta_l(k) - ka\dfrac{\mathrm{h}_l^{(1)\prime}(ka)}{\mathrm{h}_l^{(1)}(ka)}} \tag{33.13}$$

$$=: \mathrm{e}^{2\mathrm{i}\xi_l(k)} \frac{\beta_l(k) - \Lambda_l(k) + \mathrm{i}s_l(k)}{\beta_l(k) - \Lambda_l(k) - \mathrm{i}s_l(k)}, \tag{33.14}$$

wobei wir im ersten Faktor den Ausdruck (33.4) im Falle der harten Kugel wiedererkennen, die Phase $\xi_l(k)$ wird auch *''hard sphere phase shift''* genannt. Im zweiten Faktor haben wir einfach Real- und Imaginärteile gemäß

$$ka\frac{\mathrm{h}_l^{(1)\prime}(ka)}{\mathrm{h}_l^{(1)}(ka)} =: \Lambda_l(k) + \mathrm{i}s_l(k) \tag{33.15}$$

eingeführt. (Und man erinnere sich, dass $\mathrm{h}_l^{(2)} = [\mathrm{h}_l^{(1)}]^*$.)

Mit Hilfe von (30.13) erhalten wir außerdem die nützliche Relation

$$\mathrm{e}^{\mathrm{i}\delta_l} \sin\delta_l = \mathrm{e}^{2\mathrm{i}\xi_l} \left(\frac{s_l}{\beta_l - \Lambda_l - \mathrm{i}s_l} + \mathrm{e}^{-\mathrm{i}\xi_l} \sin\xi_l \right), \tag{33.16}$$

die in die Berechnung der Streuamplitude in (30.14b) eingeht.

Beweis. Die Herleitung von (33.16) ist recht einfach: zunächst erkennt man, dass der Bruch auf der rechten Seite von (33.14) von der Form

$$\frac{\beta_l - \Lambda_l + \mathrm{i}s_l}{\beta_l - \Lambda_l - \mathrm{i}s_l} =: \mathrm{e}^{2\mathrm{i}\phi_l}$$

ist, so dass $S_l(k)$ die Form

$$S_l = \mathrm{e}^{2\mathrm{i}(\xi_l + \phi_l)} = \frac{\cos\phi_l + \mathrm{i}\sin\phi_l}{\cos\phi_l - \mathrm{i}\sin\phi_l}$$

annimmt und daher $\delta_l = \xi_l + \phi_l$ gilt. Dann rechnen wir weiter:

$$\begin{aligned}
\mathrm{e}^{\mathrm{i}\delta_l} \sin\delta_l &= \mathrm{e}^{\mathrm{i}(\xi_l + \phi_l)} \sin(\xi_l + \phi_l) \\
&= \mathrm{e}^{\mathrm{i}\xi_l} \mathrm{e}^{\mathrm{i}\phi_l} (\sin\xi_l \cos\phi_l + \cos\xi_l \sin\phi_l) \\
&= \mathrm{e}^{\mathrm{i}\xi_l} \mathrm{e}^{\mathrm{i}\phi_l} \left(\sin\xi_l \mathrm{e}^{-\mathrm{i}\phi_l} + \mathrm{e}^{\mathrm{i}\xi_l} \sin\phi_l \right),
\end{aligned}$$

wobei wir in der letzten Zeile den Ausdruck

$$0 = -\mathrm{i}\sin\xi_l \sin\phi_l + \mathrm{i}\sin\xi_l \sin\phi_l$$

im Klammerausdruck auf der rechten Seite eingeschoben haben. Zieht man nun den Vorfaktor $\exp(\mathrm{i}\phi_l)$ in die Klammer hinein, erhält man genau den Ausdruck (33.16). ■

Wir stellen außerdem noch fest, dass

$$s_l(k) = ka\frac{\mathrm{j}_l(ka)\mathrm{y}_l'(ka) - \mathrm{j}_l'(ka)\mathrm{y}_l(ka)}{\mathrm{j}_l(ka)^2 + \mathrm{y}_l(ka)^2} = \frac{1}{ka[\mathrm{j}_l(ka)^2 + \mathrm{y}_l(ka)^2]} \tag{33.17}$$

für alle Werte von l stets positiv ist (in der zweiten Zeile haben wir (II-24.10) verwendet).

Für niedrige Streuenergien ist es wieder hinreichend, die Partialwelle zu $l = 0$ zu betrachten. Dann ist:

$$\xi_0(k) = -ka, \tag{33.18a}$$

$$\Delta_0(k) = -1, \tag{33.18b}$$

$$s_0(k) = ka, \tag{33.18c}$$

$$\beta_0(k) = k'a\cot(k'a) - 1. \tag{33.18d}$$

Für die Phasenverschiebung $\delta_0(k)$ erhalten wir dann die Relation:

$$\tan\delta_0(k) = \frac{k - k'\cot(k'a)\tan(ka)}{k'\cot(k'a) - k\tan(ka)} \tag{33.19}$$

$$\xrightarrow{ka \ll 1} ka\left(\frac{\tan(\mathrm{i}\kappa_0 a)}{\mathrm{i}\kappa_0 a} - 1\right), \tag{33.20}$$

und für die Partialwellenamplitude $f_0(k)$ erhalten wir:

$$f_0(k) = \frac{1}{k}\mathrm{e}^{\mathrm{i}\delta_0(k)}\sin\delta_0(k)$$

$$= \frac{\mathrm{e}^{-2\mathrm{i}ka}}{k}\left(\frac{k}{k'\cot(k'a) - \mathrm{i}k} - \mathrm{e}^{\mathrm{i}ka}\sin(ka)\right) \tag{33.21}$$

$$\xrightarrow{ka \ll 1} a\left(\frac{\tan(\mathrm{i}\kappa_0 a)}{\mathrm{i}\kappa_0 a} - 1\right). \tag{33.22}$$

Hierbei ist wieder

$$\kappa_0^2 = \frac{2MV_0}{\hbar^2}.$$

Damit ist übrigens die Streulänge α gemäß (32.3) gegeben durch

$$\alpha = a\left(1 - \frac{\tan(\mathrm{i}\kappa_0 a)}{\mathrm{i}\kappa_0 a}\right). \tag{33.23}$$

Man erhält für $ka \ll 1$ so den differentiellen Wirkungsquerschnitt

$$\frac{\mathrm{d}\sigma_0}{\mathrm{d}\Omega} = a^2\left(1 - \frac{\tan(\mathrm{i}\kappa_0 a)}{\mathrm{i}\kappa_0 a}\right)^2 \tag{33.24}$$

und den S-Wellen-Streuquerschnitt

$$\sigma_0 = 4\pi a^2\left(1 - \frac{\tan(\mathrm{i}\kappa_0 a)}{\mathrm{i}\kappa_0 a}\right)^2. \tag{33.25}$$

Niedrigenergie-Streuung am kugelsymmetrischen Potentialtopf
Hier ändert sich im Vergleich zum Potentialwall das Vorzeichen von $V(r)$, es ist $V(r) = -V_0$, die Rechnung bleibt ansonsten gleich. Man erhält für $ka \ll 1$ die Phasenverschiebung

$$\tan\delta_0(k) = ka\left(\frac{\tan(\kappa_0 a)}{\kappa_0 a} - 1\right), \tag{33.26}$$

sowie die Partialwellenamplitude

$$f_0 = a\left(\frac{\tan(\kappa_0 a)}{\kappa_0 a} - 1\right), \tag{33.27}$$

und damit die Streulänge

$$\alpha = a\left(1 - \frac{\tan(\kappa_0 a)}{\kappa_0 a}\right). \tag{33.28}$$

Für den S-Wellen-Streuquerschnitt ergibt sich so:

$$\sigma_0 = 4\pi a^2\left(\frac{\tan(\kappa_0 a)}{\kappa_0 a} - 1\right)^2, \tag{33.29}$$

wobei wieder

$$\kappa_0^2 = \frac{2MV_0}{\hbar^2}.$$

Es ist nun äußerst instruktiv, das Verhalten der Streulänge und des S-Wellen-Streuquerschnitts als Funktion der Potentialstärke V_0 zu untersuchen. Ist das Potential schwach attraktiv, für kleine Werte von V_0 also, ist $\tan(\kappa_0 a) \approx (\kappa_0 a) + (\kappa_0 a)^3/3$, so dass

$$\tan\delta_0(k) \xrightarrow{V_0\text{ klein}} \frac{1}{3}(ka)(\kappa_0 a)^2, \tag{33.30}$$

also ist die Phasenverschiebung δ_0 klein, aber positiv. Die Streulänge (33.28) ist dann negativ.

Für immer größere Werte von V_0 jedoch nähert sich $\kappa_0 a$ immer mehr dem Wert $\pi/2$ an. Dann ist $\tan(\kappa_0 a) \gg (\kappa_0 a)$, so dass

$$\tan\delta_0 \xrightarrow{\kappa_0 a \to \pi/2} +\infty, \tag{33.31}$$

so dass $\delta_0 \to \pi/2$. Für $\kappa_0 a > \pi/2$ wird der Tangens dann negativ. Ausgeschrieben bedeutet das jedoch:

$$(\kappa_0 a)^2 > \frac{\pi^2}{4} \iff V_0 > \frac{\pi^2\hbar^2}{8Ma^2}, \tag{33.32}$$

was nichts anderes ist als die Bedingungsungleichung (II-26.8) für die Existenz gebundener Zustände des kugelsymmetrischen Potentialtopfs. Die Streulänge (33.28) ist nun positiv, was unsere Ausführungen in Abschnitt 32 zum Zusammenhang zwischen positiver Streulänge und der Existenz gebundener Zustände bestätigt. Die Streulänge bleibt positiv, solange $\tan(\kappa_0 a)/(\kappa_0 a) \leq 1$, also etwa wenn $\pi/2 < \kappa_0 a < 4{,}493$.

Wird das Potential immer weiter abgesenkt (das heißt: erhöhen wir nun den Wert von V_0), so wird die Phasenverschiebung irgendwann $\delta_0 = \pi$ sein. Dann ist aber auch $\sin\delta_0 = \tan\delta_0 = 0$, so dass der totale S-Wellen-Streuquerschnitt (33.29) ebenfalls verschwindet:

$$\sigma_0 = 0, \tag{33.33}$$

in anderen Worten: die einfallende Welle passiert das Streupotential gewissermaßen ungestört, was als **Ramsauer–Townsend-Effekt** bekannt ist. Das passiert genau dann, wenn $\tan\delta_0 = 0$ ist, oder wenn gilt:

$$\tan(\kappa_0 a) = \kappa_0 a. \tag{33.34}$$

Der Effekt ist seit den frühen 1920er-Jahren bekannt und benannt nach dem deutschen Physiker Carl Ramsauer und dem irisch-britischen Physiker John Sealy Edward Townsend, die ihn unabhängig voneinander bei der Streuung von Elektronen an Edelgasatomen beschrieben. Er gilt heute als eine der ersten Hinweise darauf, dass freie Elektronen nicht mit der klassischen Mechanik beschreibbar sind. Ein interessanter Review zur Geschichte des Ramsauer–Townsend-Effekts ist [Im95].

Allgemeine Potentiale echt endlicher Reichweite
Für ein allgemeines Potential $V(r)$, für das gilt:

$$V(r) = 0 \quad (r > a), \tag{33.35}$$

kann vieles der vorangehenden Betrachtungen entnommen werden. Wie beim endlichen Kastenpotential definieren die Anschlussbedingungen bei $r = a$ die logarithmische Ableitung der „inneren" Radialfunktion $R_{k'l}(r)$ an der Stelle $r = a$:

$$\beta_l(k) = k'a \frac{R'_{k'l}(a)}{R_{k'l}(a)}, \tag{33.36}$$

aus der sich dann dieselbe Relation (33.10) für die Streuphase $\delta_l(k)$ ergibt:

$$\tan\delta_l(k) = \frac{\beta_l \mathrm{j}_l(ka) - ka\mathrm{j}'_l(ka)}{\beta_l \mathrm{y}_l(ka) - ka\mathrm{y}'_l(ka)}. \tag{33.37}$$

Die weiteren Rechnungen sind dann identisch.

Wie man sieht, ist die Streuphase $\delta_l(k)$ also einzig und alleine durch den Wert der Radialfunktion sowie deren Ableitung an der Stelle $r = a$ bestimmt. Der gesamte Innenraum $r < a$ ist also gewissermaßen eine „Black Box", deren Details im Allgemeinen nichts zur Partialwellananalyse beitragen – und selbst bei Vorhandensein von Resonanzen auch nur indirekt, siehe Abschnitt 34.

Resonanzen beim kugelsymmetrischen Potentialtopf
Allgemein sieht man an (33.27), (33.28) und (33.29), dass für $k_0'a = (2n+1)\pi/2$ mit $n \in \mathbb{Z}$ die Partialwellenamplitude $f_0(k)$, die Streulänge α und damit der S-Wellen-Streuquerschnitt σ_0 für $ka \ll 1$ unendlich wird. Es liegt also eine sogenannte **Resonanz** vor, und zwar genau bei den Energien, die gemäß den Ausführungen rund um die Bedingungsgleichung (II-26.8) die Schwellwerte für die Existenz weiterer gebundener Zustände darstellen. Diese Art von Resonanzen heißen **Null-Energie-Resonanzen**, da sie in dem hier betrachteten Kontext der Niedrig-Energie-Streuung mit $ka \ll 1$ auftreten. In der Umgebung dieser Resonanz besitzen diese Ausdrücke eine starke Variation in k.

Bewegen wir uns nun weg von der Grenzwertbetrachtung $ka \ll 1$ und nehmen als Ausgangspunkt den exakten Ausdruck (33.21) für die S-Wellen-Amplitude, so erkennen wir die gleiche starke Variation in k, wenn

$$k'a = (2n+1)\pi/2, \tag{33.38}$$

beziehungsweise wenn

$$E = E_{\text{res}} = (2n+1)^2 \frac{\pi^2 \hbar^2}{8Ma^2} - V_0. \tag{33.39}$$

Von den für die Partialwellenanalyse für $l = 0$ vorhandenen Parametern (33.18) kann offensichtlich nur $\beta_0(k)$ für diese Veränderlichkeit verantwortlich sein. Bilden wir daher die Ableitung

$$\begin{aligned} \frac{\mathrm{d}\beta_0}{\mathrm{d}E} &= \frac{\mathrm{d}\beta_0}{\mathrm{d}k'}\frac{\mathrm{d}k'}{\mathrm{d}E} \\ &= \frac{Ma^2}{\hbar^2}\left(\frac{\cot(k'a)}{k'a} - \frac{1}{\sin^2(k'a)}\right), \end{aligned} \tag{33.40}$$

sehen wir, dass an den kritischen Punkten $E = E_{\text{res}}$, an denen also $k'a = (2n+1)\pi/2$ ist, gilt:

$$\left.\frac{\mathrm{d}\beta_0}{\mathrm{d}E}\right|_{E=E_{\text{res}}} = -\frac{Ma^2}{\hbar^2}. \tag{33.41}$$

In diesem Bereich lässt sich $\bar{\beta}_0(E) = \beta_0(E(k))$ dann linear nähern:

$$\bar{\beta}_0(E) \approx -1 - \frac{Ma^2}{\hbar^2}(E - E_{\text{res}}), \tag{33.42}$$

und für die Partialwellenamplitude $f_0(k)$ gilt dann mit (33.16):

$$f_0(k) = \frac{\mathrm{e}^{2\mathrm{i}\xi_0(k)}}{k}\left(\frac{ka}{-\frac{Ma^2}{\hbar^2}(E - E_{\text{res}}) - \mathrm{i}ka} + \mathrm{e}^{-\mathrm{i}\xi_0(k)}\sin\xi_0(k)\right),$$

was wir mit Hilfe von

$$\frac{\Gamma}{2} := \frac{\hbar^2 k}{Ma} \tag{33.43}$$

schreiben können wie:

$$f_0(k) = \frac{e^{2i\xi_0(k)}}{k}\left(-\frac{\Gamma/2}{(E-E_{\text{res}})+i\Gamma/2} + e^{-i\xi_0(k)}\sin\xi_0(k)\right).$$

Für den S-Wellen-Streuquerschnitt ergibt sich so zunächst

$$\begin{aligned}\sigma_0(k) &= \frac{4\pi}{k^2}\left[\frac{\Gamma^2/4}{(E-E_{\text{res}})^2+\Gamma^2/4} + \sin^2\xi_0(k)\right.\\ &\quad\left. -\frac{(\Gamma/2)\sin(\xi_0(k))}{(E-E_{\text{res}})^2+\Gamma^2/4}\left[\Gamma\sin\xi_0(k) - (E-E_{\text{res}})\cos\xi_0(k)\right]\right]\\ &\approx \frac{4\pi}{k^2}\frac{\Gamma^2/4}{(E-E_{\text{res}})^2+\Gamma^2/4},\end{aligned} \tag{33.44}$$

wobei die Näherung umso besser gilt, je kleiner Γ und je kleiner $E - E_{\text{res}}$ ist. Die *hard sphere phase shift* $\xi_0(k)$ ist dabei gegeben durch (33.2) und ist in vielen Fällen, nämlich für niedrige Energien oder für höhere Werte von l vernachlässigbar. (In der älteren Literatur wird der Beitrag proportional zu $\sin^2\xi_0$ zum Streuquerschnitt auch als „Potentialstreuung" bezeichnet, was aber eine äußerst irreführende Begrifflichkeit darstellt.) Die Formel (33.44) ist die **Breit–Wigner-Formel** für den S-Wellen-Streuquerschnitt in der Nähe einer Resonanz, die wir in Abschnitt 34 in einem allgemeineren Kontext ableiten werden.

Für die Streuphase $\delta_0(k)$ an der Resonanzstelle gilt dann wegen (33.19)

$$\tan\delta_0(k) = -\cot(ka), \tag{33.45}$$

und gemäß unseren Ausführungen weiter oben, dass bei einer Resonanz die Streuphase den Wert $\delta_0 = \pi/2$ einnimmt, bedeutet das, dass:

$$ka = n\pi \quad (n \in \mathbb{Z}). \tag{33.46}$$

Anschaulicher gesprochen: eine Resonanz liegt dann vor, wenn in den „Durchmesser" $2a$ des Potentialtopfs ganzzahlige Vielfache der vollen Periode der ebenen einlaufenden Welle hineinpassen.

Für $E > E_{\text{res}}$ nimmt $k'a$ irgendwann den Wert π an und sowohl (33.40) als auch $\beta_0(k)$ divergieren. An den Stellen, an denen aber $k'a = n\pi$ ist, ist wegen (33.19) aber $\tan\delta_0(k) = -\tan(ka)$, das heißt: wir haben dasselbe Streuverhalten wie an der harten Kugel (siehe (33.6)), und damit $\delta_0 = \xi_0$.

Betrachten wir abschließend noch Resonanzen für allgemeine Werte von l, bei denen die Zentrifugalbarriere zu einem effektiven Potential und damit zu einem veränderten Verlauf der Potentialfunktion führt (siehe Abschnitt II-23). Wir beschränken uns hierbei auf die wichtigsten Ergebnisse und verweisen für tiefergehende Betrachtungen auf die weiterführende Literatur.

Für die Partialwellenamplitude $f_l(k)$ gilt dann mit (33.16):

$$f_l(k) = \frac{e^{2i\xi_l(k)}(2l+1)}{k}\left(-\frac{\Gamma/2}{(E-E_{\text{res}})+i\Gamma/2} + e^{-i\xi_l(k)}\sin(\xi_l(k))\right), \tag{33.47}$$

und der partielle Streuquerschnitt $\sigma_l(k)$ ist dann wieder näherungsweise gegeben durch die Breit–Wigner-Formel

$$\sigma_l(k) = \frac{4\pi(2l+1)^2}{k^2} \frac{\Gamma^2/4}{(E - E_{\text{res}})^2 + \Gamma^2/4}. \tag{33.48}$$

Aus der Formel für das reduzierte S-Matrix-Element (33.14) erhält man noch zwei weitere Relationen: zum einen erhalten wir

$$\mathrm{e}^{2\mathrm{i}(\delta_l(k) - \xi_l(k))} = \frac{E - E_{\text{res}} - \mathrm{i}\Gamma/2}{E - E_{\text{res}} + \mathrm{i}\Gamma/2},$$

und damit

$$\tan(\delta_l(k) - \xi_l(k)) = \frac{\Gamma/2}{E_{\text{res}} - E}, \tag{33.49}$$

woraus wir ableiten, dass beim Übergang der Energie innerhalb einer Umgebung der Resonanz $\Delta E \gg \Gamma$ die Winkelgröße $(\delta_l(k) - \xi_l(k))$ den Wert von $n\pi$ nach $(n+1)\pi$ wechselt. Wenn darüber hinaus die durch (33.2) gegebene *hard sphere phase shift* $\xi_l(k)$ wenig veränderlich in k ist, wechselt bereits die Streuphase $\delta_l(k)$ alleine von $n\pi$ nach $(n+1)\pi$ und nimmt an der Resonanzstelle selbst den Wert $(2n+1)\pi/2$ an. Der entsprechende Streuquerschnitt $\sigma_l(k)$ zeigt dann starke Veränderlichkeit in k und nimmt aufgrund der Proportionalität zu $\sin^2 \delta_l(k)$ an der Resonanz ein Maximum an.

Allerdings sei gewarnt: es kann unter Umständen auch der Fall sein, dass $\xi_l(k)$ an der Resonanzstelle oder in unmittelbarer Umgebung ebenfalls den Wert $(2n'+1)\pi/2$ annehmen kann. Für $l = 0$ beispielsweise ist das gemäß (33.4) dann der Fall, wenn auch $-ka = (2n'+1)\pi/2$ gilt, beziehungsweise $\xi_l = ka + n''\pi$. In diesem Fall nimmt (33.47) den Ausdruck

$$f_l(k) \approx -\frac{2l+1}{k}\left(-\frac{\Gamma/2}{(E - E_{\text{res}}) + \mathrm{i}\Gamma/2} - \mathrm{i}\right)$$

an, und der partielle Streuquerschnitt $\sigma_l(k)$ ergibt sich zu

$$\sigma_l(k) = \frac{4\pi(2l+1)^2}{k^2} \frac{(E - E_{\text{res}})^2}{(E - E_{\text{res}})^2 + \Gamma^2/4}, \tag{33.50}$$

das bedeutet: an der Resonanzstelle selbst nimmt σ_l den Wert Null an! Damit ist E_{res} im strengen Sinne des Wortes auch keine Resonanz! Vielmehr haben wir ein dem Ramsauer–Townsend-Effekt ähnliches Phänomen vor uns. Dies zeigt, dass eine allgemeine Behandlung von Resonanzen nicht einfach ist und letztendlich sehr viele „Wenns" zu den sehr einfachen Formeln wie die Breit–Wigner-Formel führen. Insbesondere kann man zeigen, dass auch für $l > 0$ das kugelsymmetrische Kastenpotential Null-Energie-Resonanzen besitzt, die allerdings eine differenzierte Behandlung als für den Fall $l = 0$ bedingen. Wir kommen im folgenden Abschnitt 34 darauf zurück.

34 Partialwellenmethode V: Resonanzen

Bereits bei der Untersuchung der Streuung am kugelsymmetrischen Kastenpotential in Abschnitt 33 sind wir auf das Phänomen auftretender Resonanzen gestoßen. Wir wollen dies in diesem Abschnitt von einem allgemeineren Standpunkt heraus betrachten, bleiben aber teilweise heuristisch, da das ganze Thema sehr viele Facetten aufweist und Resonanzen sowohl phänomenologisch als auch theoretisch nur bedingt systematisch behandelt werden können.

Die Streuphasen $\delta_l(k)$ und damit der partielle Wirkungsquerschnitt $\sigma_l(k)$ sind im Allgemeinen langsam veränderliche Funktionen von k beziehungsweise der Energie $E = \hbar^2 k^2/(2M)$ und nehmen mit steigender Energie E und für größer werdende Werte der Drehimpulsquantenzahl l ab. Es kann jedoch vorkommen, dass innerhalb bestimmter Werte von E die Streuphase δ_l eine rapide Veränderlichkeit zeigt, den Wert $\pi/2$ überstreicht und so zu einen scharfen Peak im Streuquerschnitt führt. Dieses in der Atom-, der Kern- und der Teilchenphysik wohlbekannte Phänomen heißt **Resonanz**, und deren Ursache liegt im Vorhandensein sogenannter **quasigebundener Zustände**, wie wir nun ausführen wollen.

Wir erinnern an Abschnitt II-23, in dem wir insbesondere das effektive Potential $V_{\text{eff}}(r)$ eines Zentralpotentials eingeführt haben, zu dem die Zentrifugalbarriere einen stets repulsiven Beitrag liefert, siehe (II-23.11). Je nach genauem Verlauf eines attraktiven Potentials $V(r)$ besitzt $V_{\text{eff}}(r)$ dann unter Umständen die Form eines endlichen Potentialtopfs, umrandet von einer Potentialbarriere endlicher Dicke, die aber abhängig ist von der Energie des Teilchens, siehe Abbildung 3.4. Wir werden am Ende dieses Abschnitts noch auf den interessanten Fall zurückkommen, dass in WKB-Näherung gebundene Zustände zu $l > 0$ existieren können. Es sei aber an dieser Stelle darauf hingewiesen, dass die nachfolgenden Betrachtungen sich nicht darauf beschränken, dass sich ein effektives Potential aufgrund einer vorhandenen Drehimpulsbarriere ergibt, sondern vielmehr allgemein einen Potentialverlauf wie beispielhaft in Abbildung 3.4 dargestellt voraussetzen, unabhängig davon, aus welchen Gründen sich dieser ergibt – bei der Streuung an Kernen oder an Nukleonen beispielsweise treten komplizierte Wechselwirkungen zwischen den Teilchen in Erscheinung, die im Modell der Potentialstreuung ebenfalls zu derartigen Potentialverläufen führen.

Resonanzstreuung ist uns bereits im eindimensionalen Fall begegnet, nämlich bei der Streuung am Potentialwall (Abschnitt I-31) beziehungsweise am Potentialtopf (Abschnitt I-32). Dort nahm der Transmissionskoeffizient genau dann den maximalen Wert Eins an, wenn für die Energie E des gestreuten Teilchens gilt: $E - V_0 = E_n$, wobei E_n die Energie eines gebundenen Zustands des unendlich tiefen Potentialtopfs ist. Im Dreidimensionalen werden Reflektions- und Transmissionskoeffizienten konzeptionell durch die Streuamplitude $f_l(k)$ beziehungsweise den Streuquerschnitt $\sigma_l(k)$ ersetzt, so dass Resonanzstreuung dann gegeben ist, wenn dieser für bestimmte Werte von k ein lokales Maximum besitzt. Das ist wegen (30.29) und (30.14b) gleichbedeutend damit, dass

$$|f_l(k)|^2 = \frac{1}{k^2(\cot^2 \delta_l(k) + 1)}$$

ein Maximum annimmt, was wiederum – unter der Voraussetzung, dass die Variation von

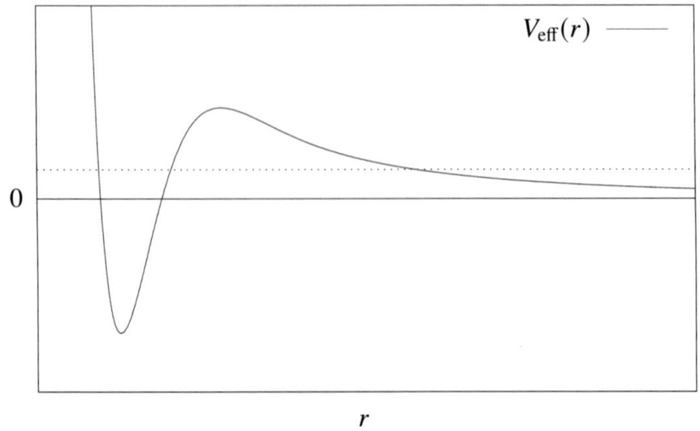

Abbildung 3.4: Das effektive Potential $V_{\text{eff}}(r)$ kann je nach Verlauf sogenannte quasigebundene Zustände besitzen.

$f_l(k)$ in $1/k^2$ vernachlässigt werden kann – genau dann der Fall ist, wenn der Kotangens verschwindet:

$$\cot \delta_l \stackrel{!}{=} 0. \tag{34.1}$$

Also muss δ_l den Wert $\pi/2$ annehmen, und zwar derart, dass für $E \longrightarrow E_{\text{res}}$ von links die Streuphase $\delta_l(k) \longrightarrow \pi/2$ von unten geht, siehe Abbildung 3.5. Dann können wir aber in der Umgebung der Resonanz die folgende Reihe ansetzen (man beachte, dass der Kotangens selbst an der Nullstelle die Ableitung minus Eins besitzt):

$$\cot \delta_l \approx \underbrace{\cot \delta_l|_{E=E_{\text{res}}}}_{=0} - c(E - E_{\text{res}}),$$

wobei

$$c = -\left.\frac{\mathrm{d}}{\mathrm{d}E} \cot \delta_l\right|_{E=E_{\text{res}}} = \left.\frac{\mathrm{d}}{\mathrm{d}E} \delta_l\right|_{E=E_{\text{res}}}. \tag{34.2}$$

Damit erhalten wir in der Nähe der Resonanz für die Partialwellenamplitude $f_l(k)$ den Ausdruck

$$f_l(k) = -\frac{1}{k\,[c(E - E_{\text{res}}) + \mathrm{i}]},$$

und mit der Ersetzung

$$c := \frac{2}{\Gamma} \tag{34.3}$$

wird daraus

$$f_l(k) = -\frac{\Gamma/2}{k\,[(E - E_{\text{res}}) + \mathrm{i}\Gamma/2]}. \tag{34.4}$$

Wir erhalten so für den partiellen Wirkungsquerschnitt die **Breit–Wigner-Formel**

$$\sigma_l = \frac{4\pi}{k^2} \frac{(2l+1)\Gamma^2/4}{(E - E_{\text{res}})^2 + \Gamma^2/4}. \tag{34.5}$$

Gregory Breit wurde 1899 im Russischen Kaiserreich in Nikolajew nahe Odessa als Grigorii Breit-Schneider geboren, in der heutigen Ukraine. Nach der russischen Revolution verließ er Russland und studierte an namhaften Universitäten in den USA und Europa, leistete bedeutende Beiträge zur theoretischen Kernphysik und der aufkommenden Quantenelektrodynamik.

Die Breit–Wigner-Formel (34.5) beschreibt näherungsweise den Streuquerschnitt in der Nähe einer Resonanz, siehe Abbildung 3.5. Näherungsweise deshalb, weil (34.5) umso besser gilt, je kleiner die **Resonanzbreite** Γ ist, sprich je weniger die Variation von $\sigma_l(k)$ in $1/k^2$ gegenüber dem zweiten Faktor beiträgt. Ansonsten wäre (34.1) nicht gleichbedeutend damit, dass $f_l(k)$ ein Maximum annimmt.

Vorbereitend für die weiter unten erfolgende Betrachtung von Wellenpaketen untersuchen wir zunächst die Form der Wellenfunktion innerhalb der Streuregion. Wir setzen dabei voraus, dass wir dem Streupotential eine wie auch immer definierte endliche Reichweite a beimessen können. Für $r > a$ ist die Partialwelle zu gegebenem l mit (30.3) sowie (30.9) gegeben durch

$$\psi_{k,l}^{(+)}(\boldsymbol{r}) \overset{r>a}{\sim} \mathrm{e}^{\mathrm{i}\delta_l(k)} \left[\cos\delta_l(k)\mathrm{j}_l(kr) - \sin\delta_l(k)\mathrm{y}_l(kr)\right] \mathrm{P}_l(\cos\theta). \tag{34.6}$$

Die durch (34.6) gegebene Funktion $\psi_{k,l}^{(+)}(\boldsymbol{r})$ ist (uneigentliche) Eigenfunktion des vollen Hamilton-Operators $\hat{H} = \hat{H}_0 + \hat{V}$ zum Eigenwert $E = \hbar^2k^2/(2M)$. Man beachte aber, dass per Voraussetzung für $r > a$ gilt: $V(r) \equiv 0$.

Für ein ausgeprägtes Resonanzphänomen muss die sogenannte „Potentialstreuung" vernachlässigt werden können, es muss also für die *hard sphere phase shift* $|\xi_l| \ll 1$ gelten – siehe die Ausführungen in Abschnitt 33. Also muss wegen (33.2) gelten:

$$\mathrm{j}_l(ka) \approx 0.$$

Das bedeutet: für $r = a$ dominiert in (34.6) der Sinusterm:

$$\psi_{k,l}^{(+)}(\boldsymbol{r}) \overset{r=a}{\sim} \mathrm{e}^{\mathrm{i}\delta_l(k)} \sin\delta_l(k)\mathrm{y}_l(kr)\mathrm{P}_l(\cos\theta). \tag{34.7}$$

An diese Randbedingung müssen wir die Innenraumlösung für $r < a$ anschließen, für die wir entsprechend allgemein ansetzen:

$$\begin{aligned}\psi_{k,l}^{(+)}(\boldsymbol{r}) &\overset{r<a}{\sim} \mathrm{e}^{\mathrm{i}\delta_l(k)} \sin\delta_l(k) \cdot \gamma_{l,k}(r)\mathrm{P}_l(\cos\theta) \\ &= kf_l(k)\gamma_{l,k}(r)\mathrm{P}_l(\cos\theta),\end{aligned}$$

wobei $\gamma_{l,k}(r)$ eine (uneigentliche) Eigenfunktion von $\hat{H} = \hat{H}_0 + \hat{V}$ zum Eigenwert $E = \hbar^2k^2/(2M)$ ist und per Definition eine im Vergleich zu $f_l(k)$ in der Nähe der Resonanz (und

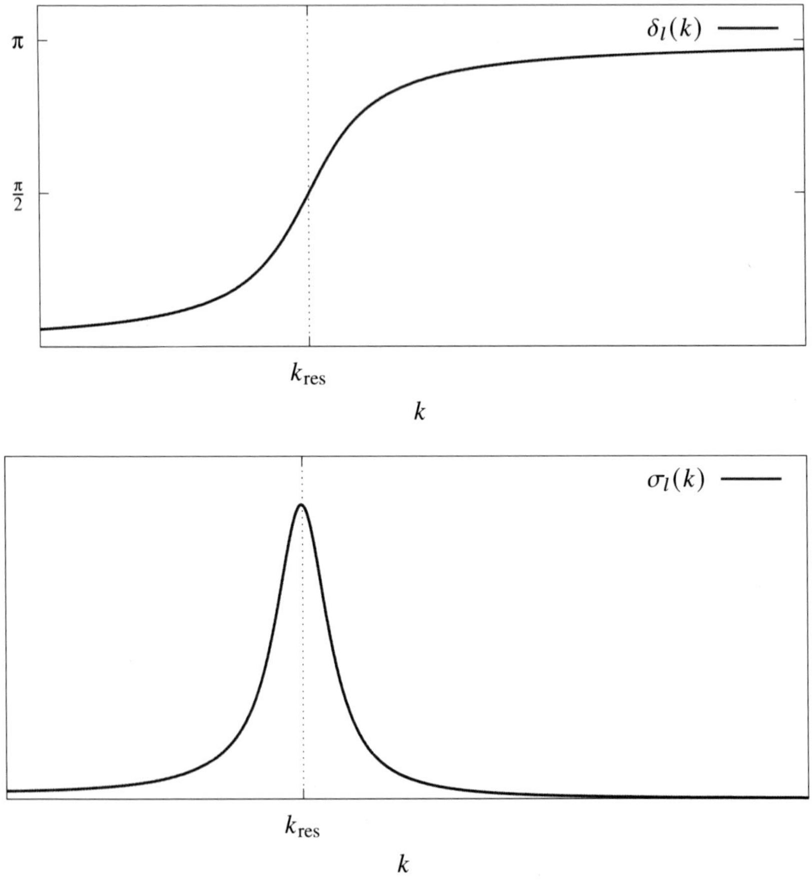

Abbildung 3.5: Schematischer (und idealisierter) Verlauf der Streuphase $\delta_l(k)$ und des totalen Streuquerschnitts $\sigma_l(k)$ in der Umgebung einer Resonanz k_{res}. Letzterer besitzt die typische Breit–Wigner-Form. An der Resonanz selbst nimmt $\sigma_l(k)$ ein lokales Maximum an, und es ist $\delta_l = \pi/2$.

damit überhaupt) eine nur schwache Veränderlichkeit in der Energie besitzt – die gesamte starke Veränderlichkeit ist also bereits durch den Vorfaktor $kf_l(k)$ gekapselt. Zusammen mit (34.4) erhalten wir so:

$$\psi_{k,l}^{(+)}(\boldsymbol{r}) \overset{r<a}{\sim} \frac{\Gamma/2}{(E - E_{\text{res}}) + \mathrm{i}\Gamma/2} \gamma_{l,k}(r) \mathrm{P}_l(\cos\theta). \tag{34.8}$$

Bildet man nun für die Gesamtlösung $\psi_{k,l}^{(+)}(\boldsymbol{r})$ für $r > a$ mit (34.6) und für $r < a$ mit (34.8) das Betragsquadrat, so stellt man fest, dass der Durchgang durch eine Resonanz von einer plötzlichen Intensitätszunahme der entsprechenden Partialwelle im inneren Bereich begleitet ist, sprich: die Aufenthaltswahrscheinlichkeit, dass das Teilchen in den Innenraum eindringt, nimmt stark zu.

Wellenpakete und quasigebundene Zustände

Um nun die Verbindung zu quasigebundenen Zuständen herzustellen, müssen wir Wellenpakete untersuchen. Hierzu fügen wir zunächst eine allgemeine Zwischenbetrachtung ein, die an Abschnitt 29 anschließt und den Resonanzfall für asymptotische Zustände unabhängig von der Partialwellenmethode betrachtet. Die Darstellung folgt hierbei der Monographie von Taylor.

Wir betrachten zum Zeitpunkt $t = 0$ ein Wellenpaket $\Psi(\boldsymbol{r}, 0)$:

$$\Psi(\boldsymbol{r}, 0) = \frac{1}{(2\pi)^{3/2}} \int \phi(k) \mathrm{e}^{\mathrm{i}\boldsymbol{k}\cdot(\boldsymbol{r}-\boldsymbol{r}_0)} \mathrm{d}^3\boldsymbol{k}. \tag{34.9}$$

Die Spektralfunktion $\phi(k)$ sei dabei nun scharf um den Wert $\boldsymbol{k}_0 = \boldsymbol{k}_{\text{res}}$ gepeakt, mit vernachlässigbaren Impulsanteilen, die nicht in Richtung von $\boldsymbol{k}_{\text{res}}$ liegen, aber besitze dennoch eine Energieverteilung ΔE. Es sind dann $\boldsymbol{r}_0$ und $\boldsymbol{k}_{\text{res}}$ beziehungsweise $\boldsymbol{k}$ nach wie vor antiparallel, so dass wir $\boldsymbol{k} \cdot \boldsymbol{r}_0 \approx -kr_0$ und $\boldsymbol{k} \cdot \boldsymbol{v}_0 \approx kv_0$ nähern können.

Nun müssen wir zwei Fälle unterscheiden: im einen Fall sei die Unbestimmtheit der Energie ΔE des Wellenpakets kleiner als die Resonanzbreite Γ, im anderen Fall umgekehrt. Wir betrachten zunächst den Fall $\Delta E \ll \Gamma$. Die Analyse, die wir für die Streuung eines Wellenpakets in Abschnitt 29 durchgeführt haben, führt uns zunächst wieder bis zu (29.8). Dort haben wir nun die Streuamplitude aufgrund deren schwacher Veränderlichkeit in k vor das Integral ziehen können, indem wir für sie den Wert $k = k_0$ angesetzt haben (wobei hier $k_0 = k_{\text{res}}$). Diese Voraussetzung ist nun nicht mehr gegeben. Es ist immerhin auch weiter kein Problem, das θ-abhängige Legendre-Polynom vor das Integral zu ziehen. Für den radial gestreuten l-Partialwellenanteil erhalten wir also:

$$\begin{aligned}
\Psi_{l,\text{scatt}}(\boldsymbol{r}, t) &\sim \int \phi(\boldsymbol{k}) \mathrm{e}^{-\mathrm{i}\boldsymbol{k}\cdot(\boldsymbol{r}_0+\boldsymbol{v}_0 t)} \mathrm{P}_l(\cos\theta) f_l(k) \frac{\mathrm{e}^{\mathrm{i}kr}}{r} \mathrm{d}^3\boldsymbol{k} \\
&= \frac{\mathrm{P}_l(\cos\theta)}{r} \int \phi(\boldsymbol{k}) \mathrm{e}^{\mathrm{i}k(r+r_0-v_0 t)} f_l(k) \mathrm{d}^3\boldsymbol{k} \\
&= \frac{\mathrm{P}_l(\cos\theta)}{r} \int \phi(\boldsymbol{k}) \mathrm{e}^{\mathrm{i}k(r+r_0-v_0 t)} \frac{\mathrm{e}^{\mathrm{i}\delta_l(k)} \sin\delta_l(k)}{k} \mathrm{d}^3\boldsymbol{k},
\end{aligned}$$

unter Verwendung von (30.14b). Nunmehr nähern wir wegen $\Delta E \ll \Gamma$ die schnell veränderliche Streuphase durch

$$\delta_l(k) \approx \delta_l(k_{\mathrm{res}}) + (k - k_{\mathrm{res}}) \left.\frac{\mathrm{d}\delta_l(k)}{\mathrm{d}k}\right|_{k=k_{\mathrm{res}}},$$

so dass

$$\begin{aligned} \mathrm{e}^{\mathrm{i}\delta_l(k)} &\approx \mathrm{const} \cdot \mathrm{e}^{\mathrm{i}k\delta_l'(k_{\mathrm{res}})}, \\ \sin\delta_l(k) &\approx \sin\delta_l(k_{\mathrm{res}}) = 1. \end{aligned}$$

Damit erhalten wir

$$\Psi_{l,\mathrm{scatt}}(\boldsymbol{r}, t) \sim \frac{\mathrm{P}_l(\cos\theta)}{k_{\mathrm{res}} r} \int \phi(\boldsymbol{k}) \mathrm{e}^{\mathrm{i}k[r + r_0 - v_0 t + \delta_l'(k_{\mathrm{res}})]} \mathrm{d}^3\boldsymbol{k},$$

und somit

$$\Psi_{l,\mathrm{scatt}}(\boldsymbol{r}, t) \sim \frac{\mathrm{P}_l(\cos\theta)}{k_{\mathrm{res}} r} \Psi([r - v_0 t + \delta_l'(k_{\mathrm{res}})]\boldsymbol{e}_{k_0}, 0). \tag{34.10}$$

Vergleichen wir (34.10) mit der gestreuten Welle (zweiter Summand) in (29.11), so stellen wir den relevanten Unterschied fest: der gestreute Anteil der l-Partialwelle ist proportional zum ungestreuten Anteil, aber nicht in radialer Distanz $r - v_0 t$, sondern bei $r - v_0 t + \delta_l'(k_{\mathrm{res}})$. Sie hinkt also dem ungestreutem Anteil um die Strecke

$$\begin{aligned} \delta_l'(k_{\mathrm{res}}) &= \hbar v_0 \left.\frac{\mathrm{d}\delta_l(k(E))}{\mathrm{d}E}\right|_{E=E_{\mathrm{res}}} \\ &= \frac{2\hbar}{\Gamma} v_0 \end{aligned}$$

hinterher, siehe (34.2,34.3). Äquivalent spricht man von einer zeitlichen Verzögerung

$$\tau = \frac{2\hbar}{\Gamma} \tag{34.11}$$

der gestreuten Partialwelle gegenüber der ungestreuten Partialwelle. Da stets $\tau > 0$ ist, muss aus physikalischen Gründen auch $\mathrm{d}\delta_l/\mathrm{d}E > 0$ sein, was aber auch der Fall ist (siehe Diskussion weiter oben).

Wir stellen außerdem fest, dass abgesehen von der zeitlichen Verzögerung τ kein nennenswerter Unterschied zwischen der Form der Streuwelle im Resonanzfall (34.10) und der Streuwelle ohne Resonanz (29.11) existiert. Es gilt hierbei ohnehin die Identifizierung $f_l(k_{\mathrm{res}}) = \mathrm{i}/k_{\mathrm{res}}$ und somit $f(\boldsymbol{k}_{\mathrm{res}}, \boldsymbol{k}') \sim \mathrm{P}_l(\cos\theta)/k_{\mathrm{res}}$. Insbesondere ist dann ebenfalls $\mathrm{d}\sigma/\mathrm{d}\Omega = |f(\boldsymbol{k}_{\mathrm{res}}, \boldsymbol{k}')|^2$, und wir beobachten auch experimentell Resonanzstreuung wie anfangs dieses Abschnitts beschrieben.

Nun betrachten wir den Fall $\Delta E \gg \Gamma$, also eine sehr schmale Resonanz. Wir gehen von Zwischenergebnis (29.8) aus und beschränken uns in der weiteren Betrachtung wieder auf den radial gestreuten l-Partialwellenanteil:

$$\begin{aligned}\Psi_{l,\mathrm{scatt}}(\boldsymbol{r},t) &\sim \int \phi(\boldsymbol{k})\mathrm{e}^{-\mathrm{i}\boldsymbol{k}\cdot(\boldsymbol{r}_0+\boldsymbol{v}_0 t)}\mathrm{P}_l(\cos\theta)f_l(k)\frac{\mathrm{e}^{\mathrm{i}kr}}{r}\mathrm{d}^3\boldsymbol{k}\\ &= \frac{\mathrm{P}_l(\cos\theta)}{r}\int \phi(\boldsymbol{k})\mathrm{e}^{\mathrm{i}k(r+r_0-v_0 t)}f_l(k)\mathrm{d}^3\boldsymbol{k}\\ &\sim \frac{\mathrm{P}_l(\cos\theta)}{k_{\mathrm{res}}r}\int_0^\infty \bar{\phi}(E)\mathrm{e}^{\mathrm{i}k(E)(r+r_0-v_0 t)}\frac{\Gamma/2}{(E-E_{\mathrm{res}})+\mathrm{i}\Gamma/2}\mathrm{d}E,\end{aligned}$$

mit $\bar{\phi}(E) = \phi(k(E))$. Wir können nun nähern:

$$\begin{aligned}k(E) &\approx k(E_{\mathrm{res}}) + (E-E_{\mathrm{res}})\left.\frac{\mathrm{d}k(E)}{\mathrm{d}E}\right|_{E=E_{\mathrm{res}}}\\ &= \sqrt{\frac{2ME_{\mathrm{res}}}{\hbar^2}} + \frac{E-E_{\mathrm{res}}}{2}\sqrt{\frac{2M}{\hbar^2 E_{\mathrm{res}}}}\\ &= k_{\mathrm{res}} + \frac{E-E_{\mathrm{res}}}{2}\frac{k_{\mathrm{res}}}{E_{\mathrm{res}}} = k_{\mathrm{res}} + \frac{E-E_{\mathrm{res}}}{\hbar v_0},\end{aligned}$$

unter Verwendung von (29.9,29.10) im letzten Schritt. Damit erhalten wir:

$$\Psi_{l,\mathrm{scatt}}(\boldsymbol{r},t) \sim \frac{\mathrm{P}_l(\cos\theta)}{k_{\mathrm{res}}r}\int_{-\infty}^\infty \bar{\phi}(E)\mathrm{e}^{\mathrm{i}(E-E_{\mathrm{res}})(r+r_0-v_0 t)/(\hbar v_0)}\frac{\Gamma/2}{(E-E_{\mathrm{res}})+\mathrm{i}\Gamma/2}\mathrm{d}E, \quad (34.12)$$

wobei wir gefahrlos die untere Integrationsgrenze nach $-\infty$ verschieben können, da die Spektralfunktion $\phi(k)$ für negative Werte von E einfach verschwindet.

Das Integral in (34.12) lässt sich nun einfach mit Hilfe der Cauchyschen Integralformel berechnen. Es ist vom Typ:

$$\int_{-\infty}^\infty f(\omega)\frac{\mathrm{e}^{\mathrm{i}\omega t}}{\omega+\mathrm{i}\epsilon}\mathrm{d}\omega = \oint_C f(z)\frac{\mathrm{e}^{\mathrm{i}zt}}{z+\mathrm{i}\epsilon}\mathrm{d}z,$$

entlang eines Weges C, der den Pol an der Stelle $z = -\mathrm{i}\epsilon$ entweder umschließt oder nicht, je nach dem, ob C in der unteren oder in der oberen Halbebene geschlossen wird. Wir erkennen sehr schnell, dass für $t < 0$ das Integral nur für $\mathrm{Im}\, z < 0$ definiert ist (schließt in unterer Halbebene) und für $t > 0$ entsprechend für $\mathrm{Im}\, z > 0$ (schließt in oberer Halbebene). Der Integrand in (34.12) besitzt einen Pol bei $E = E_{\mathrm{res}} - \mathrm{i}\Gamma/2$, so dass wir schlussendlich also

$$\Psi_{l,\mathrm{scatt}}(\boldsymbol{r},t) \sim \begin{cases} \dfrac{\mathrm{P}_l(\cos\theta)}{k_{\mathrm{res}}r}\bar{\phi}(E_{\mathrm{res}})\Gamma\pi\mathrm{i}\exp\left[\dfrac{\Gamma}{2\hbar}\left(\dfrac{r+r_0}{v_0}-t\right)\right] & v_0t > r+r_0 \\ 0 & v_0t < r+r_0 \end{cases} \tag{34.13}$$

beziehungsweise

$$|\Psi_{l,\mathrm{scatt}}(\boldsymbol{r},t)|^2 \sim \begin{cases} \dfrac{[\mathrm{P}_l(\cos\theta)]^2}{k_{\mathrm{res}}^2r^2}|\bar{\phi}(E_{\mathrm{res}})|^2\Gamma^2\pi^2\exp\left[\dfrac{\Gamma}{\hbar}\left(\dfrac{r+r_0}{v_0}-t\right)\right] & v_0t > r+r_0 \\ 0 & v_0t < r+r_0 \end{cases} \tag{34.14}$$

erhalten.

Wie müssen wir (34.14) interpretieren? Zu einem Zeitpunkt t ist die Wahrscheinlichkeitsdichte (34.14), das Teilchen außerhalb einer Kugel mit Radius $r > v_0t - r_0$ zu finden, gleich Null. Innerhalb dieser Kugel jedoch nimmt die Wahrscheinlichkeitsdichte an jedem Wert von r gemäß $\exp(-\Gamma t/\hbar)$ exponentiell mit der Zeit ab. Die Wahrscheinlichkeitsdichte ist eine sich radial nach außen bewegende Wellenfront, deren genauer Verlauf jedoch nicht durch (34.14) wiedergegeben wird. (In der durch (34.14) dargestellten Näherung ist dieser eine am Rand der Kugel abgeschnitte Exponentialfunktion, die dort ihren Maximalwert Eins annimmt.) Eine genaue Berechnung der Wellenfunktion bedingt natürlich die genauere Berücksichtigung der Spektralfunktion $\phi(\boldsymbol{k})$.

Dieses Verhalten entspricht phänomenologisch dem eines metastabilen Zustands mit Energie E_{res} und Drehimpulsquantenzahl l, der zum Zeitpunkt $t = 0$ gebildet wird und exponentiell mit einer Halbwertszeit $\tau := \hbar/\Gamma$ zerfällt (vergleiche Abschnitt 17, insbesondere (17.18) und (17.19)). Daher ist es gerechtfertigt, von $\Psi(\boldsymbol{r},t)$ als einem **metastabilen** oder **quasigebundenen Zustand** mit der **Zerfallsbreite** Γ und der **mittleren Lebensdauer**

$$\tau = \frac{\hbar}{\Gamma} \tag{34.15}$$

zu sprechen. Je schmaler die Resonanz (je kleiner Γ), desto größer die mittlere Lebensdauer τ. Diese Analogie lässt in der Elementarteilchenphysik den Unterschied zwischen den als Resonanzen bezeichneten kurzlebigen Elementarteilchen und „echten", stabilen Teilchen völlig verschwimmen.

Bemerkenswert ist ferner, dass unter Verwendung von (34.13) für die Berechnung des differentiellen Streuquerschnitts dieser *nicht* der Formel $\mathrm{d}\sigma/\mathrm{d}\Omega = |f(\boldsymbol{k}_{\mathrm{res}},\boldsymbol{k}')|^2$ entspricht, sondern vielmehr einerseits proportional ist zu $|\bar{\phi}(E_{\text{res}})|^2$, also von der Spektralfunktion $\phi(\boldsymbol{k})$ und damit der Form des Wellenpakets abhängt. Andererseits enthält er auch noch den Faktor Γ^2 und ist damit für sehr schmale Resonanzen sehr klein und eben *nicht* maximal.

Zusammenfassend kann man sagen, dass zeitliche Verzögerung des gestreuten Wellenteils und exponentieller Zerfall des quasigebundenen Zustands in gewisser Weise komplementäre, aber stark idealisierte Gegenpole eines in der Realität äußerst komplexen Streuverhaltens darstellen. In einem realen Streuexperiment weisen sehr stark ausgeprägte Resonanzen in jedem Fall darauf hin, dass das gestreute Teilchen sehr tief in die Streuregion eindringt, dort eine durchaus makroskopische Zeit verweilt und mit entsprechendem Zeitverzug wieder re-emittiert wird. Wie die gesamte Streutheorie überhaupt ist auch die Behandlung von Resonanzen von starker Vereinfachung geprägt, die aber zumindest in groben Zügen grundlegende Zusammenhänge aufzeigt und die eine Tür aufstößt zur späteren Betrachtung instabiler Elementarteilchen, die dem ganzen Teilchenzoo der Hochenergiephysik die ihm innewohnende Komplexität verleiht.

Für eine tiefergehende Diskussion von Resonanzen und quasigebundenen Zuständen (die oft auch „virtuelle Zustände" genannt werden), siehe die weiterführende Literatur, insbesondere die Monographien von Taylor sowie von Goldberger und Watson.

Gebundene Zustände mit $E = 0$

Wir haben in Kapitel I-5 den Transmissionskoeffizienten für den eindimensionalen Fall in WKB-Näherung für den Tunneleffekt in einem allgemeinen Potentialwall berechnet, siehe Gleichungen (I-42.9) beziehungsweise (I-43.9). Da für Zentralpotentiale $V(r)$ die entsprechende Problemstellung im Wesentlichen ebenfalls ein eindimensionales ist, lässt sich die WKB-Näherung nahezu unverändert übernehmen. Im speziellen Fall des radioaktiven Zerfalls von Atomkernen beispielsweise (das Potential $V(r)$ ist in diesem Fall in erster Näherung das Coulomb-Potential) heißt der Transmissionskoeffizient auch **Gamow-Faktor**, benannt nach dem sowjetischen Kern- und Astrophysiker George Gamow, der 1904 in Odessa in der heutigen Ukraine geboren wurde und 1933 in die USA flüchtete. Seine Arbeit [Gam28], in der er den Alpha-Zerfall in WKB-Näherung quantitativ erklärte, schrieb er während seines Aufenthalts in Göttingen.

Wir definieren einen Transmissionskoeffizienten

$$T = 4\exp\left(-\frac{2}{\hbar}\int_{r_1}^{r_2}|p(r)|\mathrm{d}r\right), \tag{34.16}$$

mit

$$|p(r)| = \sqrt{2M\left(V(r) + \frac{\hbar^2 l(l+1)}{2Mr^2} - E\right)}. \tag{34.17}$$

Hierbei setzen wir sinnvollerweise $V(r) \xrightarrow{r\to\infty} 0$ voraus, und wir setzen im Folgenden $r_2 = \infty$.

Wie man sieht, nimmt (34.16) durch das Vorhandensein der Drehimpulsbarriere für den

Fall $E = 0$ die Form

$$T \sim \exp\left(-\frac{2}{\hbar}\int_{r_1}^{\infty}\sqrt{2M\left(V(r)+\frac{\hbar^2 l(l+1)}{2Mr^2}\right)}\mathrm{d}r\right) \tag{34.18}$$

an. Es gilt nun zwei Fälle zu unterscheiden: $l = 0$ und $l > 0$.

Wir beginnen mit $l = 0$. Dann ist

$$T \sim \exp\left(-\frac{2}{\hbar}\int_{r_1}^{\infty}\sqrt{2M\,(V(r))}\mathrm{d}r\right), \tag{34.19}$$

und unter der Voraussetzung (27.2) ist das Integral auf der rechten Seite endlich, so dass $T \neq 0$.

Ist hingegen $l > 0$, so verhält sich der Integrand in (34.18) für $r \to \infty$ wie r^{-1}, und das führt wie beim Coulomb-Potential auch zu einem divergenten Ausdruck. Als Folge verschwindet der Transmissionskoeffizient T, und wir haben einen gebundenen Zustand für $E = 0$ und eine damit einhergehende Null-Energie-Resonanz vor uns.

35 Die Eikonal-Näherung

Der WKB-Näherung (für den eindimensionalen Fall) haben wir bereits ein ganzes Kapitel I-5 gewidmet. Sie stellt eine umso bessere Näherung dar, je größer $|E - V(\boldsymbol{r})|$ und je kleiner die räumliche Ableitung des Potentials $V(\boldsymbol{r})$ ist, in anderen Worten: so lange die de Broglie-Wellenlänge $\lambda(\boldsymbol{r})$ eines Punktteilchens mit scharfer Energie E klein ist gegenüber der typischen Längenskala a, in der das Potential $V(\boldsymbol{r})$ merklich variiert. Auf den Kontinuumsfall angewandt und mit wenigen Zusatzbedingungen versehen wird die WKB-Näherung zur **Eikonalnäherung**, in Anlehnung an die geometrische Optik, wo das Eikonal die Strecke eines Lichtstrahls zwischen Anfangs- und Endpunkt bezeichnet. Die charakteristische Länge des Streupotentials ist dann beispielsweise gegeben durch den Bohrschen Radius a_0 beim Coulomb-Potential oder der Parameter λ^{-1} des Yukawa-Potentials (28.7). Bei einem Potential echt endlicher Reichweite ist a natürlicherweise genau diese Reichweite.

Man beachte, dass $V(\boldsymbol{r})$ selbst nicht schwach sein muss, so lange nur $E \gg V(\boldsymbol{r})$. Daher ist deren Gültigkeitsbereich eine andere als der der Bornschen Näherung (Abschnitt 27).

Wie in Abschnitt I-39 machen wir daher für die Wellenfunktion $\psi^{(+)}(\boldsymbol{r})$ den Ansatz (I-39.4):

$$\psi^{(+)}(\boldsymbol{r}) = \frac{1}{(2\pi\hbar)^{3/2}} \mathrm{e}^{\frac{\mathrm{i}}{\hbar}S(\boldsymbol{r})}, \tag{35.1}$$

wobei also die in (I-39.4) auftauchende Koeffizientenfunktion $R(\boldsymbol{r})$ als räumlich konstant genähert wird. Das führt uns dann in gewohnter Manier unter Verwendung von (I-39.2) zur Hamilton–Jacobi-Gleichung (I-39.10)

$$(\nabla S(\boldsymbol{r}))^2 = \boldsymbol{p}(\boldsymbol{r})^2 = 2M(E - V(\boldsymbol{r})), \tag{35.2}$$

mit der Lösung (I-39.15):

$$S(\boldsymbol{r}) = \text{const} + \hbar \int_{\boldsymbol{r}_0}^{\boldsymbol{r}} \boldsymbol{p}(\boldsymbol{r}') \cdot \mathrm{d}\boldsymbol{r}', \tag{35.3}$$

entlang eines klassischen Integrationsweges, der am Punkt $\boldsymbol{r}$ endet. Der Weg selbst ist durch Anfangs- und Randbedingungen bestimmt. Eine exakte Berechnung der klassischen Trajektorie durch Lösen der Hamilton–Jacobi-Gleichung (35.2) ist allerdings im Allgemeinen nicht möglich, vielmehr müssen wir zusätzliche Vereinfachungen treffen.

Es sei nun ein Zentralpotential $V(r)$ gegeben. Wählen wir als klassische Trajektorie eine eingehende Teilchenbewegung in z-Richtung ($\boldsymbol{k} = k\boldsymbol{e}_z$) mit Stoßparameter $\boldsymbol{b}$, der ohne Beschränkung der Allgemeinheit in der xy-Ebene liegt, und vernachlässigen wir ferner die eigentliche Ablenkung durch die Streuung ($\theta \approx 0$), so wird aus (35.3):

$$S(z) = \text{const} + \hbar \int_{z_0}^{z} \left[k^2 - \frac{2M}{\hbar^2} V\left(\sqrt{b^2 + (z')^2}\right)\right]^{1/2} \mathrm{d}z'. \tag{35.4}$$

Die Gültigkeit der Näherung (35.4) ist dabei umso besser, je größer die Teilchenenergie E ist.

Die Integrationskonstante in (35.4) wählen wir so, dass für $V(r) \equiv 0$ gilt: $S(z) = \hbar k z$, so dass wir weiter erhalten:

$$\begin{aligned} S(z) &= \hbar k z_0 + \hbar \int_{z_0}^{z} \left[k^2 - \frac{2M}{\hbar^2} V\left(\sqrt{b^2 + (z')^2}\right)\right]^{1/2} \mathrm{d}z' \\ &= \hbar k z + \hbar \int_{z_0}^{z} \left\{ \left[k^2 - \frac{2M}{\hbar^2} V\left(\sqrt{b^2 + (z')^2}\right)\right]^{1/2} - k \right\} \mathrm{d}z' \\ &\approx \hbar k z - \frac{M}{\hbar k} \int_{z_0}^{z} V\left(\sqrt{b^2 + (z')^2}\right) \mathrm{d}z'. \end{aligned} \tag{35.5}$$

Im letzten Schritt haben wir dabei verwendet, dass für $E = \hbar^2 k^2/(2M) \gg V$ gilt:

$$\left[k^2 - \frac{2M}{\hbar^2} V(r)\right]^{1/2} \approx k - \frac{M}{\hbar^2 k} V(r).$$

Damit ist unter Verwendung von Zylinderkoordinaten

$$\psi^{(+)}(\boldsymbol{r}) = \psi^{(+)}(\boldsymbol{b} + z\boldsymbol{e}_z) = \frac{1}{(2\pi\hbar)^{3/2}} \mathrm{e}^{\mathrm{i}kz} \exp\left[-\frac{\mathrm{i}M}{\hbar^2 k} \int_{z_0}^{z} V\left(\sqrt{b^2 + (z')^2}\right) \mathrm{d}z' \right]. \tag{35.6}$$

Die physikalische Aussage dahinter ist, dass in der Eikonalnäherung die dreidimensionale Wellenfunktion $\psi^{(+)}(\boldsymbol{r})$ gewissermaßen durch eine Schar von Strahlen gegeben ist, die parallel zur Einfallsrichtung gerichtet und durch den Stoßparameter $\boldsymbol{b}$ parametrisiert sind und die weder gebeugt noch reflektiert werden, sondern lediglich eine b-abhängige Phasenverschiebung erhalten. Die Näherungen, die zu (35.6) führen, sind daher sehr grob und erlauben keine Beschreibung des eigentlichen Streuprozesses, genauso wie die geometrische Optik nicht in der Lage ist, Phänomene wie Beugung oder Streuung zu beschreiben. Das steht in völliger Übereinstimmung mit der Sichtweise, dass die Eikonalnäherung – wie die WKB-Näherung auch – nichts anderes beschreibt als den semiklassischen Grenzfall zwischen Quantenmechanik und klassischer Mechanik für Streuzustände. Im Gegensatz dazu entspricht die asymptotische quantenmechanische Streutheorie der Fraunhofer-Streuung in der klassischen Wellenoptik, auch Fernfeld-Streuung genannt.

Obwohl $\psi^{(+)}(\boldsymbol{r})$ in (35.6) nicht von der asymptotischen Form

$$\psi^{(+)}(\boldsymbol{r}) \sim \left(\mathrm{e}^{\mathrm{i}\boldsymbol{k}\cdot\boldsymbol{r}} + f(\theta) \frac{\mathrm{e}^{\mathrm{i}kr}}{r} \right)$$

ist, können wir dennoch eine Streuamplitude $f(\theta)$ gemäß (27.5) berechnen:

$$\begin{aligned} f(\theta) &= -(2\pi\hbar)^{3/2} \frac{2M}{4\pi\hbar^2} \int_{\mathbb{R}^3} \mathrm{d}^3\boldsymbol{r}\, \mathrm{e}^{-\mathrm{i}\boldsymbol{k}'\cdot\boldsymbol{r}} V(r) \psi_n^{(+)}(\boldsymbol{r}) \\ &= -\frac{2M}{4\pi\hbar^2} \int_{\mathbb{R}^3} \mathrm{d}^3\boldsymbol{r}\, \mathrm{e}^{\mathrm{i}(\boldsymbol{k}-\boldsymbol{k}')\cdot\boldsymbol{r}} V\left(\sqrt{b^2 + z^2}\right) \exp\left[-\frac{\mathrm{i}M}{\hbar^2 k} \int_{z_0}^{z} V\left(\sqrt{b^2 + (z')^2}\right) \mathrm{d}z' \right], \end{aligned}$$

mit $\theta = \boldsymbol{k} \cdot \boldsymbol{k}'$ und unter Beachtung, dass gemäß Voraussetzung $kz = \boldsymbol{k} \cdot \boldsymbol{r}$.

Wir können nun wie folgt nähern:

$$(\boldsymbol{k} - \boldsymbol{k}') \cdot \boldsymbol{r} = (\boldsymbol{k} - \boldsymbol{k}') \cdot (\boldsymbol{b} + z\boldsymbol{e}_z) \approx -\boldsymbol{k}' \cdot \boldsymbol{b},$$

wobei wir verwendet haben, dass $\boldsymbol{k} \perp \boldsymbol{b}$, sowie

$$(\boldsymbol{k} - \boldsymbol{k}') \cdot \boldsymbol{e}_z = kz(1 - \cos\theta) \sim O(\theta^2), \tag{35.7}$$

was für per Eingangsvoraussetzung kleine Ablenkungswinkel θ also vernachlässigt werden kann. Daraus folgt eine Schranke für den Gültigkeitsbereich der folgenden Näherung, nämlich $kz\theta^2 \ll 1$, was zusammen mit $z > a$ bedeutet:

$$ka\theta^2 \ll 1. \tag{35.8}$$

In Zylinderkoordinaten übernimmt $b = |\boldsymbol{b}|$ die Rolle der Radialkoordinate ρ, und so ist $\mathrm{d}^3\boldsymbol{r} = b\mathrm{d}b\mathrm{d}\phi\mathrm{d}z$. Damit können wir zunächst schreiben (man beachte, dass $|\boldsymbol{k}| = |\boldsymbol{k}'| = k$ und dass $\boldsymbol{b}$ in der xy-Ebene liegt):

$$\boldsymbol{k}' \cdot \boldsymbol{b} = kb(\sin\theta\boldsymbol{e}_x + \cos\theta\boldsymbol{e}_z) \cdot (\cos\phi\boldsymbol{e}_x + \sin\phi\boldsymbol{e}_y) \approx kb\theta\cos\phi.$$

Für die Streuamplitude $f(\theta)$ erhalten wir damit den Ausdruck:

$$\begin{aligned} f(\theta) = -\frac{2M}{4\pi\hbar^2}\int_0^\infty b\mathrm{d}b\int_0^{2\pi}\mathrm{d}\phi\mathrm{e}^{-\mathrm{i}kb\theta\cos\phi} \\ \int_{-\infty}^{\infty}\mathrm{d}zV\left(\sqrt{b^2+z^2}\right)\exp\left[-\frac{\mathrm{i}M}{\hbar^2 k}\int_{z_0}^{z}V\left(\sqrt{b^2+(z')^2}\right)\mathrm{d}z'\right]. \end{aligned} \tag{35.9}$$

Nun verwenden wir

$$\int_0^{2\pi}\mathrm{d}\phi\mathrm{e}^{-\mathrm{i}kb\theta\cos\phi} = 2\pi\mathrm{J}_0(kb\theta), \tag{35.10}$$

mit der **Bessel-Funktion** $\mathrm{J}_0(x)$, sowie

$$\begin{aligned} \int_{-\infty}^{\infty}\mathrm{d}zV\left(\sqrt{b^2+z^2}\right)\exp\left[-\frac{\mathrm{i}M}{\hbar^2 k}\int_{z_0}^{z}V\left(\sqrt{b^2+(z')^2}\right)\mathrm{d}z'\right] = \\ \frac{\mathrm{i}\hbar^2 k}{M}\exp\left[-\frac{\mathrm{i}M}{\hbar^2 k}\int_{z_0}^{z}V\left(\sqrt{b^2+(z')^2}\right)\mathrm{d}z'\right]\Bigg|_{z=-\infty}^{z=+\infty}, \end{aligned}$$

wobei natürlich der Beitrag der unteren Integrationsgrenze $z = -\infty$ im Exponenten auf der rechten Seite keinen Beitrag leistet. Es verbleibt zuletzt also:

$$f(\theta) = -\mathrm{i}k\int_0^\infty \mathrm{d}bb\mathrm{J}_0(kb\theta)\left[\mathrm{e}^{2\mathrm{i}\Delta(b)} - 1\right], \tag{35.11}$$

mit

$$\Delta(b) := -\frac{M}{2k\hbar^2}\int_{-\infty}^{\infty} V\left(\sqrt{b^2+z^2}\right)\mathrm{d}z. \tag{35.12}$$

Man beachte, dass bei einem Potential mit echt endlicher Reichweite a der Integrand in (35.12) für $b > a$ verschwindet, so dass auch $f(\theta)$ in (35.11) verschwindet. Wie wir im Folgenden sehen werden, stellt $\Delta(b)$ nichts anderes dar als eine vom Stoßparameter b abhängige Streuphase.

Totaler Streuquerschnitt und optisches Theorem

Den totalen Streuquerschnitt σ berechnen wir mit Hilfe von (35.11) gemäß

$$\begin{aligned}\sigma_{\text{tot}} &= \int \mathrm{d}\Omega \frac{\mathrm{d}\sigma}{\mathrm{d}\Omega} \\ &= 2\pi k^2 \int_0^{\pi} \mathrm{d}\theta \sin\theta \int_0^{\infty} \mathrm{d}b b \int_0^{\infty} \mathrm{d}b' b' \mathrm{J}_0(kb\theta)\left[\mathrm{e}^{2\mathrm{i}\Delta(b)} - 1\right] \mathrm{J}_0(kb'\theta)\left[\mathrm{e}^{2\mathrm{i}\Delta(b')} - 1\right],\end{aligned} \tag{35.13}$$

und wir betrachten das hierin enthaltene Integral über θ etwas genauer.

Zunächst erinnern wir an den klassischen Zusammenhang zwischen Stoßparameter b und Streuwinkel für ein Zentralpotential $V(r)$:

$$\frac{V(r)}{E} = 2\frac{b}{r}\tan\frac{\theta}{2} \xrightarrow{\theta \ll 1} \frac{b}{r}\theta, \tag{35.14}$$

und für ein Potential mit charakteristischer Reichweite a kann man näherungsweise $b < a$ setzen, so dass $b_{\max}/r = a/r \geq 1$. Oder anders:

$$\theta = \frac{V(r)}{E}\frac{r}{a} \leq \frac{V(r)}{E} = \frac{\bar{V}}{E} f(a/r), \tag{35.15}$$

mit einer monoton fallenden dimensionslosen Funktion $f(a/r)$ mit $f(1) = 1$, wobei wir ohne Beschränkung der Allgemeinheit sowohl $\theta > 0$ als auch $\bar{V} > 0$ annehmen können, denn ein umgekehrtes Vorzeichen von $\bar{V}$ würde dennoch zu $\theta > 0$ führen, aber mit $\phi \longrightarrow \phi + \pi$. Wir können nun anstelle von (35.15) die mathematisch zwar nicht äquivalente, aber für $E \gg \bar{V}$ hinreichend genaue Ungleichung

$$\theta \leq \frac{\bar{V}}{E}, \tag{35.16}$$

schreiben. Das heißt: der maximale Streuwinkel ist in Eikonalnäherung durch den Quotienten $\bar{V}/E$ gegeben.

Berücksichtigt man nun noch, dass für sehr kleine Winkel $\sin\theta \approx \theta$ gilt, und setzt man $b = at, b' = at'$ sowie $x = ka\theta$, so kann man das Integral über θ in (35.13) dann schreiben als:

$$\int_0^{\pi} \mathrm{d}\theta \sin\theta \mathrm{J}_0(kb\theta)\mathrm{J}_0(kb'\theta) \approx \int_0^{\bar{V}/E} \mathrm{d}\theta\theta \mathrm{J}_0(kb\theta)\mathrm{J}_0(kb'\theta)$$
$$= \frac{1}{(ka)^2}\int_0^{ka\bar{V}/E} \mathrm{d}xx\mathrm{J}_0(tx)\mathrm{J}_0(t'x).$$

Damit erhalten wir aus (35.13) zunächst:

$$\sigma_{\text{tot}} = 2\pi a^2 \int_0^{\infty} \mathrm{d}tt \int_0^{\infty} \mathrm{d}t't' \left[\mathrm{e}^{2\mathrm{i}\Delta(at)} - 1\right]\left[\mathrm{e}^{-2\mathrm{i}\Delta(at')} - 1\right] \int_0^{ka\bar{V}/E} \mathrm{d}xx\mathrm{J}_0(tx)\mathrm{J}_0(t'x). \tag{35.17}$$

Wir wollen nun überprüfen, ob oder unter welchen Voraussetzungen der Ausdruck (35.17) für den totalen Streuquerschnitt das optische Theorem (27.24) erfüllt. Es ist mit $\mathrm{J}_0(0) = 1$:

$$\begin{aligned}
\sigma_{\text{tot}} &\stackrel{!}{=} 4\pi \,\mathrm{Im}\, \frac{f(0)}{k} \\
&= -4\pi a^2 \,\mathrm{Im}\left[\mathrm{i}\int_0^{\infty} \mathrm{d}tt \left(\mathrm{e}^{2\mathrm{i}\Delta(at)} - 1\right)\right] \\
&= -4\pi a^2 \int_0^{\infty} \mathrm{d}tt \left[\cos 2\Delta(at) - 1\right] \\
&= 8\pi a^2 \int_0^{\infty} \mathrm{d}tt \sin^2 \Delta(at),
\end{aligned} \tag{35.18}$$

wobei

$$\begin{aligned}
\Delta(at) &= -\frac{M}{2k\hbar^2}\int_{-\infty}^{\infty} V\left(\sqrt{(at)^2 + z^2}\right)\mathrm{d}z \\
&= -\frac{ka\bar{V}}{E}\int_{-\infty}^{\infty} f\left(\frac{a}{r}\sqrt{t^2 + u^2}\right)\mathrm{d}u,
\end{aligned} \tag{35.19}$$

mit $u = z/a$.

Im Allgemeinen nun stimmen (35.17) und (35.19) nicht überein, da zwischen beiden Relationen mehrere Näherungen stehen. Wenn allerdings zusätzlich zu der bislang getroffenen Annahme $\bar{V}/E \ll 1$ zusätzlich gilt:

$$\frac{ka\bar{V}}{E} \gg 1, \tag{35.20}$$

so können wir in (35.17) $ka\bar{V}/E \to \infty$ setzen und verwenden, dass für die Bessel-Funktionen $\mathrm{J}_n(\rho)$ gilt:

$$\int_0^{\infty} \mathrm{d}xx\mathrm{J}_n(tx)\mathrm{J}_n(t'x) = \frac{1}{t}\delta(t - t'), \tag{35.21}$$

und erhalten nach elementarer Umformung:

$$\begin{aligned}\sigma_{\text{tot}} &= -2\pi a^2 \int_0^\infty \mathrm{d}tt\,[2\cos 2\Delta(at) - 2] \\ &= 8\pi a^2 \int_0^\infty \mathrm{d}tt\,\sin^2 \Delta(at).\end{aligned} \tag{35.22}$$

Das bedeutet: die Bedingung (35.20) ist wesentlich dafür, dass das optische Theorem gilt und die Eikonalnäherung insgesamt konsistent ist. Wir erhalten somit für den Gültigkeitsbereich der Eikonalnäherung, zusammen mit (35.8):

$$\begin{aligned}\frac{\bar{V}}{E} &\ll 1, \\ \frac{E}{\bar{V}} \ll ka &\ll \left(\frac{E}{\bar{V}}\right)^2.\end{aligned} \tag{35.23}$$

Partialwellenmethode und Eikonalnäherung
Die Eikonalnäherung ist für hohe Streuenergien (de Broglie-Wellenlänge $\lambda \ll a$) gültig, daher tragen viele Partialwellen zur Streuung bei, und man kann die Drehimpulsquantenzahl l als kontinuierliche Variable betrachten. Wir gehen zunächst von (30.14) und (30.13) aus:

$$\begin{aligned}f(\theta) &= \frac{1}{k}\sum_{l=0}^{l_{\max}}(2l+1)\mathrm{e}^{\mathrm{i}\delta_l(k)}\sin\delta_l(k)\mathrm{P}_l(\cos\theta) \\ &= -\frac{\mathrm{i}}{2k}\sum_{l=0}^{l_{\max}}(2l+1)\left[\mathrm{e}^{2\mathrm{i}\delta_l(k)}-1\right]\mathrm{P}_l(\cos\theta),\end{aligned} \tag{35.24}$$

und machen nun die Ersetzungen:

$$\begin{aligned}\sum_{l=0}^{l_{\max}} &\to k\int_0^a \mathrm{d}b, \\ \mathrm{P}_l(\cos\theta) &\to \mathrm{J}_0(kb\theta), \\ (2l+1) &\to 2bk, \\ \delta_l(k) &\to \delta(b),\end{aligned}$$

wobei wir wie bei den semiklassischen Betrachtungen in Abschnitt 30 $l = bk$ und $l_{\max} = ka$ gesetzt haben und die Näherung der Legendre-Polynome durch Bessel-Funktionen für $l \gg 1$ und $\theta \ll 0$ gültig ist. So wird aus (35.24) zunächst

$$\begin{aligned}f(\theta) &= -\mathrm{i}k\int_0^a \mathrm{d}bb\left[\mathrm{e}^{2\mathrm{i}\delta(b)}-1\right]\mathrm{J}_0(kb\theta) \\ &= -\mathrm{i}k\int_0^\infty \mathrm{d}bb\left[\mathrm{e}^{2\mathrm{i}\delta(b)}-1\right]\mathrm{J}_0(kb\theta),\end{aligned} \tag{35.25}$$

wobei im zweiten Schritt verwendet wurde, dass $\delta(b) = 0$ für $b > a$. Im Vergleich von (35.25) mit (35.11) erkennt man nun, dass in der Eikonalnäherung die Streuphase $\delta(b)$ also identisch ist mit $\Delta(b)$ und explizit durch (35.12) gegeben ist.

Erinnern wir uns nun an das Beispiel der Niedrigenergie-Streuung an der harten Kugel in Abschnitt 33: dort haben wir gesehen, dass der totale S-Wellen-Streuquerschnitt σ_0 genau das Vierfache des geometrischen Querschnitts ist. Für hohe Streuenergien hingegen erwarten wir eigentlich, dass der geometrische Querschnitt eine sehr gute Näherung des totalen Streuquerschnitts darstellt, da die Situation der semiklassischen Situation ähnelt.

Wir berechnen σ_{tot}, ausgehend von (30.28):

$$\sigma_{\text{tot}} = \frac{4\pi}{k^2} \sum_{l=0}^{ka} (2l+1) \sin^2 \delta_l(k). \tag{35.26}$$

Mit Hilfe von (33.2) beziehungsweise (II-26.22) können wir schreiben:

$$\sin^2 \delta_l = \frac{\tan^2 \delta_l}{1 + \tan^2 \delta_l} = \frac{\mathrm{j}_l(ka)^2}{\mathrm{j}_l(ka)^2 + \mathrm{y}_l(ka)^2} \approx \sin^2(ka - \pi l/2), \tag{35.27}$$

unter Ausnutzung des asymptotischen Verhaltens der sphärischen Bessel- und Neumann-Funktionen (siehe Abschnitt II-24). In der Summe (35.26) unterscheiden sich benachbarte Streuphasen δ_l und δ_{l+1} dann immer um genau $\pi/2$. Das heißt, paarweise liefern sie stets einen Beitrag $\sin^2 \delta_l + \sin^2 \delta_{l+1} = \sin^2 \delta_l + \cos^2 \delta_l = 1$. Da die Summe per Voraussetzung über sehr viele l geht, ist es legitim, $\sin^2 \delta_l$ durch den Mittelwert $\frac{1}{2}$ zu ersetzen. Dann wird aus (35.26):

$$\sigma_{\text{tot}} \approx 2\pi a^2. \tag{35.28}$$

Alternativ hätten wir auch die obigen Ersetzungen für den Kontinuumsübergang verwenden können und gerechnet:

$$\sigma_{\text{tot}} = \frac{4\pi}{k^2} 2k^2 \int_0^a b \sin^2 \delta(b) \mathrm{d}b \approx \frac{4\pi}{k^2} k^2 \int_0^a b \mathrm{d}b = 2\pi a^2. \tag{35.29}$$

Der Ausdruck (35.28) entspricht allerdings ebenfalls nicht dem geometrischen Querschnitt, sondern ist vielmehr das Doppelte davon!

Um den Grund des Faktors 2 zu verstehen, zerlegen wir (35.24) in zwei Teile:

$$f(\theta) = \underbrace{-\frac{\mathrm{i}}{2k} \sum_{l=0}^{ka} (2l+1) \mathrm{e}^{2\mathrm{i}\delta_l} \mathrm{P}_l(\cos\theta)}_{f_{\text{refl}}(\theta)} + \underbrace{\frac{\mathrm{i}}{2k} \sum_{l=0}^{ka} (2l+1) \mathrm{P}_l(\cos\theta)}_{f_{\text{shadow}}(\theta)}, \tag{35.30}$$

und wenden uns nochmals der Berechnung von $|f(\theta)|^2 = |f_{\text{refl}}(\theta) + f_{\text{shadow}}(\theta)|^2$ beziehungsweise von σ_{tot} zu. Zunächst berechnen wir

$$\begin{aligned} \sigma_{\text{refl}} = \int |f_{\text{refl}}(\theta)|^2 \mathrm{d}\Omega &= \frac{2\pi}{4k^2} \sum_{l=0}^{ka} (2l+1)^2 \int_{-1}^{1} [\mathrm{P}_l(\cos\theta)]^2 \, \mathrm{d}(\cos\theta) \\ &\approx \pi a^2, \end{aligned} \tag{35.31}$$

unter Verwendung von (II-3.37).

Dann wenden wir uns f_{shadow} zu und stellen zunächst fest, dass dieser Beitrag zur Streuamplitude rein imaginär ist, da die einzelnen Summanden für unterschiedliche Werte von l keine Phasenverschiebung zueinander aufweisen, und ein Maximum für $\theta = 0$ besitzt, da $\mathrm{P}_l(\cos\theta) = 1$ für $\theta = 0$. Wir können unsere obigen Kontinuumsersetzungen machen und erhalten:

$$\begin{aligned} f_{\text{shadow}}(\theta) &= \frac{\mathrm{i}}{2k}\sum_{l=0}^{ka}(2l+1)\mathrm{P}_l(\cos\theta) \\ &\approx \mathrm{i}k\int_0^a \mathrm{d}b\, b\mathrm{J}_0(kb\theta) \\ &= \frac{\mathrm{i}a\mathrm{J}_1(ka\theta)}{\theta}. \end{aligned} \tag{35.32}$$

Die Formel (35.32) ist aus der Optik bekannt: sie beschreibt dort die komplexe Amplitude bei der Fraunhofer-Beugung an einer Kreisblende, mit einem starken Peak bei $\theta \approx 0$. Wir erhalten mit $\xi = ka\theta$ weiter:

$$\begin{aligned} \sigma_{\text{shadow}} = \int |f_{\text{shadow}}(\theta)|^2 \mathrm{d}\Omega &= 2\pi a^2 \int_0^\pi \frac{\mathrm{J}_1(ka\theta)^2}{\theta^2}\sin\theta \mathrm{d}\theta \\ &\approx 2\pi a^2 \int_0^\infty \frac{\mathrm{J}_1(ka\theta)^2}{\theta}\mathrm{d}\theta \\ &= 2\pi a^2 \int_0^\infty \frac{\mathrm{J}_1(\xi)^2}{\xi}\mathrm{d}\xi = \pi a^2, \end{aligned} \tag{35.33}$$

unter Verwendung der Formel [Olv+22, Nr. 10.22.57].

Zuletzt betrachten wir noch den Mischterm und stellen fest, dass sich aufgrund der oszillierenden Phase $2\delta_l = 2\delta_{l+1} + \pi$ der Ausdruck $\mathrm{e}^{2\mathrm{i}\delta_l}$ zu Null mittelt, während f_{shadow} rein imaginär ist, so dass

$$f_{\text{refl}}(\theta)^* f_{\text{shadow}}(\theta) \approx 0 \tag{35.34}$$

und wir schlussendlich reproduzieren können:

$$\sigma_{\text{tot}} = \sigma_{\text{refl}} + \sigma_{\text{shadow}} = 2\pi a^2. \tag{35.35}$$

Der zweite Term σ_{shadow} stellt einen **Schatten** dar – ein typisch semiklassisches Phänomen! – der sich dadurch ergibt, dass für hohe Streuenergien Partialwellen mit Stoßparameter $b < a$ gebeugt werden müssen, so dass genau hinter dem Streuzentrum die Wahrscheinlichkeit, das gestreute Teilchen messen zu können, Null ist. Dies geschieht durch destruktive Interferenz zwischen der einfallenden Welle und der gestreuten Welle. In anderen Worten: um einen Schatten zu erhalten, *muss* Streuung in Vorwärtsrichtung stattfinden. Der Streuquerschnitt in Eikonalnäherung besteht also gewissermaßen aus der reflektierenden Vorder- und der absorbierenden Rückseite der kreisförmigen optischen Blende mit Radius a, während bei der Niedrigenergie-Streuung die gesamte Kugeloberfläche des Streuzentrums den Streuquerschnitt darstellt (siehe Abschnitt 33).

Erinnern wir uns an den Ausdruck (30.16) für die asymptotische Form der Wellenfunktion $\psi_k^{(+)}(\boldsymbol{r})$, so erkennen wir, dass die Vorwärtswelle nur dann eliminiert wird, wenn in den einzelnen Koeffizienten $(1 + 2\mathrm{i}kf_l(k))$ die Partialwellenamplituden imaginäre Beiträge liefern, so dass in der Summe eine Auslöschung passiert. Hier erkennen wir nun einen Zusammenhang mit dem optischen Theorem, denn es ist ja aufgrund der gerade beschriebenen Mittelung von $\mathrm{e}^{2\mathrm{i}\delta_l}$ zu Null in (35.30)

$$\frac{4\pi}{k}\,\mathrm{Im}\, f_{\mathrm{refl}}(0) \approx 0, \tag{35.36}$$

so dass

$$\frac{4\pi}{k}\,\mathrm{Im}\, f(0) \approx \frac{4\pi}{k}\,\mathrm{Im}\, f_{\mathrm{shadow}}(0). \tag{35.37}$$

In Eikonalnäherung trägt also nur die „Schattenamplitude“ $f_{\mathrm{shadow}}(0)$ zum optischen Theorem bei.

Zur vertiefenden Lektüre über die Eikonalnäherung siehe die weiterführende Literatur, insbesondere die Monographien von Newton, Joachain, sowie Goldberger und Watson. Sehr gut lesbar und geradezu ein Klassiker sind die Lecture Notes zur Hochenergiestreuung von Roy Glauber [Gla59].

Mathematischer Einschub 6: Bessel-Funktionen

Die **Bessel-Differentialgleichung**

$$z^2\frac{\mathrm{d}^2 f(z)}{\mathrm{d}z^2} + z\frac{\mathrm{d}f(z)}{\mathrm{d}z} + (z^2 - \nu^2) f(z) = 0, \tag{35.38}$$

mit $z, \nu \in \mathbb{C}$ spielt eine wichtige Rolle in der Theoretischen Physik, insbesondere dann, wenn ein gegebenes Problem eine Zylindersymmetrie aufweist. Ihre Lösungen heißen **Bessel-** oder **Zylinderfunktionen**.

Die **Bessel-Funktionen 1. Art** $\mathrm{J}_\nu(z)$ sind gegeben durch

$$\mathrm{J}_\nu(z) = \sum_{k=0}^{\infty} \frac{(-1)^k}{k!\Gamma(\nu + k + 1)} \left(\frac{z}{2}\right)^{\nu+2k}. \tag{35.39}$$

Sie sind für $\nu = n \in \mathbb{Z}$ holomorph in ganz $\mathbb{C}$ und besitzen ansonsten einen Schnitt entlang der negativen rellen Achse. Für ganzzahliges $\nu = n$ gilt

$$\mathrm{J}_{-n}(z) = (-1)^n \mathrm{J}_n(z) = \mathrm{J}_n(-z), \tag{35.40}$$

ansonsten sind $\mathrm{J}_\nu(z)$ und $\mathrm{J}_{-\nu}(z)$ jeweils unabhängige Lösungsfunktionen von (35.38).

Die **Bessel-Funktionen 2. Art** $\mathrm{Y}_\nu(z)$, auch **Neumann-** oder **Weber-Funktionen** genannt, sind gegeben durch

$$\mathrm{Y}_\nu(z) = \frac{\mathrm{J}_\nu(z)\cos\pi\nu - \mathrm{J}_{-\nu}(z)}{\sin\pi\nu}, \tag{35.41}$$

wobei die rechte Seite für ganzzahliges $\nu = n$ durch entsprechende Grenzwertbildung definiert wird. Die explizite Form ist dann

$$\begin{aligned}\mathrm{Y}_n(z) = &-\frac{1}{\pi}\sum_{k=0}^{n-1}\frac{(n-k-1)!}{k!}\left(\frac{z}{2}\right)^{2k-n} + \frac{2}{\pi}\mathrm{J}_n(z)\log\frac{z}{2}\\ &-\frac{1}{\pi}\sum_{k=0}^{\infty}[\psi(k+1)+\psi(n+k+1)]\frac{(-1)^k}{k!(n+k)!}\left(\frac{z}{2}\right)^{2k+n}, \end{aligned} \tag{35.42}$$

und es gilt:

$$\mathrm{Y}_{-n}(z) = (-1)^n\mathrm{Y}_n(z). \tag{35.43}$$

Hierbei ist $\psi(z)$ die Digamma-Funktion (I-14.38). Die Neumann-Funktionen sind von den $\mathrm{J}_\nu(z)$ unabhängige, in $\mathbb{C}\setminus[0,\infty]$ analytische Lösungsfunktionen von (35.38). Eine allgemeine Lösung von (35.38) kann also stets als Linearkombination von den $\mathrm{J}_\nu(z), \mathrm{Y}_\nu(z)$ geschrieben werden.

Häufig werden auch die sogenannten **Hankel-Funktionen 1. Art** beziehungsweise **2. Art** verwendet:

$$\mathrm{H}_\nu^{(1,2)}(z) = \mathrm{J}_\nu(z) \pm \mathrm{i}\mathrm{Y}_\nu(z). \tag{35.44}$$

Die **modifizierte Bessel-Differentialgleichung**

$$z^2\frac{\mathrm{d}^2 f(z)}{\mathrm{d}z^2} + z\frac{\mathrm{d}f(z)}{\mathrm{d}z} - (z^2+\nu^2)f(z) = 0 \tag{35.45}$$

folgt durch die Ersetzung $z \to \mathrm{i}z$. Ihre Lösungen sind entsprechend die **modifizierten Bessel-Funktionen 1. Art** und **2. Art**. Sie hängen mit den Bessel-Funktionen 1. Art und 2. Art zusammen durch:

$$\mathrm{I}_\nu(z) = \mathrm{i}^{-\nu}\mathrm{J}_\nu(\mathrm{i}z), \tag{35.46}$$

$$\mathrm{K}_\nu(z) = \frac{\pi}{2}\frac{\mathrm{I}_{-\nu}(z) - \mathrm{I}_\nu(z)}{\sin\nu\pi} \tag{35.47}$$

$$= \frac{\pi}{2}\mathrm{i}^{\nu+1}\mathrm{H}_\nu^{(1)}(\mathrm{i}z) = \frac{\pi}{2}(-\mathrm{i})^{\nu+1}\mathrm{H}_\nu^{(2)}(-\mathrm{i}z). \tag{35.48}$$

Die modifizierten Bessel-Funktionen 2. Art $\mathrm{K}_\nu(z)$ werden gelegentlich auch als **Macdonald-Funktionen** genannt.

Für alle Bessel-Funktionen $\Omega_\nu \in \{\mathrm{J}_\nu, \mathrm{Y}_\nu, \mathrm{H}_\nu^{(1,2)}\}$ gelten die Rekursionsrelationen:

$$\frac{2\nu}{z}\Omega_\nu(z) = \Omega_{\nu-1}(z) + \Omega_{\nu+1}(z), \tag{35.49}$$

$$2\Omega'_\nu(z) = \Omega_{\nu-1}(z) - \Omega_{\nu+1}(z), \tag{35.50}$$

und die Ableitungsformeln:

$$\left(\frac{1}{z}\frac{\mathrm{d}}{\mathrm{d}z}\right)^k [z^\nu \Omega_\nu(z)] = z^{\nu-k}\Omega_{\nu-k}(z), \tag{35.51}$$

$$\left(\frac{1}{z}\frac{\mathrm{d}}{\mathrm{d}z}\right)^k [z^{-\nu} \Omega_\nu(z)] = (-1)^k z^{-\nu-k}\Omega_{\nu+k}(z). \tag{35.52}$$

Und für die modifizierten Bessel-Funktionen gilt:

$$\frac{2\nu}{z}\mathrm{I}_\nu(z) = \mathrm{I}_{\nu-1}(z) - \mathrm{I}_{\nu+1}(z), \tag{35.53}$$

$$2\mathrm{I}'_\nu(z) = \mathrm{I}_{\nu-1}(z) + \mathrm{I}_{\nu+1}(z), \tag{35.54}$$

$$\frac{2\nu}{z}\mathrm{K}_\nu(z) = -\mathrm{K}_{\nu-1}(z) + \mathrm{K}_{\nu+1}(z), \tag{35.55}$$

$$2\mathrm{K}'_\nu(z) = -\mathrm{K}_{\nu-1}(z) - \mathrm{K}_{\nu+1}(z), \tag{35.56}$$

sowie

$$\left(\frac{1}{z}\frac{\mathrm{d}}{\mathrm{d}z}\right)^k [z^\nu \mathrm{I}_\nu(z)] = z^{\nu-k}\mathrm{I}_{\nu-k}(z), \tag{35.57}$$

$$\left(\frac{1}{z}\frac{\mathrm{d}}{\mathrm{d}z}\right)^k [z^{-\nu} \mathrm{I}_\nu(z)] = z^{-\nu-k}\mathrm{I}_{\nu+k}(z), \tag{35.58}$$

$$\left(\frac{1}{z}\frac{\mathrm{d}}{\mathrm{d}z}\right)^k [z^\nu \mathrm{K}_\nu(z)] = (-1)^{-k} z^{\nu-k}\mathrm{K}_{\nu-k}(z), \tag{35.59}$$

$$\left(\frac{1}{z}\frac{\mathrm{d}}{\mathrm{d}z}\right)^k [z^{-\nu} \mathrm{K}_\nu(z)] = (-1)^k z^{-\nu-k}\mathrm{K}_{\nu+k}(z). \tag{35.60}$$

Die Bessel-Funktionen beziehungsweise modifzierten Bessel-Funktionen zu ganzzahligem $\nu = n$ können aus der jeweils **erzeugenden Funktion**

$$\mathrm{e}^{(x/2)(t-1/t)} = \sum_{n=-\infty}^{\infty} \mathrm{J}_n(x)t^n, \tag{35.61}$$

$$\mathrm{e}^{(x/2)(t+1/t)} = \sum_{n=-\infty}^{\infty} \mathrm{I}_n(x)t^n \tag{35.62}$$

über ein **Schläfli-Integral** gebildet werden, welches dann für alle $z, \nu \in \mathbb{C}$ gilt:

$$\mathrm{J}_\nu(z) = \frac{1}{2\pi\mathrm{i}} \oint_C \frac{\mathrm{e}^{(z/2)(t-1/t)}}{t^{\nu+1}} \mathrm{d}t, \tag{35.63}$$

$$\mathrm{I}_\nu(z) = \frac{1}{2\pi\mathrm{i}} \oint_C \frac{\mathrm{e}^{(z/2)(t+1/t)}}{t^{\nu+1}} \mathrm{d}t, \tag{35.64}$$

wobei der Weg C von $-\infty - \mathrm{i}\epsilon$ kommend den Ursprung positiv umrundet und nach $-\infty + \mathrm{i}\epsilon$ geht. Daraus folgen dann für $\nu = n$ die **Bessel-Integrale**:

$$\mathrm{J}_n(z) = \frac{1}{\pi} \int_0^\pi \cos(z \sin\theta - n\theta)\mathrm{d}\theta \tag{35.65}$$

$$= \frac{1}{2\pi} \int_{-\pi}^{\pi} \mathrm{e}^{\mathrm{i}(z \sin\theta - n\theta)} \mathrm{d}\theta \tag{35.66}$$

$$= \frac{\mathrm{i}^{-n}}{\pi} \int_0^\pi \mathrm{e}^{\mathrm{i}z\cos\theta} \cos n\theta \mathrm{d}\theta, \tag{35.67}$$

$$\mathrm{I}_n(z) = \frac{1}{\pi} \int_0^\pi \mathrm{e}^{z\cos\theta} \cos n\theta \mathrm{d}\theta. \tag{35.68}$$

Weitere Integraldarstellungen sind für $\mathrm{Re}\,\nu > -\frac{1}{2}$ jeweils das **Poisson-Integral**

$$\mathrm{J}_\nu(z) = \frac{\left(\frac{z}{2}\right)^\nu}{\Gamma\left(\nu + \frac{1}{2}\right)\sqrt{\pi}} \int_{-1}^{1} \mathrm{e}^{\pm\mathrm{i}zt}(1-t^2)^{\nu-\frac{1}{2}}\mathrm{d}t, \tag{35.69}$$

$$\mathrm{I}_\nu(z) = \frac{\left(\frac{z}{2}\right)^\nu}{\Gamma\left(\nu + \frac{1}{2}\right)\sqrt{\pi}} \int_{-1}^{1} \mathrm{e}^{\pm zt}(1-t^2)^{\nu-\frac{1}{2}}\mathrm{d}t, \tag{35.70}$$

$$\mathrm{K}_\nu(z) = \frac{\sqrt{\pi}\left(\frac{z}{2}\right)^\nu}{\Gamma\left(\nu + \frac{1}{2}\right)} \int_1^\infty \mathrm{e}^{-zt}(t^2-1)^{\nu-\frac{1}{2}}\mathrm{d}t, \tag{35.71}$$

sowie die **Mehler–Sonine-Formeln**:

$$\mathrm{J}_\nu(z) = \frac{2\left(\frac{z}{2}\right)^{-\nu}}{\sqrt{\pi}\Gamma\left(\frac{1}{2}-\nu\right)} \int_1^\infty \frac{\sin zt}{(t^2-1)^{\nu+\frac{1}{2}}} \mathrm{d}t, \tag{35.72}$$

$$\mathrm{Y}_\nu(z) = \frac{2\left(\frac{z}{2}\right)^{-\nu}}{\sqrt{\pi}\Gamma\left(\frac{1}{2}-\nu\right)} \int_1^\infty \frac{\cos zt}{(t^2-1)^{\nu+\frac{1}{2}}} \mathrm{d}t, \tag{35.73}$$

und für $x > 0$ das **Basset-Integral**:

$$\mathrm{K}_\nu(xz) = \frac{(2z)^\nu \Gamma\left(\nu+\frac{1}{2}\right)}{\sqrt{\pi}x^\nu} \int_0^\infty \frac{\cos xt}{(t^2+z^2)^{\nu+\frac{1}{2}}} \mathrm{d}t. \tag{35.74}$$

Besonders nützlich ist auch die **Jacobi–Anger-Entwicklung**

$$\mathrm{e}^{\mathrm{i}z\cos\theta} = \sum_{n=-\infty}^{\infty} \mathrm{i}^n \mathrm{J}_n(z) \mathrm{e}^{\mathrm{i}n\theta}, \tag{35.75}$$

beziehungsweise

$$\mathrm{e}^{\mathrm{i}z\sin\theta} = \sum_{n=-\infty}^{\infty} \mathrm{J}_n(z) \mathrm{e}^{\mathrm{i}n\theta}, \tag{35.76}$$

sowie

$$\mathrm{e}^{z\cos\theta} = \sum_{n=-\infty}^{\infty} \mathrm{I}_n(z) \cos n\theta. \tag{35.77}$$

Für $\nu > -\frac{1}{2}$ gilt die funktionale Abgeschlossenheitsrelation:

$$\int_0^\infty \mathrm{d}x x \mathrm{J}_\nu(tx) \mathrm{J}_\nu(t'x) = \frac{1}{t}\delta(t-t'). \tag{35.78}$$

Die Bessel-Funktionen weisen für $\mathrm{Re}\,\nu \geq 0$ folgendes asymptotisches Verhalten auf:

$$\mathrm{J}_\nu(x) \xrightarrow{x\to 0} \frac{1}{\Gamma(\nu+1)}\left(\frac{x}{2}\right)^\nu, \tag{35.79}$$

$$\mathrm{Y}_\nu(x) \xrightarrow{x\to 0} \begin{cases} \frac{2}{\pi}\left(\log\frac{x}{2}+\gamma\right) & (\nu = 0) \\ -\frac{\Gamma(\nu)}{\pi}\left(\frac{2}{x}\right)^\nu & (\mathrm{Re}\,\nu > 0) \end{cases}, \tag{35.80}$$

mit der Euler–Mascheroni-Konstanten γ (siehe (I-14.29)). Für $|z| \to \infty$ und $-\pi < \arg z < \pi$ hingegen gilt:

$$\mathrm{J}_\nu(z) \xrightarrow{|z|\to\infty} \sqrt{\frac{2}{\pi z}} \cos\left(z - \frac{\pi\nu}{2} - \frac{\pi}{4}\right), \tag{35.81}$$

$$\mathrm{Y}_\nu(z) \xrightarrow{|z|\to\infty} \sqrt{\frac{2}{\pi z}} \sin\left(z - \frac{\pi\nu}{2} - \frac{\pi}{4}\right), \tag{35.82}$$

wobei diese asymptotische Näherung für $\nu = \frac{1}{2}$ eine exakte Relation ist.

Folgende Integralformeln gelten:

$$\int_0^\infty x^\mu \mathrm{J}_\nu(x)\mathrm{d}x = 2^\mu \frac{\Gamma(\frac{1}{2}\nu + \frac{1}{2}\mu + \frac{1}{2})}{\Gamma(\frac{1}{2}\nu - \frac{1}{2}\mu + \frac{1}{2})} \quad \left(\mathrm{Re}(\mu + \nu) > -1, \mathrm{Re}\,\mu < \tfrac{1}{2}\right), \tag{35.83}$$

$$\int_0^\infty x^\mu \mathrm{Y}_\nu(x)\mathrm{d}x = \frac{2^\mu}{\pi}\Gamma\left(\tfrac{1}{2}\nu + \tfrac{1}{2}\mu + \tfrac{1}{2}\right)\Gamma\left(\tfrac{1}{2}\nu - \tfrac{1}{2}\mu + \tfrac{1}{2}\right)\sin\left(\tfrac{1}{2}\mu - \tfrac{1}{2}\nu\right)\pi$$
$$\left(\mathrm{Re}(\mu \pm \nu) > -1, \mathrm{Re}\,\mu < \tfrac{1}{2}\right), \tag{35.84}$$

$$\int_0^\infty x^{\mu-1} \mathrm{K}_\nu(x)\mathrm{d}x = 2^{\mu-2}\Gamma\left(\tfrac{1}{2}\nu - \tfrac{1}{2}\mu\right)\Gamma\left(\tfrac{1}{2}\nu + \tfrac{1}{2}\mu\right) \quad (|\mathrm{Re}\,\nu| < \mathrm{Re}\,\mu)\,. \tag{35.85}$$

Es gibt Zusammenhänge mit den konfluent hypergeometrischen Funktionen (siehe Abschnitt II-27):

$$\mathrm{J}_\nu(z) = \frac{\left(\frac{z}{2}\right)^\nu \mathrm{e}^{\mp\mathrm{i}z}}{\Gamma(\nu + 1)} \mathrm{M}(\nu + \tfrac{1}{2}, 2\nu + 1, \pm 2\mathrm{i}z), \tag{35.86}$$

$$\mathrm{H}_\nu^{(1,2)}(z) = \mp\frac{2}{\sqrt{\pi}}\mathrm{i}(-1)^{\mp\nu}(2z)^\nu \mathrm{e}^{\mp\mathrm{i}z}\mathrm{U}(\nu + \tfrac{1}{2}, 2\nu + 1, \mp 2\mathrm{i}z), \tag{35.87}$$

$$\mathrm{I}_\nu(z) = \frac{\left(\frac{z}{2}\right)^\nu \mathrm{e}^{\pm z}}{\Gamma(\nu + 1)} \mathrm{M}(\nu + \tfrac{1}{2}, 2\nu + 1, \mp 2z), \tag{35.88}$$

$$\mathrm{K}_\nu(z) = \sqrt{\pi}(2z)^\nu \mathrm{e}^{-z}\mathrm{U}(\nu + \tfrac{1}{2}, 2\nu + 1, 2z). \tag{35.89}$$

36 Streuung am Coulomb-Potential: exakte Lösung

Wir haben bereits bei der Untersuchung des Stark-Effekts in Abschnitt 3 darauf hingewiesen, dass die stationäre Schrödinger-Gleichung mit Coulomb-Potential in parabolischen Koordinaten separierbar ist. Diese bieten sich immer dann an, wenn aus irgendeinem Grund eine Richtung ausgezeichnet ist. Beim Stark-Effekt ist dies die Richtung des externen elektrischen Felds, im vorliegenden Fall der Coulomb-Streuung ist es die Richtung der einfallenden ebenen Welle, die entlang der z-Achse gelegt wird.

Wir bauen also auf den Vorbetrachtungen aus Abschnitt 3 auf und verwenden sofort die parabolischen Koordinaten

$$
\begin{aligned}
x &= \sqrt{\xi\eta}\cos\phi, \\
y &= \sqrt{\xi\eta}\sin\phi, \\
z &= \frac{1}{2}(\xi - \eta),
\end{aligned}
$$

mit $\xi \geq 0$, $\eta < \infty$ und $0 \leq \phi < 2\pi$, beziehungsweise

$$
\begin{aligned}
\xi &= r + z, \\
\eta &= r - z, \\
\phi &= \arctan\frac{y}{x}.
\end{aligned}
$$

Die stationäre Schrödinger-Gleichung mit Coulomb-Potential $V(r) = q_1 q_2/r$ lautet dann

$$
\left(-\frac{\hbar^2}{\mu}\frac{2}{\xi+\eta}\left[\frac{\partial}{\partial\xi}\left(\xi\frac{\partial}{\partial\xi}\right) + \frac{\partial}{\partial\eta}\left(\eta\frac{\partial}{\partial\eta}\right)\right] - \frac{\hbar^2}{2\mu\xi\eta}\frac{\partial^2}{\partial\phi^2} + \frac{2q_1q_2}{\xi+\eta} \right)\psi(\xi,\eta,\phi) = E\psi(\xi,\eta,\phi), \tag{36.1}
$$

mit der reduzierten Masse μ, die durch den Separationsansatz

$$
\psi(\xi,\eta,\phi) = f_1(\xi) f_2(\eta) \mathrm{e}^{im\phi} \tag{36.2}
$$

und beidseitiger Multiplikation mit $\frac{1}{2}(\xi + \eta)$ in zwei entkoppelte gewöhnliche Differentialgleichungen für $f_1(\xi)$ und $f_2(\eta)$ separiert:

$$
\begin{aligned}
\frac{\mathrm{d}}{\mathrm{d}\xi}\left(\xi\frac{\mathrm{d}f_1}{\mathrm{d}\xi}\right) + \left(\frac{k^2}{4}\xi - \frac{m^2}{4\xi} - c_1\right) f_1(\xi) &= 0, \\
\frac{\mathrm{d}}{\mathrm{d}\eta}\left(\eta\frac{\mathrm{d}f_2}{\mathrm{d}\eta}\right) + \left(\frac{k^2}{4}\eta - \frac{m^2}{4\eta} - c_2\right) f_2(\eta) &= 0.
\end{aligned}
$$

Da gemäß Voraussetzung der Wellenvektor $\boldsymbol{k}$ entlang der z-Achse liegt, können wir nun wieder $m = 0$ setzen (vergleiche die Diskussion eingangs in Abschnitt 30), so dass wir erhalten:

$$\frac{\mathrm{d}}{\mathrm{d}\xi}\left(\xi\frac{\mathrm{d}f_1}{\mathrm{d}\xi}\right)+\left(\frac{k^2}{4}\xi-c_1\right)f_1(\xi)=0, \tag{36.3}$$

$$\frac{\mathrm{d}}{\mathrm{d}\eta}\left(\eta\frac{\mathrm{d}f_2}{\mathrm{d}\eta}\right)+\left(\frac{k^2}{4}\eta-c_2\right)f_2(\eta)=0, \tag{36.4}$$

mit $k^2 = 2\mu E/\hbar^2$, wobei für die beiden Integrationskonstanten $c_1 + c_2 = \mu q_1 q_2/\hbar^2$ gelten muss. Die Wellenfunktion besitzt also effektiv keine ϕ-Abhängigkeit: $\psi = \psi(\xi, \eta)$.

Wir sind nun zunächst versucht, eine Lösung $\psi(\xi, \eta)$ der Schrödinger-Gleichung (36.1) zu finden, die asymptotisch – also für $r \longrightarrow \infty$ – aus einer einfallenden ebenen Welle

$$\mathrm{e}^{\mathrm{i}kz} = \mathrm{e}^{\mathrm{i}k(\xi-\eta)/2}$$

und einer auslaufenden Kugelwelle, proportional zu

$$\mathrm{e}^{\mathrm{i}kr} = \mathrm{e}^{\mathrm{i}k(\xi+\eta)/2}$$

besteht, was uns nahelegt, den Ansatz

$$f_1(\xi) = \mathrm{e}^{\mathrm{i}k\xi/2} \tag{36.5}$$

zu versuchen und in (36.3) zu verwenden. Ein globaler Vorfaktor ergibt sich grundsätzlich erst bei der Normierung von Wellenpaketen und wird im Folgenden unterdrückt. In der Tat ist (36.5) eine Lösung für (36.3), sofern

$$c_1 = \mathrm{i}\frac{k}{2}, \tag{36.6}$$

was uns direkt

$$c_2 = \frac{\mu q_1 q_2}{\hbar^2} - \mathrm{i}\frac{k}{2} \tag{36.7}$$

liefert.

Um nun eine Lösung für (36.4) zu finden, setzen wir

$$f_2(\eta) = \mathrm{e}^{-\mathrm{i}k\eta/2} g(\eta) \tag{36.8}$$

an, was uns eine Differentialgleichung für $g(\eta)$ liefert:

$$\eta g''(\eta) + (1 - \mathrm{i}k\eta)g'(\eta) - \frac{\mu q_1 q_2}{\hbar^2} g(\eta) = 0. \tag{36.9}$$

Aus Abschnitt II-29 wissen wir nun einerseits, dass für gebundene Zustände gilt:

$$E_n = -\frac{\mu q_1^2 q_2^2}{2\hbar^2 n^2} = -\langle T\rangle, \tag{36.10}$$

mit $n \in \{1, 2, 3, \ldots\}$, wobei man sich (II-29.10) vergegenwärtige und auch auf die Herleitung des Virialsatzes (II-29.44) verwiesen sei. Definiert man also eine „mittlere Geschwindigkeit" $\bar{v}$ gemäß $\langle T \rangle = \frac{1}{2}\mu\bar{v}^2$, so erhält man die Relation

$$n = -\frac{q_1 q_2}{\hbar\bar{v}} \tag{36.11}$$

bei ganzzahligem $n > 0$. Das Vorzeichen berücksichtigt hierbei ein negatives Potential, wenn q_1 und q_2 unterschiedliches Vorzeichen besitzen.

Wenn man (36.11) nun als definierende Relation für ein im Allgemeinen nicht-ganzzahliges n bei Streuzuständen ansieht, können wir die Differentialgleichung (36.9) kompakter formulieren:

$$\eta g''(\eta) + (1 - \mathrm{i}k\eta)g'(\eta) + nkg(\eta) = 0, \tag{36.12}$$

unter Verwendung von $k = \mu\bar{v}/\hbar$. Mit der Substitution

$$\bar{\eta} = \mathrm{i}k\eta$$

erhalten wir daraus

$$\bar{\eta}\bar{g}''(\bar{\eta}) + (1 - \bar{\eta})\bar{g}'(\bar{\eta}) - \mathrm{i}n\bar{g}(\bar{\eta}) = 0, \tag{36.13}$$

Die Differentialgleichung (36.13) kennen wir aber: es ist die konfluente hypergeometrische Differentialgleichung (II-27.41), wie wir sie bereits beim dreidimensionalen harmonischen Oszillator in Abschnitt II-27 kennengelernt haben. Ihre Lösungen sind die konfluenten hypergeometrischen Funktionen 1. Art, so dass

$$g(\eta) = \mathrm{M}(\mathrm{i}n, 1, \mathrm{i}k\eta) = {}_1\mathrm{F}_1(\mathrm{i}n; 1; \mathrm{i}k\eta), \tag{36.14}$$

nach Rücksubstitution $\bar{\eta} = \mathrm{i}k\eta$. Die konfluenten hypergeometrischen Funktionen 2. Art lösen (36.13) zwar auch, sind aber singulär am Ursprung und scheiden daher aus. Damit lautet unter der gegebenen Randbedingung einer entlang der z-Achse einlaufenden ebenen Welle die exakte Lösung der stationären Schrödinger-Gleichung (36.1) mit Coulomb-Potential

$$\psi(\boldsymbol{r}) \sim \mathrm{e}^{\mathrm{i}kz}\mathrm{M}(\mathrm{i}n, 1, \mathrm{i}k\eta), \tag{36.15}$$

beziehungsweise

$$\psi(\boldsymbol{r}) \sim \mathrm{e}^{\mathrm{i}\boldsymbol{k}\cdot\boldsymbol{r}}\mathrm{M}(\mathrm{i}n, 1, \mathrm{i}(kr - \boldsymbol{k}\cdot\boldsymbol{r})). \tag{36.16}$$

Hierbei haben wir $k\eta = k(r - z) = kr(1 - \cos\theta)$ verwendet.

Das asymptotische Verhalten von $\psi(\boldsymbol{r})$ für $r \to \infty$ bildet sich im asymptotischen Verhalten von $g(\eta)$ für $\eta \to \infty$ ab, sofern $z < \infty$ bleibt, wenn wir also nicht die Vorwärtsrichtung betrachten. Für $\eta \to \infty$ ist dann (siehe (II-27.56))

$$\mathrm{M}(\mathrm{i}n, 1, \mathrm{i}k\eta) \xrightarrow{\eta\to\infty} \frac{\Gamma(1)}{\Gamma(\mathrm{i}n)}\mathrm{e}^{\mathrm{i}k\eta}(\mathrm{i}k\eta)^{\mathrm{i}n-1} + \frac{\Gamma(1)}{\Gamma(1-\mathrm{i}n)}(-\mathrm{i}k\eta)^{-\mathrm{i}n},$$

und somit

$$
\begin{aligned}
g(\eta) \xrightarrow{\eta\to\infty}\ & \mathrm{e}^{-\frac{n\pi}{2}}\left(-\frac{\mathrm{i}}{\Gamma(\mathrm{i}n)}\mathrm{e}^{\mathrm{i}k\eta}(k\eta)^{\mathrm{i}n-1}+\frac{1}{\Gamma(1-\mathrm{i}n)}(k\eta)^{-\mathrm{i}n}\right)\\
&=\mathrm{e}^{-\frac{n\pi}{2}}\left(-\frac{\mathrm{i}}{\Gamma(\mathrm{i}n)}\mathrm{e}^{\mathrm{i}k\eta}(k\eta)^{\mathrm{i}n-1}+\frac{\mathrm{i}}{n\Gamma(-\mathrm{i}n)}(k\eta)^{-\mathrm{i}n}\right)\\
&=\frac{\mathrm{i}}{n\Gamma(-\mathrm{i}n)}\mathrm{e}^{-\frac{n\pi}{2}}\left((k\eta)^{-\mathrm{i}n}-\frac{n\Gamma(-\mathrm{i}n)}{k\eta\Gamma(\mathrm{i}n)}(k\eta)^{\mathrm{i}n}\mathrm{e}^{\mathrm{i}k\eta}\right)\\
&=\frac{1}{\Gamma(1-\mathrm{i}n)}\mathrm{e}^{-\frac{n\pi}{2}}\left(\mathrm{e}^{-\mathrm{i}n\log(k\eta)}-\frac{n\Gamma(-\mathrm{i}n)}{k\eta\Gamma(\mathrm{i}n)}\mathrm{e}^{\mathrm{i}[k\eta+n\log(k\eta)]}\right),
\end{aligned}
\tag{36.17}
$$

woraus sich das asymptotische Verhalten von $\psi(\boldsymbol{r})$ für $r\longrightarrow\infty$ (aber nicht in Vorwärtsrichtung) ergibt:

$$
\psi(\boldsymbol{r}) \xrightarrow{\eta\to\infty} \text{const}\left(\mathrm{e}^{\mathrm{i}[kz-n\log(kr-kz)]}-\frac{n\mathrm{e}^{\mathrm{i}[kr+n\log(kr-kz)+2\sigma_n]}}{k(r-z)}\right),
\tag{36.18}
$$

unter Verwendung von (I-14.32) und

$$
\sigma_n := \arg\Gamma(-\mathrm{i}n).
\tag{36.19}
$$

Verwendet man nun $z=r\cos\theta$ (die parabolischen Koordinaten benötigen wir ab jetzt nicht mehr), wird daraus:

$$
\psi(\boldsymbol{r}) \xrightarrow{\eta\to\infty} \text{const}\left(\mathrm{e}^{\mathrm{i}[\boldsymbol{k}\cdot\boldsymbol{r}-n\log(kr(1-\cos\theta))]}-\frac{n\mathrm{e}^{\mathrm{i}[kr+n\log(kr(1-\cos\theta))+2\sigma_n]}}{kr(1-\cos\theta))}\right),
$$

und mit $1-\cos\theta=2\sin^2\frac{\theta}{2}$:

$$
\psi(\boldsymbol{r}) \xrightarrow{\eta\to\infty} \text{const}\left(\mathrm{e}^{\mathrm{i}[\boldsymbol{k}\cdot\boldsymbol{r}-n\log(2kr\sin^2\frac{\theta}{2})]}-\frac{n\mathrm{e}^{\mathrm{i}[kr+n\log(2kr\sin^2\frac{\theta}{2})+2\sigma_n]}}{2kr\sin^2(\theta/2)}\right),
$$

beziehungsweise

$$
\psi(\boldsymbol{r}) \xrightarrow{\eta\to\infty} \text{const}\left(\mathrm{e}^{\mathrm{i}[\boldsymbol{k}\cdot\boldsymbol{r}-n\log(2kr\sin^2\frac{\theta}{2})]}+f(\theta)\frac{\mathrm{e}^{\mathrm{i}[kr+n\log(2kr)]}}{r}\right),
\tag{36.20}
$$

mit der **Coulomb-Streuamplitude**

$$
f(\theta)=\frac{n\mathrm{e}^{\mathrm{i}[n\log\sin^2\frac{\theta}{2}+2\sigma_n]}}{2k\sin^2(\theta/2)}.
\tag{36.21}
$$

Es zeigt sich nun an (36.20), dass die asymptotische Form der Wellenfunktion überhaupt nicht von der Form

$$
\psi(\boldsymbol{r})\sim\left(\mathrm{e}^{\mathrm{i}\boldsymbol{k}\cdot\boldsymbol{r}}+f(\theta)\frac{\mathrm{e}^{\mathrm{i}kr}}{r}\right)
$$

ist, wie wir uns eingangs eigentlich vorgestellt haben. Weder ist der einlaufende Teil eine ebene Welle, noch ist der auslaufende Teil eine Kugelwelle. Das sollte uns aber eigentlich auch nicht überraschen: eine entsprechende Bemerkung zur Besonderheit des Coulomb-Potentials im Zusammenhang mit asymptotischen Zuständen haben wir ja schon anfangs des Abschnitts 27 gemacht, als wir die Voraussetzungen für die asymptotische Form des gestreuten Anteils betrachtet haben, sowie bereits in Abschnitt 24 im Zusammenhang mit der asymptotischen Vollständigkeit. Letztere existiert nun auch für das Coulomb-Potential: immerhin kann man nämlich – analog zu Abschnitt 27 – aus (36.20) die beiden Ströme $\boldsymbol{j}_{\text{in}}$ und $\boldsymbol{j}_{\text{out}}$ ableiten und erkennt, dass

$$|\boldsymbol{e}_r \cdot \boldsymbol{j}_{\text{out}}| = \frac{\hbar k}{\mu r^2}|f(\theta)|^2 + O(r^{-3}),$$
$$|\boldsymbol{j}_{\text{in}}| = \frac{\hbar k}{\mu} + O(r^{-1}),$$

und wir damit einen endlichen differentiellen Wirkungsquerschnitt gemäß (27.9) berechnen können. Aus

$$\frac{\mathrm{d}\sigma}{\mathrm{d}\Omega} = \frac{|\boldsymbol{e}_r \cdot \boldsymbol{j}_{\text{out}}|r^2}{|\boldsymbol{j}_{\text{in}}|} = |f(\theta)|^2$$

ergibt sich dann

$$\frac{\mathrm{d}\sigma}{\mathrm{d}\Omega} = \frac{q_1^2 q_2^2}{16E^2}\frac{1}{\sin^4(\theta/2)}, \tag{36.22}$$

nach Ersetzung von n gemäß (36.10), sowie mit $k^2 = 2\mu E/\hbar^2$. Das ist aber nichts anderes als die allseits bekannte Rutherford-Formel für den differentiellen Coulomb-Streuquerschnitt, wie sie bereits klassisch gilt und wir sie schon in Bornscher Näherung erhalten haben (siehe (28.13)), ein bemerkenswertes Resultat!

An dieser Stelle sei die Bemerkung erlaubt, dass die Separabilität der stationären Schrödinger-Gleichung in parabolischen Koordinaten nicht für allgemeine Zentralpotentiale gegeben ist und man beispielsweise bei einem abgeschirmten Coulomb-Potential, wie es häufiger der Realität entspricht als der reine Coulomb-Fall doch wieder auf Näherungsverfahren wie die Bornsche Näherung oder die Partialwellenmethode zurückgreifen muss.

Exakte Lösung in Partialwellenzerlegung: Coulomb-Funktionen

Für die Streuzustände im Coulomb-Potential lässt sich auch eine exakte Partialwellenzerlegung angeben, die im Folgenden lediglich kurz vorgestellt werden soll. Wir gehen aus von der Radialgleichung (II-29.1), allerdings für Streuzustände, etwas umsortiert:

$$\frac{\mathrm{d}^2 u_{kl}(r)}{\mathrm{d}r^2} + \left[-\frac{l(l+1)}{r^2} + \frac{2\mu e^2}{\hbar^2 r} + k^2\right] u_{kl}(r) = 0, \tag{36.23}$$

mit $k^2 = 2\mu E/\hbar^2$. Setzt man wieder $\rho = kr$, sowie $w_l(\rho) = u_{kl}(r(\rho))$, nimmt (36.23) die Form

$$\frac{\mathrm{d}^2 w_l(\rho)}{\mathrm{d}\rho^2} + \left[-\frac{l(l+1)}{\rho^2} - \frac{2n}{\rho} + 1\right] w_l(\rho) = 0, \tag{36.24}$$

an, mit n wie in (36.11).

Durch die Substitutionen

$$w_l(\rho) = \rho^{l+1}\mathrm{e}^{-\mathrm{i}\rho} f(\rho) \tag{36.25}$$

und $z = 2\mathrm{i}\rho$ wird man auf die konfluente hypergeometrische Differentialgleichung (II-27.41) geführt, mit der Ersetzung $b = 2l + 2$, $a = l + 1 - \mathrm{i}n$. Die allgemeine Lösung von (36.24) ist daher von der Form:

$$w_l(\rho) = c_1 \mathrm{F}_l(n, \rho) + c_2 \mathrm{G}_l(n, \rho), \tag{36.26}$$

hierbei ist $\mathrm{F}_l(n, \rho)$ die sogenannte **reguläre Coulomb-Funktion** oder **Coulomb-Funktion 1. Art**, und $\mathrm{G}_l(n, \rho)$ ist die sogenannte **irreguläre Coulomb-Funktion** oder **Coulomb-Funktion 2. Art**. Beide Funktionen sind reell.

Die reguläre Coulomb-Funktion ist gegeben durch

$$\mathrm{F}_l(n, \rho) = C_l(n)\rho^{l+1}\mathrm{e}^{\mp\mathrm{i}\rho}\mathrm{M}(l + 1 \mp \mathrm{i}n, 2l + 2, \pm 2\mathrm{i}\rho), \tag{36.27}$$

mit der Normierungskonstanten

$$C_l(n) = \frac{2^l \mathrm{e}^{-n\pi/2} |\Gamma(l + 1 + \mathrm{i}n)|}{\Gamma(2l + 2)}. \tag{36.28}$$

Die Wahl des Vorzeichens in (36.27) ist irrelevant, solange konsequent entweder die obere oder die untere Option gewählt wird.

Definiert man nun mit Hilfe der konfluenten hypergeometrischen Funktion 2. Art die beiden zueinander komplex-konjugierten Funktionen

$$\mathrm{H}_l^{\pm}(n, \rho) := \mathrm{e}^{\pm\mathrm{i}\theta_l(n,\rho)}(\mp 2\mathrm{i}\rho)^{l+1\pm\mathrm{i}n}\mathrm{U}(l + 1 \pm \mathrm{i}n, 2l + 2, \mp 2\mathrm{i}\rho), \tag{36.29}$$

mit

$$\theta_l(n, \rho) = \rho - n\log(2\rho) - \frac{l\pi}{2} + \sigma_l(n), \tag{36.30}$$

und der **Coulomb-Phasenverschiebung**

$$\sigma_l(n) := \arg\Gamma(l + 1 + \mathrm{i}n), \tag{36.31}$$

so gehen die Coulomb-Funktionen 1. und 2. Art aus ihnen hervor gemäß

$$\mathrm{F}_l(n, \rho) = \pm\,\mathrm{Im}\,\mathrm{H}_l^{\pm}(n, \rho), \tag{36.32}$$

$$\mathrm{G}_l(n, \rho) = \mathrm{Re}\,\mathrm{H}_l^{\pm}(n, \rho). \tag{36.33}$$

Die beiden Lösungsfunktionen $\mathrm{H}_l^{\pm}(n, \rho)$ stellen hierbei jeweils ein- und auslaufende Kugelwellen dar.

Für $\rho \to \infty$ ist das asymptotische Verhalten der Coulomb-Funktionen:

$$\mathrm{F}_l(n, \rho) \xrightarrow{\rho\to\infty} \sin\theta_l(n, \rho), \tag{36.34}$$

$$\mathrm{G}_l(n, \rho) \xrightarrow{\rho\to\infty} \cos\theta_l(n, \rho), \tag{36.35}$$

$$\mathrm{H}_l^{\pm}(n, \rho) \xrightarrow{\rho\to\infty} \mathrm{e}^{\pm\mathrm{i}\theta_l(n,\rho)}, \tag{36.36}$$

und für $\rho \longrightarrow 0$ ergibt sich:

$$\mathrm{F}_l(n,\rho) \xrightarrow{\rho\to 0} C_l(n)\rho^{l+1}, \tag{36.37}$$

$$\mathrm{G}_l(n,\rho) \xrightarrow{\rho\to 0} \frac{\rho^{-l}}{(2l+1)C_l(n)}. \tag{36.38}$$

Aufgrund der gewählten Normierung (36.28) gehen für $n = 0$ die Coulomb-Funktionen erwartungsgemäß in die sphärischen Bessel-Funktionen über:

$$\mathrm{F}_l(0,\rho) = \rho \mathrm{j}_l(\rho), \tag{36.39}$$

$$\mathrm{G}_l(0,\rho) = -\rho \mathrm{y}_l(\rho). \tag{36.40}$$

In diesem Falle verschwindet dann auch die Coulomb-Phasenverschiebung (36.31), wie es sein soll.

Für detaillierte Betrachtungen der Coulomb-Funktionen siehe die weiterführende Literatur zu Speziellen Funktionen am Ende von Kapitel II-3, sowie [Erd+55; ES55; Gas18].

Der Runge–Lenz-Vektor und die SO(3, 1)-Symmetrie

Wie bei der algebraischen Lösung des Coulomb-Problems für gebundene Zustände ($E < 0$) in Abschnitt II-28 bereits erläutert, besitzt der Hamilton-Operator für das Coulomb-Potential eine durch die Lie-Algebra $\mathfrak{su}(2) \times \mathfrak{su}(2)$ erzeugte Symmetriegruppe. Aufgrund der Vorzeichenänderung der Energie E erhält der „umskalierte“ Runge–Lenz-Operator $\hat{\boldsymbol{M}}$ in (II-28.17) einen zusätzlichen Faktor i, beziehungsweise wird definiert durch

$$\hat{\boldsymbol{A}} =: \sqrt{2\mu\hat{H}}\hat{\boldsymbol{M}}, \tag{36.41}$$

was zu den geänderten Kommutatorrelationen

$$[\hat{L}_i, \hat{L}_j] = \mathrm{i}\hbar\epsilon_{ijk}\hat{L}_k, \tag{36.42a}$$

$$[\hat{M}_i, \hat{M}_j] = -\mathrm{i}\hbar\epsilon_{ijk}\hat{L}_k, \tag{36.42b}$$

$$[\hat{M}_i, \hat{L}_j] = \mathrm{i}\hbar\epsilon_{ijk}\hat{M}_k, \tag{36.42c}$$

anstelle von (II-28.18) führt. Die Kommutatorrelationen (II-28.22) bleiben jedoch unverändert.

Während im Falle gebundener Zustände die entsprechende Symmetriegruppe die SO(4) ist, ist für den Fall von Streuzuständen die Symmetriegruppe die SO(3, 1), die im Unterschied zur SO(4) nicht-kompakt ist. Das ist zwar die selbe Symmetriegruppe wie die klassische Lorentz-Gruppe, hat aber eine völlig andere physikalische Bedeutung und keinerlei relativistischen Bezug. Für weitergehende Betrachtungen siehe die Verweise am Ende von Abschnitt II-28.

37 Inelastische Streuung

Die sogenannte **inelastische Streuung** beschriebt einen Streuvorgang, bei dem sich die Energie des gestreuten Teilchens während des Streuvorgangs ändert. Allgemeiner bezeichnet man sämtliche Zwei- oder Mehrteilchen-Streuprozesse, bei denen sich aufgrund einer inhärenten Struktur dieser Teilchen diese zu einer Veränderung mindestens eines der Teilchen während des Streuvorgangs führt, als inelastisch. Beispielsweise kann durch die Streuung von Elektronen an Atomen das Atom nach der Streuung in einem angeregten Zustand übergehen. Bei der Neutronenstreuung an Atomkernen kann ebenfalls der Atomkern nach der Streuung einen angeregten Zustand einnehmen. Als Folge verliert das gestreute Teilchen an Energie.

Der noch allgemeinere Fall, in dem im Rahmen eines Mehrteilchen-Streuprozesses auch neue Teilchen erzeugt und ursprünglich vorhandene vernichtet werden, wird häufig noch als **Reaktionsstreuung** bezeichnet. In Abhängigkeit der Streuenergie sind dann qualitativ unterschiedliche Ausgänge des Streuexperiments möglich (zum Beispiel verschiedene Teilchen als Endprodukte), welche dann als **Streukanäle** bezeichnet werden. Der einfallende Teilchenstrom wird dann gewissermaßen auf mehrere Ausgangskanäle aufgeteilt, was als **Mehrkanal-Streuung** bezeichnet wird. Wir verweisen an dieser Stelle auf die weiterführende Literatur und betrachten im Folgenden nur die sogenannte **Einkanal-Streuung**. In der Darstellung orientieren wir uns an den Ausführungen in den Werken von Schiff und Roman (siehe die Lehrbuchliteratur zur Quantenmechanik).

Im Modellbild der Streuung an einem Potential, wie wir sie ausschließlich in diesem Kapitel betrachten, bedeutet Inelastizität, dass dem betrachteten Quantensystem – nämlich dem Teilchen im Streupotential – Energie entnommen wird, und es wird – ähnlich wie bei der Betrachtung der zeitabhängigen Störungstheorie in Kapitel 2 – die Frage, wohin denn diese entnommene Energie abgeführt wird, nicht weiter beantwortet. Vielmehr wird die Inelastizität des Streuvorgangs dadurch modelliert, dass das Streupotential $V(\boldsymbol{r})$ als komplexwertig betrachtet wird, der Operator $\hat{V}(\hat{\boldsymbol{r}})$ also **nicht-hermitesch** ist. Man spricht dann auch vom **optischen Modell** des Streuvorgangs, in Anlehnung an die Optik, wo ebenfalls komplexe, sogenannte **optische Potentiale** Absorptionsvorgänge beschreiben. Wie aus den inhärenten Strukturen der am Streuprozess beteiligten Komponenten im Detail dann ein komplexes Potential abgeleitet wird, ist ein Thema für sich und wird hier nicht weiter behandelt. In die Quantenmechanik erstmalig eingeführt haben das optische Modell Herman Feshbach, Charles E. Porter und Victor F. Weisskopf [FPW53].

Und ganz so wie die Ausblicke in Abschnitt 15 und folgende in bezug auf Übergangswahrscheinlichkeiten und Wirkungsquerschnitte im Rahmen der zeitabhängigen Störungstheorie erläutern, sei auch hier vorausgeschickt, dass erst der quantenfeldtheoretische Formalismus die Energieerhaltung im Gesamtsystem berücksichtigen und den allgemeinen inelastischen Streuvorgang im Detail korrekt beschreiben kann, insbesondere Vorgänge wie Absorption oder Teilchenumwandlung, wie sie in der Hochenergiephysik gewissermaßen täglich Brot sind, aber auch in nichtrelativistischen Kontexten wie der Physik der kondensierten Materie.

Wir wollen nun ausführen, warum ein komplexes Potential Energieverlust beziehungsweise Absorptionsvorgänge im Formalismus der nichtrelativistischen Quantenmechanik gut modelliert. Sei also $V(\boldsymbol{r})$ ein komplexes Potential (in Ortsdarstellung). Als erstes betrachten wir die Kontinuitätsgleichung für die Wahrscheinlichkeitsdichte $\rho(\boldsymbol{r},t)$. Anstelle von (I-19.5) führt ein komplexes Potential aber zu

$$\frac{\partial\rho(\boldsymbol{r},t)}{\partial t} + \nabla\cdot\boldsymbol{j}(\boldsymbol{r},t) = -\frac{2}{\hbar}\,[\operatorname{Im}V(\boldsymbol{r})]\,\rho(\boldsymbol{r},t). \tag{37.1}$$

Da $\rho(\boldsymbol{r},t)$ stets positiv ist, wirkt die rechte Seite von (37.1) wie eine „Wahrscheinlichkeitsquelle", wenn $\operatorname{Im}V(\boldsymbol{r}) < 0$, und wie eine „Wahrscheinlichkeitssenke", wenn $\operatorname{Im}V(\boldsymbol{r}) > 0$. Da wir an dieser Stelle ausschließlich Absorptionsvorgänge betrachten wollen, sei also stets $\operatorname{Im}V(\boldsymbol{r}) > 0$ vorausgesetzt.

Die integrierte Form von (37.1) ist anstelle von (I-19.10) dann

$$\frac{\mathrm{d}}{\mathrm{d}t}\int_\Omega \mathrm{d}^3\boldsymbol{r}\rho(\boldsymbol{r},t) = -\oint_S \boldsymbol{j}(\boldsymbol{r},t)\cdot\mathrm{d}\boldsymbol{S} - \frac{2}{\hbar}\int_\Omega [\operatorname{Im}V(\boldsymbol{r})]\,\rho(\boldsymbol{r},t)\mathrm{d}^3\boldsymbol{r}, \tag{37.2}$$

hierbei ist $S = \partial\Omega$ der Rand des Raumgebietes Ω. Wenn die Integration über ganz $\mathbb{R}^3$ geht, verschwindet $\partial\Omega$, und es folgt für die Gesamtwahrscheinlichkeit $P_{\text{tot}}(t)$:

$$\frac{\mathrm{d}}{\mathrm{d}t}P_{\text{tot}}(t) < 0, \tag{37.3}$$

wie für einen Absorptionsvorgang zu erwarten ist. Für ein endliches Gebiet Ω, in dem $\nabla\cdot\boldsymbol{j}(\boldsymbol{r},t) \equiv 0$ ist, gilt dies entsprechend für die Wahrscheinlichkeitsdichte $\rho(t)$ *in diesem Gebiet*, und es ist:

$$\rho(t) \sim \mathrm{e}^{-2[\operatorname{Im}V(\boldsymbol{r})]t/\hbar}, \tag{37.4}$$

so dass die Wellenfunktion $\Psi(\boldsymbol{r},t)$ die Zeitabhängigkeit

$$\Psi(\boldsymbol{r},t) \sim \mathrm{e}^{(-\mathrm{i}E-[\operatorname{Im}V(\boldsymbol{r})])t/\hbar}. \tag{37.5}$$

Der durch die Wellenfunktion $\Psi(\boldsymbol{r},t)$ beschriebene Zustand zeigt also **exponentiellen Zerfall**.

Betrachten wir hingegen einen stationären Zustand mit Wellenfunktion $\Psi(\boldsymbol{r},t)$, so besitzt dieser per Definition eine unitäre Zeitabhängigkeit

$$\Psi(\boldsymbol{r},t) \sim \mathrm{e}^{-\mathrm{i}Et/\hbar}, \tag{37.6}$$

was wiederum bedeutet, dass in dem zu betrachtenden Gebiet Ω nicht gleichzeitig $\operatorname{Im}V(\boldsymbol{r}) \neq 0$ und $\nabla\cdot\boldsymbol{j}(\boldsymbol{r},t) \equiv 0$ sein kann. Dann ist aber per Voraussetzung die linke Seite von (37.1) beziehungsweise von (37.2) Null, und es folgt zunächst

$$\oint_S \boldsymbol{j}(\boldsymbol{r},t)\cdot\mathrm{d}\boldsymbol{S} = -\frac{2}{\hbar}\int_\Omega [\operatorname{Im}V(\boldsymbol{r})]\,\rho(\boldsymbol{r},t)\mathrm{d}^3\boldsymbol{r}. \tag{37.7}$$

Die linke Seite von (37.7) beschreibt den gesamten auslaufenden Wahrscheinlichkeitsfluss (sprich: Teilchenfluss) über $S = \partial\Omega$ integriert, welcher offensichtlich negativ ist. In anderen Worten: im Gebiet Ω werden Teilchen absorbiert.

Die Interpretation ist nun, dass ein kontinuierlicher Strom einfallender Teilchen zu einem kontinuierlichen, aber geringeren Strom ausfallender Teilchen führt. Das komplexe Potential $V(\boldsymbol{r})$ wirkt hierbei als permanente Senke von Teilchen. Wie bereits weiter oben erläutert, wird durch diese Modellierung zwar in keiner Weise der Energieerhaltung im Gesamtsystem Rechnung getragen, was dem Ansatz selbst aber keinen Abbruch tut, solange man sich nicht für das Gesamtsystem „Teilchen + Umgebung“ beziehungsweise für ein umfängliche Betrachtung der Mehrkanal-Streuung interessiert.

Partialwellenmethode: Komplexe Streuphasen

Die Ausführungen in Abschnitt 31 zeigen den Zusammenhang zwischen der Streuphase $\delta_l(k)$ und dem Streupotential $V(r)$ auf, siehe insbesondere (31.1). Bei einem komplexen Potential ergibt nun die selbe Rechnung eine komplexe Streuamplitude $\eta_l(k) = \delta_l(k) + \mathrm{i}\gamma_l(k)$. Das reduzierte S-Matrix-Element (30.19) ergibt sich so zu

$$S_l(k) = \mathrm{e}^{2\mathrm{i}\eta_l(k)} = \mathrm{e}^{2\mathrm{i}\delta_l(k)-2\gamma_l(k)}, \tag{37.8}$$

nur dass die Unitaritätsrelation (30.25) nicht mehr gilt. Vielmehr ist

$$|S_l(k)| = \mathrm{e}^{-2\gamma_l(k)}, \tag{37.9}$$

und dieser Faktor heißt **Inelastizitätskoeffizient**. Für die Streuamplitude $f(\theta)$ in der Form (30.22) mit (30.21) ergibt sich weiterhin:

$$f(\theta) = \frac{\mathrm{i}}{2k}\sum_l (2l+1)\mathrm{P}_l(\cos\theta)(1 - S_l(k)), \tag{37.10}$$

so dass $|f(\theta)|^2$ nach wie vor ein Maß für die Wahrscheinlichkeit darstellt, das gestreute Teilchen in einem Streuwinkel θ zu messen, und daher zum elastischen Streuquerschnitt (30.28) beiträgt – nur dass die Rechnung analog zu der, die zu (30.30) führt, vielmehr ergibt:

$$\sigma_{\text{elast}}(k) = \frac{\pi}{k^2}\sum_{l=0}^{\infty}(2l+1)|1 - S_l(k)|^2 \tag{37.11a}$$

$$= \frac{2\pi}{k^2}\sum_{l=0}^{\infty}(2l+1)\mathrm{e}^{-2\gamma_l}(\cosh 2\gamma_l - \cos 2\delta_l), \tag{37.11b}$$

und man erkennt, dass (37.11) für $\gamma_l = 0$ wieder zum Ausdruck (30.30) führt.

Nun wenden wir uns dem **inelastischen** oder **Absorptionsquerschnitt** σ_{abs} zu. Der differentielle Absorptionsquerschnitt ist – anders als der elastische Streuquerschnitt in (27.9) – definiert durch:

$$\frac{\mathrm{d}\sigma_{\text{abs}}}{\mathrm{d}\Omega} := \frac{|\boldsymbol{e}_r \cdot (\boldsymbol{j}_{\text{radin}} - \boldsymbol{j}_{\text{radout}})|r^2}{|\boldsymbol{j}_{\text{in}}|}, \tag{37.12}$$

wobei $\boldsymbol{j}_{\text{radin,radout}}$ anhand (30.24) definiert und zu berechnen sind:

$$\psi_{\boldsymbol{k}}^{(+)}(\boldsymbol{r}) = \frac{1}{(2\pi\hbar)^{3/2}} \sum_{l=0}^{\infty} (2l+1) \frac{\mathrm{P}_l(\cos\theta)}{2\mathrm{i}k} \Bigg[\underbrace{S_l(k) \frac{\mathrm{e}^{\mathrm{i}kr}}{r}}_{\text{radout}} - \underbrace{\frac{\mathrm{e}^{-\mathrm{i}(kr-l\pi)}}{r}}_{\text{radin}} \Bigg]. \tag{37.13}$$

Eine analoge Rechnung wie die, die zu (27.9) führt, liefert dann:

$$\sigma_{\text{abs}}(k) = \frac{\pi}{k^2} \sum_{l=0}^{\infty} (2l+1) \left(1 - |S_l(k)|^2\right) \tag{37.14a}$$

$$= \frac{\pi}{k^2} \sum_{l=0}^{\infty} (2l+1) \left(1 - \mathrm{e}^{-4\gamma_l(k)}\right). \tag{37.14b}$$

Wir erkennen, dass für $\gamma_l = 0$ der Absorptionsquerschnitt verschwindet.

Die Summe aus (37.11) und (37.14) ergibt dann den **totalen Streuquerschnitt** $\sigma_{\text{tot}}(k)$:

$$\sigma_{\text{tot}}(k) = \sigma_{\text{elast}}(k) + \sigma_{\text{abs}}(k) = \frac{2\pi}{k^2} \sum_{l=0}^{\infty} (2l+1) \left(1 - \operatorname{Re} S_l(k)\right) \tag{37.15a}$$

$$= \frac{2\pi}{k^2} \sum_{l=0}^{\infty} (2l+1) \left(1 - \mathrm{e}^{-2\gamma_l(k)} \cos 2\delta_l\right). \tag{37.15b}$$

Und auch hier bemerken wir, dass für $\gamma_l = 0$ der totale mit dem elastischen Streuquerschnitt übereinstimmt.

Wir erkennen außerdem, dass der elastische Streuquerschnitt nicht verschwinden kann, es sei denn $S_l(k) \equiv 1$, was aber damit gleichbedeutend ist, dass keine Streuung stattfindet, da dann $\eta_l = \delta_l = \gamma_l \equiv 0$. Insbesondere geht mit einem Absorptionsquerschnitt immer auch ein elastischer Streuquerschnitt einher, was plausibel ist, da im Wellenbild nur dann Absorption und damit eine Abnahme des ausgehenden Teilchenstroms stattfindet, wenn die ein- und auslaufenden Kugelwellen entsprechend destruktiv interferieren – vergleiche die Ausführungen am Ende von Abschnitt 35.

Für den Fall $\gamma_l \to \infty$ nennt man das komplexe Streupotential einen **perfekten Absorber**. Dann nimmt σ_{abs} seinen maximalen Wert an (und ist gleich groß wie σ_{elast}):

$$\lim_{\gamma_l \to \infty} \sigma_{\text{abs}} = \lim_{\gamma_l \to \infty} \sigma_{\text{elast}} = \frac{\pi}{k^2} \sum_{l=0}^{ka} (2l+1) \approx \pi a^2, \tag{37.16}$$

für ein Potential mit endlicher Reichweite.

Das optische Theorem stellt sich für inelastische Streuung übrigens unverändert dar:

setzen wir in (37.10) den Streuwinkel $\theta = 0$, so erhalten wir:

$$\begin{aligned}\operatorname{Im} f(0) &= \operatorname{Im}\left[\frac{\mathrm{i}}{2k}\sum_l (2l+1)(1-S_l(k))\right] \\ &= \frac{1}{2k}\sum_l (2l+1)(1-\operatorname{Re} S_l(k)) \\ &= \frac{k}{4\pi}\sigma_{\text{tot}}(k).\end{aligned}$$

Eikonalnäherung und optisches Modell

Wie die Partialwellenmethode lässt sich auch die Eikonalnäherung ohne wesentliche Änderungen auf komplexe Potentiale anwenden. Die Relation (35.12) stellt den Zusammenhang zwischen dem komplexen Streupotential $V\left(\sqrt{b^2+z^2}\right)$ und der komplexen Streuphasenfunktion $\Delta(b) = \delta(b)$ her. Relation (35.12) liefert dann die komplexe Streuamplitude $f(\theta)$.

Schreiben wir dann $S(b) := \mathrm{e}^{2\mathrm{i}\delta(b)}$ als die nicht-unitäre S-Matrix-Funktion der Eikonalnäherung, so erhalten wir für die einzelnen Streuquerschnitte die Ausdrücke:

$$\sigma_{\text{el}} = 2\pi \int_0^\infty b\mathrm{d}b|1-S(b)|^2, \tag{37.17}$$

$$\sigma_{\text{abs}} = 2\pi \int_0^\infty b\mathrm{d}b\left(1-|S(b)|^2\right), \tag{37.18}$$

$$\sigma_{\text{tot}} = 4\pi \int_0^\infty b\mathrm{d}b\,(1-\operatorname{Re} S(b)). \tag{37.19}$$

Für weitergehende und formalere Betrachtungen zur inelastischen Streuung im Allgemeinen und zum optischen Modell im Speziellen siehe die weiterführende Literatur, insbesondere die Monographien von Goldberger und Watson, Joachain, sowie Wu und Ohmura. Ein umfassendes Review von Herman Feshbach ist [Fes58].

38 Die analytische Struktur der S-Matrix I: Jost-Funktionen und S-Matrix

Bereits gegen Ende des Abschnitts 24 sind wir kurz auf die geschichtliche Entwicklung und Bedeutung der S-Matrix eingegangen. Mangels konsistenter mikroskopischer Theorien zuerst für die schwache und dann ab etwa 1960 für die starke Wechselwirkung war der Ansatz entstanden, die S-Matrix als zentrale Größe zugrundezulegen, aus der alle physikalisch messbaren Größen prinzipiell abzuleiten sind, und die daher gewisse mathematische Eigenschaften besitzt. Infolgedessen hat sich in den 60er-Jahren eine ganze „Industrie" dem Vorhaben gewidmet, die analytische Betrachtung der S-Matrix nicht nur zum zentralen Forschungsgegenstand zu erheben, sondern aus ihr heraus die zugrundeliegenden fundamentalen Wechselwirkungen abzuleiten, was als **analytische S-Matrix-Theorie** bekannt wurde.

Dieser Forschungsansatz spielt heute zwar keine Rolle mehr, aber nichtsdestoweniger ist die Untersuchung der S-Matrix als komplexe Funktion von Energie oder Drehimpuls sowie ihrer Symmetrien sehr zentral beim Versuch, zu einer axiomatischen Beschreibung von Quantenfeldtheorien zu gelangen. Die Hauptergebnisse dieser Betrachtungen werden in Form sogenannter **Dispersionsrelationen** ausgedrückt, wie es sie auch in der klassischen Elektrodynamik gibt. Dispersionsrelationen im engeren Sinne stellen eine funktionale Abhängigkeit von Kreisfrequenz ω und Wellenvektor k dar, wie wir sie aus der klassischen Elektrodynamik, aber auch aus der Quantenmechanik bereits kennen, siehe (I-23.11). Setzt man beide Größen nun in die komplexe Zahlenebene fort, erhält man verallgemeinerte Dispersionsrelationen, auch **Kramers–Kronig-Relationen** genannt, nach Hendrik Anthony Kramers und Ralph Kronig, die sie erstmalig in der klassischen Elektrodynamik ableiteten. Bei deren Ableitung allerdings spielt (wie in der relativistischen Quantenfeldtheorie auch) die (Mikro-)Kausalität der zugrundeliegenden Theorie eine zentrale Rolle – wir kommen in Abschnitt IV-9 darauf zurück – auf die man sich in der nichtrelativistischen Quantenmechanik nicht berufen kann. Wir werden aber sehen, dass die Schrödinger-Gleichung sowie asymptotische Randbedingungen an ihre Lösungen ebenfalls zu Dispersionsrelationen führen.

Die folgende Darstellung lehnt sich (wie viele andere Darstellungen auch) sehr stark an das exzellente Review des deutsch-amerikanischen theoretischen Physikers Roger G. Newton [New60] sowie an seine Monographie zur Streutheorie an (siehe die weiterführende Literatur), allerdings mit leicht angepasster Notation. Als kurze Bemerkung sei angebracht, dass Roger Newton 1924 als Gerhard Neuweg im deutschen Landsberg als Sohn eines jüdischen Zahnarztes geboren wurde, nach dem zweiten Weltkrieg in die USA emigrierte, 1953 bei Julian Schwinger in Harvard promovierte und im Rahmen seiner akademischen Karriere über 30 Jahre lang eine Professur an der Indiana University innehatte. Sehr lesenswert ist auch das Review des italienischen theoretischen Physikers Tullio Regge [Reg63], der sich Ende der 1950er-Jahren und in den 1960er-Jahren der analytischen S-Matrix-Theorie widmete, bevor er sich dann der Gravitation zuwandte und das nach ihm benannte Regge-Kalkül entwickelte.

Wir betrachten im Folgenden kugelsymmetrische Streupotentiale $V(r)$, die die asymptotische Bedingung (27.2) erfüllen, und beginnen mit der Radialgleichung in der Form (II-23.10):

$$\frac{\mathrm{d}^2}{\mathrm{d}r^2}u_{kl}(r) + \left[k^2 - \frac{2MV(r)}{\hbar^2} - \frac{l(l+1)}{r^2}\right]u_{kl}(r) = 0. \tag{38.1}$$

In Erinnerung an die Diskussion der Regularitätseigenschaften am Ursprung in Abschnitt II-24 fordern wir für alle Lösungsfunktionen $u_{kl}(r) = rR_{kl}(kr)$ also:

$$u_{kl}(r) \xrightarrow{r\to 0} \frac{r(kr)^l}{(2l+1)!!}, \tag{38.2a}$$

$$u_{kl}(r) \xrightarrow{r\to\infty} \frac{1}{2\mathrm{i}k}\left(S_l(k)\mathrm{e}^{\mathrm{i}kr} - \mathrm{e}^{-\mathrm{i}(kr-l\pi)}\right), \tag{38.2b}$$

man vergleiche (30.24). Ist $V(r)$ reell, so ist auch $u_{kl}(r)$ reell.

Wir wollen nun eine Lösungsfunktion $\phi_l(k,r)$ betrachten mit einem geforderten asymptotischen Verhalten

$$\phi_l(k,r) \xrightarrow{r\to 0} \frac{r^{l+1}}{(2l+1)!!}, \tag{38.3}$$

$$\phi_l(k,r) \xrightarrow{r\to\infty} \frac{\mathrm{i}^{l+1}}{2k^{l+1}}\left[F_l(-k)\mathrm{e}^{-\mathrm{i}kr} - (-1)^l F_l(k)\mathrm{e}^{\mathrm{i}kr}\right]. \tag{38.4}$$

Die Lösung $\phi_l(k,r)$ ist also eine reguläre Lösung von (38.1), das heißt, sie verschwindet am Ursprung, und wie $u_{kl}(r)$ ist sie für reelle Werte von k reell. Wir setzen daher an:

$$\phi_l(k,r) = \frac{\mathrm{i}}{2k^{l+1}}\left[F_l(-k)F_l(k,r) - (-1)^l F_l(k)F_l(-k,r)\right], \tag{38.5}$$

wobei die Lösungsfunktionen $F_l(k,r)$ die Asymptotik

$$F_l(k,r) \xrightarrow{r\to\infty} \mathrm{i}^l\mathrm{e}^{-\mathrm{i}kr} \tag{38.6}$$

besitzen und damit irregulär sind (sie verschwinden nicht im Ursprung). Die Motivation für den Ansatz (38.5) zusammen mit (38.4) rührt vom asymptotischen Verhalten (II-24.46) der beiden sphärischen Hankel-Funktionen (II-24.42) her:

$$\mathrm{h}_l^{(1,2)}(kr) \xrightarrow{|kr|\to\infty} \mp\frac{\mathrm{i}}{kr}\mathrm{e}^{\pm\mathrm{i}(kr-l\pi/2)} = \frac{(\mp\mathrm{i})^{l+1}}{kr}\mathrm{e}^{\pm\mathrm{i}kr},$$

so dass sich (38.4) auch schreiben lässt als

$$\phi_l(k,r) \xrightarrow{r\to\infty} \frac{kr}{2k^{l+1}}\left[F_l(k)\mathrm{h}_l^{(1)}(kr) + F_l(-k)\mathrm{h}_l^{(2)}(kr)\right]. \tag{38.7}$$

Wir bemerken außerdem noch, dass konstruktionsbedingt $\phi_l(k,r)$ eine gerade Funktion in k ist: $\phi_l(k,r) = \phi_l(-k,r)$.

Die Koeffizientenfunktionen $F_l(k)$ heißen **Jost-Funktionen**, nach dem Schweizer Theoretischen Physiker Res Jost [Jos47], einem ehemaligen Doktoranden von Gregor Wentzel, der sich sehr stark um die mathematische Grundlegung der Quantenfeldtheorie bemühte. Die irregulären Lösungsfunktionen $F_l(k, r)$ werden auch **Jost-Lösungen** genannt. Die spezielle Wahl der Vorfaktoren wird sich im Folgenden als nützlich für die Notation erweisen. Es muss aber auf dieser Stelle darauf hingewiesen werden, dass in der Literatur diverse Notationen und unterschiedliche Phasenkonventionen in der Definition der Jost-Funktionen und der Jost-Lösungen existieren. Der Leser achte also stets beim Vergleich von Formeln auf die jeweilige Konvention.

Um nun den Zusammenhang mit der radialen Wellenfunktion $R_{kl}(r) = u_{kl}(r)/r$ herzustellen, müssen wir (38.5) mit (38.2) vergleichen und stellen fest, dass

$$
\begin{aligned}
rR_{kl}(r) = u_{kl}(r) &= \frac{(-k^l)}{F_l(-k)}\phi_l(k, r) && (38.8)\\
&= \frac{(-1)^l}{2ik}\left[\frac{F_l(k)}{F_l(-k)}\mathrm{e}^{ikr} - \mathrm{e}^{-ikr}\right], && (38.9)
\end{aligned}
$$

das heißt, das reduzierte S-Matrix-Element $S_l(k)$ ist gegeben durch

$$
\boxed{S_l(k) = \frac{F_l(k)}{F_l(-k)}.} \tag{38.10}
$$

Die Untersuchung der analytischen Struktur von $S_l(k)$ reduziert sich also auf die Untersuchung der Nullstellen und der Pole der Jost-Funktionen $F_l(k)$, was wir im folgenden Abschnitt 39 machen werden.

Aus (38.8) und (38.3) leiten wir ferner ab, dass für $r \longrightarrow 0$ gilt:

$$
|rR_{kl}(r)|^2 = \left|\frac{k^l\phi_l(k, r)}{F_l(k)}\right|^2 \xrightarrow{r\to 0} \frac{k^{2l}}{|F_l(k)|^2}\left(\frac{r^{l+1}}{(2l+1)!!}\right)^2, \tag{38.11}
$$

während wir ja für die Wellenfunktion eines freien Teilchens wissen:

$$
|r\mathrm{j}_l(kr)|^2 \xrightarrow{r\to 0} k^{2l}\left(\frac{r^{l+1}}{(2l+1)!!}\right)^2, \tag{38.12}
$$

siehe (II-24.5). Das heißt, die Wahrscheinlichkeitsdichte der Wellenfunktion in der Umgebung des Urprungs ist in Anwesenheit des Streupotentials um den Faktor $|F_l(k)|^{-2}$ reduziert – aus diesem Grund wird $|F_l(k)|^{-1}$ im Englischen auch als *"enhancement factor"* bezeichnet.

Nun wollen wir unsere Betrachtungen für ganz $k \in \mathbb{C}$ ausweiten. Ohne an dieser Stelle ins Detail zu gehen, wollen wir anmerken, dass aus der Tatsache, dass die Randbedingung (38.3) nicht von k abhängt, folgt, dass dann bei gegebenem r die Funktion $\phi_l(k, r)$ analytisch für alle $k \in \mathbb{C}$ ist, also eine ganze Funktion ist. Das folgt aus einem Satz von Poincaré über das Lösungsverhalten gewöhnlicher Differentialgleichungen [Poi84].

Für reelle Werte von k – welche also den Fall eines tatsächlichen Streuvorgangs widerspiegeln – folgt aus den Randbedingungen (38.6):

$$F_l(-k,r)^* = (-1)^l F_l(k,r),$$

daher muss aufgrund des Identitätssatzes für holomorphe Funktionen in jedem Analytizitätsgebiet von $k \in \mathbb{C}$, das an $\mathbb{R}$ anschließt, gelten:

$$F_l(-k^*,r)^* = (-1)^l F_l(k,r). \tag{38.13}$$

Außerdem muss aufgrund des Schwarzschen Spiegelungsprinzip gelten:

$$\phi_l(k^*,r)^* \stackrel{!}{=} \phi_l(k,r), \tag{38.14}$$

so dass sich aus (38.5) für die Jost-Funktionen ergibt:

$$F_l(k) = [F_l(-k^*)]^* . \tag{38.15}$$

Aus (38.10) und (38.15) folgt dann, dass für reelle k für das reduzierte S-Matrix-Element $|S_l(k)| = 1$, so dass also

$$S_l(k) = \mathrm{e}^{2\mathrm{i}\delta_l(k)}, \tag{38.16}$$

mit einer reellen Streuphasenfunktion $\delta_l(k)$, sowie

$$F_l(k) = |F_l(k)|\mathrm{e}^{\mathrm{i}\delta_l(k)}, \tag{38.17a}$$

$$F_l(-k) = |F_l(k)|\mathrm{e}^{-\mathrm{i}\delta_l(k)}, \tag{38.17b}$$

woraus wir auch ableiten können, dass dann für reelle k und $F_l(k) \neq 0$

$$\delta_l(-k) = -\delta_l(k) \tag{38.18}$$

sein muss.

Anhand von (38.10) sehen wir, dass auch für komplexe Werte von k gilt:

$$S_l(k)S_l(-k) = 1, \tag{38.19}$$

dass aber aus (38.16) für komplexe Streuphasen $\delta_l(k)$ nicht die Unitarität der S-Matrix folgt, sondern vielmehr die Relation

$$S_l(k)S_l(k^*)^* = 1. \tag{38.20}$$

Ausgehend von (38.5) können wir nun noch einen expliziten Zusammenhang zwischen den Jost-Funktionen und den Wellenfunktionen $\phi_l(k,r)$ und $F_l(k,r)$ finden. Hierzu bemerken wir zunächst, dass für eine gewöhnliche Differentialgleichung wie (38.1) die Wronski-Determinante

$$W(F_l(k,\cdot),\phi_l(k,\cdot)) = F_l(k,r)\frac{\partial}{\partial r}\phi_l(k,r) - \phi_l(k,r)\frac{\partial}{\partial r}F_l(k,r) \tag{38.21}$$

zweier Lösungen (bei festem Parameter k) unabhängig ist von r. Setzt man nämlich (38.5) in (38.21) ein, erhält man weiter:

$$\begin{aligned} W[F_l(k,\cdot),\phi_l(k,\cdot)] &= \frac{\mathrm{i}}{2k^{l+1}}F_l(k)W[F_l(k,\cdot),F_l(-k,\cdot)] \\ &= \frac{1}{k^l}F_l(k), \end{aligned}$$

wie sich schnell aus der asymptotischen Entwicklung (38.6) ergibt. Es ist also

$$F_l(k) = k^l W[F_l(k,\cdot),\phi_l(k,\cdot)], \tag{38.22}$$

woraus sich mit Hilfe von (38.3) ein Zusammenhang zwischen den Jost-Funktionen und den Jost-Lösungen ergibt:

$$F_l(k) = \frac{1}{(2l-1)!!}\lim_{r\to 0}(kr)^l F_l(k,r). \tag{38.23}$$

Das bedeutet auch, dass $F_l(k)$ und $k^l F_l(k,r)$ das gleiche analytische Verhalten besitzen. Es stellt sich heraus, dass unter der Voraussetzung (27.2) die Jost-Funktionen $F_l(k)$ analytisch in der offenen unteren k-Halbebene ($\mathrm{Im}\,k < 0$) und stetig auf der reellen Achse sind. Gilt hingegen sogar

$$V(r) \xrightarrow{r\to\infty} \frac{\mathrm{e}^{-ar}}{r} \quad (a > 0), \tag{38.24}$$

so ist $F_l(k)$ analytisch für $\mathrm{Im}\,k < a/2$. Für echt endliche Potentiale oder Potentiale, die im Unendlichen schneller abfallen als jede Exponentialfunktion, ist $F_l(k)$ schließlich analytisch in ganz $\mathbb{C}$, also eine ganze Funktion. Die gleichen Analytizitätseigenschaften gelten demnach (für $r > 0$) auch für $k^l F_l(k,r)$ und daher auch für $F_l(k,r)$ mit der Ausnahme, dass $F_l(k,r)$ für $l > 0$ bei $k = 0$ einen Pol besitzt.

Die Analytizitätseigenschaften von den hier betrachteten Funktionen $\phi_l(k,r)$, $F_l(k,r)$ und $F_l(k)$ werden über Integralgleichungen bewiesen, welche wir im Folgenden unter Berücksichtigung der Randbedingungen ableiten werden.

Integralgleichungen

Zunächst eine Prälude aus der Gebiet der gewöhnlichen Differentialgleichungen, insbesondere der Sturm–Liouville-Theorie [Eng97; DK96; Tri85; Moi05] sowie [PM08, Abschnitt 18.2-1]: gegeben sei eine gewöhnliche, inhomogene Differentialgleichung der Form

$$\underbrace{\left[\frac{\mathrm{d}^2}{\mathrm{d}r^2} + G(r)\right]}_{=:D}\psi(r) = H(r)\psi(r). \tag{38.25}$$

Dann ist (38.25) äquivalent zur Integralgleichung

$$\psi(r) = \psi^0(r) + \frac{1}{W[\phi_1,\phi_2]}\int_{r_0}^{r}\underbrace{[\phi_1(r')\phi_2(r) - \phi_2(r')\phi_1(r)]}_{=:g(r,r')}H(r')\psi(r')\mathrm{d}r', \tag{38.26}$$

eine **inhomogene Volterrasche Integralgleichung 2. Art**, wobei ϕ_1, ϕ_2 zwei unabhängige Lösungen der homogenen Differentialgleichung

$$D\psi(r) = 0 \tag{38.27}$$

sind, und $W[\phi_1, \phi_2]$ deren Wronski-Determinante. Die Funktion $\psi^0(r)$ stellt hierbei das asymptotische Verhalten

$$\psi(r) \xrightarrow{r \to r_0} \psi^0(r) \tag{38.28}$$

dar, und $g(r, r')$ ist eine Greensche Funktion. Offensichtlich ist die Definition der beiden Funktionen $G(r)$ und $H(r)$ nicht eindeutig, da stets ein Anteil von der einen in die andere Funktion hineindefiniert werden kann. Entsprechend führen verschiedene „Aufspaltungen" dann auch zu verschiedenen Integralgleichungen, die sich im asymptotischen Ausdruck $\psi^0(r)$ und im Integralkern $g(r, r')H(r')$ unterscheiden.

Wir wollen nun die Radialgleichung (38.1) in jeweils eine Integralgleichung für die reguläre Lösungen $\phi_l(k, r)$ und für die Jost-Lösungen $F_l(k, r)$ überführen, die die Randbedingungen (38.3) beziehungsweise (38.6) beinhalten. Wir beginnen mit $\phi_l(k, r)$ und schreiben (38.1) wie folgt:

$$\frac{\mathrm{d}^2}{\mathrm{d}r^2}\phi_l(k, r) + \left[k^2 - \frac{l(l+1)}{r^2}\right]\phi_l(k, r) = \frac{2MV(r)}{\hbar^2}\phi_l(k, r). \tag{38.29}$$

Man beachte, dass die Funktionen $(kr)\mathrm{j}_l(kr)$ und $(kr)\mathrm{y}_l(kr)$ Lösungen der homogenen Gleichung sind. Da $\phi_l(k, r)$ für $V(r) \equiv 0$ zur Lösung des freien Teilchens wird, muss die allgemeine Lösung also die Integralgleichung

$$\phi_l(k, r) = \frac{1}{k^l} r\mathrm{j}_l(kr) + \frac{2M}{\hbar^2 k}\int_0^r \mathrm{d}r'\, g_l(k; r, r')V(r')\phi_l(k, r') \tag{38.30}$$

erfüllen, wobei die Greensche Funktion $g_l(k; r, r')$ dann von der Form

$$g_l(k; r, r') = k^2 rr' \left[\mathrm{j}_l(kr')\mathrm{y}_l(kr) - \mathrm{j}_l(kr)\mathrm{y}_l(kr')\right] \tag{38.31}$$

ist, und $W((kr)\mathrm{j}_l(kr), (kr)\mathrm{y}_l(kr)) = k$ (siehe (II-24.12)).

Zur Aufstellung einer Integralgleichung für die Jost-Lösungen hingegen bietet sich die Betrachtung von $-\mathrm{i}(kr)\mathrm{h}_l^{(2)}(kr)$ und $+\mathrm{i}(kr)\mathrm{h}_l^{(1)}(kr)$ als System unabhängiger Lösungen an. Diese Wahl eignet sich wegen (38.6), was gleichbedeutend ist mit

$$F_l(k, r) \xrightarrow{r \to \infty} -\mathrm{i}kr\mathrm{h}_l^{(2)}(kr). \tag{38.32}$$

Für diese ist die Greensche Funktion $g_l(k; r, r')$ dann gegeben durch

$$g_l(k; r, r') = k^2 rr' \left[\mathrm{h}_l^{(1)}(kr')\mathrm{h}_l^{(2)}(kr) - \mathrm{h}_l^{(1)}(kr)\mathrm{h}_l^{(2)}(kr')\right], \tag{38.33}$$

und es ist

$$W(-\mathrm{i}(kr)\mathrm{h}_l^{(2)}(kr), \mathrm{i}(kr)\mathrm{h}_l^{(1)}(kr)) = 2\mathrm{i}k. \tag{38.34}$$

Wir erhalten so die Integralgleichung

$$F_l(k,r) = -\mathrm{i}kr\mathrm{h}_l^{(2)}(kr) - \frac{M}{\hbar^2 \mathrm{i}k}\int_r^\infty \mathrm{d}r' g_l(k;r,r')V(r')F_l(k,r'). \tag{38.35}$$

Multipliziert man (38.35) mit $(kr)^l$ und betrachtet den Limes $r \longrightarrow 0$, so erhält man

$$\lim_{r\to 0}(kr)^l F_l(k,r) = (2l-1)!! + (2l-1)!!\frac{2M}{\hbar^2}\int_0^\infty \mathrm{d}r' r' \mathrm{j}_l(kr')V(r')F_l(k,r'),$$

und somit gilt wegen (38.23)

$$F_l(k) = 1 + \frac{2M}{\hbar^2}\int_0^\infty \mathrm{d}r r \mathrm{j}_l(kr)V(r)F_l(k,r). \tag{38.36}$$

Eine weitere Integraldarstellung für $F_l(k)$ erhält man aus der Integralgleichung (38.30): lässt man dort nämlich $r \longrightarrow \infty$ gehen, erhält man:

$$\begin{aligned}\phi_l(k,r) &\xrightarrow{r\to\infty} \frac{1}{k^{l+1}}\sin(kr - l\pi/2) + \frac{2M}{\hbar^2 k}\int_0^\infty \mathrm{d}r g_l^{(\infty)}(k;r)V(r)\phi_l(k,r)\\ &= \frac{1}{k^{l+1}}\frac{1}{2\mathrm{i}}\left[(-\mathrm{i})^l \mathrm{e}^{\mathrm{i}kr} - \mathrm{i}^l \mathrm{e}^{-\mathrm{i}kr}\right] + \frac{2M}{\hbar^2 k}\int_0^\infty \mathrm{d}r g_l^{(\infty)}(k;r)V(r)\phi_l(k,r),\end{aligned} \tag{38.37}$$

mit

$$\begin{aligned}g_l^{(\infty)}(k;r) &= -kr\mathrm{j}_l(kr)\cos(kr - l\pi/2) - kr\mathrm{y}_l(kr)\sin(kr - l\pi/2)\\ &= -kr\frac{1}{2}\left[\mathrm{h}_l^{(1)}(kr)\mathrm{i}^l\mathrm{e}^{-\mathrm{i}kr} + \mathrm{h}_l^{(2)}(kr)(-\mathrm{i})^l\mathrm{e}^{\mathrm{i}kr}\right].\end{aligned} \tag{38.38}$$

Verwendet man nun (38.38) in (38.37) und sortiert nach ein- und auslaufenden Wellen, so erhält man:

$$\begin{aligned}\phi_l(k,r) \xrightarrow{r\to\infty} &\frac{(-\mathrm{i})^{l+1}}{2k^{l+1}}\mathrm{e}^{\mathrm{i}kr}\left[1 - \mathrm{i}\frac{2k^{l+1}M}{\hbar^2}\int_0^\infty \mathrm{d}r r\mathrm{h}_l^{(2)}(kr)V(r)\phi_l(k,r)\right]\\ &+ \frac{\mathrm{i}^{l+1}}{2k^{l+1}}\mathrm{e}^{-\mathrm{i}kr}\left[1 + \mathrm{i}\frac{2k^{l+1}M}{\hbar^2}\int_0^\infty \mathrm{d}r r\mathrm{h}_l^{(1)}(kr)V(r)\phi_l(k,r)\right].\end{aligned}$$

Vergleichen wir diesen Ausdruck nun mit (38.4), so erhalten wir:

$$F_l(k) = 1 - \mathrm{i}\frac{2Mk^{l+1}}{\hbar^2}\int_0^\infty \mathrm{d}r r\mathrm{h}_l^{(2)}(kr)V(r)\phi_l(k,r). \tag{38.39}$$

Verwendet man in (38.39) nun die asymptotischen Ausdrücke (38.4) und (II-24.46), so erhält man zunächst:

$$F_l(k) \xrightarrow{|k|\to\infty} 1 - \mathrm{i}\frac{M}{\hbar^2 k}\int_0^\infty \mathrm{d}r V(r)(-1)^{l+1}\left[F_l(-k)\mathrm{e}^{-2\mathrm{i}kr} - (-1)^l F_l(k)\right],$$

wobei man nun sieht, dass für $\operatorname{Im} k \leq 0$ der Term mit $F_l(-k)$ exponentiell unterdrückt wird und daher schneller gegen Null strebt als der zweite Term. Daher verbleibt

$$F_l(k) \xrightarrow{|k|\to\infty, \operatorname{Im} k<0} 1 - \mathrm{i}\frac{M}{\hbar^2 k}\int_0^\infty \mathrm{d}r V(r) F_l(k),$$

woraus direkt folgt:

$$F_l(k) \xrightarrow{|k|\to\infty} 1 - \mathrm{i}\frac{M}{k\hbar^2}\int_0^\infty V(r)\mathrm{d}r, \tag{38.40}$$

natürlich unter der Voraussetzung (27.2). Es folgt unmittelbar:

$$\lim_{|k|\to\infty} F_l(k) = 1, \tag{38.41}$$

was für die Herleitung von Dispersionsrelationen in Abschnitt 40 eine notwendige Voraussetzung ist. Außerdem folgt wegen (38.17) für reelle k für die Streuphase:

$$\delta_l(k) \xrightarrow{k\to\infty} -\frac{M}{k\hbar^2}\int_0^\infty V(r)\mathrm{d}r. \tag{38.42}$$

Man vergleiche (38.42) mit dem Ausdruck (31.8) für $\tan\delta_l$ in Bornscher Näherung:

$$\tan\delta_l^{(0)} = -\frac{2Mk}{\hbar^2}\int_0^\infty [\mathrm{j}_l(kr)]^2 V(r) r^2 \mathrm{d}r. \tag{38.43}$$

Für $k \to \infty$ wird $\tan\delta_l^{(0)}(k)$ immer kleiner und kann durch $\delta_l^{(0)}(k)$ genähert werden. Der asymptotische Ausdruck (II-24.6) für die sphärischen Bessel-Funktionen ergibt dann $[\mathrm{j}_l(kr)]^2 \to \cos^2(kr)/(kr)^2$, so dass im Integrand von (38.43) der Term $\cos^2(kr)$ durch den Mittelwert $\frac{1}{2}$ ersetzt werden kann. Es folgt so auf andere Weise (38.42).

Wie bereits erwähnt lassen sich mit Hilfe der hier abgeleiteten Integralgleichungen die Existenz- und Analytizitätseigenschaften von $\phi_l(k,r)$, $F_l(k,r)$ und $F_l(k)$ beweisen. Weil in (38.30) beziehungsweise (38.35) das Integral nur von r bis ∞ beziehungsweise von 0 bis r geht, ist ein Interationsansatz zu deren Lösung unabhängig von der Stärke des Potentials geeignet – im Unterschied zur Lippmann–Schwinger-Gleichung – solange nur die asymptotische Bedingung (27.2) gilt. Für weitere Details siehe [New60] sowie die weiterführende Literatur, aber auch das Lehrbuch von Paul Roman (siehe die weiterführende Literatur zur Quantenmechanik am Ende dieses Buchs).

39 Die analytische Struktur der S-Matrix II: Pole der S-Matrix

Wir untersuchen nun die Polstruktur der S-Matrix als Funktion von $k \in \mathbb{C}$.

Eine kurze Wiederholung des bereits aus Abschnitt 38 Bekannten: Die Pole von $S_l(k)$ sind wegen (38.10) bestimmt durch die Pole von $F_l(k)$ und die Nullstellen von $F_l(-k)$. Wir wissen bereits, dass die Jost-Funktionen $F_l(k)$ unter der Voraussetzung (27.2) analytisch in der offenen unteren k-Halbebene ($\mathrm{Im}\, k < 0$) und stetig auf der reellen Achse sind. Gilt hingegen sogar (38.24), so ist $F_l(k)$ analytisch für $\mathrm{Im}\, k < a/2$. Für echt endliche Potentiale oder Potentiale, die im Unendlichen schneller als jede Exponentialfunktion abfallen, ist $F_l(k)$ schließlich analytisch in ganz $\mathbb{C}$, also eine ganze Funktion. Das bedeutet dann: die Pole von $S_l(k)$ sind alleine durch die Nullstellen von $F_l(-k)$ bstimmt, und diesen Fall betrachten wir nun weiter. (Wir erinnern hier noch an die Trivialität, dass wegen (38.10) auch gilt, dass die Pole von $S_l(k)$ den Nullstellen von $S_l(-k)$ entsprechen.)

Als erstes beweisen wir den folgenden

Satz. *Alle Pole von $S_l(k)$ in der oberen Halbebene liegen auf der imaginären Achse.*

Beweis. Es genügt zu zeigen, dass die Nullstellen von $F_l(-k)$ für $\mathrm{Im}\, k > 0$ rein imaginär sind. Es sei also $k_0 = \alpha + \mathrm{i}\beta$ mit $\beta > 0$, so dass $F_l(-k_0) = 0$, und wir betrachten die Jost-Lösung $F_l(-k_0, r)$ sowie ihre Komplex-Konjugierte $F_l(-k_0, r)^*$. Die Radialgleichung (38.1) für beide lautet jeweils:

$$F_l''(-k_0, r) + \left[k_0^2 - \frac{2MV(r)}{\hbar^2} - \frac{l(l+1)}{r^2}\right] F_l(-k_0, r) = 0,$$

$$(F_l^*)''(-k_0, r) + \left[(k_0^*)^2 - \frac{2MV(r)}{\hbar^2} - \frac{l(l+1)}{r^2}\right] F_l(-k_0, r)^* = 0.$$

Multiplizieren der ersten Gleichung mit $F_l(-k_0, r)^*$, der zweiten mit $F_l(-k_0, r)$, anschließender Subtraktion der zweiten von der ersten und Integration von 0 bis ∞ ergibt:

$$\int_0^\infty \frac{\mathrm{d}}{\mathrm{d}r}\left[F_l'(-k_0, r)F_l(-k_0, r)^* - (F_l^*)'(-k_0, r)F_l(-k_0, r)\right] \mathrm{d}r = \left((k_0^*)^2 - k_0^2\right) \int_0^\infty |F_l(-k_0, r)|^2 \mathrm{d}r. \quad (39.1)$$

Multiplizieren wir nun beide Seiten mit $[-k_0 r]^l$ und verwenden (38.6), so erhalten wir auf der linken Seite:

$$\begin{aligned} &\left[F_l'(-k_0, r)[-k_0 r]^l F_l(-k_0, r)^* - (F_l^*)'(-k_0, r)[-k_0 r]^l F_l(-k_0, r)\right]_0^\infty = \\ &\lim_{r\to\infty} 2\mathrm{i}\alpha \mathrm{e}^{-2\beta r}[-k_0 r]^l - \lim_{r\to 0}\left[F_l'(-k_0, r)[-k_0 r]^l F_l(-k_0, r)^*\right] + (F_l^*)'(-k_0, r)F_l(-k_0) = \\ &\qquad - F_l'(-k_0, r)\left[\frac{k_0}{k_0^*}\right]^l F_l(-k_0)^* + (F_l^*)'(-k_0, r)F_l(-k_0) = 0, \end{aligned}$$

unter Verwendung von (38.13) und (38.15), sowie der Tatsache, dass ja $F_l(-k_0) = 0$. Die linke Seite von (39.1) verschwindet also deshalb, weil per Voraussetzung $\beta > 0$. Daher muss auch die rechte Seite von (39.1) verschwinden, was bedeutet:

$$(k_0^*)^2 - k_0^2 = -4\mathrm{i}\alpha\beta \overset{!}{=} 0,$$

was für $\beta > 0$ nur dann möglich ist, wenn $\alpha = 0$. Also liegt k_0 auf der imaginären Achse. ■

Wir wissen bereits aus Abschnitt 32 (und haben diese Ersterfahrung bereits in Abschnitt I-32 gemacht), dass die Pole der S-Matrix $S_l(k)$ mit $k = \mathrm{i}\kappa (\kappa > 0)$ gebundenen Zuständen mit $E = -\hbar^2\kappa^2/(2M)$ entsprechen. Wir zeigen dies auch wie folgt, und zwar beweisen wir den

Satz. *Es sei $k_0 = \mathrm{i}\beta$ mit $\beta > 0$ eine Nullstelle von $F_l(-k)$ und daher ein Pol von $S_l(k)$. Dann stellt die Jost-Lösung $F_l(-k_0, r)$ bis auf Normierung die quadratintegrable Wellenfunktion eines gebundenen Zustands dar.*

Beweis. Der Beweis ist elementar. Wegen (38.22) und $k \neq 0$ verschwindet die Wronski-Determinante $W[F_l(-k_0, \cdot), \phi_l(k_0, \cdot)]$, das heißt: die reguläre Lösung $\phi_l(k_0, r)$ ist ein Vielfaches der Jost-Lösung $F_l(-k_0, r)$:

$$\phi_l(k_0, r) = cF_l(-k_0, r).$$

Die linke Seite verschwindet jedoch per Voraussetzung für $r = 0$, während die rechte Seite wegen (38.6) für $k = -k_0$ mit $\beta > 0$ exponentiell mit r abfällt. Daher stellen $\phi_l(k_0, r)$ beziehungsweise die Jost-Lösung $F_l(-k_0, r)$ bis auf Normierung die quadratintegrable Wellenfunktion eines gebundenen Zustands dar. ■

Es sei aber an dieser Stelle angemerkt, dass unter Umständen sowohl $F_l(-k_0)$ als auch $F_l(k_0)$ Null sind. Der obige Satz gilt dann immer noch, aber trotz des gebundenen Zustands besitzt das reduzierte S-Matrix-Element $S_l(k)$ dann an der Stelle $k = k_0$ keinen Pol. Es ist also tatsächlich *im Rahmen der Partialwellenanalyse* korrekt, von einer Eins-zu-Eins-Korrespondenz zwischen Nullstellen der Jost-Funktion $F_l(-k)$ und gebundenen Zuständen mit definierter Quantenzahl l zu sprechen, aber nicht zwischen Polen des reduzierten S-Matrix-Elements $S_l(k)$ und ebendiesen gebundenen Zuständen. Für die volle S-Matrix gilt diese Korrespondenz aber dennoch – siehe die weiterführende Literatur, zum Beispiel die Monographie von Taylor.

Wie sieht es mit den Polen von $S_l(k)$ in der unteren Halbebene aus? Führt man die gleichen Schritte wie im Beweis oben für $\beta > 0$, so sieht man, dass die linke Seite von (39.1) für eine gegebene Nullstelle $-k_0$ von $F_l(k)$ nicht verschwindet, sondern vielmehr den Beitrag

$$\lim_{r\to\infty} 2\mathrm{i}\alpha \mathrm{e}^{-2\beta r} [-k_0 r]^l$$

liefert, diesmal aber mit $\beta < 0$, so dass der Grenzwert gar nicht existiert. Daher muss k_0 nicht auf der imaginären Achse liegen. Hierzu der folgende

Satz. *Alle Pole von $S_l(k)$ in der unteren Halbebene liegen entweder auf der imaginären Achse oder existieren paarweise symmetrisch zur imaginären Achse.*

Beweis. Wir betrachten die Nullstellen von $F_l(-k)$ für $\operatorname{Im} k < 0$, und es sei wieder $k_0 = \alpha + \mathrm{i}\beta$ mit $\beta < 0$, so dass $F_l(-k_0) = 0$. Wegen (38.15) ist mit $-k_0 = -\alpha - \mathrm{i}\beta$ stets auch $k_0^* = \alpha - \mathrm{i}\beta$ Nullstelle von $F_l(k)$. Ist $\alpha = 0$, liegt k_0 auf der negativen imaginären Achse. ■

In diesem Fall stellen die Jost-Lösungen $F_l(-k_0, r)$ beziehungsweise $F_l(k_0^*, r)$ allerdings *nicht* gebundene Zustände dar, da sie nicht quadratintegrabel sind. Vielmehr entsprechen die Pole im vierten Quadranten ($\alpha > 0, \beta < 0$) **quasigebundenen** oder **Resonanz-Zuständen** (siehe Abschnitt 34), sofern $|\alpha| > |\beta|$. Es ist dann nämlich

$$E = \frac{\hbar^2 k_0^2}{2M} = \underbrace{\frac{\hbar^2(\alpha^2 - \beta^2)}{2M}}_{E_0>0} + \mathrm{i}\underbrace{\frac{\hbar^2\alpha\beta}{M}}_{-\Gamma<0},$$

mit der **Resonanzbreite** $\Gamma > 0$, so dass die Zeitentwicklung des Zustands gegeben ist durch den Faktor $\exp(-\mathrm{i}Et/\hbar) = \exp(-\mathrm{i}E_0 t/\hbar)\exp(-\Gamma t/\hbar)$. In diesem Zusammenhang werden diese Resonanz-Zustände im Englischen manchmal auch als *''outgoing decaying states''* bezeichnet.

Die Pole im dritten Quadranten stellen gewissermaßen die Umkehrung dar: Sofern wieder $|\alpha| > |\beta|$, so dass $E_0 > 0$, stellen sie Zustände dar, die einen Einfang modellieren, englisch auch *''incoming buildup states''*.

Pole auf der negativen imaginären Achse entsprechen **antigebundenen Zuständen**, häufig auch „virtuelle Zustände“ genannt (ein leider überladener Begriff, da auch quasigebundene Zustände oft so bezeichnet werden, siehe Abschnitt 34). Diese sind unphysikalisch und spielen im Zusammenhang mit Null-Energie-Resonanzen eine gewisse Rolle, wie wir sie am Beispiel des kugelsymmetrischen Potentialtopfs in Abschnitt 33 kennengelernt haben. Mehr hierzu in der weiterführenden Literatur sowie im sehr illustrativen Review [OG74].

Zuguterletzt betrachten wir nun noch den Fall, dass k_0 eine reelle Nullstelle von $F_l(k)$ ist. In diesem Fall ist also $\beta = 0$, und die rechte Seite von (39.1) verschwindet, da $k_0^* = k_0$. Wird die linke Seite von (39.1) wieder mit $[-k_0]^l$ multipliziert, erhalten wir

$$\lim_{r\to\infty} 2\mathrm{i}\alpha[-k_0 r]^l - F_l'(-k_0, r)\left[\frac{k_0}{k_0^*}\right]^l F_l(-k_0)^* + (F_l^*)'(-k_0.r)F_l(-k_0) \stackrel{!}{=} 0,$$

was nur erfüllbar ist, wenn also auch $\alpha = 0$ ist, das heißt: die einzige mögliche reelle Nullstelle von $F_l(k)$ ist $k_0 = 0$. Daher gilt der

Satz. *Der einzige mögliche reelle Pol von $S_l(k)$ ist an der Stelle $k = 0$.*

In dem Falle, dass $V(r)$ kein echt endliches Potential ist, beziehungsweise fällt das Potential im Unendlichen nicht schneller ab als jede Exponentialfunktion, sondern gilt nur (38.24), so gilt wie eingangs wiederholt, dass $F_l(k)$ keine ganze Funktion in k ist, sondern

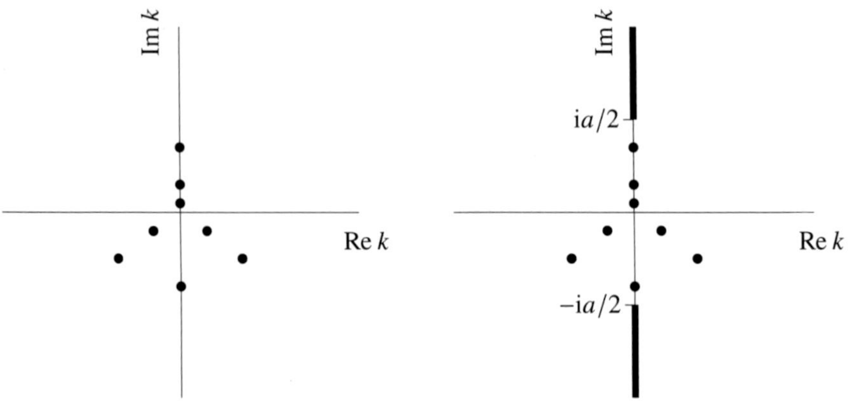

Abbildung 3.6: Die Pole der S-Matrix. Die Pole auf der positiven imaginären Achse entsprechen gebundenen Zuständen. Pole im 3. Quadranten entsprechen Einfangzuständen, Pole im 4. Quadranten entsprechen quasigebundenen Zuständen. Pole auf der negativen imaginären Achse entsprechen antigebundenen Zuständen. Links ist der Fall schematisiert, dass die Jost-Funktion $F_l(k)$ auf ganz $\mathbb{C}$ analytisch ist. Das rechte Bild beschreibt den Fall eines Streupotentials, das lediglich (38.24) genügt, so dass $F_l(k)$ analytisch ist für $\mathrm{Im}\, k < a/2$. $S_l(k)$ besitzt dann zwei Schnitte, nämlich von $\mathrm{i}a/2$ bis $\mathrm{i}\infty$ und von $-\mathrm{i}a/2$ bis $-\mathrm{i}\infty$.

nur analytisch ist in k für $\mathrm{Im}\, k < a/2$. In diesem Fall besitzt $F_l(k)$ einen Schnitt entlang der imaginären Achse von $\mathrm{i}a/2$ bis $\mathrm{i}\infty$, und $S_l(k)$ besitzt zwei Schnitte entlang der imaginären Achse, nämlich von $\mathrm{i}a/2$ bis $\mathrm{i}\infty$ und von $-\mathrm{i}a/2$ bis $-\mathrm{i}\infty$ (Abbildung 3.6). Dann kann es vorkommen, dass $S_l(k)$ sogenannte **redundante Nullstellen** auf der negativen imaginären Achse für $\mathrm{Im}\, k < -a/2$ besitzt, weil für diese $F_l(-k)$ singulär ist, während $F_l(k)$ endlich ist, so dass $S_l(k)$ in (38.10) verschwindet. Diesen redundanten Nullstellen entsprechen keine gebundenen Zustände, vielmehr verschwindet in diesem Fall die Radialfunktion identisch – siehe [Jos47] sowie die bereits am Ende von Abschnitt 38 erwähnte weiterführende Literatur.

40 Die analytische Struktur der S-Matrix III: Dispersionsrelationen für die Jost-Funktionen und Levinson-Theorem

Unter der Voraussetzung (27.2) ist $F_l(k)$ und somit auch $F_l(k) - 1$ analytisch für $\operatorname{Im} k \leq 0$. Wegen (38.40) fällt $|F_l(k)|$ für $|k| \to \infty$ wie k^{-1} ab. Also ergibt die Integralformel von Cauchy:

$$F_l(k) - 1 = -\frac{1}{2\pi \mathrm{i}} \oint_C \frac{F_l(k') - 1}{k' - k} \mathrm{d}k' \quad (\operatorname{Im} k < 0), \tag{40.1}$$

entlang eines Wegs C wie in Abbildung 3.7. Man beachte, dass C die Stelle k negativ umläuft, daher das Minuszeichen in (40.1). Schließt man den Weg nun auf gewohnte Weise im Unendlichen der unteren Halbebene, erhalten wir weiter:

$$F_l(k) - 1 = -\frac{1}{2\pi \mathrm{i}} \int_{-\infty}^{\infty} \frac{F_l(k') - 1}{k' - k} \mathrm{d}k' \quad (\operatorname{Im} k < 0). \tag{40.2}$$

Und im Grenzfall, dass k auf der reellen Achse liegt, wird man so auf den Hauptwert des Integrals geführt:

$$F_l(k) - 1 = \frac{\mathrm{i}}{\pi} \mathrm{P} \int_{-\infty}^{\infty} \frac{F_l(k') - 1}{k' - k} \mathrm{d}k' \quad (k \in \mathbb{R}). \tag{40.3}$$

Trennt man nun noch (40.3) nach Real- und Imaginärteil auf, so erhält man schließlich:

$$\operatorname{Re}[F_l(k) - 1] = -\frac{1}{\pi} \mathrm{P} \int_{-\infty}^{\infty} \frac{\operatorname{Im}[F_l(k') - 1]}{k' - k} \mathrm{d}k', \tag{40.4a}$$

$$\operatorname{Im}[F_l(k) - 1] = \frac{1}{\pi} \mathrm{P} \int_{-\infty}^{\infty} \frac{\operatorname{Re}[F_l(k') - 1]}{k' - k} \mathrm{d}k'. \tag{40.4b}$$

Die Gleichungen (40.4) verknüpfen Real- und Imaginärteil der Jost-Funktionen und stellen somit **Dispersionsrelationen** für diese dar. Durch ihre spezielle Form sind $\operatorname{Re}[F_l(k) - 1]$ und $\operatorname{Im}[F_l(k) - 1]$ **Hilbert-Transformierte** voneinander.

Die Dispersionsrelationen (40.4) können dazu verwendet werden, um die Streuphase $\delta_l(k)$ näherungsweise zu berechnen. Ausgehend von der Bornschen Näherung (31.8) beziehungsweise (38.43) für $\tan \delta_l^{(0)}(k) \approx \delta_l^{(0)}(k)$ approximiert man $F_l(k) \approx 1 + \mathrm{i}\delta_l^{(0)}(k)$, so dass $\delta_l^{(0)}(k) \approx \operatorname{Im}[F_l(k) - 1]$. Diesen Ausdruck setzt man dann in die erste Relation von (40.4) ein, um eine Approximation für $\operatorname{Re}[F_l(k) - 1]$ zu erhalten. Der Quotient

$$\frac{\operatorname{Im} F_l(k)}{\operatorname{Re} F_l(k)} = \tan \delta_l(k)$$

ergibt dann eine verbesserte Näherung für die Streuphase, siehe auch [GK59].

Eine weitere Dispersionsrelation kann ohne weiteres abgeleitet werden, wenn keine gebundenen Zustände existieren, so dass $F_l(-k)$ keine Nullstellen in der oberen Halbebene

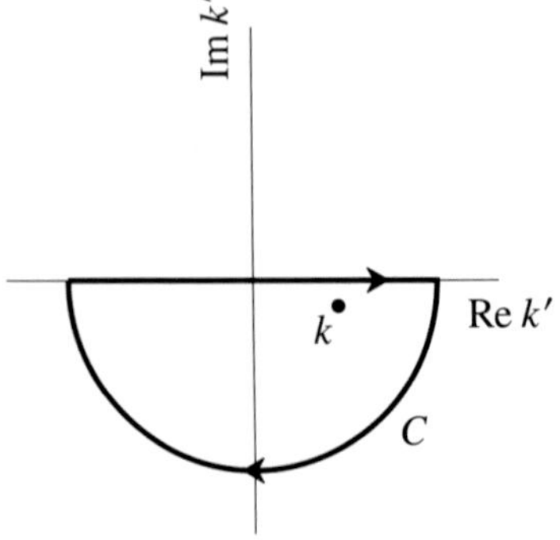

Abbildung 3.7: In Abwesenheit gebundener Zustände ist $F_l(k)$ analytisch in der unteren Halbebene, so dass dort die Integralformel von Cauchy gilt. Ein Integral von $-\infty$ nach ∞ kann dann durch ein Kurvenintegral entlang C ersetzt werden, wobei C in der unteren Halbebene geschlossen wird.

besitzt, beziehungsweise $F_l(k)$ keine Nullstellen in der unteren Halbebene besitzt. In diesem Fall ist nämlich $\log F_l(k)$ ebenfalls analytisch für $\mathrm{Im}\, k \leq 0$. Relation (38.17) ergibt zunächst

$$\log F_l(k) = \log|F_l(k)| + \mathrm{i}\delta_l(k), \tag{40.5}$$

so dass sich anstelle der ersten der Dispersionsgleichungen (40.4) die Relation

$$\log|F_l(k)| = -\frac{1}{\pi}\mathrm{P}\int_{-\infty}^{\infty} \frac{\delta_l(k')}{k'-k}\mathrm{d}k' \tag{40.6}$$

ergibt. Da wegen (38.42) die Streuphase $\delta_l(k)$ für $|k| \to \infty$ wie k^{-1} geht, existiert das Integral auf der rechten Seite von (40.6).

Wir können nun $\mathrm{i}\delta_l(k)$ auf beiden Seiten von (40.6) addieren. Auf der linken Seite von (40.6) steht dann $\log F_l(k)$, und auf der rechten Seite verwenden wir (I-24.34):

$$\int_{-\infty}^{\infty} \frac{\delta_l(k')}{k-k'+\mathrm{i}\epsilon}\mathrm{d}k' = \mathrm{P}\int_{-\infty}^{\infty} \frac{\delta_l(k')}{k-k'}\mathrm{d}k' - \mathrm{i}\pi\delta_l(k),$$

so dass wir erhalten:

$$\log F_l(k) = -\frac{1}{\pi}\int_{-\infty}^{\infty} \frac{\delta_l(k')}{k'-k+\mathrm{i}\epsilon}\mathrm{d}k'. \tag{40.7}$$

Dabei ist natürlich wieder die Limesbildung $\epsilon \to 0^+$ impliziert.

Gebundene Zustände und Dispersionsrelationen

Wir haben bei der Ableitung der Dispersionsrelation (40.7) vorausgesetzt, dass keine gebundenen Zustände existieren. Ist dies aber der Fall, existieren Nullstellen $\mathrm{i}\kappa_n$ von $F_l(-k)$ in der oberen Halbebene ($\beta_n > 0$), die im Allgemeinen zu Polen von $S_l(k)$ führen. Da wir aber die Jost-Funktion $F_l(k)$ und nicht $F_l(-k)$ betrachten, bezeichnen wir deren Nullstellen mit $k_n = -\mathrm{i}\kappa_n$ ($\kappa_n > 0$).

Definieren wir nun die **reduzierte Jost-Funktion**

$$\bar{F}_l(k) := F_l(k) \prod_n \frac{k - \mathrm{i}\kappa_n}{k + \mathrm{i}\kappa_n}, \tag{40.8}$$

so besitzt diese die gleichen analytischen und asymptotischen Eigenschaften wie $F_l(k)$ in Abwesenheit gebundener Zustände. Daher gilt

$$\bar{F}_l(k) = |\bar{F}_l(k)| \mathrm{e}^{\mathrm{i}\bar{\delta}_l(k)}, \tag{40.9}$$

wobei $|\bar{F}_l(k)| = |F_l(k)|$ und

$$\begin{aligned} \bar{\delta}_l(k) &= \delta_l(k) - \mathrm{i} \sum_n \log \frac{k - \mathrm{i}\kappa_n}{k + \mathrm{i}\kappa_n} \\ &= \delta_l(k) + \mathrm{i} \sum_n \left[\log\left(1 + \frac{\mathrm{i}\kappa_n}{k}\right) - \log\left(1 - \frac{\mathrm{i}\kappa_n}{k}\right) \right]. \end{aligned} \tag{40.10}$$

Eine andere Form ergibt sich übrigens nach kurzer Rechnung:

$$\bar{\delta}_l(k) = \delta_l(k) - 2 \sum_n \cot^{-1} \frac{k}{\kappa_n}. \tag{40.11}$$

Wir arbeiten aber weiter mit (40.10). Es gilt nun anstelle von (40.7):

$$\log \bar{F}_l(k) = -\frac{1}{\pi} \int_{-\infty}^{\infty} \frac{\bar{\delta}_l(k')}{k' - k + \mathrm{i}\epsilon} \mathrm{d}k'. \tag{40.12}$$

Setzen wir (40.10) in (40.12) ein, müssen wir genauer untersuchen, wie die Ausdrücke $\log(1 \pm \mathrm{i}\kappa_n/k')$ zum Integral über k' beitragen.

Der erste Ausdruck $\log(1 + \mathrm{i}\kappa_n/k')$ besitzt Verzweigungspunkte an den Stellen $k' = 0$ und $k' = -\mathrm{i}\kappa_n$, siehe Abbildung 3.8 links. Schlitzt man die komplexe Zahlenebene zwischen diesen, erhält man ein Gebiet, in dem $\log(1 + \mathrm{i}\kappa_n/k')$ analytisch ist. Das Integral über k' von $-\infty$ bis ∞ kann dann durch ein komplexes Kurvenintegral ersetzt werden, das auf der oberen Halbebene geschlossen wird: setzt man nämlich $k' = r\mathrm{e}^{\mathrm{i}\phi}$ für $\phi \in [0, \pi]$, so erkennt man, dass der Beitrag des Bogens in der oberen Halbebene gegen Null strebt, denn mit $\mathrm{d}z = \mathrm{i}r\mathrm{e}^{\mathrm{i}\phi}\mathrm{d}\phi$ gilt

$$-\frac{\mathrm{i}}{\pi} \int_0^{\pi} \frac{r\mathrm{e}^{\mathrm{i}\phi} \log(1 + \mathrm{i}\kappa_n r^{-1} \mathrm{e}^{-\mathrm{i}\phi})}{r\mathrm{e}^{\mathrm{i}\phi} - k + \mathrm{i}\epsilon} \mathrm{d}\phi \xrightarrow{r \to \infty} 0,$$

da der Integrand selbst für $r \longrightarrow \infty$ gegen Null strebt. Der Verzweigungspunkt $k' = 0$ selbst stellt für die Integration kein Problem dar, denn betrachtet man den Beitrag eines beliebig kleinen Halbkreises um diesen im Integral, so erhält man für diesen:

$$-\frac{\mathrm{i}}{\pi}\int_{-\pi}^{0}\frac{r\mathrm{e}^{\mathrm{i}\phi}\log(1+\mathrm{i}\kappa_n r^{-1}\mathrm{e}^{-\mathrm{i}\phi})}{r\mathrm{e}^{\mathrm{i}\phi}-k+\mathrm{i}\epsilon}\mathrm{d}\phi \xrightarrow{r\to 0} 0,$$

da auch hier der Integrand selbst gegen Null strebt. Das bedeutet aber, dass das gesamte Kurvenintegral verschwindet und somit der erste Ausdruck $\log(1+\mathrm{i}\kappa_n/k')$ nichts in (40.12) beiträgt.

Für den zweiten Ausdruck $\log(1-\mathrm{i}\kappa_n/k')$ gilt im Wesentlichen die gleiche Argumentation: die Verzweigungspunkte liegen bei $k' = 0$ und $k' = +\mathrm{i}\kappa_n$, und das Kurvenintegral wird nun auf der unteren Halbebene geschlossen, siehe Abbildung 3.8 rechts. Dabei wird allerdings der Pol an der Stelle $k' = k - \mathrm{i}\epsilon$ einfach negativ umlaufen. Daher gilt:

$$\begin{aligned}\frac{\mathrm{i}}{\pi}\int_{-\infty}^{\infty}\frac{\log(1-\mathrm{i}\kappa_n/k')}{k'-k+\mathrm{i}\epsilon}\mathrm{d}k' &= +2\,\mathrm{Res}\left(\frac{\log(1-\mathrm{i}\kappa_n/k')}{k'-k+\mathrm{i}\epsilon}; k-\mathrm{i}\epsilon\right)\\ &= +2\log\left(1-\frac{\mathrm{i}\kappa_n}{k}\right),\end{aligned}$$

wobei im letzten Schritt $\epsilon \longrightarrow 0^+$ gesetzt wurde.

Damit erhalten wir für (40.12):

$$\log \bar{F}_l(k) = -\frac{1}{\pi}\int_{-\infty}^{\infty}\frac{\delta_l(k')}{k'-k+\mathrm{i}\epsilon}\mathrm{d}k' + 2\log\left(1-\frac{\mathrm{i}\kappa_n}{k}\right). \tag{40.13}$$

Verwenden wir nun (40.8), erhalten wir:

$$\log F_l(k) = -\frac{1}{\pi}\int_{-\infty}^{\infty}\frac{\delta_l(k')}{k'-k+\mathrm{i}\epsilon}\mathrm{d}k' + \log\left(1+\frac{\kappa_n^2}{k^2}\right),$$

und damit

$$\log F_l(k) = -\frac{1}{\pi}\int_{-\infty}^{\infty}\frac{\delta_l(k')}{k'-k+\mathrm{i}\epsilon}\mathrm{d}k' + \log\left(1-\frac{E_n}{E}\right), \tag{40.14}$$

beziehungsweise

$$F_l(k) = \prod_n\left(1-\frac{E_n}{E}\right)\exp\left(-\frac{1}{\pi}\int_{-\infty}^{\infty}\frac{\delta_l(k')}{k'-k+\mathrm{i}\epsilon}\mathrm{d}k'\right). \tag{40.15}$$

Nimmt man nun in (40.9) den Logarithmus auf beiden Seiten, erhalten wir mit Hilfe von

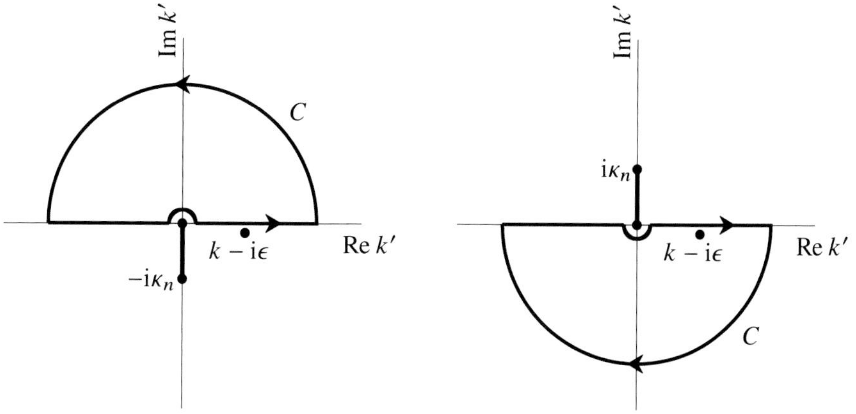

Abbildung 3.8: Zur Berechnung von $\log F_l(k)$. Links ist der Integrationsweg für den Term $\log(1 + \mathrm{i}\kappa_n/k')$ gezeigt, welcher Verzweigungspunkte an den Stellen $k' = 0$ und $k' = -\mathrm{i}\kappa_n$ besitzt, zwischen denen die komplexe Ebene geschlitzt werden muss, um eine analytische Funktion zu erhalten. Die rechte Abbildung veranschaulicht die Integration für den Ausdruck $\log(1 - \mathrm{i}\kappa_n/k')$. Der wesentliche Unterschied besteht rechts im Umlaufen des Pols bei $k' = k - \mathrm{i}\epsilon$.

(40.10) und (40.13):

$$\begin{aligned}\log|\bar{F}_l(k)| &= \log \bar{F}_l(k) - \mathrm{i}\bar{\delta}_l(k)\\ &= -\frac{1}{\pi}\int_{-\infty}^{\infty}\frac{\delta_l(k')}{k'-k+\mathrm{i}\epsilon}\mathrm{d}k' + 2\log\left(1-\frac{\mathrm{i}\kappa_n}{k}\right) - \mathrm{i}\delta_l(k)\\ &\quad + \sum_n\left[\log\left(1+\frac{\mathrm{i}\kappa_n}{k}\right) - \log\left(1-\frac{\mathrm{i}\kappa_n}{k}\right)\right],\end{aligned}$$

woraus wir mit (I-24.34) und wegen $|F_l(k)| = |\bar{F}_l(k)|$ erhalten:

$$\log|F_l(k)| = -\frac{1}{\pi}\mathrm{P}\int_{-\infty}^{\infty}\frac{\delta_l(k')}{k'-k}\mathrm{d}k' + \log\left(1+\frac{E_n}{E}\right). \tag{40.16}$$

Die Bedeutung der Dispersionsrelationen (40.14) beziehungsweise (40.15) ist die, dass man aus den Phasenverschiebungen $\delta_l(k)$ und den Energieniveaus E_n der gebundenen Zustände die Jost-Funktion $F_l(k)$ und damit $S_l(k)$ berechnen kann. Die Dispersionsrelation (40.16) hingegen erlaubt die Berechnung des *"enhancement factor"* $|F_l(k)|^{-1}$ (siehe Abschnitt 38).

Levinson-Theorem

Es existiert ein interessanter Zusammenhang zwischen der Anzahl n_l der gebundenen Zustände eines Systems zu gegebener Quantenzahl l und der Phasenverschiebung $\delta_l(0)$,

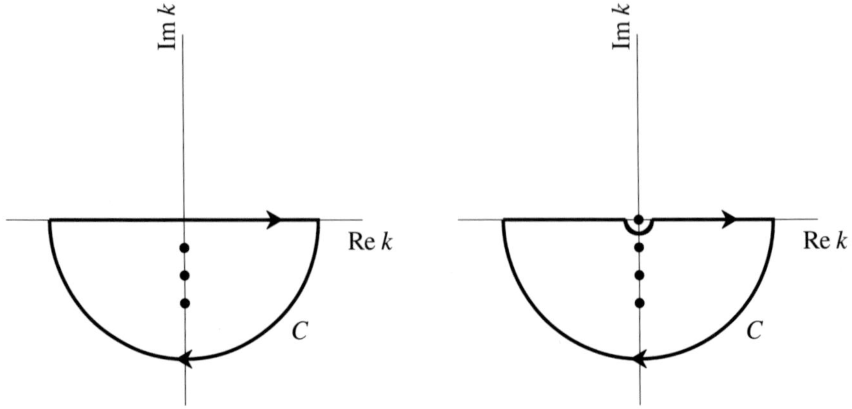

Abbildung 3.9: Das Levinson-Theorem ergibt sich über ein komplexes Kurvenintegral entlang eines Weges C, der alle Nullstellen von $F_l(k)$ mit $\operatorname{Im} k < 0$ negativ umläuft. Im Falle, dass auch $F_l(0) = 0$ gilt, muss der Weg C wie auf der rechten Abbildung deformiert werden, und der Nullstelle bei $k = 0$ entspricht für $l > 0$ ein gebundener Zustand.

also für $k \longrightarrow 0^+$, den wir nun im Folgenden ableiten wollen. Hierbei verwenden wir den Satz aus Abschnitt 39, dass die Jost-Funktion $F_l(k)$ keine Nullstellen auf der reellen Achse außer bei $k = 0$ haben kann. Außerdem verwenden wir, dass wegen (38.42) die Streuphase $\delta_l(k)$ für $k \longrightarrow \infty$ verschwindet.

Wir gehen zunächst davon aus, dass $F_l(0) \neq 0$, und betrachten das Kurvenintegral

$$-\frac{1}{2\pi\mathrm{i}}\oint_C \frac{F_l'(k)}{F_l(k)}\mathrm{d}k = -\frac{1}{2\pi\mathrm{i}}\oint_C \mathrm{d}\left[\log F_l(k)\right] \tag{40.17}$$

entlang eines Weges C wie in Abbildung 3.9 links. Da dieser sämtliche Pole des Integranden negativ umläuft (daher zur Kompensation das Minuszeichen), zählt die linke Seite von (40.17) einfach die Nullstellen von $F_l(k)$ (was in der Funktionentheorie als **Prinzip vom Argument** bekannt ist) und ergibt

$$\sum_{n=1}^{n_l} \operatorname{Res}\left(\frac{F_l'}{F_l}; -\mathrm{i}\kappa_n\right) = n_l .$$

Die rechte Seite von (40.17) ergibt sich durch Verwendung von $\log F_l(k) = \log|F_l(k)| + \mathrm{i}\delta_l(k)$ und aus der Tatsache heraus, dass $F_l(k)$ entlang des Weges in der unteren Halbebene niemals Null wird, so dass $\log|F_l(k)|$ stetig ist und insgesamt keinen Beitrag liefert. Die Streuphase $\delta_l(k)$ verschwindet auch auf dem unten geschlossenen Halbkreis, so dass wir nur das Verhalten von $\delta_l(k)$ auf der reellen Achse betrachten müssen. Entlang der positiven reellen Achse ändert sich δ_l von $\delta_l(0)$ nach $\delta_l(\infty)$. Entlang der negativen reellen Achse verwenden wir (38.15) beziehungsweise (38.18), so dass in der Summe $\Delta\delta_l(k) = 2\,[\delta_l(\infty) - \delta_l(0)] = -2\delta_l(0)$ und die rechte Seite von (40.17) insgesamt $\delta_l(0)/\pi$ ergibt. Also erhalten wir schlussendlich die Relation:

$$\delta_l(0) = n_l\pi \quad (\text{für } F_l(0) \neq 0). \tag{40.18}$$

Für den Fall, dass $F_l(0) = 0$, müssen wir den Weg um den Urprung deformieren und durch einen Halbkreis mit Radius ϵ um den Ursprung in der unteren Halbebene ersetzen, siehe Abbildung 3.9 rechts. Der Realteil $\log|F_l(k)|$ trägt auf diesem infinitesimalen Halbkreis nach wie vor nichts zum Integral bei, sehr wohl aber der Imaginärteil. Um diesen zu berechnen, müssen wir wissen, wie das Verhalten der Jost-Funktion $F_l(k)$ in der Umgebung von $k = 0$ ist. Diese Analyse ist etwas länglicher und wird in [New60] durchgeführt. Es zeigt sich, dass hierbei zwei Fälle zu unterscheiden sind, und es ergibt sich:

$$F_l(k) \overset{k\to 0}{\sim} \begin{cases} k & (l = 0) \\ k^2 & (l > 0) \end{cases},$$

sofern $F_l(0) = 0$.

Setzen wir nun $k = r\mathrm{e}^{\mathrm{i}\phi}$ mit $\phi \in [\pi, 2\pi]$, so trägt das Integral entlang des Halbkreises

$$[\Delta\delta_l(k)]_{\text{semi}} = \begin{cases} \pi & (l = 0) \\ 2\pi & (l > 0) \end{cases}$$

bei, so dass sich in der Summe ergibt:

$$\Delta\delta_l(k) = \begin{cases} -2\delta_l(0) + \pi & (l = 0) \\ -2\delta_l(0) + 2\pi & (l > 0) \end{cases}.$$

Damit ist die rechte Seite von (40.17) insgesamt $\delta_l(0)/\pi - \frac{1}{2}$ für $l = 0$ und $\delta_l(0)/\pi - 1$ für $l > 0$, und damit erhalten wir zunächst einmal

$$\delta_l(0) = \begin{cases} \pi\left(n_l + \dfrac{1}{2}\right) & (l = 0) \\ \pi\,(n_l + 1) & (l > 0) \end{cases}. \tag{40.19}$$

Am Ende des Abschnitts 34 haben wir in WKB-Näherung andiskutiert, dass es für $l = 0$ keinen gebundenen Zustand mit $k = 0$ beziehungsweise $E = 0$ geben kann. Daher entspricht n_0 in (40.19) der Anzahl der gebundenen Zustände mit $E < 0$. Für $l > 0$ hingegen sorgt das Zentrifugalpotential dafür, dass es einen gebundenen Zustand mit $k = 0$ geben kann. Dieser ist aber in der Zählung bislang nicht inbegriffen, da n_l nur die gebundenen Zustände mit $E > 0$ zählt. Die Anzahl der gebundenen Zustände, wenn $F_l(0) = 0$, ist daher $n_l + 1$. Definieren wir nun n_l unter Einschluss des gebundenen Zustands mit $E = 0$ neu, so erhalten wir die endgültige Form des **Levinson-Theorems**:

$$\delta_l(0) = \begin{cases} \pi\left(n_l + \frac{1}{2}\right) & (l = 0 \text{ und } F_l(0) = 0) \\ \pi n_l & (l > 0) \end{cases}, \tag{40.20}$$

benannt nach dem US-amerikanischen Mathematiker Norman Levinson [Lev49], ein ehemaliger Doktorand von Norbert Wiener am M.I.T. in Boston, Massachusetts.

Mathematischer Einschub 7: Die Hilbert-Transformation

Die **Hilbert-Transformierte** $[\mathcal{H}f](\zeta)$ einer Funktion $f\colon z \mapsto f(z)$ ist definiert durch

$$[\mathcal{H}f](\zeta) := g(\zeta) = \frac{1}{\pi}\mathrm{P}\int_{-\infty}^{\infty} \frac{f(z)}{\zeta - z}\mathrm{d}z. \tag{40.21}$$

Die **Hilbert-Transformation** ist also nichts anderes als die Faltung mit dem **Cauchy-Kern** $\frac{1}{\pi z}$. Sie ist definiert für Funktionen $f \in L^p(\mathbb{R})$ mit $1 < p < \infty$ und damit eine Abbildung

$$\begin{aligned} \mathcal{H}\colon L^p(\mathbb{R}) &\to L^p(\mathbb{R}) \\ f(z) &\mapsto g(\zeta). \end{aligned}$$

Ihre Umkehrung ist dann gegeben durch

$$[\mathcal{H}^{-1}g](z) = -[\mathcal{H}g](z) = -\frac{1}{\pi}\mathrm{P}\int_{-\infty}^{\infty} \frac{g(\zeta)}{z - \zeta}\mathrm{d}\zeta. \tag{40.22}$$

Die Hilbert-Transformation ist also eine Anti-Involution: $\mathcal{H}^2 = -\mathbb{1}$.

Weiterführende Literatur

Für die weitere Lektüre zur Streutheorie sei an dieser Stelle – neben der nachfolgenden Literatur – auch auf die Werke von Messiah, Gottfried und Yan, Arno Bohm, K. T. Hecht, Michael D. Scadron, Paul Roman und Galindo und Pascual (für formalere Themen) verwiesen (siehe die allgemeine Literatur zur Quantenmechanik am Ende des Buchs) sowie für eine mathematische Behandlung auf den dritten Band von Reed and Simon (siehe die weiterführende Literatur am Ende von Kapitel I-2). Ein sehr gut lesbares Review ist außerdem [BH59].

Charles J. Joachain: *Quantum Collision Theory*, North-Holland, 1975.
Eine der besten Monographien zur Streutheorie, die es gibt.
Leonard S. Rodberg, Roy M. Thaler: *Introduction to the Quantum Theory of Scattering*, Academic Press, 1967.
Marvin L. Goldberger, Kenneth M. Watson: *Collision Theory*, John Wiley & Sons, 1964.
Mittlerweile ist dieser Klassiker als Reprint im Dover-Verlag erhältlich.
John R. Taylor: *Scattering Theory: The Quantum Theory of Nonrelativistic Collisions*, John Wiley & Sons, 1972.
Neben dem *''Goldberger and Watson''* das Standardwerk zur Streutheorie. Die *Revised Edition* von 1983 ist nun ebenfalls im Dover-Verlag erschienen.
Roger G. Newton: *Scattering Theory of Waves and Particles*, Springer-Verlag, 2nd ed. 1982.
Auch dieses hervorragende Buch erscheint nun im Dover-Verlag.
Werner O. Amrein, Josef M. Rauch, Kalyan B. Sinha: *Scattering Theory in Quantum Mechanics*, W. A. Benjamin, 1977.
Eine mathematisch stringente, und doch äußerst leicht lesbare Monographie.
Aleksei G. Sitenko: *Scattering Theory*, Springer-Verlag, 1991.
Ta-You Wu, Takashi Ohmura: *Quantum Theory of Scattering*, Prentice-Hall, 1962.
Auch diese ältere Monographie gibt es nun im Dover-Verlag neu aufgelegt.
Harald Friedrich: *Scattering Theory*, Springer-Verlag, 2. Aufl. 2016.
V. de Alfaro, T. Regge: *Potential Scattering*, North-Holland, 1965.
D. R. Yafaev: *Mathematical Scattering Theory – Analytic Theory*, AMS Publishing, 2010.
Ein mathematisches Werk zur Streutheorie. Ditto auch die beiden folgenden Werke:
Dmitri Yafaev: *Scattering Theory: Some Old and New Problems*, Springer-Verlag, 2000.
Peter D. Lax, Ralph S. Phillips: *Scattering Theory*, Academic Press, Revised ed. 1989.
André Martin: *Scattering Theory: Unitarity, Analyticity and Crossing*, Springer-Verlag, 1969.
H. M. Nussenzveig: *Causality and Dispersion Relations*, Academic Press, 1972.
Dževad Belkić: *Principles of Quantum Scattering Theory*, IOP Publishing, 2004.

Theorie und Geschichte der S-Matrix

R. J. Eden, P. V. Landshoff, D. J. Olive, J. C. Polkinghorne: *The Analytic S-Matrix*, Cambridge University Press, 1966.
Steven C. Frautschi: *Regge Poles and S-Matrix Theory*, W. A. Benjamin, 1963.

Geoffrey F. Chew: *S-Matrix Theory of Strong Interactions – A Lecture Note and Reprint Volume*, W. A. Benjamin, 1961.
James T. Cushing: *Theory Construction and Selection in Modern Physics: The S Matrix*, Cambridge University Press, 1990.
Eine hervorragende historische Übersicht.

Weiterführende Literatur

Lehrbuchklassiker der alten Schule

Albert Messiah: *Quantenmechanik 1*, de Gruyter, 2. Aufl. 1991. *Quantenmechanik 2*, de Gruyter, 3. Aufl. 1990.
Dieser Lehrbuchklassiker zur Quantenmechanik aus dem Jahre 1959 ist zeitlos gut: er enthält den kanonischen Stoff der Quantenmechanik recht vollständig und erklärt nicht nur durch Rechnungen, sondern im klassischen Lehrbuchstil auch durch umfangreiche Erläuterungen, die allesamt lesenswert sind und in heutzutage üblichen Skriptdarstellungen fehlen. Auch die mathematischen Zusammenhänge werden der französischen Lehrbuchtradition entsprechend gründlich erläutert. Relativistische Quantenmechanik und Wechselwirkung von Strahlung mit Materie werden ebenfalls behandelt. Insgesamt wirkt die Notation allerdings etwas angestaubt, und modernere grundlegende Themen wie Pfadintegralformalismus, topologische Aspekte der Quantenmechanik oder Diskussionen zu Messproblem, Verschränkung, offenen Quantensystemen fehlen vollständig.

Eugen Merzbacher: *Quantum Mechanics*, John Wiley & Sons, 3rd ed. 1998.
Ein weiterer Lehrbuchklassiker, für den das Gleiche mit Bezug auf Gründlichkeit der Erklärung im klassischen Lehrbuchstil zutrifft wie für den „Messiah". Auch die Stoffauswahl ist vergleichbar: relativistische Quantenmechanik und Wechselwirkung von Strahlung mit Materie sind in Grundzügen drin, modernere Themen fehlen. Insgesamt ist der „Merzbacher" vielleicht etwas rechnerischer und weniger mathematisch, die Darstellung moderner.

Claude Cohen-Tannoudji, Bernard Diu, Franck Laloë: *Quantenmechanik*, de Gruyter, Bände 1–2: 5. Aufl. 2019, Band 3: 2020.
Ebenfalls ein Klassiker, an dem sich allerdings die Geister scheiden. Auf der einen Seite sehr französisch-enzyklopädisch und mit sehr vielen durchgerechneten Beispielen. Auf der anderen Seite führt die oft ungewohnte Sortierung und die tiefe Gliederung dazu, dass der rote Faden nicht immer ersichtlich ist, und man sich oft fragt, ob gerade ein Beispiel durchgerechnet oder ein zentrales Ergebnis abgeleitet wird. Sucht man allerdings gezielt nach einem Thema, findet man dies sehr gründlich erklärt und durchgerechnet. Mit der zweiten französischen Originalauflage von 2018 (die erste Auflage stammte aus dem Jahre 1973) erschien nun auch ein dritter Band mit lange vermissten Inhalten wie Wechselwirkung von Strahlung mit Materie oder zweite Quantisierung. Relativistische Quantenmechanik fehlt allerdings nach wie vor.

Leonard I. Schiff: *Quantum Mechanics*, McGraw-Hill, 3rd ed. 1968.
Begründer der amerikanischen Schule in der Literatur zur und lange Zeit das führende Lehrbuch zur Quantenmechanik. Sprachlich in einem sehr guten, typisch amerikanischen Stil geschrieben, mit einem großen Schwerpunkt auf physikalischem

O. Tennert, *Quantenmechanik III*, https://doi.org/10.1007/978-3-662-68589-1

Verständnis. Im Unterschied zu den Werken oben ist es aber eher knapp in den Ausführungen. Es streift zwar sehr viele Themen, lässt die Rechnungen aber häufig lediglich anskizziert.

A. S. Dawydow: *Quantenmechanik*, Johann Ambrosius Barth, 8. Aufl. 1992.
Basierend auf der zweiten russischen Auflage von 1973, die leider im Vergleich zur ersten um einige fortgeschrittene Themen gekürzt, dafür um andere ergänzt wurde. Die deutsche Übersetzung bietet zusätzliche Kapitel zu Festkörpern und Supraleitern. Dieses Lehrbuch russischer Schule bietet eine exzellente Darstellung der Quantenmechanik, mit sehr präziser Notation und fundierten physikalischen Diskussionen.

Neuere Lehrbücher und Monographien

Jun John Sakurai, Jim Napolitano: *Modern Quantum Mechanics*, Cambridge University Press, 3rd ed. 2020.
Eines der ältesten „modernen" Lehrbücher und das erste, das das Zwei-Zustands-System als Modellsystem für die Erarbeitung der quantenmechanischen Konzepte heranzog. Leider zu Lebzeiten des Autors unvollendet und seitdem nie wirklich „aus einem Guss". In der nun vorliegenden dritten Auflage hat Jim Napolitano dieses didaktisch hervorragende Werk aber in eine wirklich sehr gute, fehlerbereinigte und etwas „geradegezogene" Form gebracht.

Nouredine Zettili: *Quantum Mechanics – Concepts and Applications*, John Wiley & Sons, 3rd ed. 2022.
Ein einführendes Lehrbuch mit einer eher konservativen Stoffauswahl, dafür aber mit sehr gründlichen Rechnungen und vielen explizit durchgerechneten Beispielen und Problemen. Die dritte Auflage enthält nun auch Kapitel zur relativistischen Quantenmechanik.

Ramamurti Shankar: *Principles of Quantum Mechanics*, Plenum Press, 2nd ed. 1994, seit 2011 Springer-Verlag.
Mittlerweile eines der neueren Standardwerke.

David J. Griffiths, Darrell F. Schroeter: *Introduction to Quantum Mechanics*, Cambridge University Press, 3rd ed. 2018.
Definitiv eines der gegenwärtigen Standardwerke für den Einstieg.

B. H. Bransden, C. J. Joachain: *Quantum Mechanics*, Pearson Education, 2nd ed. 2000.
Eine hervorragende Darstellung mit sehr gründlichen Diskussionen.

Kenichi Konishi, Giampiero Paffuti: *Quantum Mechanics – A New Introduction*, Oxford University Press, 2009.
Einer der interessanteren Neuzugänge in der Lehrbuchliteratur zur Quantenmechanik, der den Versuch unternimmt, sowohl eine Einführung zum Thema zu sein als auch einige fortgeschrittene Themen mindestens einmal anzusprechen, wobei im letzteren Fall die Darstellung häufig an die Grenzen der platzlichen Darstellbarkeit stößt. Die Autoren haben sich auch sehr viel Mühe bei der grafischen Illustration gegeben.

Gennaro Auletta, Mauro Fortunato, Giorgio Parisi: *Quantum Mechanics into a Modern Perspective*, Cambridge University Press, 2009.

Ein recht modernes Lehrbuch mit einem speziellen Fokus: zu den Stärken gehört die ausführliche Behandlung des Messproblems in der Quantenmechanik, der Quantenoptik und der Quanteninformationstheorie, sowie offener Quantensysteme. Die Schwächen sind allerdings, dass einige Standardthemen sehr zu kurz kommen: die Streutheorie wird am Rande im Rahmen von Störungstheorie und Pfadintegralen erwähnt, relativistische Quantenmechanik fehlt vollständig.

Steven Weinberg: *Lectures on Quantum Mechanics*, Cambridge University Press, 2nd ed. 2015.

Von einem der bedeutendsten Großmeister der Quantenfeldtheorie als *Lecture Notes* angesetzt, besticht dieses recht schlanke Werk durch einige hintergründige Betrachtungen zu Themen, wie sie in anderen Lehrbüchern eher selten anzutreffen sind. Allerdings sind diese *Lectures* mit Bezug auf Stofffülle und Ausführlichkeit in keiner Weise mit dem Opus Magnum des Nobelpreisträgers, dem dreibändigen Werk zur Quantenfeldtheorie, zu vergleichen.

Kurt Gottfried, Tung-Mow Yan: *Quantum Mechanics: Fundamentals*, 2nd ed. 2003, Springer-Verlag.

Eine hervorragende Monographie mit einer sehr guten Themenauswahl in moderner Darstellung.

Reinhold Bertlmann, Nicolai Friis: *Modern Quantum Mechanics – From Quantum Mechanics to Entanglement and Quantum Information*, Oxford University Press, 2023.

Alberto Galindo, Pedro Pascual: *Quantum Mechanics I*, Springer-Verlag, 1990; *Quantum Mechanics II*, Springer-Verlag, 1991.

Ein hervorragender, aber anspruchsvoller monographischer Text, der sicher keine Erstlektüre zur Quantenmechanik darstellt. Die Autoren halten sich insgesamt eher knapp mit den Formulierungen, legen aber sehr viel Wert auf begriffliche und mathematische Präzision und bieten einen wahren Schatz an Verweisen auf Originalarbeiten. Inhaltlich beschränkt sich die Monographie allerdings auf den nichtrelativistischen Kanon.

Arno Bohm: *Quantum Mechanics – Foundations and Applications*, Springer-Verlag, 3rd ed. 1993.

Ein weitere, sehr gründliche Monographie zur Quantenmechanik, die sehr viel Wert auf eine genaue Begrifflichkeit legt und die ebenfalls nicht zur Einstiegsliteratur zählt. Mathematische Genauigkeit und physikalische Darstellung sind in einem sehr ausgewogenen Verhältnis zueinander, aber auf hohem Niveau. Auch komplizierte Rechnungen werden ausführlich gezeigt. Dennoch ist auch hier der Inhalt auf den nichtrelativistischen Kanon beschränkt. Definitiv zur Vertiefung vieler Themen geeignet, insbesondere aus den Bereichen der zeitabhängigen Systeme, der Streutheorie sowie zu geometrischen Phasen. Es gibt seit 2019 eine Art Prequel hierzu:

Arno Bohm, Piotr Kielanowski, G. Bruce Mainland: *Quantum Physics – States, Observables and Their Time Evolution*, Springer-Verlag, 2019.

Leslie E. Ballentine: *Quantum Mechanics: A Modern Development*, World Scientific, 2nd ed. 2014.

Eine sehr gelungene Darstellung der Quantenmechanik, das schon seit der ersten Auflage 1990 mit sehr viel modernen Themen glänzt. Leslie Ballentine gehört zum Anhänger der sogenannten Ensemble-Interpretation der Quantenmechanik, was man der Darstellung ansieht. Relativistische Quantentheorie fehlt vollständig.

K. T. Hecht: *Quantum Mechanics*, Springer-Verlag, 2000.
Sehr umfangreich, sehr gründlich, mit recht vielen Spezialthemen. Die Sortierung ist bisweilen etwas merkwürdig.

Ernest S. Abers: *Quantum Mechanics*, Pearson Education, 2004.
Ein inhaltlich eigentlich sehr gelungenes, wenn auch knappes Buch mit fortgeschrittenen Themen. Allein die schiere Anzahl an Druckfehlern (es gibt eine 63-seitige Errata-Liste!) trübt den Eindruck.

Michel Le Bellac: *Quantum Physics*, Cambridge University Press, 2006.
Die englische Übersetzung der ersten französischen Auflage von 2003. Mittlerweile ist aber die stark erweiterte dritte französische Auflage 2013 in zwei Bänden erschienen.

S. Rajasekar, R. Velusamy: *Quantum Mechanics I: The Fundamentals*, CRC Press, 2nd ed. 2023; *Quantum Mechanics II: Advanced Topics*, CRC Press, 2nd ed. 2023.

Harald J. W. Müller-Kirsten: *Introduction to Quantum Mechanics: Schrödinger Equation and Path Integral*, World Scientific, 2nd ed. 2012.

Ravinder R. Puri: *Non-Relativistic Quantum Mechanics*, Cambridge University Press, 2017.

Thomas Banks: *Quantum Mechanics – An Introduction*, CRC Press, 2019.

E. B. Manoukian: *Quantum Mechanics – A Wide Spectrum*, Springer-Verlag, 2006.
Diese recht neue Monographie bietet in der Tat ein sehr weites Spektrum an Themen.

Jean-Louis Basdevant, Jean Dalibard: *Quantum Mechanics*, Springer-Verlag, 2002.

Bipin R. Desai: *Quantum Mechanics With Basic Field Theory*, Cambridge University Press, 2010.

Vishnu Swarup Mathur, Surendra Singh: *Concepts in Quantum Mechanics*, CRC Press, 2009.

Roger G. Newton: *Quantum Physics – A Text for Graduate Students*, Springer-Verlag, 2002.

Horaţiu Năstase: *Quantum Mechanics: A Graduate Course*, Cambridge University Press, 2023.

Literatur zu "*Advanced Quantum Mechanics*"

In den mit "*Advanced Quantum Mechanics*" bezeichneten Vorlesungen werden an US-amerikanischen Universitäten typischerweise die Themen Streutheorie, Theorie der Strahlung und Einführung in die relativistische Quantentheorie behandelt, welche dann je nach Fakultät oder *Lecturer* unterschiedlich tief in die relativistische Quantenfeldtheorie hineinragt.

Barry R. Holstein: *Topics in Advanced Quantum Mechanics*, Addison-Wesley, 1992.

Rainer Dick: *Advanced Quantum Mechanics – Materials and Photons*, Springer-Verlag, 3. Aufl. 2020.

J. J. Sakurai: *Advanced Quantum Mechanics*, Addison-Wesley, 1967.

Michael D. Scadron: *Advanced Quantum Theory*, World Scientific, 3rd ed. 2007.
Rubin H. Landau: *Quantum Mechanics II: A Second Course in Quantum Theory*, John Wiley & Sons, 1996.
Paul Roman: *Advanced Quantum Theory: An Outline of the Fundamental Ideas*, Addison-Wesley, 1965.
J. M. Ziman: *Elements of Advanced Quantum Theory*, Cambridge University Press, 1969.
Hans A. Bethe, Roman Jackiw: *Intermediate Quantum Mechanics*, Westview Press, 3rd ed. 1986.
Yuli V. Nazarov, Jeroen Danon: *Advanced Quantum Mechanics – a practical guide*, Cambridge University Press, 2013.
Giampiero Esposito, Giuseppe Marmo, Gennaro Miele, George Sudarshan: *Advanced Concepts in Quantum Mechanics*, Cambridge University Press, 2015.
Ein Buch, das einen gemischten Eindruck hinterlässt: es finden sich Kapitel zu elementaren Themen auf Einführungsniveau neben Kapiteln zur Phasenraumquantisierung, die dann aber recht knapp geraten sind.

Literatur zur Mathematik für Physiker

Helmut Fischer, Helmut Kaul: *Mathematik für Physiker*, Springer-Verlag, Band 1: 8. Aufl. 2018, Band 2: 4. Aufl. 2014, Band 3: 4. Aufl. 2017.
Karl-Heinz Goldhorn, Hans-Peter Heinz: *Mathematik für Physiker*, Springer-Verlag, Bände 1–2: 2007, Band 3: 2008.
Karl-Heinz Goldhorn, Hans-Peter Heinz, Margarita Kraus: *Moderne mathematische Methoden der Physik*, Spinger-Verlag, Band 1: 2009, Band 2: 2010.
Hans Kerner, Wolf von Wahl: *Mathematik für Physiker*, Springer-Verlag, 3. Aufl. 2013.
Klaus Jänich: *Mathematik 1: Geschrieben für Physiker*, Springer-Verlag, 2. Aufl. 2005; *Mathematik 2: Geschrieben für Physiker*, Springer-Verlag, 2. Aufl. 2011; *Analysis für Physiker und Ingenieure*, Springer-Verlag, 4. Aufl. 2001.
Richard Courant, David Hilbert: *Methoden der mathematischen Physik*, Springer-Verlag, 4. Aufl. 1993.
Der Klassiker hat einige Neuauflagen und auch eine Übersetzung ins Englische erfahren. Es handelt sich im Wesentlichen um die 3. Auflage von Band I, mitsamt eines Kapitels der 2. Auflage von Band II:
Richard Courant, David Hilbert: *Methoden der mathematischen Physik Band II*, Springer-Verlag, 2. Aufl. 1967.
Michael Stone, Paul Goldbart: *Mathematics for Physics: A Guided Tour for Graduate Students*, Cambridge University Press, 2009.
Kevin Cahill: *Physical Mathematics*, Cambridge University Press, 2nd ed. 2019.
Walter Appel: *Mathematics for Physics and Physicists*, Princeton University Press, 2007.
Sadri Hassani: *Mathematical Physics: A Modern Introduction to Its Foundations*, Springer-Verlag, 2nd ed. 2013.
Peter Szekeres: *A Course in Modern Mathematical Physics: Groups, Hilbert Space and Differential Geometry*, Cambridge University Press, 2004.
Esko Keski-Vakkuri, Claus K. Montonen, Marco Panero: *Mathematical Methods for*

Physicists – An Introduction to Group Theory, Topology, and Geometry, Cambridge University Press, 2022.

George B. Arfken, Hans J. Weber, Frank E. Harris: *Mathematical Methods for Physicists – A Comprehensive Guide*, Academic Press, 7th ed. 2013.

Philip M. Morse, Herman Feshbach: *Methods of Theoretical Physics – 2 Volumes*, McGraw-Hill, 1953.

Harold Jeffreys, Bertha Jeffreys: *Methods of Mathematical Physics*, Cambridge University Press, 3rd ed. 1956.

Paul Bamberg, Shlomo Sternberg: *A Course in Mathematics for Students of Physics: 1*, Cambridge University Press, 1988; *A Course in Mathematics for Students of Physics: 2*, Cambridge University Press, 1990.

Frederick W. Byron, Robert W. Fuller: *Mathematics of Classical and Quantum Physics*, Dover Publications, 1970.

Robert D. Richtmyer: *Principles of Advanced Mathematical Physics – Volume I*, Springer-Verlag, 1978; *Principles of Advanced Mathematical Physics – Volume II*, Springer-Verlag, 1981.

Nirmala Prakash: *Mathematical Perspectives on Theoretical Physics – A Journey From Black Holes to Superstrings*, Imperial College Press, 2003.

Literatur zur Funktionalanalysis

Siegfried Grossmann: *Funktionalanalysis*, Springer-Verlag, 5. Aufl. 2014.

Joachim Weidmann: *Lineare Operatoren in Hilberträumen Teil I: Grundlagen*, B. G. Teubner, 2000; *Lineare Operatoren in Hilberträumen Teil II: Anwendungen*, B. G. Teubner, 2003.

Dirk Werner: *Funktionalanalysis*, Springer-Verlag, 8. Aufl. 2018.

Herbert Schröder: *Funktionalanalysis*, Verlag Harri Deutsch, 2. Aufl. 2000.

Harro Heuser: *Funktionalanalysis*, B. G. Teubner, 4. Aufl. 2006.

Literatur zur Gruppentheorie

Wu-Ki Tung: *Group Theory in Physics – An Introduction to Symmetry Principles, Group Representations, and Special Functions in Classical and Quantum Physics*, World Scientific, 1985.
Ein hervorragender Text mit einer sehr gründlichen Behandlung der Darstellungstheorie wichtiger Lie-Gruppen und -Algebren. Der Übungs- und Lösungsband hierzu:

Wu-Ki Tung: *Group Theory in Physics – Problems & Solutions*, World Scientific, 1991.

Morton Hamermesh: *Group Theory and Its Application to Physical Problems*, Dover Publications, 1989.
Ein immer noch sehr gut lesbarer, einführender Klassiker aus dem Jahre 1962.

Robert Gilmore: *Lie Groups, Lie Algebras, and Some of Their Applications*, Dover Publications, 2006.
Original von 1974, ist dieser Klassiker ein sehr ausführlich geschriebenes Buch über Lie-Gruppen und -Algebren in der Physik. Das nächste Buch ist eine Art aktualisierte, aber gestraffte Version hiervon:

Robert Gilmore: *Lie Groups, Physics, and Geometry – An Introduction for Physicists, Engineers and Chemists*, Cambridge University Press, 2008.

H. F. Jones: *Groups, Representations and Physics*, Taylor & Francis, 2nd ed. 1998.

S. Sternberg: *Group Theory and Physics*, Cambridge University Press, 1994.
Eine hervorragende Lektüre für Physiker.

W. Ludwig, C. Falter: *Symmetries in Physics – Group Theory Applied to Physical Problems*, Springer-Verlag, 2nd ed. 1996.

Willard Miller, Jr.: *Symmetry Groups and Their Applications*, Academic Press, 1972.

Rolf Berndt: *Representations of Linear Groups – An Introduction Based on Examples from Physics and Number Theory*, Vieweg-Verlag, 2007.

Manfred Böhm: *Lie-Gruppen und Lie-Algebren in der Physik – Eine Einführung in die mathematischen Grundlagen*, Springer-Verlag, 2011.

Wolfgang Lucha, Franz F. Schöberl: *Gruppentheorie – Eine elementare Einführung für Physiker*, B.I.-Wissenschaftsverlag, 1993.

Pierre Ramond: *Group Theory – A Physicist's Survey*, Cambridge University Press, 2010.

Brian G. Wybourne: *Classical Groups for Physicists*, John Wiley & Sons, 1974.
Ebenfalls ein hervorragendes Werk mit sehr vielen *''case studies''*, unter anderem zur Symmetrie des Coulomb-Potentials.

T. Inui, Y. Tanabe, Y. Onodera: *Group Theory and Its Application in Physics*, Springer-Verlag, 1990.
Ein sehr kompaktes und äußerst leicht lesbares Werk, sehr gut als Erstlektüre geeignet.

J. F. Cornwell: *Group Theory in Physics – An Introduction*, Academic Press, 1997.
Eine stark gekürzte Ausgabe von den Bänden 1 und 2 des dreibändigen Werks von 1984 beziehungsweise 1989:

J. F. Cornwell: *Group Theory in Physics: Volume 1*, Academic Press, 1984; *Group Theory in Physics: Volume 2*, Academic Press, 1984; *Group Theory in Physics: Volume 3*, Academic Press, 1989.

Asim O. Barut, Ryszard Rączka: *Theory of Group Representations and Applications*, Polish Scientific Publishers, 2nd ed. 1980.
Ein sehr umfangreiches, aber hervorragend geschiebenes Werk zur Anwendung der Darstellungstheorie insbesondere von Lie-Gruppen in der Theoretischen Physik. Mittlerweile im Dover-Verlag erhältlich.

J. P. Elliott, P. G. Dawber: *Symmetry in Physics – Vol. 1: Principles and Simple Applications*, Macmillan Press, 1979; *Symmetry in Physics – Vol. 2: Further Applications*, Macmillan Press, 1979.

Jürgen Fuchs, Christoph Schweigert: *Symmetries, Lie Algebras and Representations – A Graduate Course for Physicists*, Cambridge University Press, 1997.

José A. de Azcárraga, José M. Izquierdo: *Lie Groups, Lie Algebras, Cohomology and Some Applications in Physics*, Cambridge University Press,1995.

Roe Goodman, Nolan R. Wallach: *Symmetry, Representations, and Invariants*, Springer-Verlag, 2009.

J. D. Vergados: *Group and Representation Theory*, World Scientific, 2017.

Brian Hall: *Lie Groups, Lie Algebras, and Representations: An Elementary Introduction*, Springer-Verlag, 2. Aufl. 2015.

Francesco Iachello: *Lie Algebras and Applications*, Springer-Verlag, 2nd ed. 2015.

Peter Woit: *Quantum Theory, Groups and Representations: An Introduction*, Springer-Verlag, 2017.

D. H. Sattinger, O. L. Weaver: *Lie Groups and Algebras with Applications to Physics, Geometry, and Mechanics*, Springer-Verlag, 1986.

Theodor Bröcker, Tammo tom Dieck: *Representations of Compact Lie Groups*, Springer-Verlag, 1985.

Alexander Kirillov, Jr.: *An Introduction to Lie Groups and Lie Algebras*, Cambridge University Press, 2008.

Luiz A. B. Martin: *Lie Groups*, Springer-Verlag, 2021.

Joachim Hilgert, Karl-Hermann Neeb: *Structure and Geometry of Lie Groups*, Springer-Verlag, 2010.
Eine aktualisierte englische Neuauflage des folgenden Werks:

J. Hilgert, K.-H. Neeb: *Lie-Gruppen und Lie-Algebren*, Springer-Verlag, 1991.

Jean Gallier, Jocelyn Quaintance: *Differential Geometry and Lie Groups – A Computational Perspective*, Springer-Verlag, 2020; *Differential Geometry and Lie Groups – A Second Course*, Springer-Verlag, 2020.

Literatur zur Differentialgeometrie und Topologie

M. Crampin, F. A. E. Pirani: *Applicable Differential Geometry*, Cambridge University Press, 1986.

Robert H. Wasserman: *Tensors and Manifolds with Applications to Physics*, Oxford University Press, 2nd ed. 2004.

Mikio Nakahara: *Geometry, Topology and Physics*, IOP Publishing, 2nd ed. 2003.

Marián Fecko: *Differential Geometry and Lie Groups for Physicists*, Cambridge University Press, 2006.

Theodore Frankel: *The Geometry of Physics – An Introduction*, Cambridge University Press, 3rd ed. 2012.

Helmut Eschrig: *Topology and Geometry for Physics*, Springer-Verlag, 2011.

Daniel Martin: *Manifold Theory: An Introduction for Mathematical Physicists*, Horwood Publishing, 2002.

Liviu I. Nicolaescu: *Lectures on the Geometry of Manifolds*, World Scientific, 3rd ed. 2021.

R. Sulanke, P. Wintgen: *Differentialgeometrie und Faserbündel*, Springer-Verlag, 1972.

Adam Marsh: *Mathematics for Physics – An Illustrated Handbook*, World Scientific, 2018.

Yvonne Choquet-Bruhat, Cécile DeWitt-Morette: *Analysis, Manifolds and Physics – Part I: Basics*, North-Holland, Revised ed. 1982; *Analysis, Manifolds and Physics – Part II: Applications*, North-Holland, Revised and Enlarged ed. 2000.

Michael Spivak: *A Comprehensive Introduction to Differential Geometry, Vols. 1–5*, Publish or Perish, 3rd ed. 1999.
Ein voluminöses, umfassendes Epos zur modernen Differentialgeometrie, in einem sehr ansprechenden sprachlichen Stil geschrieben.

Bernard Schutz: *Geometrical methods of mathematical physics*, Cambridge University Press, 1980.

M. Göckeler, T. Schücker: *Differential Geometry, Gauge Theories, and Gravity*, Cambridge University Press, 1987.

Chris J. Isham: *Modern Differential Geometry for Physicists*, World Scientific, 2nd ed. 1999.

Charles Nash, Siddhartha Sen: *Topology and Geometry for Physicists*, Academic Press, 1983.

Ein zwar knappes, aber sehr eingängig geschriebenes Werk, das insbesondere sehr stark auf die Motivation eingeht, warum viele der mathematischen Konzepte in der Topologie und Differentialgeometrie eine Rolle spielen. Leider enthält es doch einige Druckfehler, auch an relevanten Stellen. Mittlerweile im Dover-Verlag als Nachdruck erhältlich.

Jeffrey M. Lee: *Manifolds and Differential Geometry*, AMS, 2009.

Joel W. Robbin, Dietmar A. Salamon: *Introduction to Differential Geometry*, Springer-Verlag, 2022.

Harley Flanders: *Differential Forms with Applications to the Physical Sciences*, Dover Publications, 1989.

Ein Klassiker, ehemals 1963 bei Academic Press erschienen.

Samuel I. Goldberg: *Curvature and Homology*, Dover Publications, Revised & Enlarged ed. 1989.

Richard L. Bishop, Samuel I. Goldberg: *Tensor Analysis and Manifolds*, Dover Publications, 1980.

Ehemals bei Macmillan 1968 erschienen.

Shoshichi Kobayashi, Katsumi Nomizu: *Foundations of Differential Geometry Volume I*, John Wiley & Sons, 1963; *Foundations of Differential Geometry Volume II*, John Wiley & Sons, 1969.

Ein äußerst empfehlenswerter ausführlicher Klassiker der modernen Differentialgeometrie.

John M. Lee: *Introduction to Topological Manifolds*, Springer-Verlag, 2nd ed. 2011; *Introduction to Smooth Manifolds*, Springer-Verlag, 2nd ed. 2013; *Introduction to Riemannian Manifolds*, Springer-Verlag, 2nd ed. 2018.

Eines der (nach meinem persönlichen Geschmack natürlich) besten neueren Werke zur Differentialgeometrie. Sehr ausführlich und umfassend.

Loring W. Tu: *An Introduction to Manifolds*, Springer-Verlag, 2nd ed. 2011; *Differential Geometry – Connections, Curvature, and Characteristic Classes*, Springer-Verlag, 2017.

Ein weiteres neueres und modernes, sehr zu empfehlendes Werk zur Differentialgeometrie.

Literaturverzeichnis

[AE99] Joseph E. Avron and Alexander Elgart. "Adiabatic Theorem without a Gap Condition". In: *Commun. Math. Phys.* 203 (1999), pp. 445–463 (cit. on p. 163).

[AS65] Milton Abramowitz and Irene A. Stegun. *Handbook of Mathematical Functions*. Dover Publications, 1965 (cit. on p. vi).

[AW05] George B. Arfken and Hans J. Weber. *Mathematical Methods for Physicists*. 6th ed. Academic Press, 2005 (cit. on p. vi).

[AWH13] George B. Arfken, Hans J. Weber, and Frank E. Harris. *Mathematical Methods for Physicists*. 7th ed. Academic Press, 2013 (cit. on p. vi).

[Ber84] M. V. Berry. "Quantal phase factors accompanying adiabatic changes". In: *Proc. R. Soc. Lond. A* 392 (1984), pp. 45–57 (cit. on pp. 165, 168–170).

[Ber85] M. V. Berry. "Classical adiabatic angles and quantal adiabatic phase". In: *J. Phys. A* 18 (1985), pp. 15–27 (cit. on p. 172).

[Ber89] M. V. Berry. "The Quantum Phase, Five Years After". In: *Geometric Phases in Physics*. Ed. by Alfred Shapere and Frank Wilczek. World Scientific, 1989, pp. 7–28 (cit. on pp. 167, 172).

[Ber90] Michael Berry. "Anticipations of the geometric phase". In: *Physics Today* 43 (1990), pp. 34–40 (cit. on p. 172).

[BF28] M. Born und V. Fock. „Beweis des Adiabatensatzes." In: *Z. Phys.* 51 (1928), S. 165–180 (siehe S. 163).

[BH59] W. Brenig und R. Haag. „Allgemeine Quantentheorie der Stoßprozesse". In: *Fortschr. Phys.* 7 (1959), S. 183–242 (siehe S. 317).

[BKS24a] N. Bohr, H. A. Kramers, and J. C. Slater. "The Quantum Theory of Radiation." In: *The London, Edinburgh, and Dublin Philosophical Magazine and Journal of Science* 47 (1924), pp. 785–802 (cit. on p. 145).

[BKS24b] N. Bohr, H. A. Kramers und J. C. Slater. „Über die Quantentheorie der Strahlung." In: *Z. Phys.* 24 (1924), S. 69–87 (siehe S. 145).

[BLS53] D. R. Bates, Kathleen Ledsham, and A. L. Stewart. "Wave Functions of the Hydrogen Molecular Ion". In: *Phil. Trans. Roy. Soc. A* 246 (1953), pp. 215–240 (cit. on p. 94).

[BO27] M. Born und R. Oppenheimer. „Zur Quantentheorie der Molekeln." In: *Ann. Phys.* 389 (1927), S. 457–484 (siehe S. 77, 82 f., 85).

[Bre51] G. Breit. "Topics in Scattering Theory". In: *Rev. Mod. Phys.* 23 (1951), pp. 238–252 (cit. on pp. 243, 246).

[Cor+00] Heinz Cordes et al. "Tosio Kato (1917–1999)". In: *Notices of the American Mathematical Society* 47 (2000), pp. 650–657 (cit. on p. 15).

O. Tennert, *Quantenmechanik III*, https://doi.org/10.1007/978-3-662-68589-1

[Dar28] C. G. Darwin. “The Wave Equations of the Electron.” In: *Proc. R. Soc. A* 118 (1928), pp. 654–680 (cit. on p. 38).

[Dir26] P. A. M. Dirac. “On the Theory of Quantum Mechanics.” In: *Proc. R. Soc. A* 112 (1926), pp. 661–677 (cit. on p. 114).

[Dir27] P. A. M. Dirac. “The Quantum Theory of the Emission and Absorption of Radiation.” In: *Proc. R. Soc. A* 114 (1927), pp. 243–265 (cit. on pp. 126, 144).

[DK96] Pavel Drábek und Alois Kufner. *Integralgleichungen*. B. G. Teubner, 1996 (siehe S. 301).

[DL55] A. Dalgarno and J. T. Lewis. “The exact calculation of long-range forces between atoms by perturbation theory”. In: *Proc. R. Soc. Lond. A* 110 (1955), pp. 70–74 (cit. on p. 7).

[Dow63] B. W. Downs. “Remarks on the Bound States of a Central Potential in Quantum Mechanics”. In: *Am. J. Phys.* 31 (1963), pp. 277–279 (cit. on p. 240).

[Dre87] M. Dresden. *H. A. Kramers – Between Tradition and Revolution*. Springer-Verlag, 1987 (cit. on p. 145).

[Dys11] Freeman Dyson. *Advanced Quantum Mechanics*. 2nd ed. World Scientific, 2011 (cit. on p. 118).

[Eng97] Heinz W. Engl. *Integralgleichungen*. Springer-Verlag, 1997 (siehe S. 301).

[Eps26] Paul S. Epstein. “The Stark Effect from the Point of View of Schroedinger’s Quantum Theory”. In: *Phys. Rev.* 28 (1926), pp. 695–710 (cit. on p. 30).

[Erd+55] A. Erdélyi et al. *Asymptotic Forms of Coulomb Wave Functions, I.* Tech. rep. 4. California Institute of Technology, 1955. URL: `https://resolver.caltech.edu/CaltechAUTHORS:20121213-131439724` (cit. on p. 289).

[ES55] A. Erdélyi and C. A. Swanson. *Asymptotic Forms of Coulomb Wave Functions, II.* Tech. rep. 5. California Institute of Technology, 1955. URL: `https://resolver.caltech.edu/CaltechAUTHORS:20121213-132556186` (cit. on p. 289).

[Fes58] Herman Feshbach. “The Optical Model and Its Justfication”. In: *Annu. Rev. Nucl. Sci.* 8 (1958), pp. 49–104 (cit. on p. 295).

[Fey39] R. P. Feynman. “Forces in Molecules”. In: *Phys. Rev.* 56 (1939), pp. 340–343 (cit. on p. 58).

[Foc30a] V. Fock. „„Selfconsistent field“ mit Austausch für Natrium.“ In: *Z. Phys.* 62 (1930), S. 795–805 (siehe S. 71).

[Foc30b] V. Fock. „Näherungsmethode zur Lösung des quantenmechanischen Mehrkörperproblems.“ In: *Z. Phys.* 61 (1930), S. 126–148 (siehe S. 71).

[FPW53] Herman Feshbach, Charles E. Porter, and Victor F. Weisskopf. “The Formation of a Compound Nucleus in Neutron Reactions”. In: *Phys. Rev.* 90 (1953), pp. 166–167 (cit. on p. 291).

[Fre26] J. Frenkel. „Die Elektrodynamik des rotierenden Elektrons.“ In: *Z. Phys.* 37 (1926), S. 243–262 (siehe S. 34).

[Gam28] G. Gamow. „Zur Quantentheorie des Atomkernes“. In: *Z. Phys.* 51 (1928), S. 204–212 (siehe S. 267).

[Gas18] David Gaspard. "Connection formulas between Coulomb wave functions". In: *J. Math. Phys.* 59 (2018), p. 112104 (cit. on p. 289).

[GG53] M. Gell-Mann and M. L. Goldberger. "The Formal Theory of Scattering". In: *Phys. Rev.* 91 (1953), pp. 398–408 (cit. on p. 186).

[GK59] J. J. Giambiagi and T. W. B. Kibble. "Jost Functions and Dispersion Relations". In: *Ann. Phys.* 7 (1959), pp. 39–51 (cit. on p. 309).

[Gla59] R. J. Glauber. "High-Energy Collision Theory". In: *Lectures in Theoretical Physics – Volume I: Lectures Delivered at the Summer Institute for Theoretical Physics, University of Colorado, Boulder, 1958*. Ed. by Wesley E. Brittin and Lita G. Dunham. Interscience Publishers, 1959, pp. 315–414 (cit. on p. 277).

[Güt32] P. Güttinger. „Das Verhalten von Atomen im magnetischen Drehfeld." In: *Z. Phys.* 73 (1932), S. 169–184 (siehe S. 57).

[Han85] J. H. Hannay. "Angle variable holonomy in adiabatic excursion of an integrable Hamiltonian". In: *J. Phys. A* 18 (1985), pp. 221–230 (cit. on p. 172).

[Har28a] D. R. Hartree. "The Wave Mechanics of an Atom with a Non-Coulomb Central Field. Part I. Theory and Methods". In: *Math. Proc. Cambridge Phil. Soc.* 24 (1928), pp. 89–110 (cit. on p. 69).

[Har28b] D. R. Hartree. "The Wave Mechanics of an Atom with a Non-Coulomb Central Field. Part II. Some Results and Discussion". In: *Math. Proc. Cambridge Phil. Soc.* 24 (1928), pp. 111–132 (cit. on p. 69).

[Har28c] D. R. Hartree. "The Wave Mechanics of an Atom with a Non-Coulomb Central Field. Part III. Term Values and Intensities in Series in Optical Spectra". In: *Math. Proc. Cambridge Phil. Soc.* 24 (1928), pp. 426–437 (cit. on p. 69).

[Har29] D. R. Hartree. "The Wave Mechanics of an Atom with a Non-Coulomb Central Field. Part IV. Further Results relating to Terms of the Optical Spectrum". In: *Math. Proc. Cambridge Phil. Soc.* 25 (1929), pp. 310–314 (cit. on p. 69).

[HE30] D. S. Hughes and Carl Eckart. "The Effect of Motion of the Nucleus on the Spectra of Li I and Li II". In: *Phys. Rev.* 36 (1930), pp. 694–698 (cit. on pp. 44, 60).

[Hei26a] Werner Heisenberg. „Mehrkörperproblem und Resonanz in der Quantenmechanik." In: *Z. Phys.* 38 (1926), S. 411–426 (siehe S. 59).

[Hei26b] Werner Heisenberg. „Über die Spektra von Atomsystemen mit zwei Elektronen." In: *Z. Phys.* 39 (1926), S. 499–518 (siehe S. 59).

[Hei43a] W. Heisenberg. „Die „beobachtbaren Größen" in der Theorie der Elementarteilchen." In: *Z. Phys.* 120 (1943), S. 513–538 (siehe S. 194).

[Hei43b] W. Heisenberg. „Die „beobachtbaren Größen" in der Theorie der Elementarteilchen. II." In: *Z. Phys.* 120 (1943), S. 673–702 (siehe S. 194).

[Hei44] W. Heisenberg. „Die „beobachtbaren Größen" in der Theorie der Elementarteilchen. III." In: *Z. Phys.* 123 (1944), S. 93–112 (siehe S. 194).

[Hei46] Werner Heisenberg. „Der mathematische Rahmen der Quantentheorie der Wellenfelder". In: *Z. Naturforsch.* 1 (1946), S. 608–622 (siehe S. 194).

[Hen81] John Hendry. "Bohr–Kramers–Slater: A Virtual Theory of Virtual Oscillators and Its Role in the History of Quantum Mechanics". In: *Centaurus* 25 (1981), pp. 189–221 (cit. on p. 145).

[HJ26] Werner Heisenberg und Pascual Jordan. „Anwendung der Quantenmechanik auf das Problem der anomalen Zeemaneffekte." In: *Z. Phys.* 37 (1926), S. 263–277 (siehe S. 33, 43).

[HL27] W. Heitler und F. London. „Wechselwirkung neutraler Atome und homöopolare Bindung nach der Quantenmechanik." In: *Z. Phys.* 44 (1927), S. 455–472 (siehe S. 100).

[Hol89] Barry R. Holstein. "The adiabatic theorem and Berry's Phase". In: *Am. J. Phys.* 57 (1989), pp. 1079–1084 (cit. on pp. 168, 171).

[Hol95] Barry R. Holstein. "The Aharonov–Bohm effect and variations". In: *Contemporary Physics* 36 (1995), pp. 93–102 (cit. on pp. 168 sq.).

[Hyl29] Egil A. Hylleraas. „Neue Berechnung der Energie des Heliums im Grundzustande, sowie des tiefsten Terms von Ortho-Helium." In: *Z. Phys.* 54 (1929), S. 347–366 (siehe S. 59).

[Hyl30] Egil A. Hylleraas. „Über den Grundterm der Zweielektronenprobleme von H^-, He, Li^+, Be^{++} usw." In: *Z. Phys.* 65 (1930), S. 209–225 (siehe S. 59).

[Hyl31] Egil A. Hylleraas. „Über die Elektronenterme des Wasserstoffmoleküls." In: *Z. Phys.* 71 (1931), S. 739–736 (siehe S. 94).

[Im95] Gyeong Soon Im. "The Formation and Development of the Ramsauer Effect". In: *Historical Studies in the Physical and Biological Sciences* 25 (1995), pp. 269–300 (cit. on p. 254).

[Jac02] J. D. Jackson. "From Lorenz to Coulomb and other explicit gauge transformations". In: *Am. J. Phys.* 70 (2002), pp. 917–928 (cit. on p. 141).

[Jos47] Res Jost. „Über die falschen Nullstellen der Eigenwerte der S-Matrix". In: *Helv. Phys. Acta* 20 (1947), S. 256–266 (siehe S. 299, 308).

[JP51] R. Jost and A. Pais. "On the Scattering of a Particle by a Static Potential". In: *Phys. Rev.* 82 (1951), pp. 840–851 (cit. on p. 214).

[Kat49] Tosio Kato. "On the Convergence of the Perturbation Method. I." In: *Progr. Theor. Phys.* 4 (1949), pp. 514–523 (cit. on p. 15).

[Kat50a] Tosio Kato. "On the Adiabatic Theorem of Quantum Mechanics." In: *J. Phys. Soc. Jpn.* 5 (1950), pp. 435–439 (cit. on p. 163).

[Kat50b] Tosio Kato. "On the Convergence of the Perturbation Method, II. 1." In: *Progr. Theor. Phys.* 5 (1950), pp. 95–101 (cit. on p. 15).

[Kat50c] Tosio Kato. "On the Convergence of the Perturbation Method, II. 2." In: *Progr. Theor. Phys.* 5 (1950), pp. 207–212 (cit. on p. 15).

[Koh54a] Walter Kohn. "Erratum: On the Convergence of Born Expansions". In: *Rev. Mod. Phys.* 26 (1954), p. 472 (cit. on p. 214).

[Koh54b] Walter Kohn. "On the Convergence of Born Expansions". In: *Rev. Mod. Phys.* 26 (1954), pp. 292–310 (cit. on p. 214).

[Kuh25] W. Kuhn. „Über die Gesamtstärke der von einem Zustande ausgehenden Absorptionslinien." In: *Z. Phys.* 33 (1925), S. 408–412 (siehe S. 154).

[Kut96] Werner Kutzelnigg. "Friedrich Hund and Chemistry". In: *Angew. Chem. Int. Ed. Engl.* 35 (1996), pp. 573–586 (cit. on p. 81).

[LB80a] E. Luc-Koenig and A. Bachelier. "Systematic theoretical study of the Stark spectrum of atomic hydrogen I: density of continuum states". In: *J. Phys. B: Atom. Molec. Phys.* 13 (1980), pp. 1743–1767 (cit. on p. 30).

[LB80b] E. Luc-Koenig and A. Bachelier. "Systematic theoretical study of the Stark spectrum of atomic hydrogen II: density of oscillator strengths. Comparison with experimental absorption spectra in solid-state and atomic physics". In: *J. Phys. B: Atom. Molec. Phys.* 13 (1980), pp. 1769–1790 (cit. on p. 30).

[Len29] J. E. Lennard-Jones. "The electronic structure of some diatomic molecules." In: *Trans. Farad. Soc.* 25 (1929), pp. 668–686 (cit. on p. 81).

[Lev49] N. Levinson. "On the Uniqueness of the Potential in a Schrödinger Equation for a Given Asymptotic Phase". In: *Kgl. Danske Videnskab. Selskab, Mat.-Fys. Medd.* 25 (1949), pp. 1–29 (cit. on p. 316).

[Lip50] B. A. Lippmann. "Variational Principles for Scattering Processes. II. Scattering of Slow Netrons by Para-Hydrogen". In: *Phys. Rev.* 79 (1950), pp. 481–486 (cit. on p. 199).

[Low64] Francis E. Low. *Lectures on elementary particles and scattering theory*. Tata Institute of Fundamental Research, 1964 (cit. on p. 223).

[LS50] B. A. Lippmann and Julian Schwinger. "Variational Principles for Scattering Processes. I". In: *Phys. Rev.* 79 (1950), pp. 469–480 (cit. on p. 199).

[Mag13] Valerio Magnasco. *Elementary Molecular Quantum Mechanics: Mathematical Methods and Applications*. 2nd ed. Elsevier, 2013 (cit. on pp. 103, 108).

[Moi05] B. L. Moiseiwitsch. *Integral Equations*. Dover Publications, 2005 (cit. on p. 301).

[Møl45] C. Møller. "General properties of the Characteristic Matrix in the Theory of Elementary Particles I". In: *Kgl. Danske Videnskab. Selskab, Mat.-Fys. Medd.* 23.1 (1945) (cit. on p. 183).

[Møl46] C. Møller. "General properties of the Characteristic Matrix in the Theory of Elementary Particles II". In: *Kgl. Danske Videnskab. Selskab, Mat.-Fys. Medd.* 22.19 (1946) (cit. on p. 183).

[MS04] Karl-Peter Marzlin and Barry C. Sanders. "Inconsistency in the Application of the Adiabatic Theorem". In: *Phys. Rev. Lett.* 93 (2004), p. 160408 (cit. on p. 163).

[MSW89] John Moody, Alfred Shapere, and Frank Wilczek. "Adiabatic Effective Lagrangians". In: *Geometric Phases in Physics*. Ed. by Alfred Shapere and Frank Wilczek. World Scientific, 1989, pp. 160–183 (cit. on p. 87).

[MT79] C. Alden Mead and Donald G. Truhlar. "On the determination of Born–Oppenheimer nuclear motion wave functions including complications due to conical intersections and identical nuclei". In: *J. Chem. Phys.* 70 (1979), pp. 2284–2296 (cit. on p. 84).

[Mul46] Robert S. Mulliken. *Spectroscopy, Molecular Orbitals, and Chemical Bonding. Nobel Lecture 1966*. 1946. URL: `https://www.nobelprize.org/prizes/chemistry/1966/mulliken/lecture/` (cit. on p. 81).

[MW19] W. C. Martin and W. L. Wiese. *Atomic Spectroscopy - A Compendium of Basic Ideas, Notation, Data, and Formulas*. 2019. URL: `https://www.nist.gov/pml/atomic-spectroscopy-compendium-basic-ideas-notation-data-and-formulas/` (cit. on pp. 109, 177).

[New60] Roger G. Newton. "Analytic Properties of Radial Wave Functions". In: *J. Math. Phys.* 1 (1960), pp. 319–347 (cit. on pp. 297, 304, 315).

[New76] Roger G. Newton. "Optical theorem and beyond". In: *Am. J. Phys.* 44 (1976), pp. 639–642 (cit. on p. 212).

[NIS18] NIST. *Fundamental Physical Contants from NIST*. 2018. URL: `http://physics.nist.gov/cuu/Constants/` (cit. on pp. 49, 52).

[OG74] Hans C. Ohanian and Carl G. Ginsburg. "Antibound 'States' and Resonances". In: *Am. J. Phys.* 42 (1974), pp. 310–315 (cit. on p. 307).

[Olv+10] Frank W. J. Olver et al., eds. *NIST Handbook of Mathematical Functions*. Cambridge University Press, 2010 (cit. on p. vi).

[Olv+22] F. W. J. Olver et al., eds. *NIST Digital Library of Mathematical Functions*. Version 1.1.8. 2022. URL: `http://dlmf.nist.gov/` (cit. on pp. vi, 276).

[Pau26] Wolfgang Pauli. „Über das Wasserstoffspektrum vom Standpunkt der neuen Quantenmechanik". In: *Z. Phys.* 36 (1926), S. 336–363 (siehe S. 23).

[Pau28] Linus Pauling. "The Application of the Quantum Mechanics to the Structure of the Hydrogen Molecule and Hydrogen Molecule-Ion and to Related Problems". In: *Chem. Rev.* 5 (1928), pp. 173–213 (cit. on p. 81).

[PM08] Andrei D. Polyanin and Alexander V. Manzhirov. *Handbook of Integral Equations*. 2nd ed. Chapman & Hall/CRC, 2008 (cit. on p. 301).

[Poi84] H. Poincaré. « Sur les groupes des équations linéaires ». In : *Acta Math.* 4 (1884), p. 201-312 (cf. p. 299).

[Rab37] I. I. Rabi. "Space Quantization in a Gyrating Magnetic Field". In: *Phys. Rev.* 51 (1937), pp. 652–654 (cit. on p. 173).

[Reg63] T. Regge. "Mathematical Theory of Potential Scattering". In: *Theoretical Physics: Lectures Presented at the Seminar on Theoretical Physics Organized by the International Atomic Energy Agency Held at the Palazzino Miramare, Trieste, from 16 July to 25 August 1962* (Trieste). Ed. by A. Salam. IAEA, 1963, pp. 275–330 (cit. on p. 297).

[RT25] F. Reiche und W. Thomas. „Über die Zahl der Dispersionselektronen, die einem stationären Zustand zugeordnet sind." In: *Z. Phys.* 34 (1925), S. 510–525 (siehe S. 154).

[Sch26] Erwin Schrödinger. „Quantisierung als Eigenwertproblem (Dritte Mitteilung)". In: *Ann. Phys.* 385 (1926), S. 437–490 (siehe S. 23).

[Sim00] Barry Simon. "Schrödinger Operators in the Twenty-First Century". In: *Mathematical Physics 2000*. Ed. by A. Fokas et al. World Scientific, 2000, pp. 283–288 (cit. on p. 191).

[Sim18] Barry Simon. "Tosio Kato's work on non-relativistic quantum mechanics: part 1". In: *Bull. Math. Sci.* 8 (2018), pp. 121–232 (cit. on p. 15).

[Sim19] Barry Simon. "Tosio Kato's work on non-relativistic quantum mechanics: part 2". In: *Bull. Math. Sci.* 9 (2019), p. 1950005 (cit. on p. 15).

[Sim83] Barry Simon. "Holonomy, the Quantum Adiabatic Theorem, and Berry's Phase". In: *Phys. Rev. Lett.* 51 (1983), pp. 2167–2170 (cit. on p. 166).

[Sim84] Barry Simon. "Fifteen Problems in Mathematical Physics". In: *Perspectives in Mathematics – Anniversary of Oberwolfach 1984*. Ed. by Willi Jäger, Jürgen Moser, and Reinhold Remmert. Birkhäuser, 1984, pp. 423–454 (cit. on p. 191).

[Sla30] J. C. Slater. "Note on Hartree's Method". In: *Phys. Rev.* 35 (1930), pp. 210–211 (cit. on p. 71).

[Ste03] A. M. Stewart. "Vector potential of the Coulomb gauge". In: *Eur. J. Phys.* 24 (2003), pp. 519–524 (cit. on p. 141).

[Sug27] Y. Sugiura. „Über die Eigenschaften des Wasserstoffmoleküls im Grundzustande." In: *Z. Phys.* 45 (1927), S. 484–492 (siehe S. 103).

[Tho25] W. Thomas. „Über die Zahl der Dispersionselektronen, die einem stationären Zustande zugeordnet sind. (Vorläufige Mitteilung)". In: *Die Naturwissenschaften* 13 (1925), S. 627 (siehe S. 154).

[Tri85] F. G. Tricomi. *Integral Equations*. Dover Publications, 1985 (cit. on p. 301).

[Wal26] I. Waller. „Der Starkeffekt zweiter Ordnung bei Wasserstoff und die Rydbergkorrektion der Spektra von He und Li^+." In: *Z. Phys.* 38 (1926), S. 635–646 (siehe S. 29).

[Wei] Eric W. Weisstein. *MathWorld – A Wolfram Web Resource*. URL: `http://mathworld.wolfram.com/` (cit. on p. vi).

[Wei09] Eric W. Weisstein, ed. *The CRC Encyclopedia of Mathematics (3 Volumes)*. 3rd ed. CRC Press, 2009 (cit. on p. vi).

[Wen26a] Gregor Wentzel. „Eine Verallgemeinerung der Quantenbedingungen für die Zwecke der Wellenmechanik." In: *Z. Phys.* 38 (1926), S. 518–529 (siehe S. 29).

[Wen26b] Gregor Wentzel. „Zur Theorie des photoelektrischen Effekts." In: *Z. Phys.* 40 (1926), S. 574–589 (siehe S. 144).

[Wen27a] Gregor Wentzel. „Über die Richtungsverteilung der Photoelektronen." In: *Z. Phys.* 41 (1927), S. 828–832 (siehe S. 144).

[Wen27b] Gregor Wentzel. „Über strahlungslose Quantensprünge." In: *Z. Phys.* 43 (1927), S. 524–530 (siehe S. 144).

[WH54] Richard F. Wallis and Hugh M. Hulburt. "Approximation of Molecular Orbitals in Diatomic Molecules by Diatomic Orbitals". In: *J. Chem. Phys.* 22 (1954), pp. 774–781 (cit. on p. 94).

[Whe37] John A. Wheeler. "On the Mathematical Description of Light Nuclei by the Method of Resonating Group Structure". In: *Phys. Rev.* 52 (1937), pp. 1107–1122 (cit. on p. 194).

[WW30a] V. Weisskopf und E. Wigner. „Berechnung der natürlichen Linienbreite auf Grund der Diracschen Lichttheorie." In: *Z. Phys.* 63 (1930), S. 54–73 (siehe S. 127).

[WW30b] V. Weisskopf und E. Wigner. „Über die natürliche Linienbreite in der Strahlung des harmonischen Oszillators." In: *Z. Phys.* 65 (1930), S. 18–29 (siehe S. 127).

Personenverzeichnis

O. Tennert, *Quantenmechanik III*, https://doi.org/10.1007/978-3-662-68589-1

Stichwortverzeichnis

O. Tennert, *Quantenmechanik III*, https://doi.org/10.1007/978-3-662-68589-1

T

U

V

W

Y

Z

Personenverzeichnis aller Bände

O. Tennert, *Quantenmechanik III*, https://doi.org/10.1007/978-3-662-68589-1

W

Y

Z

Stichwortverzeichnis aller Bände

O. Tennert, *Quantenmechanik III*, https://doi.org/10.1007/978-3-662-68589-1

I

L

M

S

Printed in the United States
by Baker & Taylor Publisher Services